工业机器人系统安装调试与维护

韩鸿鸾　丛培兰　谷青松　主编

化学工业出版社

·北京·

图书在版编目（CIP）数据

工业机器人系统安装调试与维护/韩鸿鸾，丛培兰，谷青松主编. —北京：化学工业出版社，2017.7（2019.8重印）
ISBN 978-7-122-29677-1

Ⅰ.①工… Ⅱ.①韩… ②丛… ③谷… Ⅲ.①工业机器人-安装②工业机器人-调试方法③工业机器人-维修 Ⅳ.①TP242.2

中国版本图书馆CIP数据核字（2017）第101050号

责任编辑：贾　娜　　　　　　文字编辑：陈　喆
责任校对：王　静　　　　　　装帧设计：刘丽华

出版发行：化学工业出版社（北京市东城区青年湖南街13号　邮政编码100011）
印　　装：北京建宏印刷有限公司
787mm×1092mm　1/16　印张18　字数493千字　2019年8月北京第1版第3次印刷

购书咨询：010-64518888　　　　　　售后服务：010-64518899
网　　址：http://www.cip.com.cn
凡购买本书，如有缺损质量问题，本社销售中心负责调换。

定　　价：79.00元

前言

FOREWORD

近年来，我国机器人行业在国家政策的支持下，顺势而为，发展迅速，保持着35%的高增长率，远高于德国的9%、韩国的8%和日本的6%。我国已连续两年成为世界第一大工业机器人市场。

我国工业机器人市场之所以能有如此迅速的增长，主要源于以下三点：

(1) 劳动力的供需矛盾。主要体现在劳动力成本的上升和劳动力供给的下降。在很多产业，尤其在中低端工业产业，劳动力的供需矛盾非常突出，这对实施“机器换人”计划提出了迫切需求。

(2) 企业转型升级的迫切需求。随着全球制造业转移的持续深入，先进制造业回流，我国的低端制造业面临产业转移和空心化的风险，迫切需要转变传统的制造模式，降低企业运行成本，提升企业发展效率，提升工厂的自动化、智能化程度。而工业机器人的大量应用，是提升企业产能和产品质量的重要手段。

(3) 国家战略需求。工业机器人作为高端制造装备的重要组成部分，技术附加值高，应用范围广，是我国先进制造业的重要支撑技术和信息化社会的重要生产装备，对工业生产、社会发展以及增强军事国防实力都具有十分重要的意义。

随着机器人技术及智能化水平的提高，工业机器人已在众多领域得到了广泛的应用。其中，汽车、电子产品、冶金、化工、塑料、橡胶是我国使用机器人最多的几个行业。未来几年，随着行业需要和劳动力成本的不断提高，我国机器人市场增长潜力巨大。尽管我国将成为当今世界最大的机器人市场，但每万名制造业工人拥有的机器人数量却远低于发达国家水平和国际平均水平。工信部组织制订了我国机器人技术路线图及机器人产业“十三五”规划，到2020年，工业机器人密度达到每万名员工使用100台以上。我国工业机器人市场将高倍速增长，未来十年，工业机器人是看不到“天花板”的行业。

虽然多种因素推动着我国工业机器人行业不断发展，但应用人才严重缺失的问题清晰地摆在我们面前，这是我国推行工业机器人技术的最大瓶颈。中国机械工业联合会的统计数据表明，我国当前机器人应用人才缺口20万，并且以每年20%～30%的速度持续递增。

工业机器人作为一种高科技集成装备，对专业人才有着多层次的需求，主要分为研发工程师、系统设计与应用工程师、调试工程师和操作及维护人员四个层次。其中，需求量最大的是基础的操作及维护人员以及掌握基本工业机器人应用技术的调试工程师和更高层次的应用工程师，工业机器人专业人才的培养，要更加着力于应用型人才的培养。

为了适应机器人行业发展的形势，满足从业人员学习机器人技术相关知识的需求，我们从生产实际出发，组织业内专家编写了本书，全面讲解了工业机器人安装调试基础，工业机器人执行机构、传感系统、传动系统与驱动系统，工业机器人控制、安装、调整与保养等内容，以期给从业人员和大学院校相关专业师生提供实用性指导与帮助。

本书由韩鸿鸾、丛培兰、谷青松主编，张朋波、孔伟、王树平任副主编，参与编写的还有阮洪涛、刘曙光、汪兴科、徐艇、孔庆亮、王勇、丁守会、李雅楠、梁典民、赵峰、张玉东、王常义、田震、谢华、安丽敏、孙杰、柳鹏、丛志鹏、马述秀、褚元娟、陈青、宁爽、梁婷、姜兴道、荣志军、王小方、郑建强、李鲁平。全书由韩鸿鸾统稿。编写人员中有来自青岛利博尔电子有限公司、青岛时代焊接设备有限公司、山东鲁南机床有限公司、山东山推工程机械有限公司的技术人员。本书在编写过程中得到了山东省、河南省、河北省、江苏省、上海市等省市技能鉴定部门的大力支持，在此深表谢意。

在本书编写过程中，参考了《工业机器人装调维修工》、《工业机器人操作调整工》职业技能标准的要求，以备读者考取技能等级；还借鉴了全国及多省工业机器人大赛的相关要求，为读者参加相应的大赛提供参考。

由于水平所限，书中不足之处在所难免，恳请广大读者给予批评指正。

编　者

目录
CONTENTS

第3章 工业机器人的传感系统 / 95

第4章 工业机器人的传动系统与驱动系统 / 147

第5章 工业机器人的控制 / 190

第1章
工业机器人安装调试基础知识

1.1 机器人概述

1.1.1 机器人的定义

1950年，美国科幻小说家加斯卡·阿西莫夫（Jassc Asimov）在他的小说《我是机器人》中，提出了著名的“机器人三守则”，即：

① 机器人不能危害人类，不能眼看人类受害而袖手旁观。

② 机器人必须服从于人类，除非这种服从有害于人类。

③ 机器人应该能够保护自身不受伤害，除非为了保护人类或者人类命令它作出牺牲。

这三条守则给机器人赋以伦理观。至今，机器人研究者都以这三条守则作为开发机器人的准则。

目前，虽然机器人已被广泛应用，但世界上对机器人还没有一个统一、严格、准确的定义，不同国家、不同研究领域给出的定义不尽相同。尽管定义的基本原则大体一致，但仍然有较大区别。

（1）美国机器人协会（RIA）的定义

机器人是“一种用于移动各种材料、零件、工具或专用装置的，通过可编程的动作来执行各种任务的具有编程能力的多功能机械手”。这个定义叙述具体，更适用于对工业机器人的定义。

（2）美国国家标准局（NBS）的定义

机器人是“一种能够进行编程并在自动控制下执行某些操作和移动作业任务的机械装置”。这也是一种比较广义的对工业机器人的定义。

（3）日本工业机器人协会（JIRA）的定义

它将机器人的定义分成两类：工业机器人是“一种能够执行与人体上肢（手和臂）类似动作的多功能机器”；智能机器人是“一种具有感觉和识别能力，并能控制自身行为的机器”。

（4）英国简明牛津字典的定义

机器人是“貌似人的自动机，具有智力的和顺从于人但不具有人格的机器”。这是一种对理想机器人的描述，到目前为止，尚未出现在智能上与人类相似的机器人。

（5）国际标准化组织（ISO）的定义

它的定义较为全面和准确，涵盖如下内容：

① 机器人的动作机构具有类似于人或其他生物体某些器官（肢体、感官等）的功能。

② 机器人具有通用性，工作种类多样，动作程序灵活易变。

③ 机器人具有不同程度的智能性，如记忆、感知、推理、决策、学习等。

④ 机器人具有独立性，完整的机器人系统在工作中可以不依赖于人。

（6）我国科学家对机器人的定义

机器人是一种自动化的机器，所不同的是这种机器具备一些与人或生物相似的智能能力，如感知能力、规划能力、动作能力和协同能力，是一种具有高度灵活性的自动化机器。

总之，随着机器人的进化和机器人智能的发展，对机器人的定义将会进一步地修改，进一步地明确和统一。

1.1.2 机器人的产生与发展

机器人的概念早在几千年前的人类想象中就已诞生。我国西周时期，能工巧匠偃师就研制出了能歌善舞的伶人，这是我国最早记载的具有机器人概念的文字。据《墨经》的记载，春秋后期，我国著名的木匠鲁班曾制造过一只木鸟，能在空中飞行，“三日而不下”。东汉时代的著名科学家张衡发明了地动仪、计里鼓车以及指南车，都是具有机器人构想的装置，可算是世界上最早的机器人雏形，如图 1-1 所示。

(a) 地动仪

(b) 指南车

图 1-1　张衡发明的地动仪和指南车

图 1-2　写字偶人

有关机器人的发明，在包括中国在内的世界上许多国家的历史上都曾出现过。1662 年，日本的竹田近江利用钟表技术发明了自动机器玩偶，并在大阪道顿崛演出。1738 年，法国天才技师杰克·戴·瓦克逊发明了一只机器鸭。1768 年至 1774 年，瑞士钟表匠德罗斯父子三人合作制造出三个像真人一样大小的机器人：写字偶人、绘图偶人和弹风琴偶人，如图 1-2 所示。1893 年，加拿大莫尔设计出能行走的机器人安德罗丁。

“机器人”一词最早出现于 1920 年捷克剧作家卡雷尔·凯培克（Karel Kapek）的一部幻想剧《罗萨姆的万能机器人》(《Rossums Universal Robots》) 中，“Robot”是由斯洛伐克语“Robota”衍生而来的。

工业机器人的研究工作是 20 世纪 50 年代初从美国开始的。日本、俄罗斯、欧洲的研制工作比美国大约晚 10 年。但日本的发展速度比美国快。欧洲特别是西欧各国比较注重工业机器人的研制和应用，其中英国、德国、瑞典、挪威等国的技术水平较高，产量也较大。

第二次世界大战期间，由于核工业和军事工业的发展，美国原子能委员会的阿尔贡研究所研制了“遥控机械手”，用于代替人生产和处理放射性材料。1948 年，这种较简单的机械装置被改进，开发出了机械式的主从机械手（图 1-3)。它由两个结构相似的机械手组成，主机械手在控制室，从机械手在有辐射的作业现场，两者之间有透明的防辐射墙相隔。操作者用手操纵主机械手，控制系统会自动检测主机械手的运动状态，并控制从机械手跟随主机械手运动，从而解决对放射性材料的远距离操作问题。这种被称为主从控制的机器人控制方式，至今仍在很多场合中应用。

由于航空工业的需求，1952 年美国麻省理工学院（MIT）成功开发了第一代数控机床(CNC)，并进行了与 CNC 机床相关的控制技术及机械零部件的研究，为机器人的开发奠定了技术基础。

1954 年，美国人乔治·德沃尔（George Devol）提出了一个关于工业机器人的技术方案，设计并研制了世界上第一台可编程的工业机器人样机，将之命名为“Universal Automation”，并申请了该项机器人的专利。这种机器人是一种可编程的零部件操作装置，其工作方式为：首先移动机械手的末端执行器，并记录下整个动作过程；然后，机器人反复再现整个动作过程。后来，在此基础上，Devol 与 Engerlberge 合作创建了美国万能自动化公司（Unimation），于 1962 年生产了第一台机器人，取名 Unimate（图 1-4）。这种机器人采用极坐标式结构，外形完全像坦克炮塔，可以实现回转、伸缩、俯仰等动作。

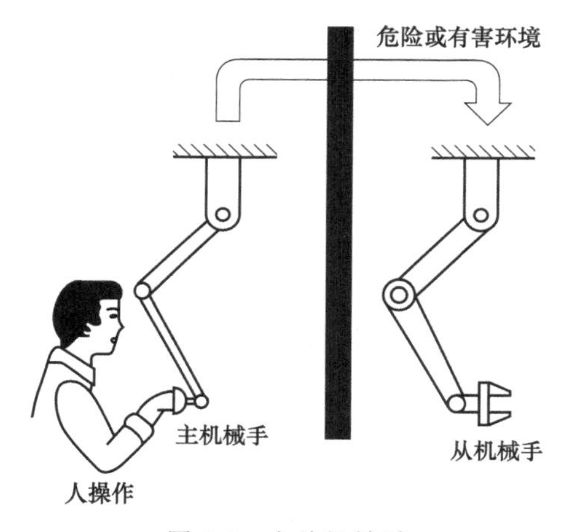

图 1-3　主从机械手

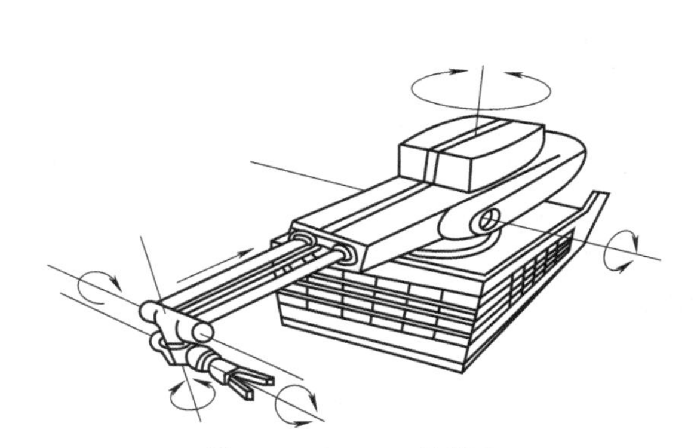

图 1-4　Unimate 机器人

在 Devol 申请专利到真正实现设想的这 8 年时间里，美国机床与铸造公司（AMF）也在从事机器人的研究工作，并于 1960 年生产了一台被命名为 Versation 的圆柱坐标型的数控自动机械，并以 Industrial Robot（工业机器人）的名称进行宣传。通常认为这是世界上最早的工业机器人。

Unimate 和 Versation 这两种型号的机器人以“示教再现”的方式在汽车生产线上成功地代替工人进行传送、焊接、喷漆等作业，它们在工作中反映出来的经济效益、可靠性、灵活性，令其他发达国家工业界为之倾倒。于是，Unimate 和 Versation 作为商品开始在世界市场上销售。

随着第一台机器人在美国的诞生，机器人的发展历程就进入了它的第一阶段，即工业机器人时代。它的几个标志性事件如下：

• 1954 年 George Devol 开发出第一台可编程机器人。

• 1955 年 Denavit 与 Hartenberg 提出齐次变换矩阵。

• 1961 年 George Devol 的“可编程货物运送”获得美国专利，专利号为 2988237，该专利技术是 Unimate 机器人的基础。

• 1962 年 Unimation 公司成立，出现了最早的工业机器人，GM 公司安装了第一台 Unimation 公司的机器人。

• 1967 年 Unimation 公司推出 Mark Ⅱ机器人，第一台喷涂用机器人出口到日本。

• 1968 年第一台智能机器人 Shakey 在斯坦福机器人研究所（SRI）诞生。

• 1972 年 IBM 公司开发出内部使用的直角坐标机器人，并最终开发出 IBM7565 型商用机器人。

• 1973 年 Cincinnati Milacron 公司推出 13 型机器人，在工业应用中广受欢迎。

• 1978 年第一台 PUMA 机器人由 Unimation 装运到 GM 公司。

• 1982 年 GM 和日本的 Fanuc 公司签订制造 GM Fanuc 机器人的协议。Westinghouse 兼并 Unimation，随后又将它卖给了瑞士的 Staubli 公司。

• 1984 年机器人学无论是在工业生产还是在学术上，都是一门广受欢迎的学科，机器人学开始列入教学计划。

• 1990 年 Cincinnati Milacron 公司被瑞士 ABB 公司兼并。许多小型的机器人制造公司也从市场上销声匿迹，只有少数主要生产工业机器人的大公司尚存。

随着工业机器人的发展，其他类型的机器人也逐步涌现出来。随着计算机技术和人工智能技术的飞速发展，机器人在功能和技术层次上有了很大的提高，移动机器人和机器人的视觉和触觉等技术就是典型的代表。这些技术的发展推动了机器人概念的延伸。

20 世纪 80 年代，将具有感觉、思考、决策和动作能力的系统称为智能机器人。这是一个概括的、含义广泛的概念。这一概念不但指导了机器人技术的研究和应用，而且也赋予了机器人技术向深广方向发展的巨大空间，水下机器人、空间机器人、空中机器人、地面机器人、微小型机器人等各种用途的机器人相继问世，许多梦想成为了现实。将机器人技术（如传感技术、智能技术、控制技术等）扩散和渗透到各个领域就形成了各式各样的新机器——机器人化机器。当前与信息技术的交互和融合又产生了“软件机器人”“网络机器人”，这也说明了机器人所具有的创新活力。现代拟人机器人 ASIMO 如图 1-5 所示。

图 1-5 现代拟人机器人 ASIMO

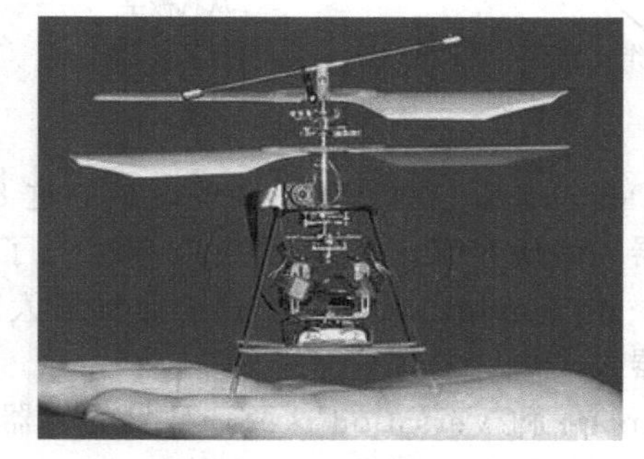

图 1-6 微型机器人

1.1.3 机器人的发展方向

如今机器人发展的特点可概括为如下几个方面。

① 横向上，应用面越来越宽，由工业应用扩展到更多领域的非工业应用，像做手术、采摘水果、剪枝、巷道掘进、侦查、排雷等，只要能想到的，就可以去创造实现。

② 纵向上，机器人的种类越来越多，像进入人体的微型机器人，可以小到像一个米粒般大小，已成为一个新方向。

③ 机器人智能化将得到加强，机器人会更加聪明。

（1）智能化

人工智能是关于人造物的智能行为，它包括知觉、推理、学习、交流和在复杂环境中的行为，人工智能的长期目标是发明出可以像人类一样或能更好地完成以上行为的机器。

（2）微型化

微型机器人又称为“明天的机器人”。它是机器人研究领域的一颗新星，它同智能机器人一起成为科学追求的目标。

在微电子机械领域，尺寸在1～100mm的为小型机械，10μm～1mm的为微型机械，10nm～10μm的为超微型机械。而微型机器人的体积可以缩小到微米级甚至亚微米级，重量轻至纳克，加工精度为微米级或纳米级。

发展微型和超微型机器人的指导思想非常简单：某些工作若用一台结构庞大、价格昂贵的大型机器人去做，不如用成千上万个低廉、微小、简单的机器人去完成。这正如用一大群蝗虫去“收割”一片庄稼，要比使用一台大型联合收割机快。如图1-6所示是小得能放到手上的微型机器人。

微型机器人的发展依赖于微加工工艺、微传感器、微驱动器和微结构四个支柱。这四个方面的基础研究有三个阶段：器件开发阶段、部件开发阶段、装置和系统开发阶段。现已研制出直径为20μm、长为150μm的铰链连杆，尺寸为200μm×200μm的滑块结构，以及微型的齿轮、曲柄、弹簧等。贝尔实验室已开发出一种直径为400μm的齿轮，在一张普通邮票上可放6万个齿轮和其他微型器件。德国卡尔斯鲁厄核研究中心的微型机器人研究所，研究出一种新型微加工方法，这种方法是X射线深刻蚀、电铸和塑料模铸的组合，其深刻蚀厚度为10～1000μm。

微型机械的发展，是建立在大规模集成电路制作设备与技术的基础上的。微驱动器、微传感器都是在集成电路技术基础上用标准的光刻和化学腐蚀技术制成的。不同的是集成电路大部分是二维刻蚀的，而微型机械则完全是三维的。微型机械和微型机器人已逐步形成一个牵动众多领域向纵深发展的新兴学科方向。

（3）仿生化

直至近年，大多数机器人才被认为属于生物纲目之一。工具型机器人保持了机器人应有的基本元素，如装备了爪形机械、抓具和轮子，但不管怎么看，它都像是台机器。相比之下，类人形机器人则最大限度地与创造它们的人类相似，它们的运动臂上有自己的双手，下肢有真正的脚，有人类一样的脸，如图1-5所示。介于这两种极端情况之间的是少数具备动物特征的机器人，它们通常被做成宠物的模样（如图1-7中所示的索尼机器狗），但事实上，它们只不过是供娱乐的玩具。

图1-7 索尼机器狗AIBO

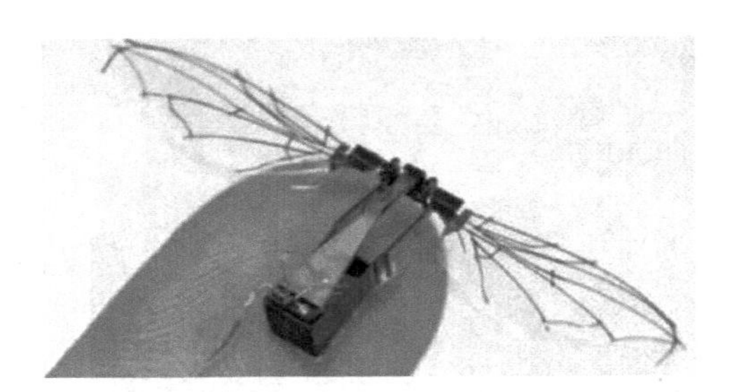

图1-8 机器蚊子

有动物特征的机器人一直以来都在迅猛发展。现在，工程师们的仿生对象不仅有狗，还包括长有胡须的鼩鼱、会游泳的七鳃鳗、爪力十足的章鱼、善于攀爬的蜥蜴和穴居蛤。他们甚至在努力模仿昆虫，研发可以振翅高飞的蚊虫机器人，如图1-8所示。结果导致，对工具型机器人和类人形机器人的研究逐渐受到冷落，而对动物形态仿生机器人的研究则不断取得进展。

1.1.4 中国工业机器人研制情况

我国工业机器人起步于 20 世纪 70 年代初期，经过 30 多年的发展，大致经历了 3 个阶段：20 世纪 70 年代的萌芽期，80 年代的开发期，90 年代的实用化期。

我国于 1972 年开始研制自己的工业机器人，中科院北京自动化研究所和沈阳自动化研究所相继开展了对机器人技术的研究工作。

进入 20 世纪 80 年代后，在高科技浪潮的冲击下，我国机器人技术的开发与研究得到了政府的重视与支持。“七五”期间，国家投入资金，对工业机器人及其零部件进行攻关，完成了示教再现式工业机器人成套技术的开发，研制出了喷涂、点焊、弧焊和搬运机器人。1986 年国家高技术研究发展计划（863 计划）开始实施，智能机器人主题跟踪世界机器人技术的前沿，经过几年的研究，取得了一系列的科研成果，成功地研制出了一批特种机器人。

从 90 年代初期起，我国的工业机器人又在实践中迈出一大步，先后研制出了点焊、弧焊、装配、喷漆、切割、搬运、包装码垛等各种用途的工业机器人，并实施了一批机器人应用工程，形成了一批机器人产业化基地。

到目前为止，我国在机器人的技术研究方面已经相继取得了一些重要成果，在某些技术领域已经接近国际前沿水平。比如我国自行研制的水下机器人，在无缆的情况下可潜入水下 6000m，而且具有自主功能，这一技术达到了国际先进水平。但从总体上看，我国在智能机器人方面的研究可以说还是刚刚起步，机器人传感技术和机器人专用控制系统等方面的研究还比较薄弱。另外，在机器人的应用方面，我国就显得更为落后。国内自行研制的机器人当中，能真正应用于生产部门并具有较高可靠性和良好工作性能的并不多。在这方面，北京自动化研究所研制的 PJ 型喷漆机器人是国内值得骄傲的机器人，其性能指标已经与国际同类水平相当，而且在生产线上也经过了长期检验，受到了用户的好评，现已批量生产。

值得一提的是，最近几年，我国在汽车、电子行业相继引进了不少生产线，其中就有不少配套的机器人装置。另外，国内的一些高等院校和科研单位也购买了一些国外的机器人。这些机器人的引入，也为我国在相关领域的研究工作提供了许多借鉴。

1.1.5 机器人的应用

(1) 工业机器人

图 1-9 喷漆机器人

① 喷漆机器人　如图 1-9 所示，喷漆机器人能在恶劣环境下连续工作，并具有工作灵活、工作精度高等特点，因此喷漆机器人被广泛应用于汽车、大型结构件等喷漆生产线，以保证产品的加工质量、提高生产效率、减轻操作人员劳动强度。

② 焊接机器人　用于焊接的机器人一般分为图 1-10 所示的点焊机器人和图 1-11 所示的弧焊机器人两种。弧焊接机器人作业精确，可以连续不知疲劳地进行工作，但在作业中会遇到部件稍有偏位或焊缝形状有所改变的情况；人工作业时，因能看到焊缝，可以随时作出调整，而焊接

机器人因为是按事先编好的程序工作，所以不能很快调整。

图 1-10　Fanuc S-420 点焊机器人

图 1-11　弧焊机器人实例

③ 上、下料机器人　如图 1-12 所示，目前我国大部分生产线上的机床装卸工件仍由人工完成，其劳动强度大，生产效率低，而且具有一定的危险性，已经满足不了生产自动化的发展趋势，为提高工作效率，降低成本，并使生产线发展为柔性生产系统，应现代机械行业自动化生产的要求，越来越多的企业已经开始利用工业机器人进行上、下料了。

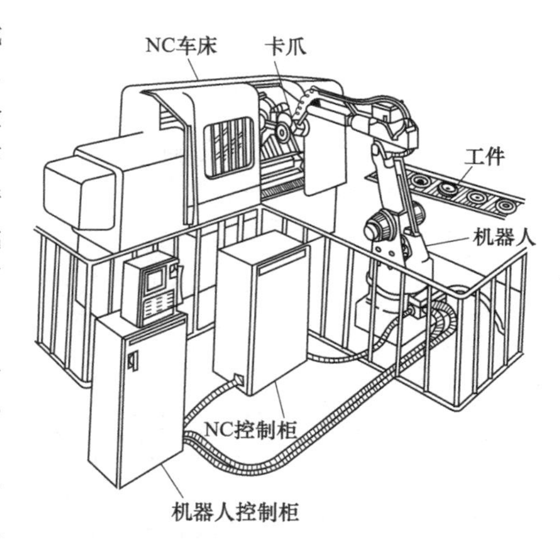

图 1-12　数控机床用上、下料机器人

④ 装配机器人　如图 1-13 所示，装配机器人是专门为装配而设计的工业机器人，与一般工业机器人相比，它具有精度高、柔顺性好、工作范围小、能与其他系统配套使用等特点。使用装配机器人可以保证产品质量，降低成本，提高生产自动化水平。

(a) 机器人

(b) 装配工业机器人的应用

图 1-13　装配工业机器人

⑤ 搬运机器人　在建筑工地，在海港码头，总能看到大吊车的身影，应当说吊车装运比起早期工人肩扛手抬已经进步多了，但这只是机械代替了人力，或者说吊车只是机器人的雏形，它还得完全依靠人工操作和控制定位等，不能自主作业。图 1-14 所示的搬运机器人可进

行自主地搬运。

图 1-14　搬运机器人

图 1-15　码垛工业机器人

⑥ 码垛工业机器人　如图 1-15 所示，码垛工业机器人主要用于工业码垛。

⑦ 喷丸机器人　如图 1-16 所示，喷丸机器人比人工清理效率高出 10 倍以上，而且工人可以避开污浊、嘈杂的工作环境，操作者只要改变计算机程序，就可以轻松转换不同的清理工艺。

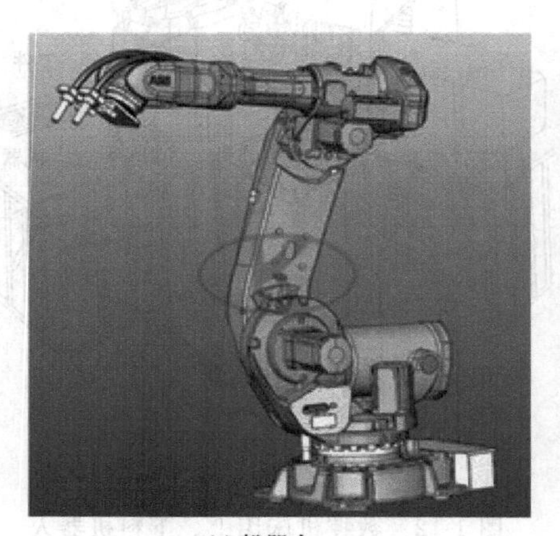

(a) 机器人

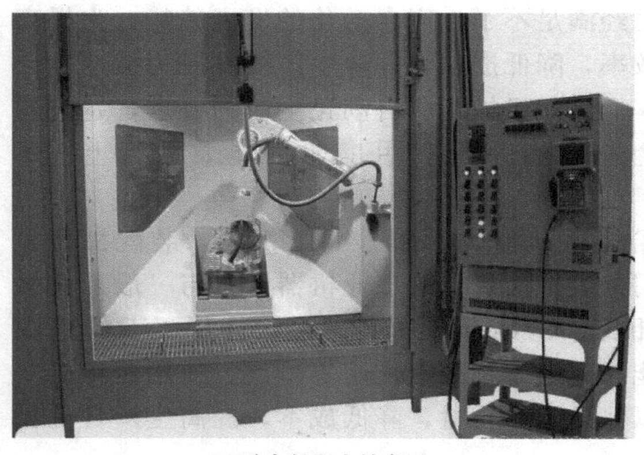

(b) 喷丸机器人的应用

图 1-16　喷丸机器人

图 1-17　核工业中的机器人

⑧ 吹玻璃机器人　类似灯泡一类的玻璃制品，都是先将玻璃熔化，然后人工吹起成形的，融化的玻璃温度高达 1100℃以上，无论是搬运还是吹制，工人的劳动强度都很大，而且有害于身体，工作的技术难度要求还很高。法国赛博格拉斯公司开发了两种 6 轴工业机器人，应用于“采集”（搬运）和“吹制”玻璃两项工作。

⑨ 核工业中的机器人　上海交通大学特种机器人研究室在国家“863”计划资助下，成功研发了核工业机器人样机（图 1-17）。该机器人主要用于以核工业为背景的危险、恶劣场所，特别针对核电站、核燃料后处理厂及三废处理厂等放射性环境现场，可以对其核设施中的设备装置进行检查、维修和处理简单事故等工作。

⑩ 机械加工工业机器人　这类机器人具有加工能力，本身具有加工工具，比如刀具等，刀

具的运动是由工业机器人的控制系统控制的；主要用于切割（图1-18）、去毛刺（图1-19）、抛光与雕刻等轻型加工。这样的加工比较复杂，一般采用离线编程来完成。这类工业机器人有的已经具有了加工中心的某些特性，如刀库等。图1-20所示的雕刻工业机器人的刀库如图1-21所示。这类工业机器人的机械加工能力是远远低于数控机床的，因为其刚度、强度等都没有数控机床好。

图1-18　激光切割机器人工作站

图1-19　去毛刺机器人工作站

图1-20　雕刻工业机器人

图1-21　雕刻工业机器人的刀库

（2）农业机器人

如图 1-22 所示六足伐木机器人除了具有传统伐木机械的功能之外，它最大的特点就在于其巨型的昆虫造型了，因此它能够更好地适应复杂的路况，而不至于像轮胎或履带驱动的产品那样行动不便。

如图 1-23 所示为采摘草莓的机器人。这款机器人内置有能够感应色彩的摄像头，可以轻而易举地分辨出草莓和绿叶，利用事先设定的色彩值，再配合独特的机械结构，它就可以判断出草莓的成熟度，并将符合要求的草莓采摘下来。

图 1-22 六足伐木机器人

图 1-23 采摘草莓的机器人

（3）军事机器人

军用机器人按应用的环境不同又分为地面军用机器人、空中军用机器人、水下军用机器人和空间军用机器人几类。

① 地面军用机器人　如图 1-24 所示，所谓地面军用机器人是指在地面上使用的机器人系统，它们不仅在和平时期可以帮助民警排除炸弹、完成要地保安任务，在战争时期还可以代替士兵执行扫雷、侦察和攻击等各种任务。

图 1-24 地面军用机器人

图 1-25 无人驾驶飞机

② 空中军用机器人　如图 1-25 所示，空中机器人一般是指无人驾驶飞机，是一种以无线电遥控或由自身程序控制为主的不载人飞机，机上无驾驶舱，但安装有自动驾驶仪、程序控制装置等设备，广泛用于空中侦察、监视、通信、反潜、电子干扰等。

③ 水下机器人　无人遥控潜水器，也称水下机器人，是一种工作于水下的极限作业机器人，能潜入水中代替人完成某些操作，又称潜水器。图 1-26 所示为“水下龙虾”机器人。

④ 空间军用机器人　从广义上讲，一切航天器都可以成为空间机器人，如宇宙飞船、航天飞机、人造卫星、空间站等。图 1-27 所示是美国的火星探测器，航天界对空间机器人的定义一般是：用于开发太空资源、空间建设和维修、协助空间生产和科学实验、星际探索等方面的带有一定智能的各种机械手、探测小车等应用设备。

在未来的空间活动中，将有大量的空间加工、空间生产、空间装配、空间科学实验和空间维修等工作要做，这样大量的工作是不可能仅仅只靠宇航员去完成的，还必须充分利用空间机器人。图 1-28 所示是空间机器人正在维修人造卫星。

图 1-26　“水下龙虾”机器人

（4）服务机器人

服务机器人是机器人家族中的一个年轻成员，到目前为止尚没有一个严格的定义。不同服务机器人的应用范围很广，主要从事维护保养、修理、运输、清洗、保安、救援、监护等工作。国际机器人联合会经过几年的搜集整理，给了服务机器人一个初步的定义：服务机器人是一种半自主或全自主工作的机器人，它能完成有益于人类健康的服务工作，但不包括从事生产的设备。这里，我们把其他一些贴近人们生活的机器人也列入其中。

图 1-27　美国的火星探测器

图 1-28　空间机器人正在维修人造卫星

① 医用机器人　医用机器人是一种智能型服务机器人，它能独自编制操作计划，依据实际情况确定动作程序，然后把动作变为操作机构的运动。因此，它有广泛的感觉系统、智能、模拟装置（周围情况及自身——机器人的意识和自我意识），从事医疗或辅助医疗工作。

医用机器人种类很多，按照其用途不同，有运送物品机器人、移动病人机器人（图1-29）、临床医疗用机器人（图 1-30）和为残疾人服务机器人（图 1-31）、护理机器人、医用教学机器人等。

图 1-29　移动病人机器人

图 1-30　做开颅手术的机器人

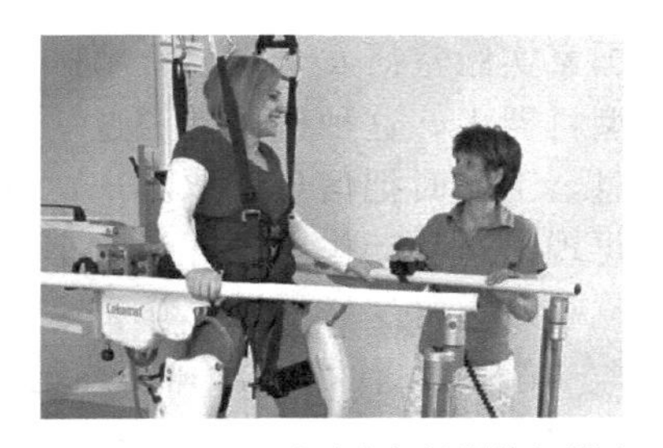

图 1-31　MGT 型下肢康复训练机器人

② 其他机器人　其他方式的服务机器人包括健康福利服务机器人、公共服务机器人（图 1-32）、家庭服务机器人（图 1-33）、娱乐机器人（图 1-34）与教育机器人等。

图 1-32　保安巡逻机器人

图 1-33　家庭清洁机器人

图 1-34　演奏机器人

1.1.6　机器人的分类

机器人的分类方式很多，并已有众多类型机器人。关于机器人的分类，国际上没有制定统一的标准，从不同的角度可以有不同的分类。

按照日本工业机器人学会（JIRA）的标准，可将机器人进行如下分类：

第一类：人工操作机器人。此类机器人由操作员操作，具有多自由度。

第二类：固定顺序机器人。此类机器人可以按预定的方法有步骤地依次执行任务，其执行顺序难以修改。

第三类：可变顺序机器人。同第二类，但其顺序易于修改。

第四类：示教再现（Play Back）机器人。操作员引导机器人手动执行任务，记录下这些动作并由机器人以后再现执行，即机器人按照记录下的信息重复执行同样的动作。

第五类：数控机器人。操作员为机器人提供运动程序，并不是手动示教执行任务。

第六类：智能机器人。机器人具有感知外部环境的能力，即使其工作环境发生变化，也能够成功地完成任务。

美国机器人学会（RIA）只将以上第三类至第六类视作机器人。

法国机器人学会（AFR）将机器人进行如下分类：

类型 A：手动控制远程机器人的操作装置。

类型 B：具有预定周期的自动操作装置。

类型 C：具有连续性轨迹或点轨迹的可编程伺服控制机器人。

类型 D：同类型 C，但能够获取环境信息。

（1）按照机器人的发展阶段分类

① 第一代机器人——示教再现型机器人　1947 年，为了搬运和处理核燃料，美国橡树岭国家实验室研发了世界上第一台遥控的机器人。1962 年美国又研制成功 PUMA 通用示教再现型机器人，这种机器人通过一个计算机来控制一种多自由度的机械，通过示教存储程序和信息，工作时把信息读取出来，然后发出指令，这样机器人可以重复地根据人当时示教的结果，再现出这种动作。比方说汽车生产线上的点焊机器人，只要把这个点焊的过程示教完以后，它就总是重复这样一种工作。

② 第二代机器人——感觉型机器人　示教再现型机器人对于外界的环境没有感知，操作力的大小，工件存在不存在，焊接的好与坏，它并不知道。因此，在 20 世纪 70 年代后期，人们开始研究第二代机器人，即感觉型机器人。这种机器人拥有类似人在某种功能的感觉，如力觉、触觉、滑觉、视觉、听觉等，它能够通过感觉来感受和识别工件的形状、大小、颜色等。

③ 第三代机器人——智能型机器人　智能型机器人是 20 世纪 90 年代以来发明的机器人。

这种机器人带有多种传感器，可以进行复杂的逻辑推理、判断及决策，在变化的内部状态与外部环境中，自主决定自身的行为。

（2）按照控制方式分类

① 操作型机器人　能自动控制，可重复编程，多功能，有几个自由度，可固定或运动，用于相关自动化系统中。

② 程控型机器人　按预先要求的顺序及条件，依次控制机器人的机械动作。

③ 示教再现型机器人　通过引导或其他方式，先教会机器人动作，输入工作程序，机器人则自动重复进行作业。

④ 数控型机器人　不必使机器人动作，通过数值、语言等对机器人进行示教，机器人根据示教后的信息进行作业。

⑤ 感觉控制型机器人　利用传感器获取的信息控制机器人的动作。

⑥ 适应控制型机器人　机器人能适应环境的变化，控制其自身的行动。

⑦ 学习控制型机器人　机器人能“体会”工作的经验，具有一定的学习功能，并将所“学”的经验用于工作中。

⑧ 智能机器人　以人工智能决定其行动的机器人。

（3）从应用环境角度分类

目前，国际上的机器人学者，从应用环境出发将机器人分为三类：制造环境下的工业机器人、非制造环境下的服务与仿人型机器人以及网络机器人。

网络机器人分为两类，一类是把标准通信协议和标准人-机接口作为基本设施，再将它们与有实际观测操作技术的机器人融合在一起，即可实现无论何时何地，无论是谁都能使用的远程环境观测操作系统，这就是网络机器人。这种网络机器人是基于 Web 服务器的网络机器人技术，以 Internet 为构架，将机器人与 Internet 连接起来，采用客户端/服务器（C/S）模式，允许用户在远程终端上访问服务器，把高层控制命令通过服务器传送给机器人控制器，同时机器人的图像采集设备把机器人运动的实时图像再通过网络服务器反馈给远端用户，从而达到间接控制机器人的目的，实现对机器人的远程监视和控制。

如图 1-35 所示，另一类网络机器人是一种特殊的机器人，其“特殊”在于其没有固定的“身体”，这种网络机器人的本质是网络自动程序，它存在于网络程序中，目前主要用来自动查找和检索互联网上的网站和网页内容。

图 1-35　网络机器人

（4）按照机器人的运动形式分类

① 直角坐标型机器人　这种机器人的外形轮廓与数控镗铣床或三坐标测量机相似，如图 1-36 所示。其三个关节都是移动关节，关节轴线相互垂直，相当于笛卡儿坐标系的 x、y 和 z 轴。它主要用于生产设备的上、下料，也可用于高精度的装卸和检测作业。

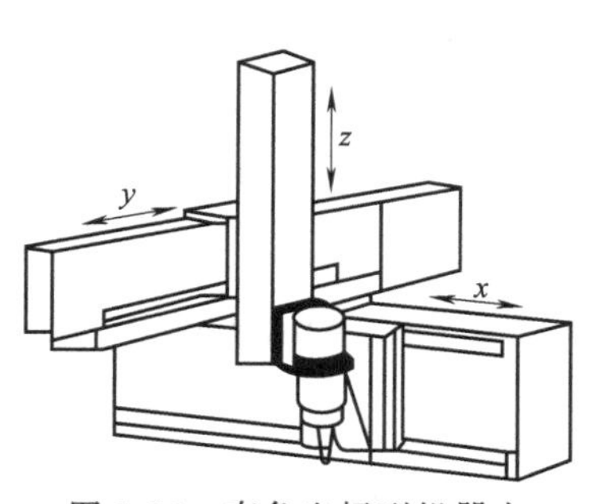

图 1-36　直角坐标型机器人

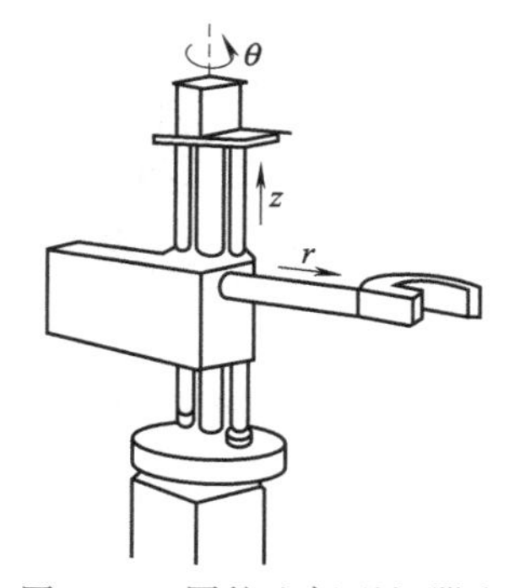

图 1-37　圆柱坐标型机器人

② 圆柱坐标型机器人　如图 1-37 所示，这种机器人以 θ、z 和 r 为参数构成坐标系。手腕参考点的位置可表示为 $P=(\theta, z, r)$。其中，r 是手臂的径向长度；θ 是手臂绕水平轴的角位移；z 是在垂直轴上的高度。如果 r 不变，则操作臂的运动将形成一个圆柱表面，空间定位比较直观。操作臂收回后，其后端可能与工作空间内的其他物体相碰，移动关节不易防护。

③ 球（极）坐标型机器人　如图 1-38 所示，球（极）坐标型机器人腕部参考点运动所形成的最大轨迹表面是半径为 r 的球面的一部分，以 θ、φ、r 为坐标，任意点可表示为 $P=(\theta, \varphi, r)$。这类机器人占地面积小，工作空间较大，移动关节不易防护。

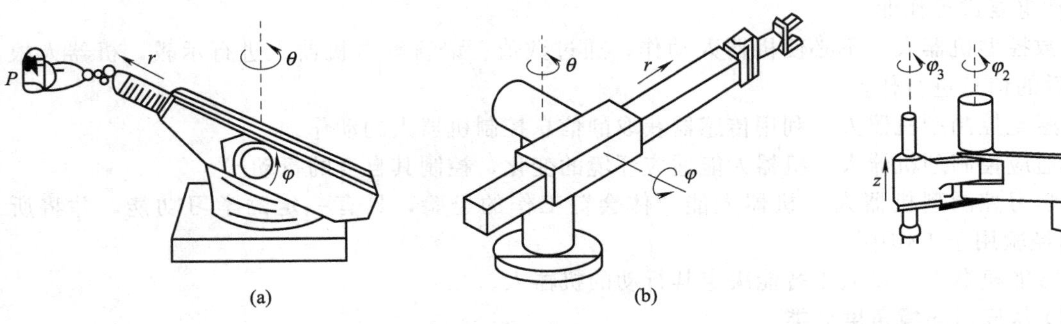

图 1-38　球（极）坐标型机器人

图 1-39　SCARA 机器人

④ 平面双关节型机器人　平面双关节型机器人（Selective Compliance Assembly Robot Arm，SCARA）有 3 个旋转关节，其轴线相互平行，在平面内进行定位和定向，另一个关节是移动关节，用于完成末端件垂直于平面的运动。手腕参考点的位置是由两旋转关节的角位移 φ_1、φ_2 和移动关节的位移 z 决定的，即 $P=(\varphi_1, \varphi_2, z)$，如图 1-39 所示。这类机器人结构轻便、响应快。例如 Adept Ⅰ型 SCARA 机器人的运动速度可达 10m/s，比一般关节式机器人快数倍。它最适用于平面定位而在垂直方向进行装配的作业。

⑤ 关节型机器人　这类机器人由 2 个肩关节和 1 个肘关节进行定位，由 2 个或 3 个腕关节进行定向。其中，一个肩关节绕铅直轴旋转，另一个肩关节实现俯仰，这两个肩关节轴线正交，肘关节平行于第二个肩关节轴线，如图 1-40 所示。这种结构动作灵活，工作空间大，在作业空间内手臂的干涉最小，结构紧凑，占地面积小，关节上相对运动部位容易密封防尘。这类机器人运动学较复杂，运动学反解困难，确定末端件执行器的位姿不直观，进行控制时，计算量比较大。

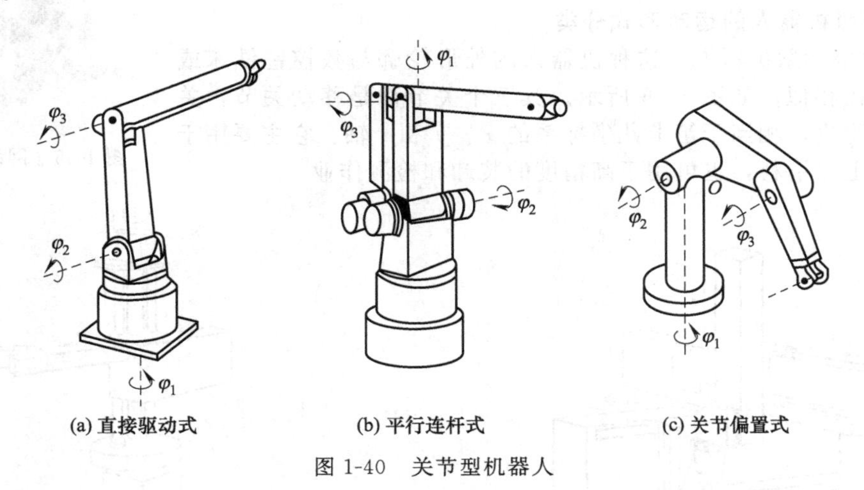

(a) 直接驱动式　(b) 平行连杆式　(c) 关节偏置式

图 1-40　关节型机器人

对于不同坐标型式的机器人，其特点、工作范围及其性能也不同，如表 1-1 所示。

表 1-1　不同坐标型机器人的性能比较

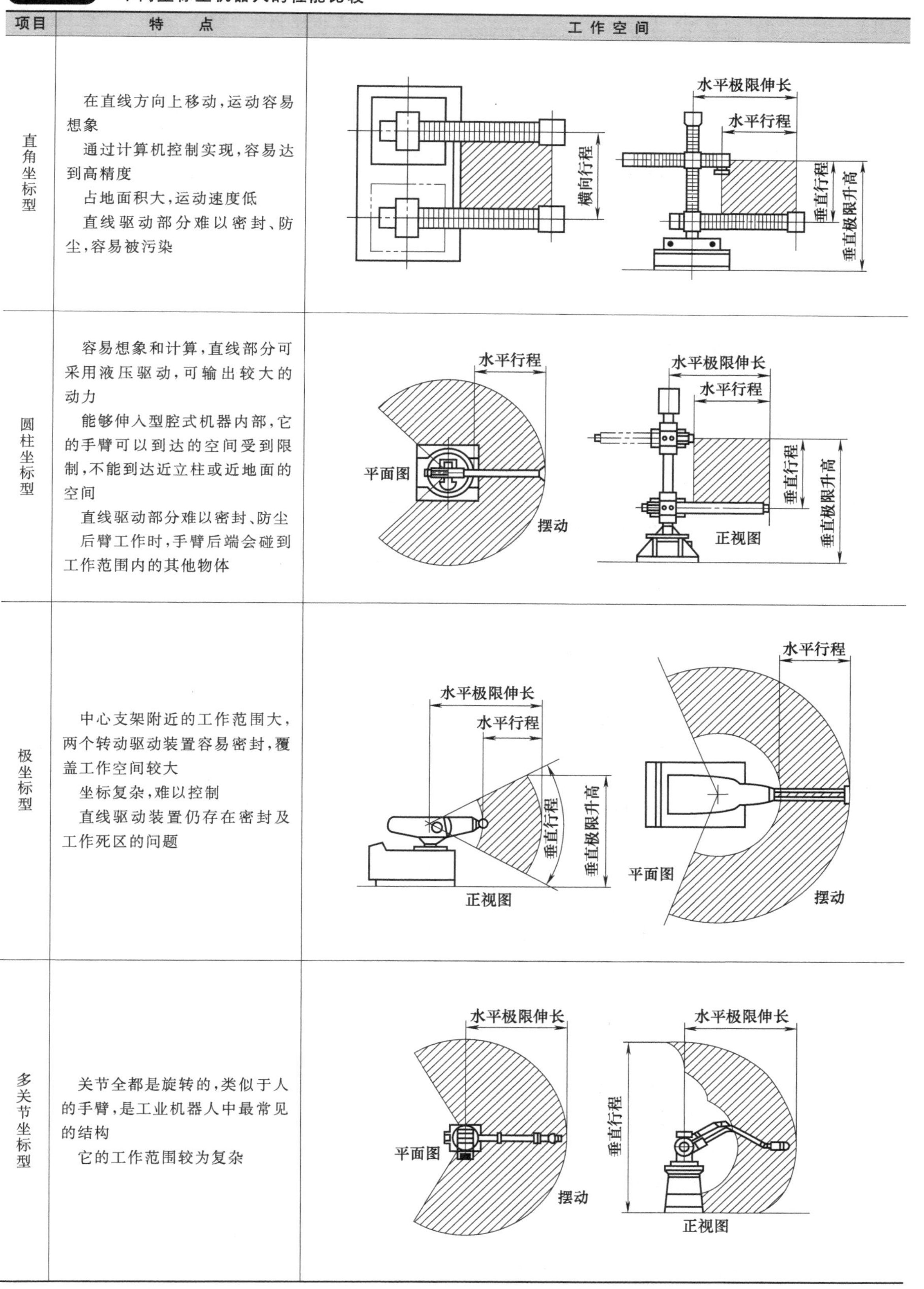

项目	特　点	工作空间
直角坐标型	在直线方向上移动，运动容易想象 通过计算机控制实现，容易达到高精度 占地面积大，运动速度低 直线驱动部分难以密封、防尘，容易被污染	
圆柱坐标型	容易想象和计算，直线部分可采用液压驱动，可输出较大的动力 能够伸入型腔式机器内部，它的手臂可以到达的空间受到限制，不能到达近立柱或近地面的空间 直线驱动部分难以密封、防尘 后臂工作时，手臂后端会碰到工作范围内的其他物体	
极坐标型	中心支架附近的工作范围大，两个转动驱动装置容易密封，覆盖工作空间较大 坐标复杂，难以控制 直线驱动装置仍存在密封及工作死区的问题	
多关节坐标型	关节全都是旋转的，类似于人的手臂，是工业机器人中最常见的结构 它的工作范围较为复杂	

续表

项目	特　点	工作空间
平面关节坐标型	前两个关节(肩关节和肘关节)全都是平面旋转的，最后一个关节(腕关节)是工业机器人中最常见的结构 它的工作范围较为复杂	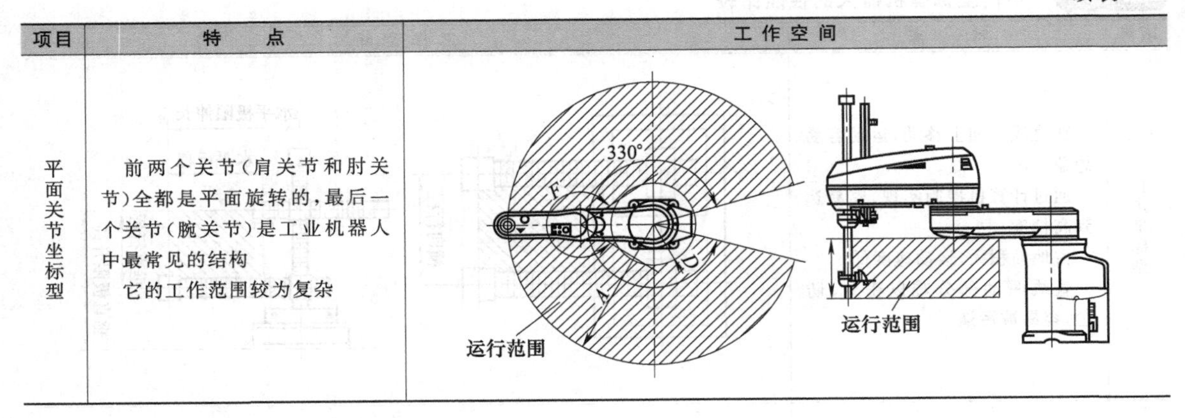

(5)按照机器人移动性来分类

可分为半移动式机器人(机器人整体固定在某个位置，只有部分可以运动，例如机械手)和移动机器人。

(6)按照机器人的移动方式来分类

可分为轮式移动机器人、步行移动机器人(单腿式、双腿式和多腿式)、履带式移动机器人、爬行机器人、蠕动式机器人和游动式机器人等类型。

(7)按照机器人的功能和用途来分类

可分为医疗机器人、军用机器人、海洋机器人、助残机器人、清洁机器人和管道检测机器人等。

(8)按照机器人的作业空间分类

可分为陆地室内移动机器人、陆地室外移动机器人、水下机器人、无人飞机和空间机器人等。

(9)按机器人的驱动方式分类

① 气动式机器人　气动式机器人以压缩空气来驱动其执行机构。这种驱动方式的优点是空气来源方便，动作迅速，结构简单，造价低；缺点是空气具有可压缩性，致使工作速度的稳定性较差。因气源压力一般只有60MPa左右，故此类机器人适宜抓举力要求较小的场合。

② 液动式机器人　相对于气动式机器人，液力驱动的机器人具有大得多的抓举能力，可高达上百千克。液力驱动式机器人结构紧凑，传动平稳且动作灵敏，但对密封的要求较高，且不宜在高温或低温的场合工作，要求的制造精度较高，成本较高。

③ 电动式机器人　目前越来越多的机器人采用电力驱动式，这不仅是因为电动机可供选择的品种众多，更是因为可以运用多种灵活的控制方法。

电力驱动是利用各种电动机产生的力或力矩，直接或经过减速机构驱动机器人，以获得所需的位置、速度、加速度。电力驱动具有无污染、易于控制、运动精度高、成本低、驱动效率高等优点，其应用最为广泛。

电力驱动又可分为步进电动机驱动、直流伺服电动机驱动、无刷伺服电动机驱动等。

④ 新型驱动方式机器人　伴随着机器人技术的发展，出现了利用新的工作原理制造的新型驱动器，如静电驱动器、压电驱动器、形状记忆合金驱动器、人工肌肉及光驱动器等。

(10)按机器人的控制方式分类

① 非伺服机器人　非伺服机器人按照预先编好的程序顺序进行工作，使用限位开关、制动器、插销板和定序器来控制机器人的运动。插销板用来预先规定机器人的工作顺序，而且往往是可调的。定序器的作用是按照预定的正确顺序接通驱动装置的能源。驱动装置接通能源

后，就带动机器人的手臂、腕部和手部等装置运动。

当它们移动到由限位开关所规定的位置时，限位开关切换工作状态，给定序器送去一个工作任务已经完成的信号，并使终端制动器动作，切断驱动能源，使机器人停止运动。非伺服机器人工作能力比较有限。

② 伺服控制机器人　伺服控制机器人通过传感器取得的反馈信号与来自给定装置的综合信号比较后，得到误差信号，经过放大后用以激发机器人的驱动装置，进而带动手部执行装置以一定规律运动，到达规定的位置或速度等，这是一个反馈控制系统。伺服系统的被控量可为机器人手部执行装置的位置、速度、加速度和力等。伺服控制机器人与非伺服机器人相比有更强的工作能力。

伺服控制机器人按照控制的空间位置不同，又可以分为点位伺服控制机器人和连续轨迹伺服控制机器人。

a. 点位伺服控制机器人。点位伺服控制机器人的受控运动方式为从一个点位目标移向另一个点位目标，只在目标点上完成操作。机器人可以以最快和最直接的路径从一个端点移到另一端点。

按点位方式进行控制的机器人，其运动为空间点与点之间的直线运动，在作业过程中只控制几个特定工作点的位置，不对点与点之间的运动过程进行控制。在点位伺服控制的机器人中，所能控制点数的多少取决于控制系统的复杂程度。

通常，点位伺服控制机器人适用于只需要确定终端位置而对编程点之间的路径和速度不做主要考虑的场合。点位控制主要用于点焊、搬运机器人。

b. 连续轨迹伺服控制机器人。连续轨迹伺服控制机器人能够平滑地跟随某个规定的路径，其轨迹往往是某条不在预编程端点停留的曲线路径。

按连续轨迹方式进行控制的机器人，其运动轨迹可以是空间的任意连续曲线。机器人在空间的整个运动过程都处于控制之下，能同时控制两个以上的运动轴，使得手部位置可沿任意形状的空间曲线运动，而手部的姿态也可以通过腕关节的运动得以控制，这对于焊接和喷涂作业是十分有利的。

连续轨迹伺服控制机器人具有良好的控制和运行特性，由于数据是依时间采样的，而不是依预先规定的空间采样的，因此机器人的运行速度较快、功率较小、负载能力也较小。连续轨迹伺服控制机器人主要用于弧焊、喷涂、打飞边毛刺和检测机器人。

（11）按机器人关节连接布置形式分类

按机器人关节连接布置形式，机器人可分为串联机器人和并联机器人（图1-41）两类。从运动形式来看，并联机构可分为平面机构和空间机构；细分可分为平面移动机构、平面移动

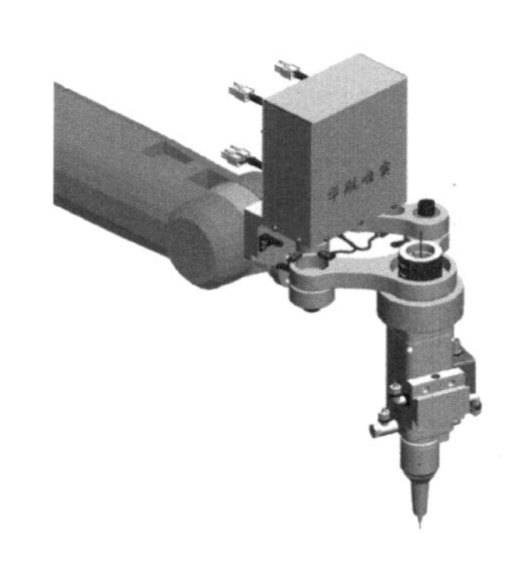

(a) 二自由度并联机构

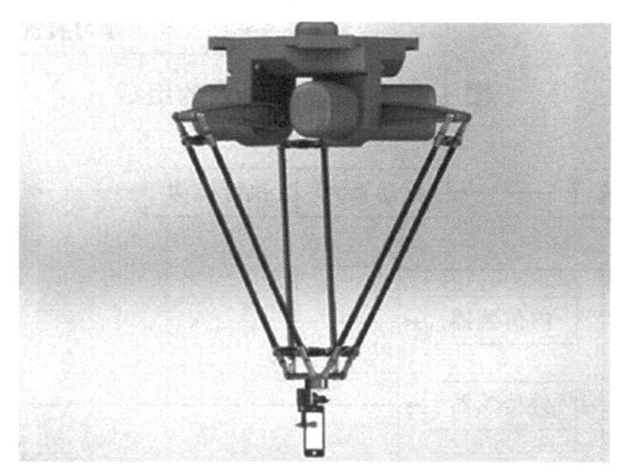

(b) 三自由度并联机构

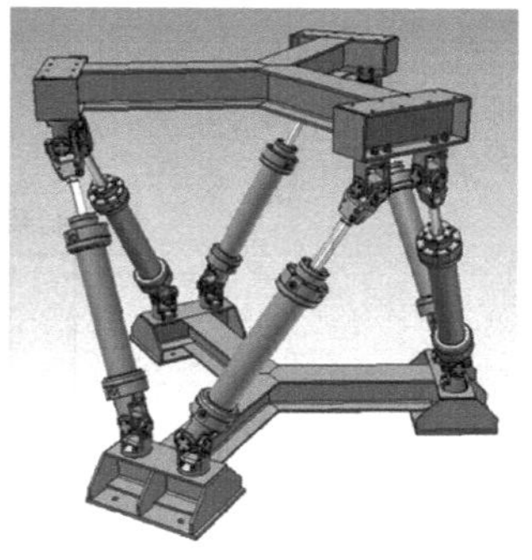

(c) 六自由度并联机构

图1-41　并联机器人

转动机构、空间纯移动机构、空间纯转动机构和空间混合运动机构。

1.2 工业机器人的组成与工作原理

1.2.1 工业机器人的基本组成

工业机器人通常由执行机构、驱动系统、控制系统和传感系统四部分组成，如图 1-42 所示。工业机器人各组成部分之间的相互作用关系如图 1-43 所示。

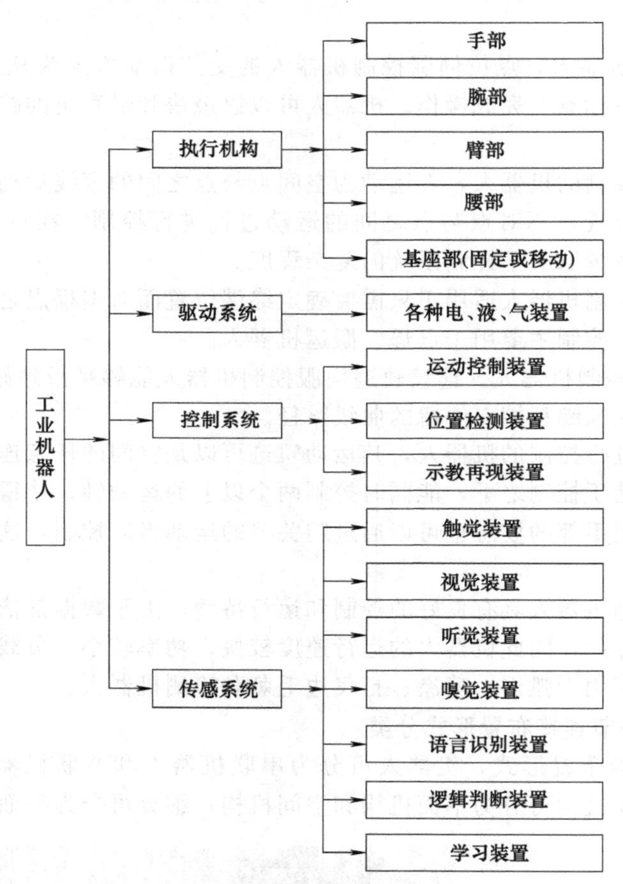

图 1-42 工业机器人的组成

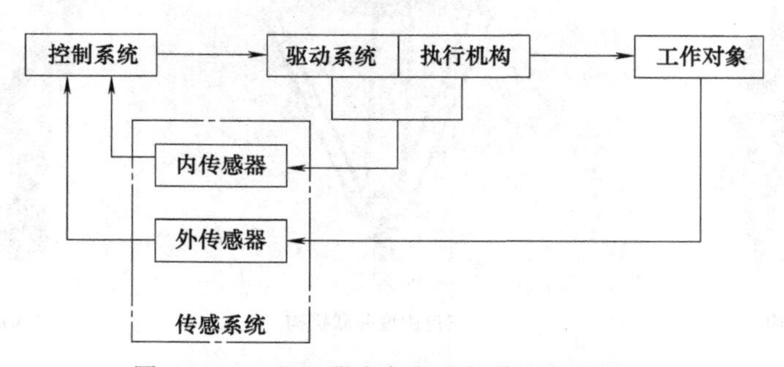

图 1-43 工业机器人各组成部分之间的关系

（1）执行机构

执行机构是机器人赖以完成工作任务的实体，通常由一系列连杆、关节或其他形式的运动副所组成。执行机构从功能的角度可分为手部、腕部、臂部、腰部和机座，如图 1-44 所示。

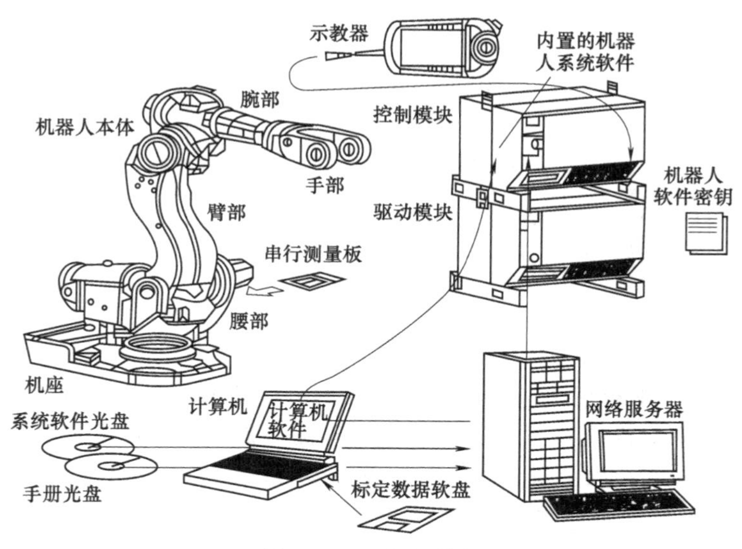

图 1-44　工业机器人

① 手部　工业机器人的手部也叫做末端执行器，是装在机器人手腕上直接抓握工件或执行作业的部件。手部对于机器人来说是决定完成作业质量、作业柔性好坏的关键部件之一。

手部可以像人手那样具有手指，也可以不具备手指；可以是类似人手的手爪，也可以是进行某种作业的专用工具，比如机器人手腕上的焊枪、油漆喷头等。各种手部的工作原理不同，结构形式各异，常用的手部按其夹持原理的不同，可分为机械式、磁力式和真空式三种。

② 腕部　工业机器人的腕部是连接手部和臂部的部件，起支撑手部的作用。机器人一般具有六个自由度才能使手部达到目标位置和处于期望的姿态，腕部的自由度主要是用于实现所期望的姿态，并扩大臂部运动范围。手腕按自由度个数可分为单自由度手腕、二自由度手腕和三自由度手腕。腕部实际所需要的自由度数目应根据机器人的工作性能要求来确定。在有些情况下，腕部具有两个自由度：翻转和俯仰或翻转和偏转。有些专用机器人没有手腕部件，而是直接将手部安装在手部的前端；有的腕部为了特殊要求还有横向移动自由度。

③ 臂部　工业机器人的臂部是连接腰部和腕部的部件，用来支撑腕部和手部，实现较大运动范围。臂部一般由大臂、小臂（或多臂）所组成。臂部总质量较大，受力一般比较复杂，在运动时，直接承受腕部、手部和工件的静、动载荷，尤其是在高速运动时，将产生较大的惯性力（或惯性力矩），引起冲击，影响定位精度。

④ 腰部　腰部是连接臂部和基座的部件，通常是回转部件。由于它的回转，再加上臂部的运动，就能使腕部作空间运动。腰部是执行机构的关键部件，它的制作误差、运动精度和平稳性对机器人的定位精度有决定性的影响。

⑤ 机座　机座是整个机器人的支持部分，有固定式和移动式两类。移动式机座用来扩大机器人的活动范围，有的是专门的行走装置，有的是轨道、滚轮机构。机座必须有足够的刚度和稳定性。

（2）驱动系统

工业机器人的驱动系统是向执行系统各部件提供动力的装置，包括驱动器和传动机构两部分，它们通常与执行机构连成一体。驱动器通常有电动、液压、气动装置以及把它们结合起来应用的综合系统。常用的传动机构有谐波传动机构、螺旋传动机构、链传动机构、带传动机构以及各种齿轮传动机构等。工业机器人驱动系统的组成如图 1-45 所示。

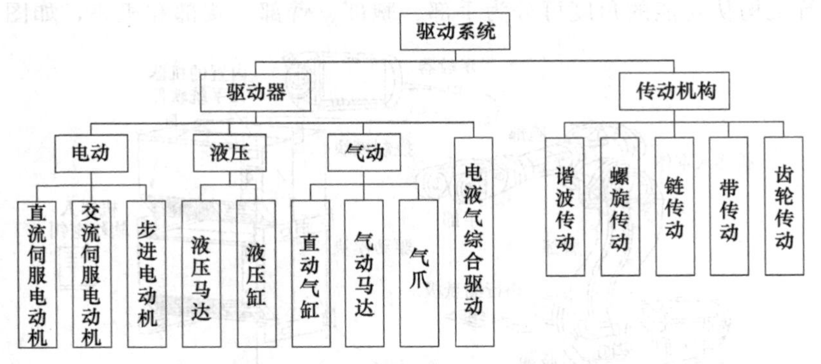

图 1-45　工业机器人驱动系统的组成

① 气力驱动　气力驱动系统通常由气缸、气阀、气罐和空压机（或由气压站直接供给）等组成，以压缩空气来驱动执行机构进行工作。其优点是空气来源方便、动作迅速、结构简单、造价低、维修方便、防火防爆、漏气对环境无影响；缺点是操作力小、体积大，又由于空气的压缩性大导致速度不易控制、响应慢、动作不平稳、有冲击。因起源压力一般只有 60MPa 左右，故此类机器人适用于抓举力要求较小的场合。

② 液压驱动　液压驱动系统通常由液动机（各种油缸、油马达）、伺服阀、油泵、油箱等组成，以压缩机油来驱动执行机构进行工作。其特点是操作力大、体积小、传动平稳且动作灵敏、耐冲击、耐振动、防爆性好。相对于气力驱动，液压驱动的机器人具有大得多的抓举能力，可高达上百千克。但液压驱动系统对密封的要求较高，且不宜在高温或低温的场合工作，要求的制造精度较高，成本较高。

③ 电力驱动　电力驱动是利用电动机产生的力或力矩，直接或经过减速机构驱动机器人，以获得所需的位置、速度和加速度。电力驱动具有电源易取得，无环境污染，响应快，驱动力较大，信号检测、传输、处理方便，可采用多种灵活的控制方案，运动精度高，成本低，驱动效率高等优点，是目前机器人使用最多的一种驱动方式。驱动电动机一般采用步进电动机、直流伺服电动机以及交流伺服电动机。由于电动机转速高，通常还需采用减速机构。目前有些机构已开始采用无需减速机构的特制电动机直接驱动，这样既可简化机构，又可提高控制精度。

④ 其他驱动方式　采用混合驱动，即液、气或电、气混合驱动。

（3）控制系统

控制系统的任务是根据机器人的作业指令程序以及从传感器反馈回来的信号支配机器人的执行机构实现固定的运动和功能。若工业机器人不具备信息反馈特征，则为开环控制系统；若具备信息反馈特征，则为闭环控制系统。

工业机器人的控制系统主要由主控计算机和关节伺服控制器组成，如图 1-46 所示。上位主控计算机主要根据作业要求完成编程，并发出指令控制各伺服驱动装置使各杆件协调工作，同时还要完成环境状况、周边设备之间的信息传递和协调工作。关节伺服控制器用于实现驱动单元的伺服控制，轨迹插补计

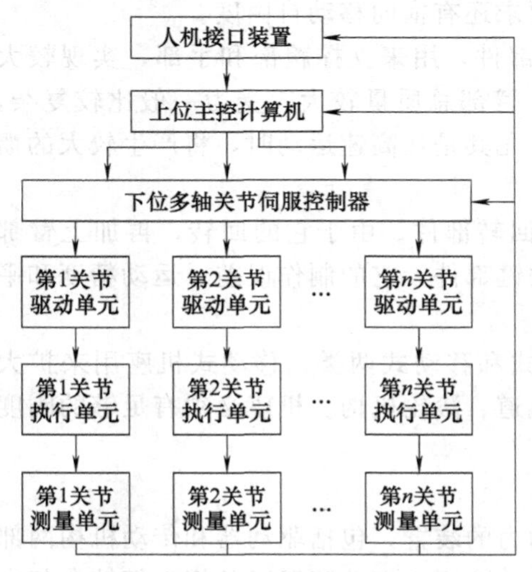

图 1-46　工业机器人控制系统一般构成

算，以及系统状态监测。机器人的测量单元一般为安装在执行部件中的位置检测元件（如光电编码器）和速度检测元件（如测速电机），这些检测量反馈到控制器中用于闭环控制、监测或进行示教操作。人机接口除了包括一般的计算机键盘、鼠标外，通常还包括手持控制器（示教盒），通过手持控制器可以对机器人进行控制和示教操作。

工业机器人通常具有示教再现和位置控制两种方式。示教再现控制就是操作人员通过示教装置把作业程序内容编制成程序，输入到记忆装置中，在外部给出启动命令后，机器人从记忆装置中读出信息并送到控制装置，发出控制信号，由驱动机构控制机械手的运动，在一定精度范围内按照记忆装置中的内容完成给定的动作。实质上，工业机器人与一般自动化机械的最大区别就是它具有“示教再现”功能，因而表现出通用、灵活的“柔性”特点。

工业机器人的位置控制方式有点位控制和连续路径控制两种。其中，点位控制这种方式只关心机器人末端执行器的起点和终点位置，而不关心这两点之间的运动轨迹，这种控制方式可完成无障碍条件下的点焊、上下料、搬运等操作。连续路径控制方式不仅要求机器人以一定的精度达到目标点，而且对移动轨迹也有一定的精度要求，如机器人喷漆、弧焊等操作。实质上这种控制方式是以点位控制方式为基础，在每两点之间用满足精度要求的位置轨迹插补算法实现轨迹连续化的。

（4）传感系统

传感系统是机器人的重要组成部分，按其采集信息的位置，一般可分为内部传感器和外部传感器两类。内部传感器是完成机器人运动控制所必需的传感器，如位置、速度传感器等，用于采集机器人内部信息，是构成机器人不可缺少的基本元件。外部传感器检测机器人所处环境、外部物体状态或机器人与外部物体的关系。常用的外部传感器有力觉传感器、触觉传感器、接近觉传感器、视觉传感器等。一些特殊领域应用的机器人还可能需要具有温度、湿度、压力、滑动量、化学性质等方面感觉能力的传感器。机器人传感器的分类如表1-2所示。

传统的工业机器人仅采用内部传感器，用于对机器人运动、位置及姿态进行精确控制。使用外部传感器，使得机器人对外部环境具有一定程度的适应能力，从而表现出一定程度的智能。

表1-2 机器人传感器的分类

内部传感器	用途	机器人的精确控制
	检测的信息	位置、角度、速度、加速度、姿态、方向等
	所用传感器	微动开关、光电开关、差动变压器、编码器、电位计、旋转变压器、测速发电机、加速度计、陀螺仪、倾角传感器、力（或力矩）传感器等
外部传感器	用途	了解工件、环境或机器人在环境中的状态，对工件的灵活、有效的操作
	检测的信息	工件和环境：形状、位置、范围、质量、姿态、运动、速度等 机器人与环境：位置、速度、加速度、姿态等 对工件的操作：非接触（间隔、位置、姿态等）、接触（障碍检测、碰撞检测等）、触觉（接触觉、压觉、滑觉）、夹持力等
	所用传感器	视觉传感器、光学测距传感器、超声测距传感器、触觉传感器、电容传感器、电磁感应传感器、限位传感器、压敏导电橡胶、弹性体加应变片等

1.2.2 工业机器人的基本工作原理

现在广泛应用的工业机器人都属于第一代机器人，它的基本工作原理是示教再现，如图1-47所示。

示教也称为导引，即由用户引导机器人，一步步将实际任务操作一遍，机器人在引导过程中自动记忆示教的每个动作的位置、姿态、运动参数、工艺参数等，并自动生成一个连续执行

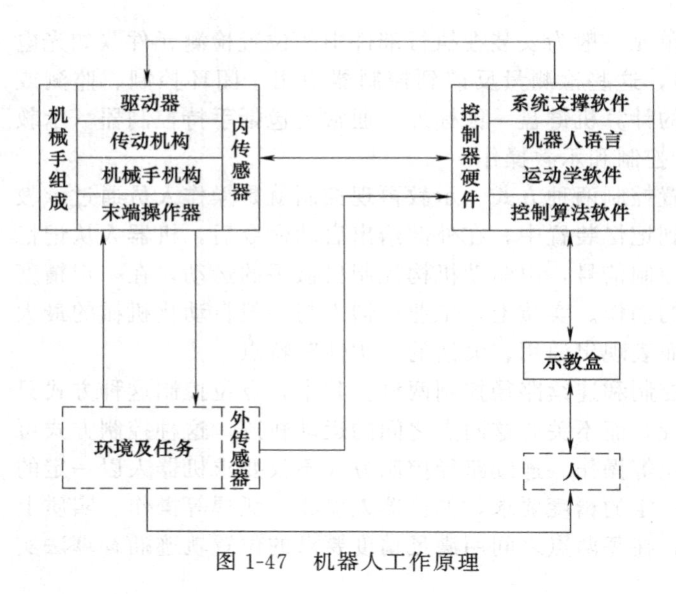

图 1-47　机器人工作原理

全部操作的程序。

完成示教后，只需给机器人一个启动命令，机器人将精确地按示教动作，一步步完成全部操作，这就是再现。

（1）机器人手臂的运动

机器人的机械臂是由数个刚性杆体和旋转或移动的关节连接而成的，是一个开环关节链，开链的一端固接在基座上，另一端是自由的，安装着末端执行器（如焊枪），在机器人操作时，机器人手臂前端的末端执行器必须与被加工工件处于相适应的位置和姿态，而这些位置和姿态是由若干个臂关节的运动所合成的。

因此，在对机器人运动的控制中，必须要知道机械臂各关节变量空间和末端执行器的位置和姿态之间的关系，这就是机器人运动学模型。一台机器人机械臂的几何结构确定后，其运动学模型即可确定，这是机器人运动控制的基础。

（2）机器人轨迹规划

机器人机械手端部从起点的位置和姿态到终点的位置和姿态的运动轨迹空间曲线叫做路径。

轨迹规划的任务是用一种函数来“内插”或“逼近”给定的路径，并沿时间轴产生一系列“控制设定点”，用于控制机械手运动。目前常用的轨迹规划方法有空间关节插值法和笛卡儿空间规划法两种方法。

（3）机器人机械手的控制

当一台机器人机械手的动态运动方程已给定时，它的控制目的就是按预定性能要求保持机械手的动态响应。但是由于机器人机械手的惯性力、耦合反应力和重力负载都随运动空间的变化而变化，因此要对它进行高精度、高速度、高动态品质的控制是相当复杂且困难的。

目前在工业机器人上采用的控制方法是把机械手上每一个关节都当做一个单独的伺服机构，即把一个非线性的、关节间耦合的变负载系统，简化为线性的非耦合单独系统。

1.2.3　机器人应用与外部的关系

（1）机器人应用涉及的领域

机器人技术是集机械工程学、计算机科学、控制工程、电子技术、传感器技术、人工智能、仿生学等学科为一体的综合技术，它是多学科科技革命的必然结果。每一台机器人，都是一个知识密集和技术密集的高科技机电一体化产品。机器人与外部的关系如图 1-48 所示，机器人技术涉及的研究领域有如下几个。

① 传感器技术。得到与人类感觉机能相似的传感器技术。

② 人工智能计算机科学。得到与人类智能或控制机能相似能力的人工智能或计算机科学。

③ 假肢技术。

④ 工业机器人技术。把人类作业技能具体化的工业机器人技术。

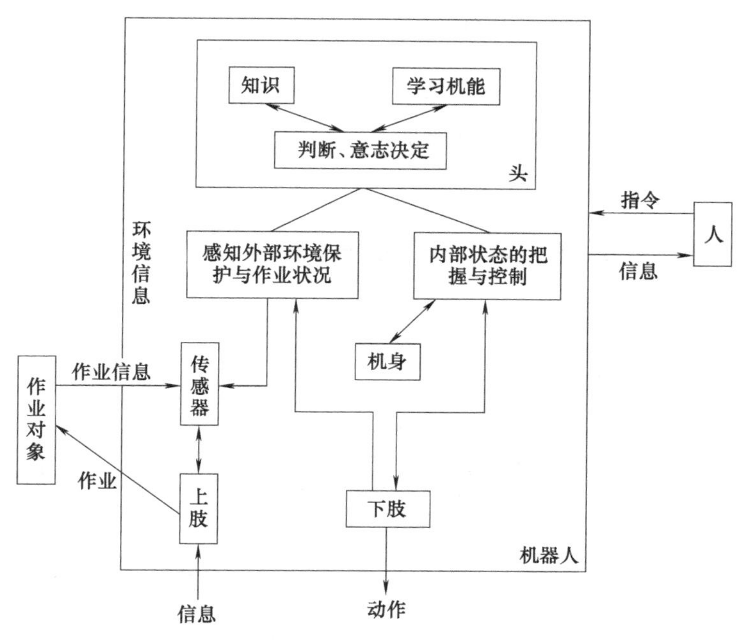

图 1-48　机器人与外部的关系

⑤ 移动机械技术。实现动物行走机能的行走技术。

⑥ 生物功能。以实现生物机能为目的的生物学技术。

(2) 机器人研究内容

① 空间机构学　空间机构在机器人中的应用体现在：机器人机身和臂部机构的设计、机器人手部机构的设计、机器人行走机构的设计、机器人关节部机构的设计，即机器人机构的造型综合和尺寸综合。

② 机器人运动学　机器人的执行机构实际上是一个多刚体系统，研究要涉及组成这一系统的各杆件之间以及系统与对象之间的相互关系，为此需要一种有效的数学描述方法。

③ 机器人静力学　机器人与环境之间的接触会在机器人与环境之间引起相互的作用力和力矩，而机器人的输入关节扭矩由各个关节的驱动装置提供，通过手臂传至手部，使力和力矩作用在环境的接触面上。这种力和力矩的输入和输出关系在机器人控制中是十分重要的。静力学主要讨论机器人手部端点力与驱动器输入力矩的关系。

④ 机器人动力学　机器人是一个复杂的动力学系统，要研究和控制这个系统，首先必须建立它的动力学方程。动力学方程是指作用于机器人各机构的力或力矩与其位置、速度、加速度关系的方程式。

⑤ 机器人控制技术　机器人的控制技术是在传统机械系统的控制技术的基础上发展起来的，两者之间无根本的不同。但机器人控制系统也有许多特殊之处，它是有耦合的、非线性的多变量的控制系统，其负载、惯量、重心等都可能随时间变化，不仅要考虑运动学关系还要考虑动力学因素，其模型为非线性的而工作环境又是多变的，等等。主要研究的内容有机器人控制方式和机器人控制策略。

⑥ 机器人传感器　机器人的感觉主要通过传感器来实现，如表 1-2 所示。

⑦ 机器人语言　机器人语言分为通用计算机语言和专用机器人语言，通用机器人语言的种类极多，常用的有汇编语言、FORTRAN、PASCAL、FORTH、BASIC 等。随着作业内容的复杂化，利用程序来控制机器人显得越来越困难，为了寻求用简单的方法描述作业、控制机器人动作的途径，人们开发了一些机器人专用语言，如 AL、VAL、IML、PART、AUTO-

PASS等。作为机器人语言，首先要具有作业内容的描述性，不管作业内容如何复杂，都能准确加以描述；其次要具有环境模型的描述性，要能用简单的模型描述复杂的环境，要能适应操作情况的变化改变环境模型的内容；再次要求具有人机对话的功能，以便及时描述新的作业及修改作业内容；最后要求在出现危险情况时能及时报警并停止机器人动作。

1.3 机器人的基本术语与图形符号

1.3.1 机器人的基本术语

（1）关节

关节（joint）：即运动副，是允许机器人手臂各零件之间发生相对运动的机构，是两构件直接接触并能产生相对运动的活动连接，如图1-49所示。A、B两部件可以做互动连接。

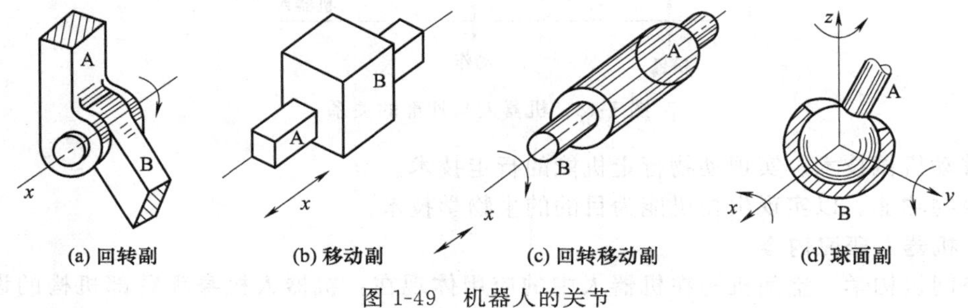

图1-49 机器人的关节

高副机构（higher pair），简称高副，指的是运动机构的两构件通过点或线的接触而构成的运动副。例如齿轮副和凸轮副就属于高副机构。平面高副机构拥有两个自由度，即相对接触面切线方向的移动和相对接触点的转动。相对而言，通过面的接触而构成的运动副叫做低副机构。

关节是各杆件间的结合部分，是实现机器人各种运动的运动副，由于机器人的种类很多，其功能要求不同，关节的配置和传动系统的形式都不同。机器人常用的关节有移动、旋转运动副。一个关节系统包括驱动器、传动器和控制器，属于机器人的基础部件，是整个机器人伺服系统中的一个重要环节，其结构、重量、尺寸对机器人性能有直接影响。

① 回转关节　回转关节，又叫做回转副、旋转关节，是使连接两杆件的组件中的一件相对于另一件绕固定轴线转动的关节，两个构件之间只作相对转动的运动副。如手臂与机座、手臂与手腕之间就存在相对回转或摆动的关节机构，它由驱动器、回转轴和轴承组成。多数电动机能直接产生旋转运动，但常需各种齿轮、链、带传动或其他减速装置，以获取较大的转矩。

② 移动关节　移动关节，又叫做移动副、滑动关节、棱柱关节，是使两杆件的组件中的一件相对于另一件作直线运动的关节，两个构件之间只作相对移动。它采用直线驱动方式传递运动，包括直角坐标结构的驱动，圆柱坐标结构的径向驱动和垂直升降驱动，以及极坐标结构的径向伸缩驱动。直线运动可以直接由气缸或液压缸和活塞产生，也可以采用齿轮齿条、丝杠、螺母等传动元件把旋转运动转换成直线运动。

③ 圆柱关节　圆柱关节，又叫做回转移动副、分布关节，是使两杆件的组件中的一件相对于另一件移动或绕一个移动轴线转动的关节。两个构件之间除了作相对转动之外，还同时可以做相对移动。

④ 球关节 球关节，又叫做球面副，是使两杆件间的组件中的一件相对于另一件在三个自由度上绕一固定点转动的关节，即组成运动副的两构件能绕一球心作三个独立的相对转动的运动副。

（2）连杆

连杆（Link）：指机器人手臂上被相邻两关节分开的部分，是保持各关节间固定关系的刚体，是机械连杆机构中两端分别与主动和从动构件铰接以传递运动和力的杆件。例如在往复活塞式动力机械和压缩机中，用连杆来连接活塞与曲柄。连杆多为钢件，其主体部分的截面多为圆形或工字形，两端有孔，孔内装有青铜衬套或滚针轴承，供装入轴销而构成铰接。

连杆是机器人中的重要部件，它连接着关节，其作用是将一种运动形式转变为另一种运动形式，并把作用在主动构件上的力传给从动构件以输出功率。

（3）刚度

刚度（Stiffness）：是机器人机身或臂部在外力作用下抵抗变形的能力。它是用外力和在外力作用方向上的变形量（位移）之比来度量的。在弹性范围内，刚度是零件载荷与位移成正比的比例系数，即引起单位位移所需的力。它的倒数称为柔度，即单位力引起的位移。刚度可分为静刚度和动刚度。

在任何力的作用下，体积和形状都不发生改变的物体叫做刚体（Rigid body）。在物理学上，理想的刚体是一个固体的、尺寸值有限的、形变情况可以被忽略的物体。不论是否受力，在刚体内任意两点的距离都不会改变。在运动中，刚体内任意一条直线在各个时刻的位置都保持平行。

1.3.2 机器人的图形符号体系

（1）运动副的图形符号

机器人所用的零件和材料以及装配方法等与现有的各种机械完全相同。机器人常用的关节有移动、旋转运动副，常用的运动副图形符号如表1-3所示。

表1-3 常用的运动副图形符号

运动副名称		运动副符号	
	转动副	两运动构件构成的运动副	两构件之一为固定时的运动副
平面运动副	转动副	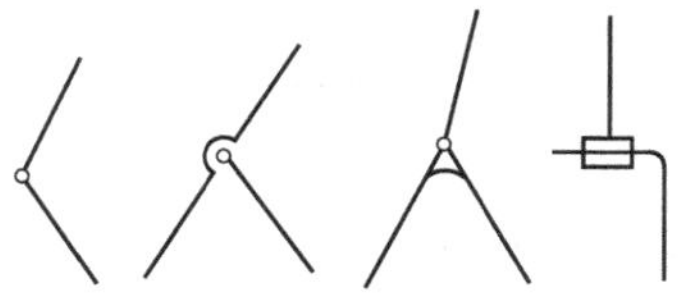	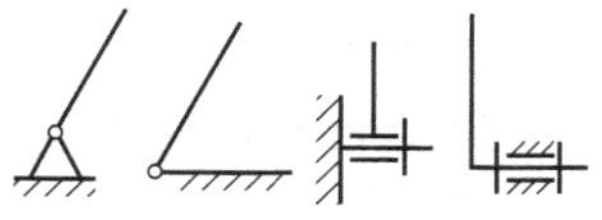
	移动副	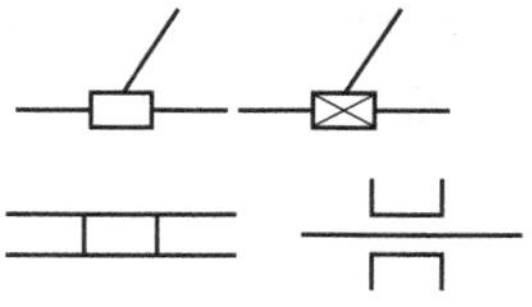	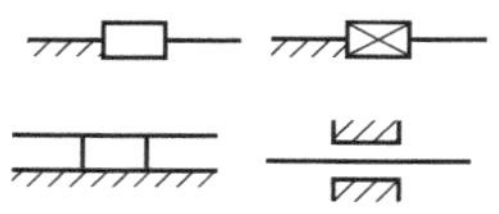
	平面高副		

续表

运动副名称		运动副符号	
空间运动副	螺旋副	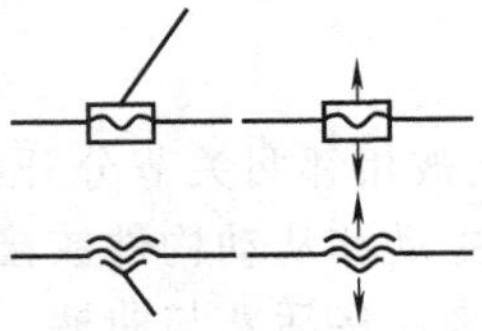	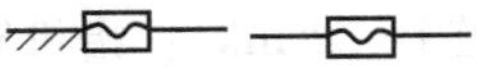
	球面副及球销副	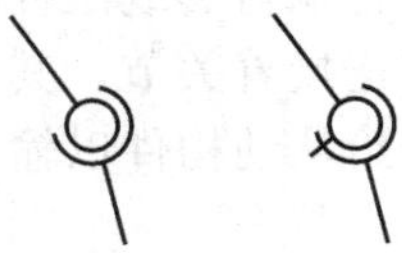	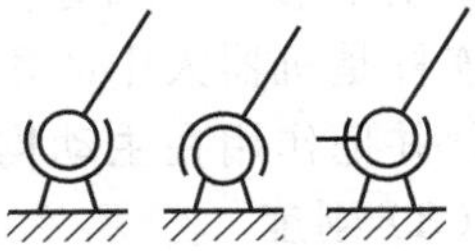

(2) 基本运动的图形符号

机器人的基本运动与现有的各种机械表示也完全相同。常用的基本运动图形符号如表 1-4 所示。

表 1-4 常用的基本运动图形符号

序号	名称	符号
1	直线运动方向	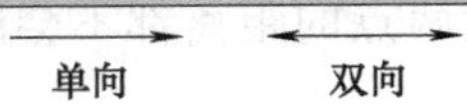 单向 双向
2	旋转运动方向	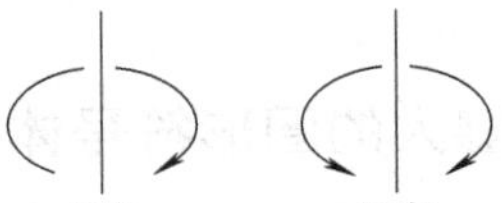 单向 双向
3	连杆、轴关节的轴	
4	刚性连接	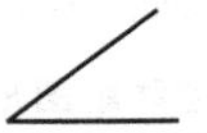
5	固定基础	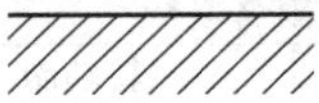
6	机械联锁	

(3) 运动机能的图形符号

机器人的运动机能常用的图形符号如表 1-5 所示。

表 1-5 机器人的运动机能常用的图形符号

编号	名称	图形符号	参考运动方向	备　注
1	移动(1)		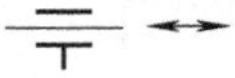	
2	移动(2)	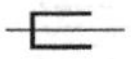	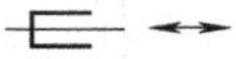	
3	回转机构			
4	旋转(1)	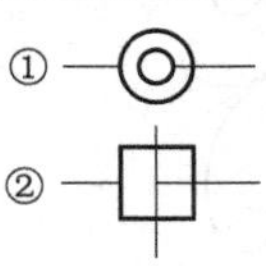 ① ②	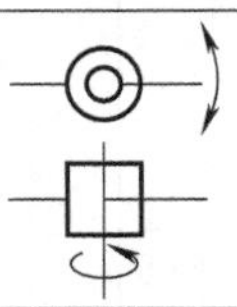	① 一般常用的图形符号 ② 表示①的侧向的图形符号

续表

编号	名称	图形符号	参考运动方向	备　注
5	旋转(2)	① ②		①一般常用的图形符号 ②表示①的侧向的图形符号
6	差动齿轮			
7	球关节			
8	握持			
9	保持			包括已成为工具的装置。工业机器人的工具此处未作规定
10	机座			

(4)运动机构的图形符号

机器人运动机构常用的图形符号如表1-6所示。

表1-6　机器人运动机构常用的图形符号

序号	名称	自由度	符号	参考运动方向	备注
1	直线运动关节(1)	1			
2	直线运动关节(2)	1			
3	旋转运动关节(1)	1			
4	旋转运动关节(2)	1			平面
5		1			立体
6	轴套式关节	2			
7	球关节	3			
8	末端操作器		一般型 熔接 真空吸引		用途示例

1.3.3 机器人的图形符号表示

机器人的描述方法可分为机器人机构简图、机器人运动原理图、机器人传动原理图、机器人速度描述方程、机器人位姿运动学方程、机器人静力学描述方程等。

（1）四种坐标机器人的机构简图

机器人的机构简图是描述机器人组成机构的直观图形表达形式，是将机器人的各个运动部件用简便的符号和图形表达出来的一种方式。此图可用上述图形符号体系中的文字与代号表示。图 1-50 为常见四种坐标机器人的机构简图。

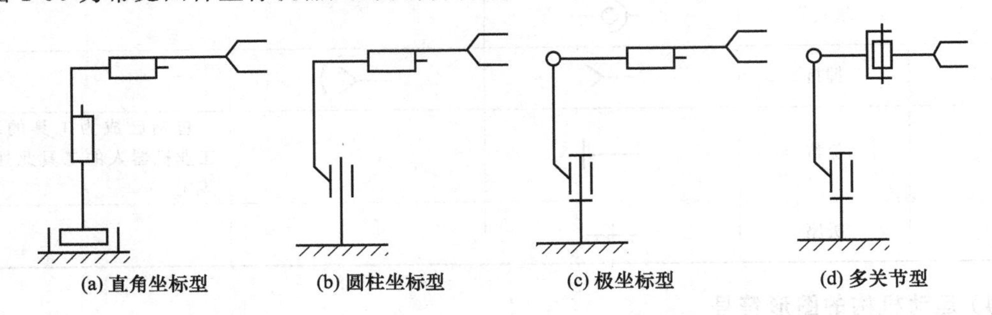

图 1-50　典型机器人机构简图

（2）机器人运动原理图

机器人运动原理图是描述机器人运动的直观图形表达形式，是将机器人的运动功能原理用简便的符号和图形表达出来的一种方式。此图可用上述的图形符号体系中的文字与代号表示。

机器人运动原理图是建立机器人坐标系、运动和动力方程式、设计机器人传动原理图的基础，也是我们为了应用好机器人，在学习使用机器人时最有效的工具。

图 1-51 为 PUMA-262 机器人的机构运动示意图和运动原理图。可见，运动原理图可以简化为机构运动示意图，以明确主要因素。

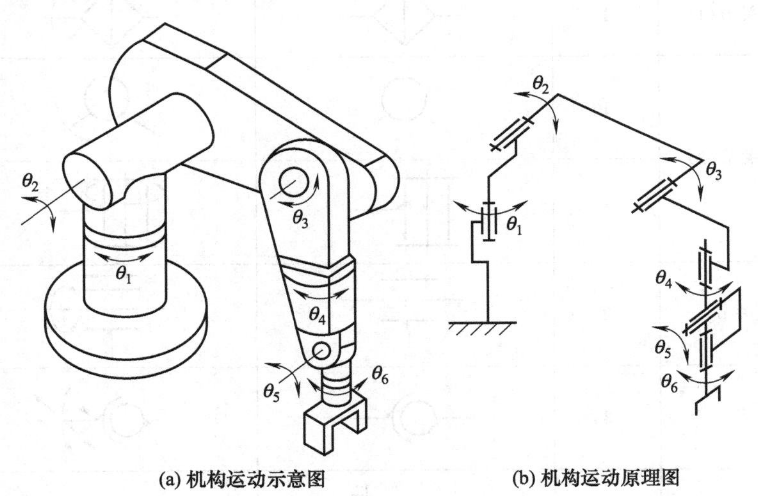

图 1-51　机构运动示意图和运动原理图

（3）机器人传动原理图

将机器人动力源与关节之间的运动及传动关系用简洁的符号表示出来，就是机器人传动原理图。图 1-52 为 PUMA-262 机器人的传动原理图。机器人的传动原理图是机器人传动系统设计的依据，也是理解传动关系的有效工具。

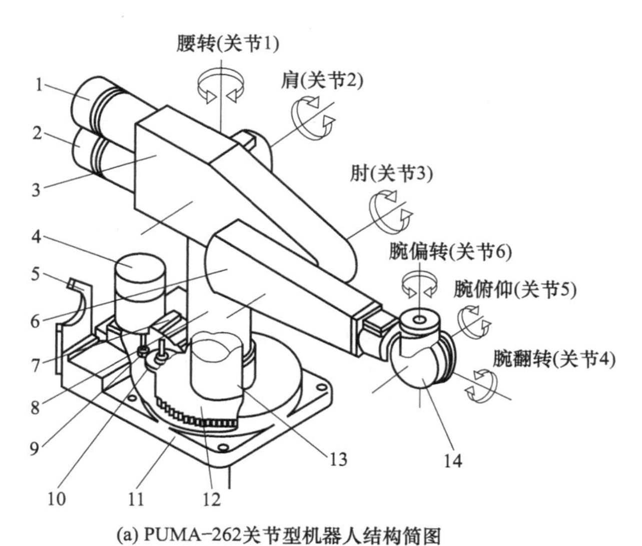

(a) PUMA-262关节型机器人结构简图

1—关节2的电动机；2—关节3的电动机；3—大臂；4—关节1的电动机；5—小臂定位夹板；6—小臂；7—气动阀；8—立柱；9—直齿轮；10—中间齿轮；11—基座；12—主齿轮；13—管形连接轴；14—手腕

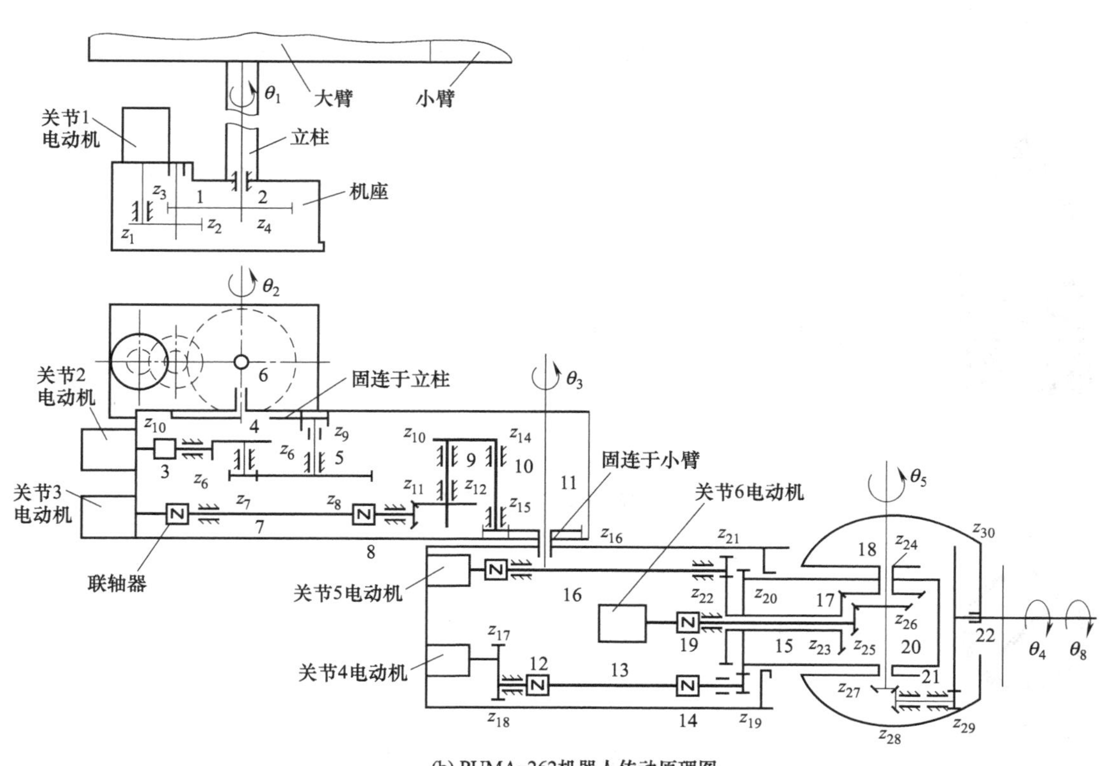

(b) PUMA-262机器人传动原理图

1, 4, 5, 7, 9, 10, 12, 13, 16, 17, 20, 21—轴；2—轴（关节1）；3, 19—联轴器；6—轴（关节2）；8, 14—壳体；11—轴（关节3）；15—轴（关节4）；18—轴（关节5）；22—轴（关节6）

图 1-52　PUMA-262 机器人传动原理图

1.3.4 工业机器人的提示符号

工业机器人的常用提示符号如表1-7所示。

表1-7 工业机器人常用提示符号

符号	名称	含义
	危险	警告，如果不依照说明操作，就会发生事故，并导致严重或致命的人员伤害和/或严重的产品损坏。该标志适用于以下险情：触碰高压单元、爆炸、火灾、吸入有毒气体、挤压、撞击、坠落等
	警告	警告，如果不依照说明操作，可能会发生事故，导致严重的人员伤害，甚至死亡，或严重的产品损坏。该标志适用于以下险情：触碰高压单元、爆炸、火灾，吸入有毒气体、挤压、撞击、坠落等
	电击	触电或电击标志表示那些会导致严重个人伤害或死亡的电气危害
	小心	警告，如果不依照说明操作，可能会发生事故，导致人员伤害和(或)产品损坏。该标志适用于以下险情：烧伤、眼部伤害、皮肤伤害、听力损伤、挤压或失足滑落、跌倒、撞击、高空跌落等。此外，它还适用于某些涉及功能要求的警告消息，即在装配和移除设备过程中出现有可能损坏产品或引起产品故障的情况时，就会采用这一标志
	静电放电(ESD)	静电放电(ESD)标志表示可能会严重损坏产品的静电危害
	注意	此标志提示您需要注意的重要事项和环境条件
	提示	此标志将引导您参阅一些专门的说明，以便从中获取附加信息或了解如何用更简单的方法来执行特定操作
	禁止	与其他符号组合使用
	产品手册	阅读产品手册获取详细信息
	拆卸说明	拆卸之前，请先参阅产品手册

续表

符号	名称	含　义
	请勿拆卸	拆卸此部件可能会造成伤害
	扩展旋转	相比于标准轴，此轴具有扩展旋转(工作区域)
	制动闸释放	按此按钮将释放制动闸。这意味着操纵器手臂可能会下降
	拧松螺栓时提示风险	如果螺栓未牢牢拧紧，操纵器可能会翻倒
	压轧	有压轧伤害的风险
	发热	可能会造成灼伤的发热风险
	移动机器人	机器人可能会意外移动
⑥⑤④③②①	制动闸释放按钮	
	吊环螺栓	
	吊升机器人	
	润滑油	如果不允许使用润滑油，可以与禁止符号组合使用

续表

符号	名称	含　义
	机械停止	
	储存的能量	警告此部件含有储存的能量 与请勿拆卸符号组合使用
	压力	警告此部件受到压力。通常包含压力水平附件文本
	通过操纵柄关闭	使用控制器上的电源开关

1.3.5 工业机器人技术参数

技术参数是各工业机器人制造商在产品供货时所提供的技术数据。尽管各厂商所提供的技术参数项目是不完全一样的，工业机器人的结构、用途等有所不同，且用户的要求也不同，但是，工业机器人的主要技术参数一般都应有自由度、重复定位精度、工作范围、最大工作速度、承载能力等。

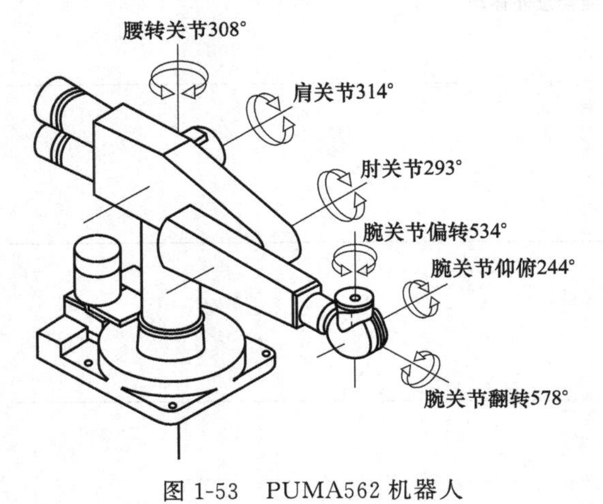

图 1-53　PUMA562 机器人

① 自由度　自由度是指机器人所具有的独立坐标轴运动的数目，不应包括手爪（末端操作器）的开合自由度。在三维空间中描述一个物体的位置和姿态（简称位姿）需要 6 个自由度。但是，工业机器人的自由度是根据其用途而设计的，可能小于 6 个自由度，也可能大于 6 个自由度。例如，PUMA562 机器人具有 6 个自由度，如图 1-53 所示，可以进行复杂空间曲面的弧焊作业。从运动学的观点看，在完成某一特定作业时具有多余自由度的机器人，就叫做冗余自由度机器人，也可简称为冗余度机器人。例如，PUMA562 机器人去执行印刷电路板上接插电子器件的作业时就成为了冗余度机器人。利用冗余的自由度，可以增加机器人的灵活性，躲避障碍物和改善动力性能。人的手臂（大臂、小臂、手腕）共有 7 个自由度，所以工作起来很灵巧，手部可回避障碍物，从不同方向到达同一个目的点。

② 工作范围　工作范围是指机器人手臂末端或手腕中心所能到达的所有点的集合，也叫

做工作区域。因为末端操作器的形状和尺寸是多种多样的，所以为了真实反映机器人的特征参数，工作范围是指不安装末端操作器时的工作区域。工作范围的形状和大小是十分重要的，机器人在执行某项作业时可能会因为存在手部不能到达的作业死区（deadzone）而不能完成任务。图1-54和图1-55所示分别为PUMA机器人和A4020装配机器人的工作范围。

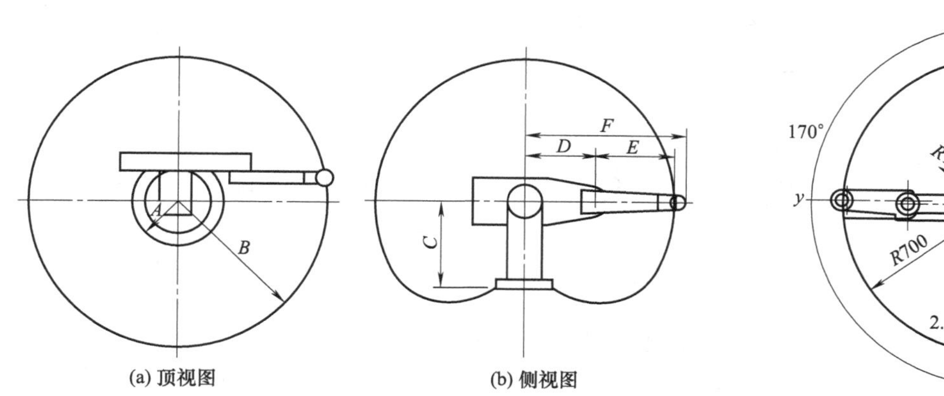

图1-54　PUMA机器人工作范围

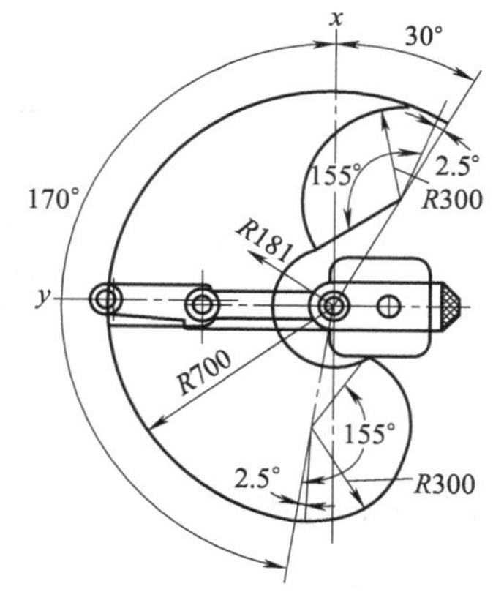

图1-55　A4020装配机器人工作范围

③ 最大工作速度　机器人在保持运动平稳性和位置精度的前提下所能达到的最大速度称为额定速度。其某一关节运动的速度称为单轴速度，由各轴速度分量合成的速度称为合成速度。

机器人在额定速度和规定性能范围内，末端执行器所能承受负载的允许值称为额定负载。在限制作业条件下，为了保证机械结构不损坏，末端执行器所能承受负载的最大值称为极限负载。

对于结构固定的机器人，其最大行程为定值，因此额定速度越高，运动循环时间越短，工作效率也越高。而机器人每个关节的运动过程一般包括启动加速、匀速运动和减速制动三个阶段。如果机器人负载过大，则会产生较大的加速度，造成启动、制动阶段时间增长，从而影响机器人的工作效率。对此，就要根据实际工作周期来平衡机器人的额定速度。

④ 承载能力　承载能力是指机器人在工作范围内的任何位姿上所能承受的最大负载，通常可以用质量、力矩或惯性矩来表示。承载能力不仅取决于负载的质量，而且与机器人运行的速度和加速度的大小和方向有关。一般低速运行时，承载能力强。为安全考虑，将承载能力这个指标确定为高速运行时的承载能力。通常，承载能力不仅指负载质量，还包括机器人末端操作器的质量。

⑤ 分辨率　机器人的分辨率由系统设计检测参数决定，并受到位置反馈检测单元性能的影响。分辨率可分为编程分辨率与控制分辨率。编程分辨率是指程序中可以设定的最小距离单位，又称为基准分辨率。控制分辨率是位置反馈回路能检测到的最小位移量。当编程分辨率与控制分辨率相等时，系统性能达到最高。

⑥ 精度　机器人的精度主要体现在定位精度和重复定位精度两个方面。

a. 定位精度：是指机器人末端操作器的实际位置与目标位置之间的偏差，由机械误差、控制算法误差与系统分辨率等部分组成。

b. 重复定位精度：是指在相同环境、相同条件、相同目标动作、相同命令的条件下，机器人连续重复运动若干次时，其位置会在一个平均值附近变化，变化的幅度代表重复定位精度，是关于精度的一个统计数据。因重复定位精度不受工作载荷变化的影响，所以通常用重复定位精度这个指标作为衡量示教再现型工业机器人水平的重要指标。

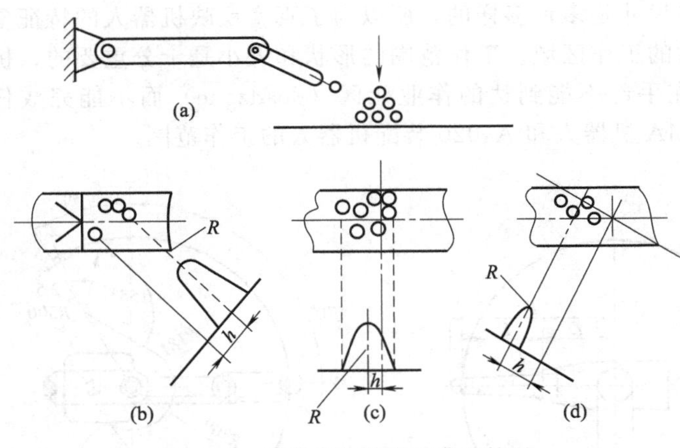

图 1-56 重复定位精度的典型情况

如图 1-56 所示为重复定位精度的几种典型情况：图（a）所示为重复定位精度的测定；图（b）所示为合理的定位精度、良好的重复定位精度；图（c）所示为良好的定位精度、很差的重复定位精度；图（d）所示为很差的定位精度、良好的重复定位精度。

⑦ 其他参数 此外，对于一个完整的机器人还有下列参数用以描述其技术规格。

a. 控制方式。控制方式是指机器人用于控制轴的方式，是伺服还是非伺服，伺服控制方式是实现连续轨迹还是点到点的运动等。

b. 驱动方式。驱动方式是指关节执行器的动力源形式，通常有气动、液压、电动等形式。

c. 安装方式。安装方式是指机器人本体安装的工作场合的形式，通常有地面安装、架装、吊装等形式。

d. 动力源容量。动力源容量是指机器人动力源的规格和消耗功率的大小，比如，气压的大小，耗气量；液压高低；电压形式与大小，消耗功率等。

e. 本体质量。本体质量是指机器人在不加任何负载时本体的质量，用于估算运输、安装等。

f. 环境参数。环境参数是指机器人在运输、存储和工作时需要提供的环境条件，比如，温度、湿度、振动、防护等级和防爆等级等。

1.3.6 典型机器人的技术参数

图 1-57 所示的工业机器人的技术参数见表 1-8～表 1-10。

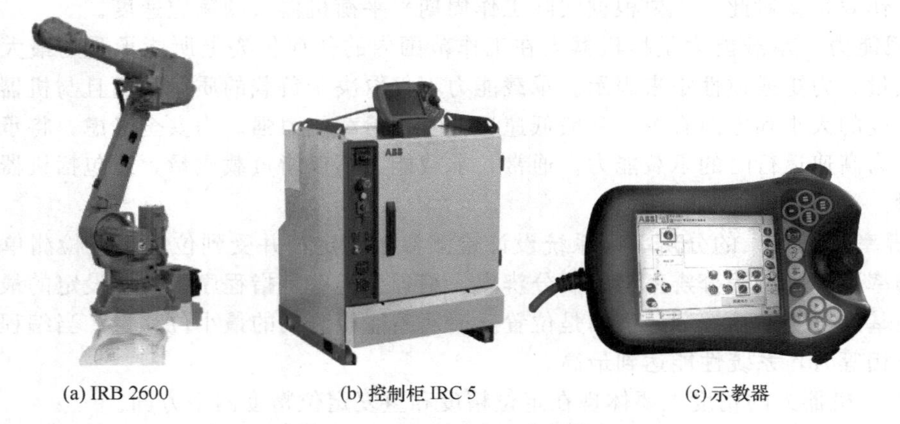

(a) IRB 2600　(b) 控制柜 IRC 5　(c) 示教器

图 1-57 IRB 2600 工业机器人

表 1-8 机器人技术参数

序号	项　目	规　格
1	控制轴数	6
2	负载	12kg
3	最大到达距离	1850mm

续表

序号	项目		规格
4	重复定位精度		±0.04mm
5	质量		284kg
6	防护等级		IP67
7	最大动作速度(运动范围)	1轴	175°/s (±180°)
		2轴	175°/s (−95°～155°)
		3轴	175°/s (−180°～75°)
		4轴	360°/s (±400°)
		5轴	360°/s (−120°～120°)
		6轴	360°/s (±400°)
8	可达范围	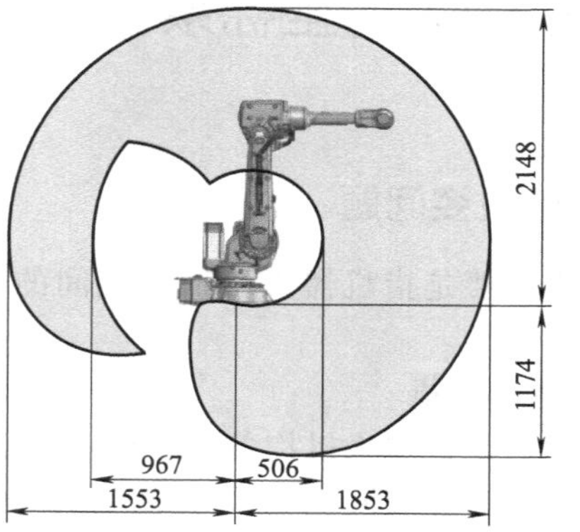	

表1-9　控制柜IRC 5技术参数

序号	项目	规格描述
1	控制硬件	多处理器系统 PCI总线 Pentium® CPU 大容量存储用闪存或硬盘 备用电源,以防电源故障 USB存储接口
2	控制软件	对象主导型设计 高级RAPID机器人编程语言 可移植、开放式、可扩展 PC-DOS文件格式 ROBOTWare软件产品 预装软件,另提供光盘
3	安全性	安全紧急停机 带监测功能的双通道安全回路 3位启动装置 电子限位开关:5路安全输出(监测第1～7轴)
4	辐射	EMC/EMI屏蔽
5	功率	4kV·A
6	输入电压	AC200～600V 50～60Hz
7	防护等级	IP54

表1-10　示教器技术参数

序号	项目	规格
1	材质	强化塑料外壳(含护手带)
2	质量	1kg

续表

序号	项　目	规　格
3	操作键	快捷键＋操作杆
4	显示屏	彩色图形界面　6.7in 触摸屏
5	操作习惯	支持左右手互换
6	外部存储	USB
7	语言	中英文切换

1.4 工业机器人的坐标系

1.4.1 机器人的位姿问题

机器人的位姿主要是指机器人手部在空间的位置和姿态。机器人的位姿问题包含两方面问题。

(1) 正向运动学问题

该问题是指当给定机器人机构各关节运动变量和构件尺寸参数后，如何确定机器人机构末端手部的位置和姿态。这类问题通常称为机器人机构的正向运动学问题。

(2) 反向运动学问题

该问题是指当给定机器人手部在基准坐标系中的空间位置和姿态参数后，如何确定各关节的运动变量和各构件的尺寸参数。这类问题通常称为机器人机构的反向运动学问题。

通常正向运动学问题用于对机器人进行运动分析和运动效果的检验；而反向运动学问题与机器人的设计和控制有密切关系。

1.4.2 机器人坐标系

机器人程序中所有点的位置都是和一个坐标系相联系的，同时，这个坐标系也可能和另外一个坐标系有联系。

(1) 机器人坐标系的确定原则

机器人的各种坐标系都由正交的右手定则来决定，如图 1-58 所示。

当围绕平行于 x、y、z 轴线的各轴旋转时，分别定义为 A、B、C。A、B、C 的正方向分别以 x、y、z 的正方向上右手螺旋前进的方向为正方向，如图 1-59 所示。

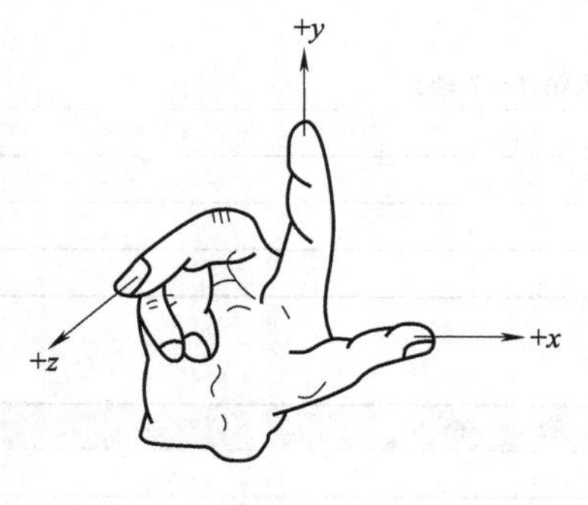

图 1-58　右手坐标系

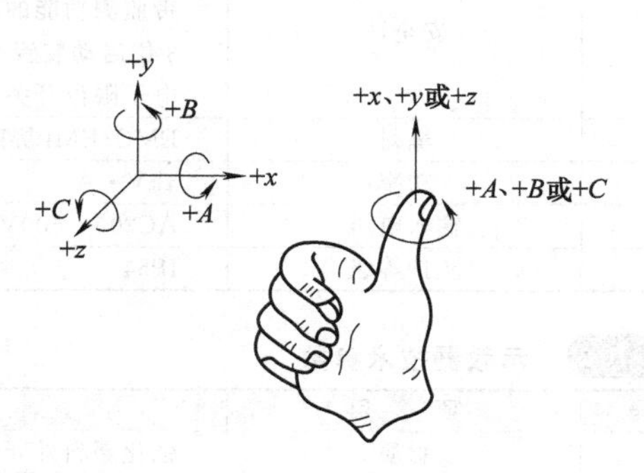

图 1-59　旋转坐标系

（2）机器人坐标系的种类

机器人系统常用的坐标系有如下几种。

① 基坐标系（Base Coordinate System）　在简单任务的应用中，可以在机器人基坐标系下编程，其坐标系的 z 轴和机器人第1关节轴重合。机器人基坐标系的定义如图1-60所示，一般而言，原点位于第1关节轴轴线和机器人基础安装平面的交点，并以基础安装平面为 xy 平面，x 轴方向指向正前方，y 轴与 x 轴符合右手法则，z 轴向上。

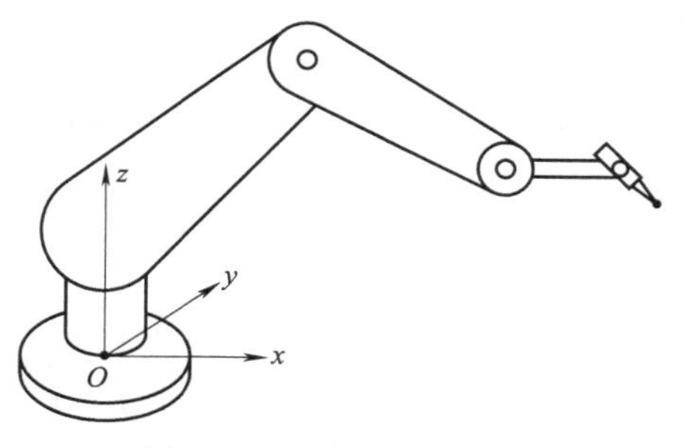

图1-60　机器人基坐标系

② 世界坐标系（World Coordinate System）　如果机器人安装在地面，则在基坐标系下示教编程很容易。然而，当机器人吊装时，机器人末端移动直观性差，因而示教编程较为困难。另外，如果两台或更多台机器人共同协作完成一项任务时，例如，一台安装于地面，另一台倒置，则倒置机器人的基坐标系也将上下颠倒。如果分别在两台机器人的基坐标系中进行运动控制，则很难预测相互协作运动的情况。在此情况下，可以定义一个世界坐标系，选择共同的世界坐标系取而代之。若无特殊说明，单台机器人世界坐标系和基坐标系是重合的。如图1-61所示，当在工作空间内同时有几台机器人时，使用公共的世界坐标系进行编程有利于机器人程序间的交互。

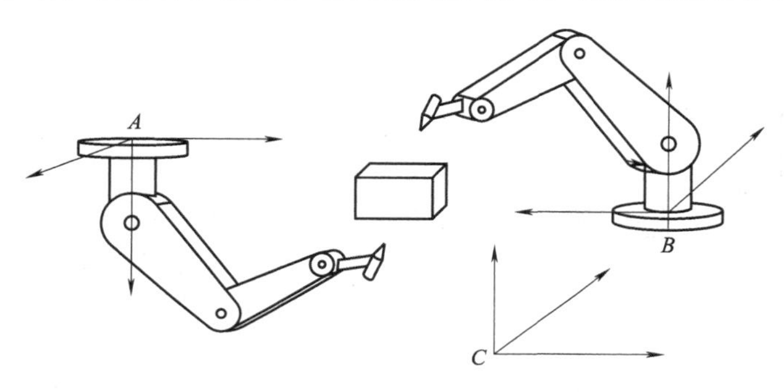

图1-61　世界坐标系

A，B—基坐标系；C—世界坐标系

③ 用户坐标系（User COOrdinate System）　机器人可以和不同的工作台或夹具配合工作，在每个工作台上建立一个用户坐标系。机器人大部分采用示教编程的方式，步骤繁琐，对于相同的工件，当放置在不同的工作台上时，在一个工作台上完成工件加工示教编程后，如果用户的工作台发生变化，则不必重新编程，只需相应地变换到当前的用户坐标系下即可。用户坐标系是在基坐标系或者世界坐标系下建立的。如图1-62所示为用两个用户坐标系来表示不同的工作平台。

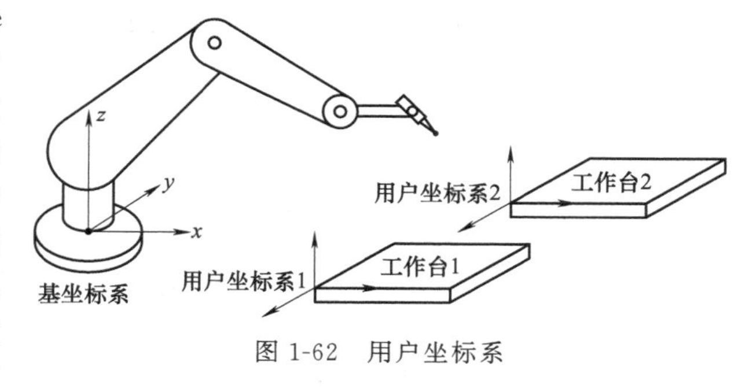

图1-62　用户坐标系

④ 工件坐标系（Object Coordinate System）　用户坐标系是用来定义不同的工作台或者夹具的。然而，一个工作台上也可能放着几个需要机器人进行加工的工件，所以和定义用户坐标系一样，也可以定义不同的工件坐标系，当机器人加工工作台上加工不同的工件时，只需变换相应的工件坐标系即可。工件坐标系是在用户坐标系下建立的，两者之间的位置和姿态是确定的。如图1-63所示，表示在同一个工作台上的两个不同工件，它们分别用两个不同的工件坐标系表示。例如，在工件坐标系下待加工的轨迹点，可以变换到用户坐标系下，进而变换到基坐标系下。

⑤ 置换坐标系（Displacement Coordinate System）　有时需要对同一个工件、同一段轨迹

在不同的工位上加工，为了避免每次重新编程，可以定义一个置换坐标系。置换坐标系是基于工件坐标系定义的。如图 1-64 所示，当置换坐标系被激活后，程序中的所有点都将被置换。在 RAPID 语言中，有三条指令（PDispSet，PDispOn，PDispOff）关系到置换坐标系的使用。

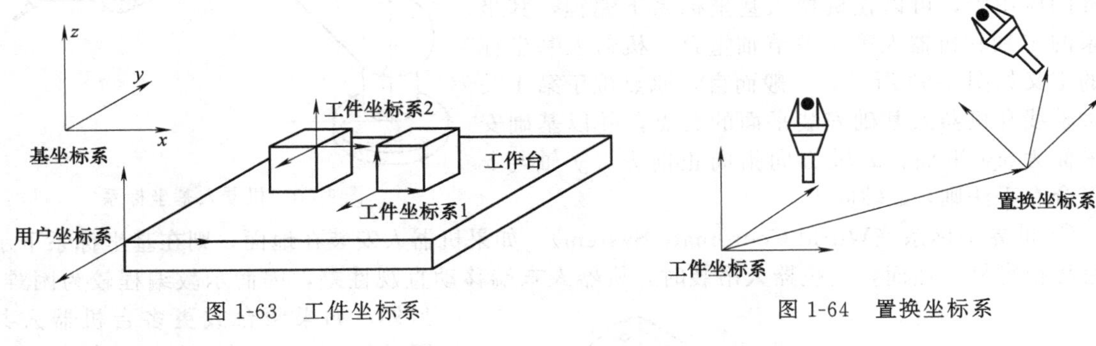

图 1-63 工件坐标系

图 1-64 置换坐标系

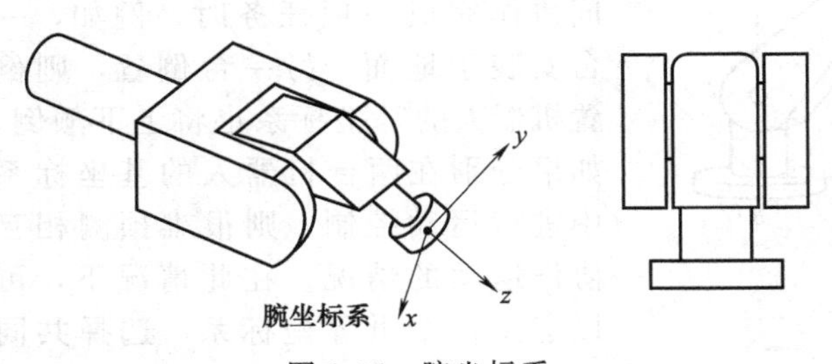

图 1-65 腕坐标系

⑥ 腕坐标系（Wrist Coordinate System） 腕坐标系和下面的工具坐标系都是用来定义工具的方向的。在简单的应用中，腕坐标系可以定义为工具坐标系，腕坐标系和工具坐标系重合。腕坐标系的 z 轴和机器人的第 6 根轴重合，如图 1-65 所示，坐标系的原点位于末端法兰盘的中心，x 轴的方向与法兰盘上标识孔的方向相同或相反，z 轴垂直向外，y 轴符合右手法则。

⑦ 工具坐标系（Tool Coordinate System） 安装在末端法兰盘上的工具需要在其中心点（TCP）定义一个工具坐标系，通过坐标系的转换，可以操作机器人在工具坐标系下运动，以方便操作。如果工具磨损或更换，则只需重新定义工具坐标系，而不用更改程序。工具坐标系建立在腕坐标系下，即两者之间的相对位置和姿态是确定的。图 1-66 所示为不同工具的工具坐标系的定义。

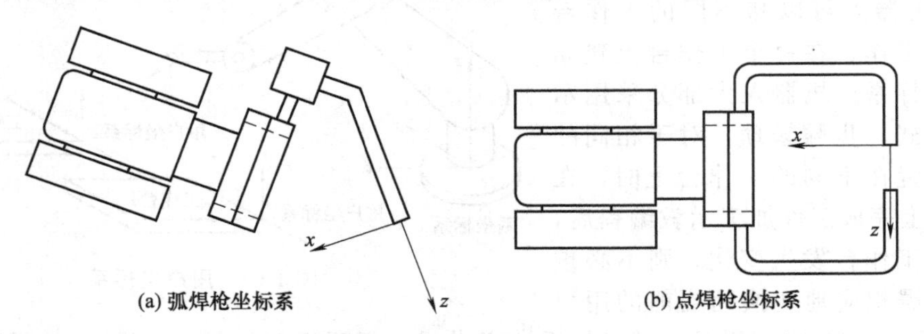

图 1-66 工具坐标系

⑧ 关节坐标系（Joint Coordinate System） 关节坐标系用来描述机器人每个独立关节的运动，如图 1-67 所示。所有关节类型可能不同（如移动关节、转动关节等）。假设将机器人末端移动到期望的位置，如果在关节坐标系下操作，则可以依次驱动各关节运动，从而引导机器人末端到达指定的位置。

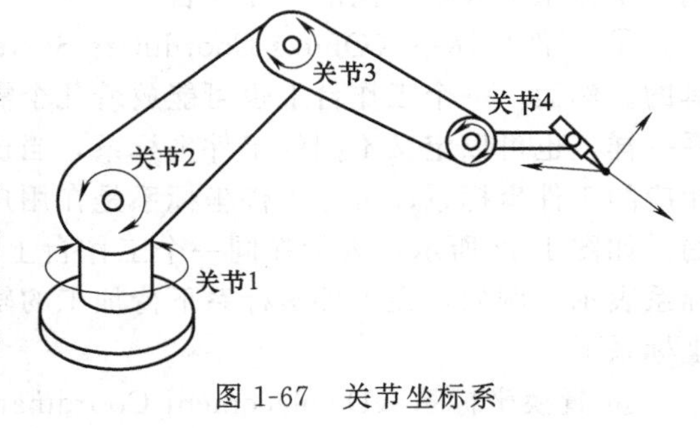

图 1-67 关节坐标系

1.5 工业机器人安装调试工具

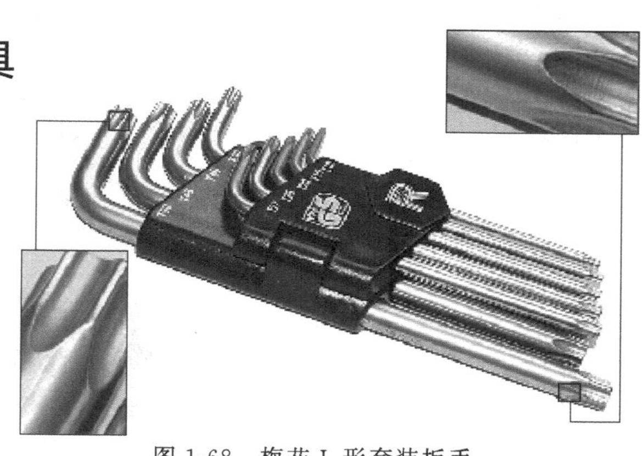

图 1-68　梅花 L 形套装扳手

1.5.1 机器人安装调试必备工具

机器人安装调试必备工具为如图 1-68 所示的梅花 L 形套装扳手。

1.5.2 机器人安装调试常用工具

（1）机器人安装调试工具（表 1-11）

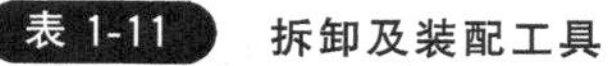

表 1-11　拆卸及装配工具

名　称	外观图	说　明
单手钩形扳手		分为固定式和调节式，可用于扳动在圆周方向上开有直槽或孔的圆螺母
断面带槽或孔的圆螺母扳手		可分为套筒式扳手和双销叉形扳手
弹性挡圈装拆用钳子		分为轴用弹性挡圈装卸用钳子和孔用弹性挡圈装卸用钳子
弹性锤子		可分为木锤和铜锤
平键工具		可分为冲击式拉锥度平键工具和抵拉式拉锥度平键工具

续表

名　称	外观图	说　明
拔销器		拉带内螺纹的小轴、圆锥销工具
拉卸工具		拆装在轴上的滚动轴承、皮带轮式联轴器等零件时，常用拉卸工具。拉卸工具常分为螺杆式及液压式两类，螺杆式拉卸工具又分为两爪式、三爪式和铰链式
检验棒		分为带标准锥柄检验棒、圆柱检验棒和专用检验棒
限力扳手	预置式扭矩扳手 电子式　机械式	又称为扭矩扳手、扭力扳手
装轴承胎具		适用于装轴承的内、外圈
钩头楔键拆卸工具		用于拆卸钩头楔键
校准摆锤	B　C　D　E　A	A—用作校准传感器的校准摆锤 B—转动盘适配器 C—传感器锁紧螺钉 D,E—传感器电缆

（2）机器人安装调试常用仪表（表1-12）

表1-12　数控机床装调与维修（维护）常用仪表

名称	外观图	说　明
百分表	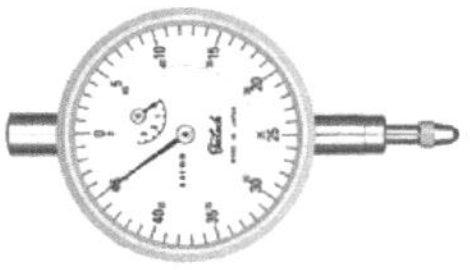	百分表用于测量零件相互之间的平行度、轴线与导轨的平行度、导轨的直线度、工作台台面平面度以及主轴的端面圆跳动、径向圆跳动和轴向窜动
杠杆百分表	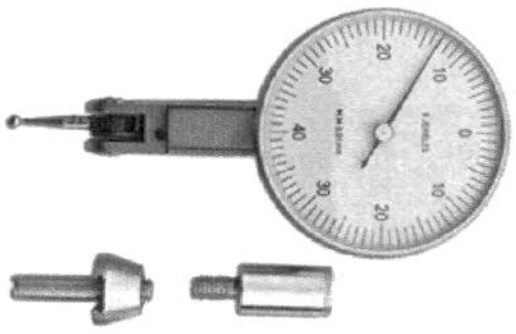	杠杆百分表适用于受空间限制的工件，如内孔、键槽等。使用时应注意使测量运动方向与测头中心垂直，以免产生测量误差
千分表及杠杆千分表	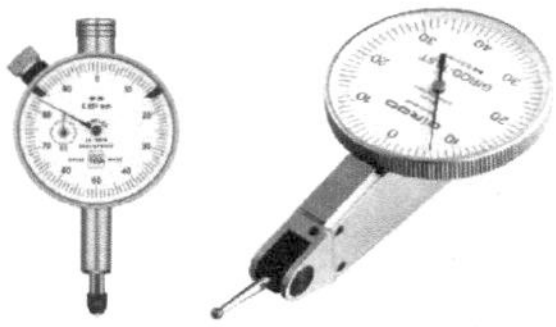	千分表及杠杆千分表的工作原理与百分表和杠杆百分表一样，只是分度值不同，常用于精密机床的修理
水平仪	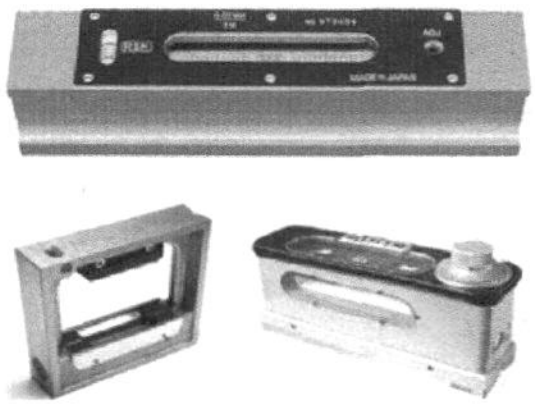	水平仪是机床制造和修理中最常用的测量仪器之一，用来测量导轨在垂直面内的直线度，工作台台面的平面度以及两件相互之间的垂直度、平行度等。水平仪按其工作原理可分为水准式水平仪和电子水平仪
转速表		转速表常用于测量伺服电动机的转速，是检查伺服调速系统的重要依据之一，常用的转速表有离心式转速表和数字式转速表等
万用表	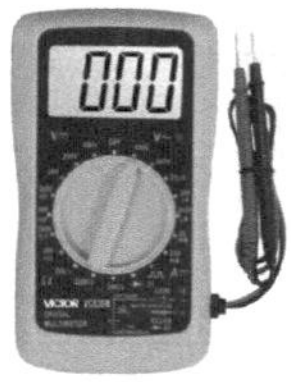	包含有机械式和数字式两种，可用来测量电压、电流和电阻等
相序表	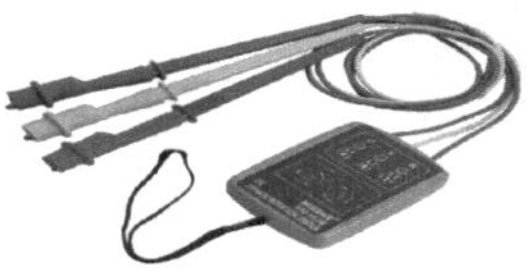	用于检查三相输入电源的相序，在维修晶闸管伺服系统时是必需的

续表

名　称	外观图	说　明
逻辑脉冲测试笔	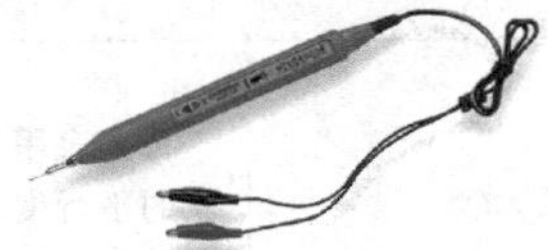	对芯片或功能电路板的输入端注入逻辑电平脉冲，用逻辑测试笔检测输出电平，以判别其功能是否正常
测振仪器	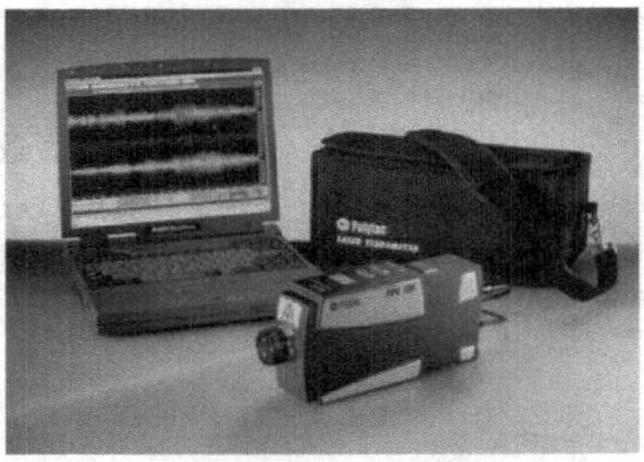	测振仪是振动检测中最常用、最基本的仪器，它将测振传感器输出的微弱信号放大、变换、积分、检波后，在仪器仪表或显示屏上直接显示被测设备的振动值大小。为了适应现场测试的要求，测振仪一般都做成便携式和笔式测振仪
故障检测系统		由分析软件、微型计算机和传感器组成多功能的故障检测系统，可实现对多种故障的检测和分析
红外测温仪		红外测温是利用红外辐射原理，将对物体表面温度的测量转换成对其辐射功率的测量，采用红外探测器和相应的光学系统接受被测物不可见的红外辐射能量，并将其变成便于检测的其他能量形式予以显示和记录
短路追踪仪	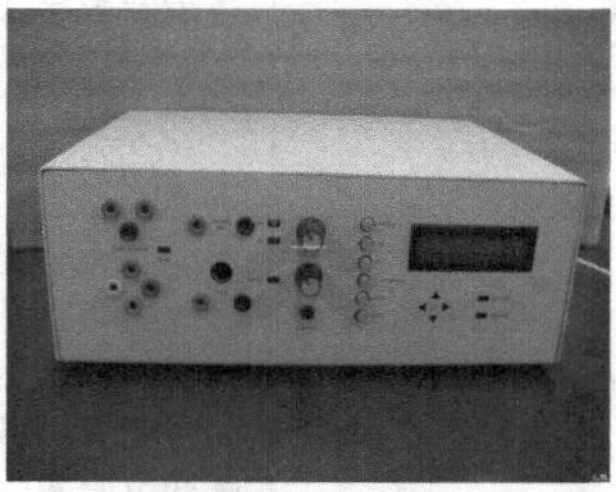	短路是电气维修中经常碰到的故障现象，使用万用表寻找短路点往往很费劲。如遇到电路中某个元器件击穿电路，由于在两条线之间可能并接有多个元器件，用万用表测量出哪个元件短路比较困难。再如对于变压器绕组局部轻微短路的故障，一般万用表也无能为力。而采用短路故障追踪仪可以快速找出电路板上的任何短路点
示波器	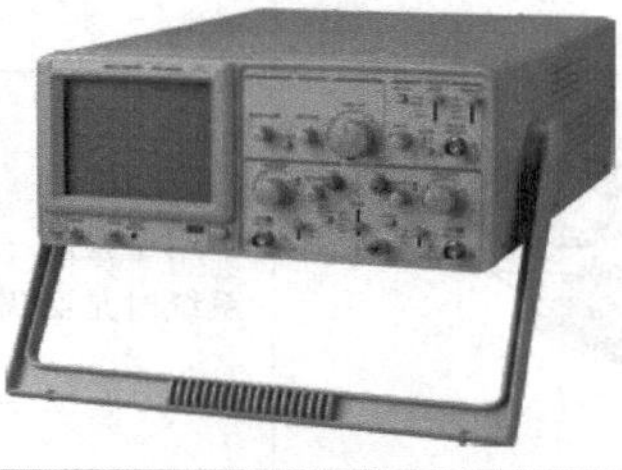	主要用于模拟电路的测量，它可以显示频率相位、电压幅值，双频示波器可以比较信号相位关系，可以测量测速发电机的输出信号，其频带宽度在5MHz以上，有两个通道

续表

名　称	外观图	说　明
逻辑分析仪		按多线示波器的思路发展而成，不过它在测量幅度上已经按数字电路的高低电平进行了1和0的量化，在时间轴上也按时钟频率进行了数字量化。因此可以测得一系列的数字信息，再配以存储器及相应的触发机构或数字识别器，使多通道上同时出现的一组数字信息与测量者所规定的目标字相符合时，触发逻辑分析仪，以便将需要分析的信息存储下来
微机开发系统		这种系统配置有进行微机开发的硬软件工具。在微机开发系统的控制下对被测系统中的CPU进行实时仿真，从而取得对被测系统的实时控制
特征分析仪		它可从被测系统中取得4个信号，即启动、停止、时钟和数据信号，使被测电路在一定信号的激励下运行起来。其中时钟信号决定进行同步测量的速率。因此，可将一对信号“锁定”在窗口上，观察其数据信号波形特征
故障检测仪		这种新的数据检测仪器根据各自出发点不同，具有不同的结构和测试方法。有的是按各种不同时序信号来同时激励标准板和故障板，通过比较两种板对应节点响应波形的不同来查找故障的。有些则是根据某一被测对象类型，利用一台微机配以专门接口电路及连接工装夹具与故障机相连，再编写相关的测试程序对故障进行检测的
IC在线测试仪		这是一种使用通用微机技术的新型数字集成电路在线测试仪器。它的主要特点是能对电路板上的芯片直接进行功能、状态和外特性测试，确认其逻辑功能是否失效

第2章 工业机器人的执行机构

机器人的机械结构系统由手部、腕部、臂部、机身和行走机构组成。机器人必须有一个便于安装的基础件机座。机座往往与机身做成一体，机身与臂部相连，机身支承臂部，臂部又支承腕部和手部。

机器人为了能进行作业，就必须配置操作机构，这个操作机构叫做手部，有时也称为手爪或末端操作器。而连接手部和手臂的部分，叫做腕部，其主要作用是改变手部的空间方向和将作业载荷传递到臂部。臂部连接机身和腕部，主要作用是改变手部的空间位置，满足机器人的作业空间，并将各种载荷传递到机身。机身是机器人的基础部分，它起着支承作用，对固定式机器人，直接连接在地面基础上；对移动式机器人，则安装在行走机构上。

机身是直接连接、支承和传动手臂及行走机构的部件。它是由臂部运动（升降、平移、回转和俯仰）机构及有关的导向装置、支承件等组成的。由于机器人的运动形式、使用条件、负载能力各不相同，所采用的驱动装置、传动机构、导向装置也不同，致使机身结构有很大差异。

机身结构一般由机器人总体设计确定。比如，直角坐标型机器人有时把升降（z 轴）或水平移动（x 轴）自由度归属于机身；圆柱坐标型机器人把回转与升降这两个自由度归属于机身；极坐标型机器人把回转与俯仰这两个自由度归属于机身；关节坐标型机器人把回转自由度归属于机身。

一般情况下，实现臂部的升降、回转或俯仰等运动的驱动装置或传动件都安装在机身上。臂部的运动越多，机身的结构和受力越复杂。机身既可以是固定式的，也可以是行走式的，即在它的下部装有能行走的机构，可沿地面或架空轨道运行。

2.1 机器人的手部机构

人类的手是最灵活的肢体部分，能完成各种各样的动作和任务。同样，机器人的手部也是完成抓握工件或执行特定作业的重要部件，也需要有多种结构。

机器人的手部也叫做末端执行器，它是装在机器人腕部上，直接抓握工件或执行作业的部件。人的手有两种定义：一种是医学上把包括上臂、腕部在内的整体叫做手；另一种是把手掌和手指部分叫做手。机器人的手部接近于后一种定义。

机器人的手部是最重要的执行机构，从功能和形态上看，它可分为工业机器人的手部和仿人机器人的手部。目前，前者应用较多，也比较成熟。工业机器人的手部是用来握持工件或工具的部件。由于被握持工件的形状、尺寸、重量、材质及表面状态的不同，手部结构也是多种多样的。大部分的手部结构都是根据特定的工件要求而专门设计的。

2.1.1 机器人手部的特点

（1）机器人手部的特点

① 手部与腕部相连处可拆卸　手部与腕部有机械接口，也可能有电、气、液接头。工业

机器人作业对象不同时，可以方便地拆卸和更换手部。

② 手部是机器人末端执行器　它可以像人手那样具有手指，也可以不具备手指；可以是类人的手爪，也可以是进行专业作业的工具，比如装在机器人腕部上的喷漆枪、焊接工具等。

③ 手部的通用性比较差　机器人手部通常是专用的装置，例如，一种手爪往往只能抓握一种或几种在形状、尺寸、重量等方面相近似的工件；一种工具只能执行一种作业任务。

（2）机器人手部的性质

机器人手部是一个独立的部件。假如把腕部归属于手臂，那么机器人机械系统的三大件就是机身、手臂和手部。

手部对于整个工业机器人来说是决定完成作业好坏以及作业柔性好坏的关键部件之一。具有复杂感知能力的智能化手爪的出现增加了工业机器人作业的灵活性和可靠性。目前有一种弹钢琴的表演机器人的手部已经与人手十分相近，具有多个多关节手指，一只手有二十余个自由度，每个自由度独立驱动。目前工业机器人手部的自由度还比较少，把具有足够驱动力量的多个驱动源和关节安装在紧凑的手部内部是十分困难的。

2.1.2　传动机构

传动机构是向手指传递运动和动力，以实现夹紧和松开动作的机构。该机构根据手指开合的动作特点，可分为回转型和平移型，回转型又分为单支点回转和多支点回转。根据手爪夹紧是摆动还是平动，回转型还可分为摆动回转型和平动回转型。

（1）回转型传动机构

夹钳式手部中用得较多的是回转型手部，其手指就是一对杠杆，一般再与斜楔、滑槽、连杆、齿轮、蜗轮蜗杆或螺杆等机构组成复合式杠杆传动机构，用以改变传动比和运动方向等。

图 2-1（a）为单作用斜楔式回转型手部结构简图。斜楔向下运动，克服弹簧拉力，使杠杆手指装着滚子的一端向外撑开，从而夹紧工件；斜楔向上运动，则在弹簧拉力作用下使手指松开。手指与斜楔通过滚子接触，可以减少摩擦力，提高机械效率。有时为了简化，也可让手指与斜楔直接接触，如图 2-1（b）所示。

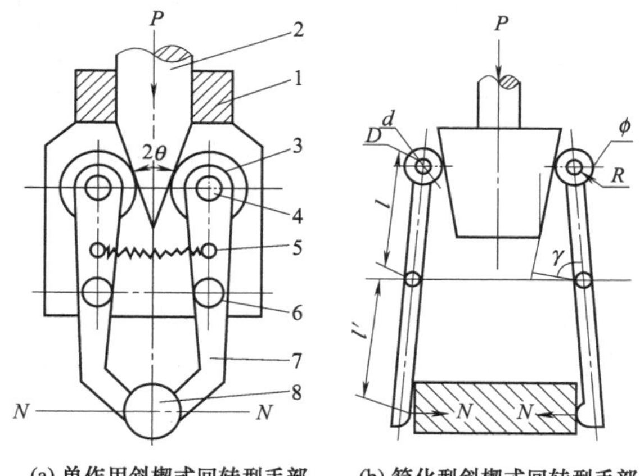

(a) 单作用斜楔式回转型手部　(b) 简化型斜楔式回转型手部

图 2-1　斜楔杠杆式手部

1—壳体；2—斜楔驱动杆；3—滚子；4—圆柱销；5—拉簧；6—铰销；7—手指；8—工件

图 2-2 为滑槽式杠杆回转型手部简图。杠杆形手指 4 的一端装有 V 形指 5，另一端则开有长滑槽。驱动杆 1 上的圆柱销 2 套在滑槽内，当驱动连杆同圆柱销一起作往复运动时，即可拨动两个手指各绕其支点（铰销 3）作相对回转运动，从而实现手指的夹紧与松开动作。

图 2-3 为双支点连杆式手部的简图。驱动杆 2 末端与连杆 4 由铰销 3 铰接，当驱动杆 2 作直线往复运动时，则通过连杆推动两杆手指各绕支点作回转运动，从而使得手指松开或闭合。

图 2-4 所示为齿轮齿条直接传动的齿轮杠杆式手部的结构。驱动杆 2 末端制成双面齿条，与扇齿轮 4 相啮合，而扇齿轮 4 与手指 5 固连在一起，可绕支点回转。驱动力推动齿条作直线往复运动，即可带动扇齿轮回转，从而使手指松开或闭合。

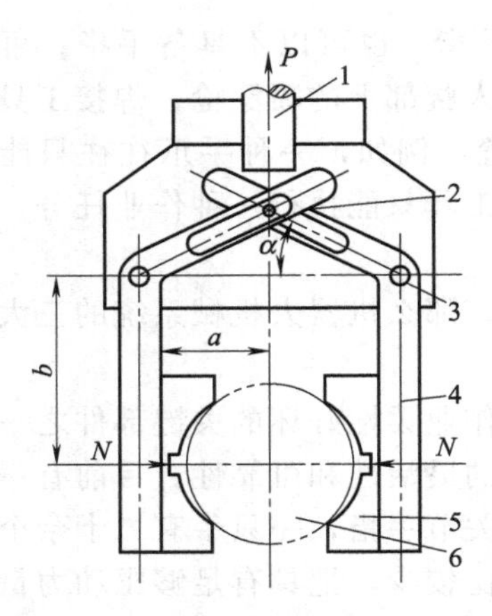

图 2-2 滑槽式杠杆回转型手部

1—驱动杆；2—圆柱销；3—铰销；4—手指；5—V形指；6—工件

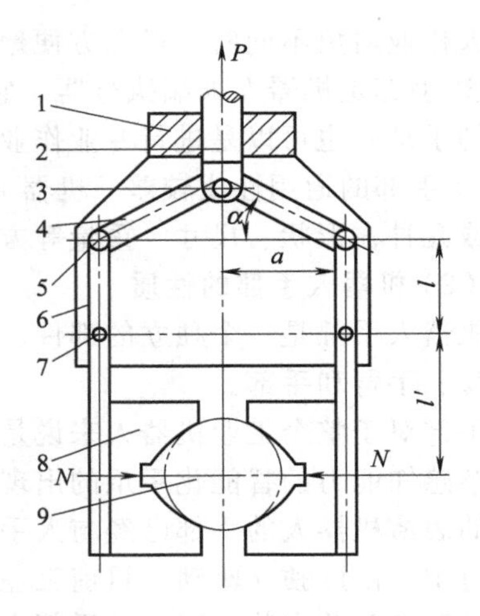

图 2-3 双支点连杆式手部

1—壳体；2—驱动杆；3—铰销；4—连杆；5，7—圆柱销；6—手指；8—V形指；9—工件

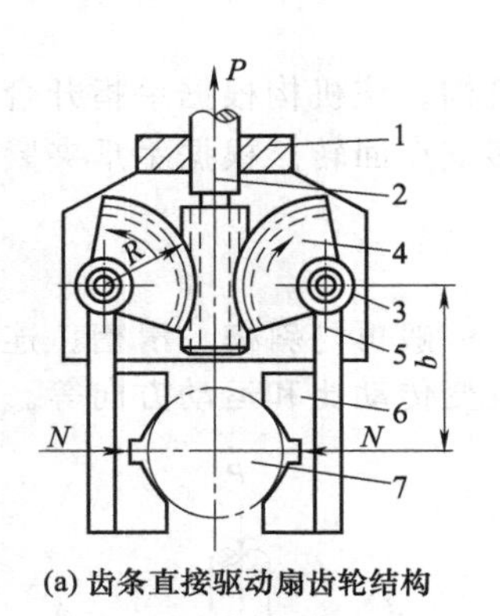

(a) 齿条直接驱动扇齿轮结构

(b) 带有换向齿轮的驱动结构

图 2-4 齿轮齿条直接传动的齿轮杠杆式手部

1—壳体；2—驱动杆；3—中间齿轮；4—扇齿轮；5—手指；6—V形指；7—工件

(2) 平移型传动机构

平移型传动机构是指平移型夹钳式手部，它是通过手指的指面做直线往复运动或平面移动来实现张开或闭合动作的，常用于夹持具有平行平面的工件，如冰箱等。其结构较复杂，不如回转型手部应用广泛。平移型传动机构根据其结构，大致可分为平面平行移动机构和直线往复移动机构两种。

① 直线往复移动机构 实现直线往复移动的机构很多，常用的斜楔传动、齿条传动、螺旋传动等均可应用于手部结构，如图 2-5 所示。图 2-5（a）所示为斜楔平移机构，图 2-5（b）所示为连杆杠杆平移机构，图 2-5（c）所示为螺旋斜楔平移机构。它们既可是双指型的，也可是三指（或多指）型的；既可自动定心，也可非自动定心。

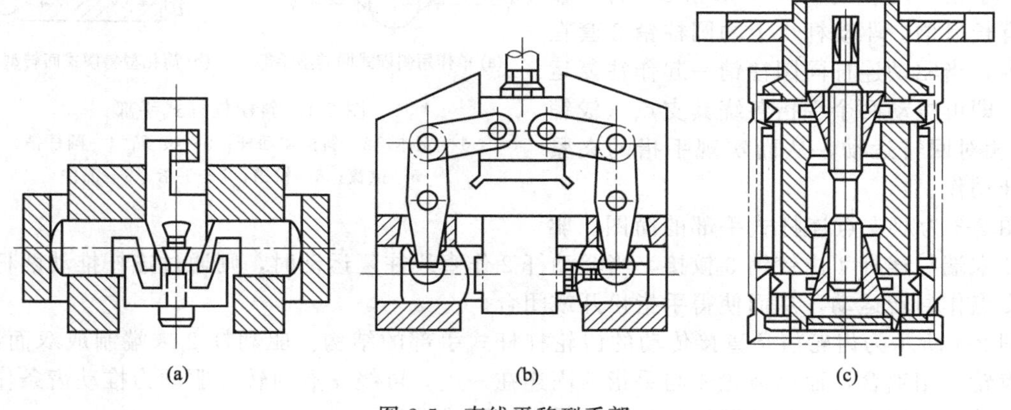

图 2-5 直线平移型手部

② 平面平行移动机构　图 2-6 为几种平面平行平移型夹钳式手部的简图。图 2-6（a）所示的是采用齿条齿轮传动的手部；图 2-6（b）所示的是采用蜗杆传动的手部；图 2-6（c）所示的是采用连杆斜滑槽传动的手部。它们的共同点是，都采用平行四边形的铰链机构—双曲柄铰链四连杆机构，以实现手指平移；其差别在于，分别采用齿条齿轮、蜗杆蜗轮、连杆斜滑槽的传动方法。

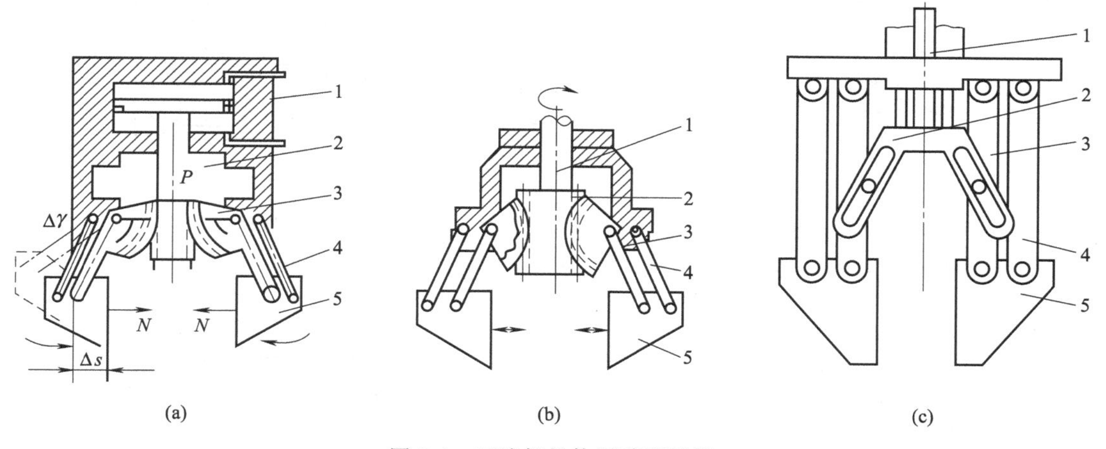

图 2-6　四连杆机构平移型手部

1—驱动器；2—驱动元件；3—驱动摇杆；4—从动摇杆；5—手指

2.1.3　手部结构

（1）机械钳爪式手部结构

机械钳爪式手部按夹取的方式，可分为内撑式和外夹式两种，分别如图 2-7 与图 2-8 所示。两者的区别在于夹持工件的部位不同，手爪动作的方向相反。

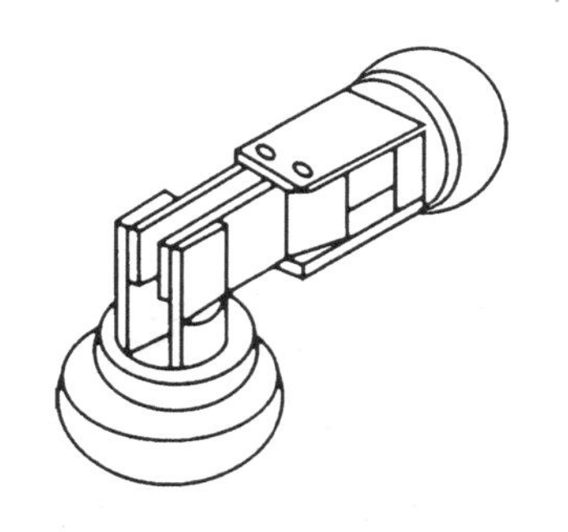

图 2-7　内撑钳爪式手部的夹取方式

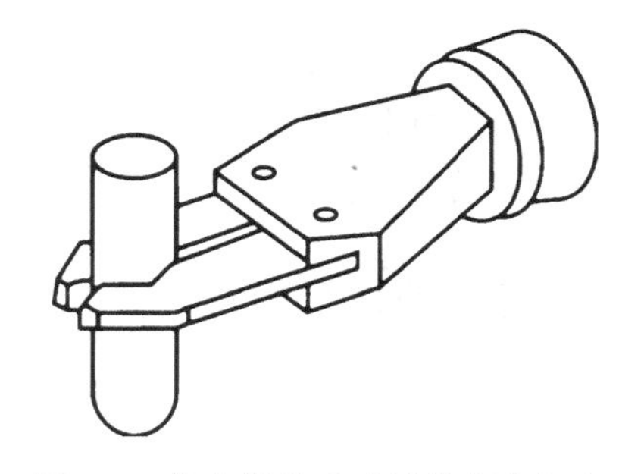

图 2-8　外夹钳爪式手部的夹取方式

由于采用两爪内撑式手部夹持时不易达到稳定，因此工业机器人多用内撑式三指钳爪来夹持工件，如图 2-9 所示。

从机械结构特征、外观与功用来区分，钳爪式手部还有多种结构形式，下面介绍几种不同形式的手部机构。

① 齿轮齿条移动式手爪　齿轮齿条移动式手爪如图 2-10 所示。

② 重力式钳爪　重力式钳爪如图 2-11 所示。

③ 平行连杆式钳爪　平行连杆式钳爪如图 2-12 所示。

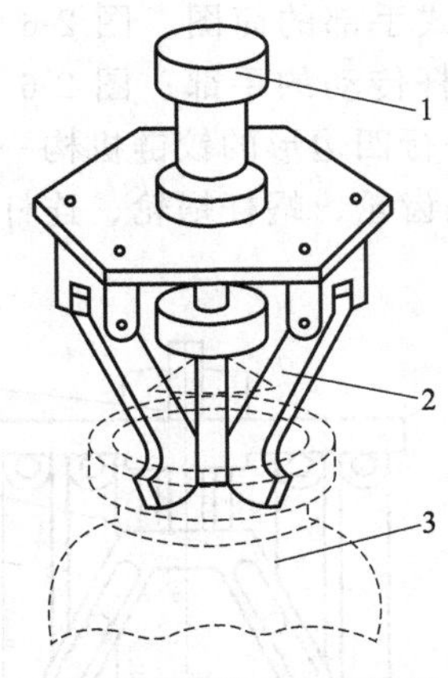

图 2-9　内撑式三指钳爪

1—手指驱动电磁铁；2—钳爪；3—工件

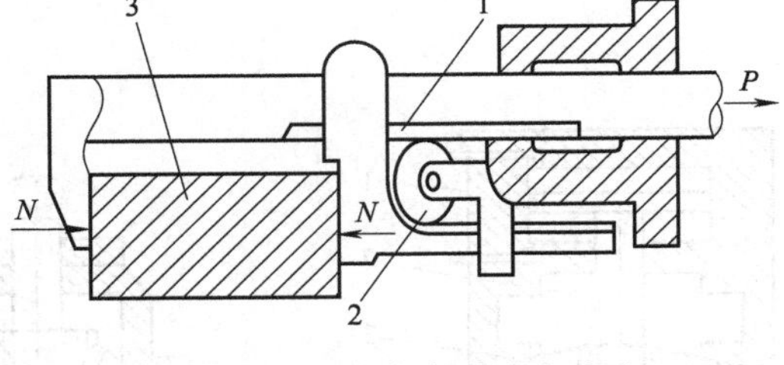

图 2-10　齿轮齿条移动式手爪

1—齿条；2—齿轮；3—工件

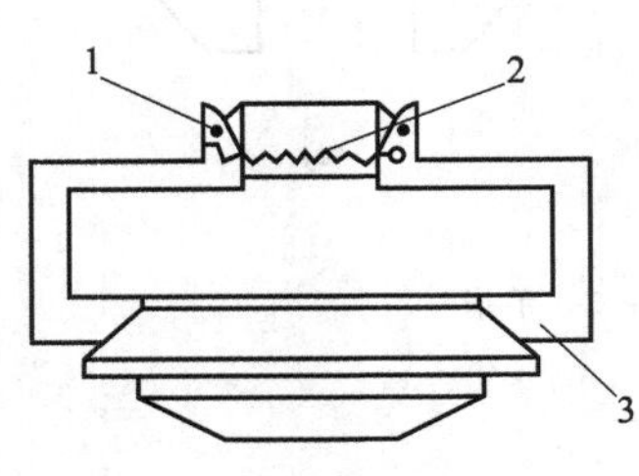

图 2-11　重力式钳爪

1—销；2—弹簧；3—钳爪

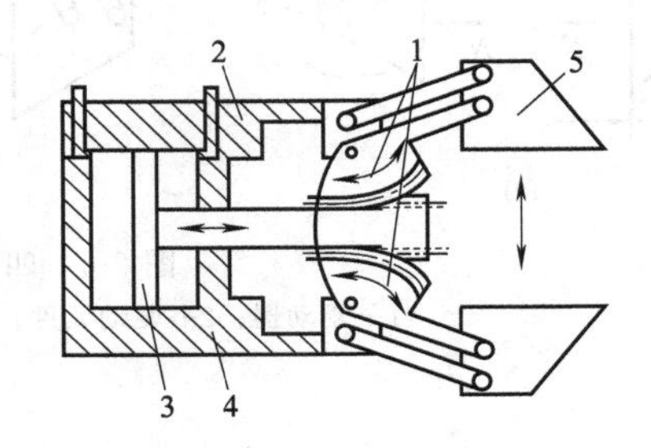

图 2-12　平行连杆式钳爪

1—扇形齿轮；2—齿条；3—活塞；4—气（油）缸；5—钳爪

④ 拨杆杠杆式钳爪　拨杆杠杆式钳爪如图 2-13 所示。

⑤ 自动调整式钳爪　自动调整式钳爪如图 2-14 所示。自动调整式钳爪的调整范围为 0～10mm，适用于抓取多种规格的工件，当更换产品时可更换 V 形钳口。

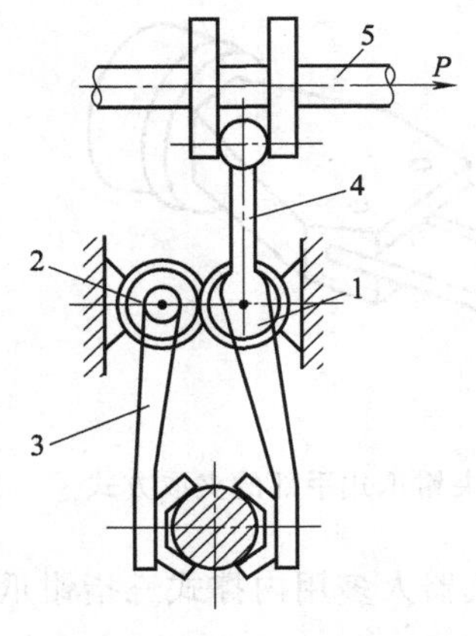

图 2-13　拨杆杠杆式钳爪

1—齿轮 A；2—齿轮 B；3—钳爪；4—拨杆；5—驱动杆

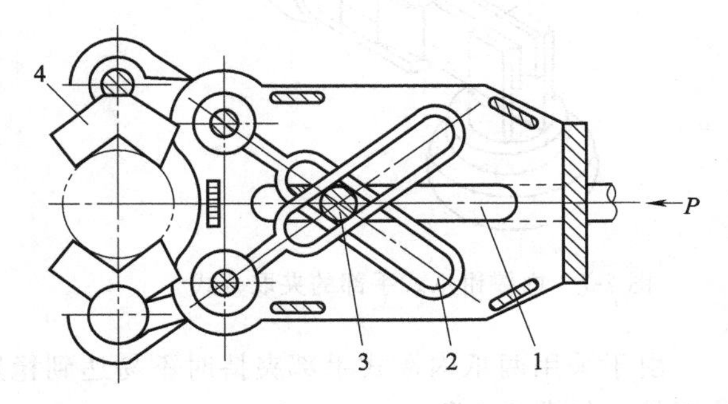

图 2-14　自动调整式钳爪

1—推杆；2—滑槽；3—轴销；4—V 形钳爪

（2）钩托式手部

钩托式手部的主要特征是不靠夹紧力来夹持工件，而是利用手指对工件的钩、托、捧等动作来托持工件。应用钩托方式可降低驱动力的要求，简化手部结构，甚至可以省略手部驱动装置。它适用于在水平面内和垂直面内作低速移动的搬运工作，尤其对大型笨重的工件或结构粗大而质量较轻且易变形的工件更为有利。钩托式手部可分为无驱动装置型和有驱动装置型。

① 无驱动装置型　无驱动装置型的钩托式手部，其手指动作通过传动机构借助臂部的运动来实现，手部无单独的驱动装置。图 2-15（a）所示为一种无驱动装置型钩托或手部，手部在臂的带动下向下移动，当手部下降到一定位置时齿条 1 下端碰到撞块，臂部继续下移，齿条便带动齿轮 2 旋转，手指 3 即进入工件钩托部位。手指托持工件时，销 4 在弹簧力作用下插入齿条缺口，保持手指的钩托状态并可使手臂携带工件离开原始位置。在完成钩托任务后，由电磁铁将销向外拔出，手指又呈自由状态，可继续下一个工作循环程序。

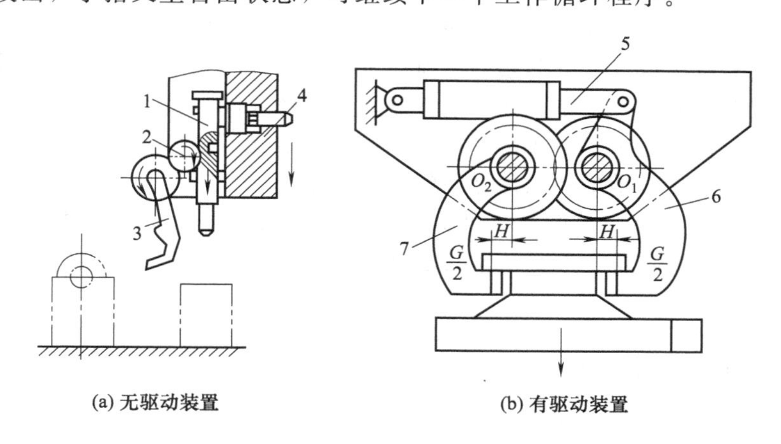

图 2-15　钩托式手部

1—齿条；2—齿轮；3—手指；4—销；5—液压缸；6，7—杠杆手指

② 有驱动装置型　图 2-15（b）所示为一种有驱动装置型的钩托式手部。其工作原理是依靠机构内力来平衡工件重力而保持托持状态。驱动液压缸 5 以较小的力驱动杠杆手指 6 和 7 回转，使手指闭合至托持工件的位置。手指与工件的接触点均在其回转支点 O_1、O_2 的外侧，因此在手指托持工件后工件本身的重量不会使手指自行松脱。

（3）弹簧式手部

弹簧式手部靠弹簧力的作用将工件夹紧，手部不需要专用的驱动装置，结构简单。它的使用特点是工件进入手指和从手指中取下工件都是强制进行的。由于弹簧力有限，故只适用于夹持轻小工件。

如图 2-16 所示为一种结构简单的簧片手指弹性手爪。手臂带动夹钳向坯料推进时，弹簧片 3 由于受到压力而自动张开，于是工件进入钳内，受弹簧作用而自动夹紧。当机器人将工件传送到指定位置后，手指不会将工件松开，必须先将工件固定后，手部后退，强迫手指撑开后留下工件。这种手部只适用于定心精度要求不高的场合。

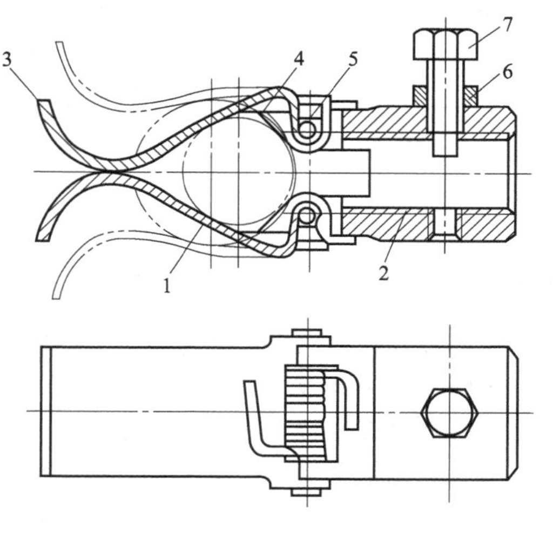

图 2-16　弹簧式手部

1—工件；2—套筒；3—弹簧片；4—扭簧；5—销钉；6—螺母；7—螺钉

2.2 机器人手部的分类

2.2.1 按手部的用途分类

手部按其用途划分，可以分为手爪和工具两类。

（1）手爪

手爪具有一定的通用性，它的主要功能是：抓住工件，握持工件，释放工件。

抓住：在给定的目标位置上以期望姿态抓住工件，工件在手爪内必须具有可靠的定位，保持工件与手爪之间准确的相对位姿，并保证机器人后续作业的准确性。

握持：确保工件在搬运过程中或零件在装配过程中定义了的位置和姿态的准确性。

释放：在指定点上除去手爪和工件之间的约束关系。

如图 2-17 所示，手爪在夹持圆柱工件时，尽管夹紧力足够大，在工件和手爪接触面上有足够的摩擦力来支承工件重量，但是从运动学观点来看其约束条件仍不够，不能保证工件在手爪上的准确定位。

（2）工具

工具是进行某种作业的专用工具，如喷漆枪、焊具等，如图 2-18 所示。

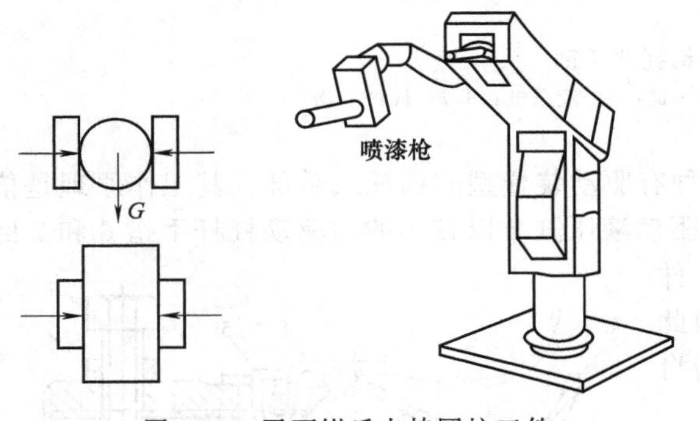

图 2-17　平面钳爪夹持圆柱工件

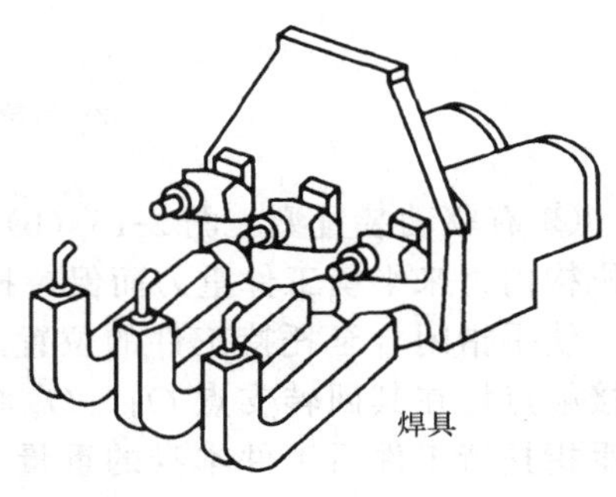

图 2-18　专用工具

2.2.2 按手部的抓握原理分类

手部按其抓握原理可分为夹持类手部和吸附类手部两类。

（1）夹持类手部

夹持类手部通常又叫做机械手爪，有靠摩擦力夹持的和吊钩承重的两种，前者是有指手爪，后者是无指手爪。产生夹紧力的驱动源有气动、液动、电动和电磁四种。

夹持类手部除常用的夹钳式外，还有钩托式和弹簧式。此类手部按其手指夹持工件时的运动方式不同，又可分为手指回转型和指面平移型两类。

夹钳式是工业机器人最常用的一种手部形式。夹钳式手部一般由手指、驱动装置、传动机构、支架等组成，如图 2-19 所示。

① 手指或爪钳　手指是直接与工件接触的构件。手部松开和夹紧工件，就是通过手指的张开和闭合来实现的。一般情况下，机器人的手部只有两个手指，少数有三个或更多手指。它

们的结构形式常取决于被夹持工件的形状和特性。指端的形状分为 V 形指、平面指、尖指和特形指，如图 2-20 所示。

根据工件形状、大小及被夹持部位材质的软硬、表面性质等的不同，手指的指面有光滑指面、齿型指面和柔性指面三种形式。对于夹钳式手部，其手指材料可选用一般碳素钢和合金结构钢。为使手指经久耐用，指面可镶嵌硬质合金；高温作业的手指，可选用耐热钢；在腐蚀性气体环境下工作的手指，可镀铬或进行搪瓷处理，也可选用耐腐蚀的玻璃钢或聚四氟乙烯。

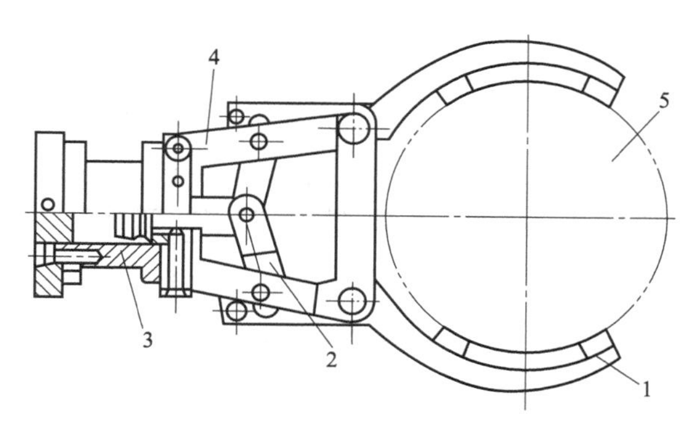

图 2-19　夹钳式手部的组成

1—手指；2—传动机构；3—驱动装置；4—支架；5—工件

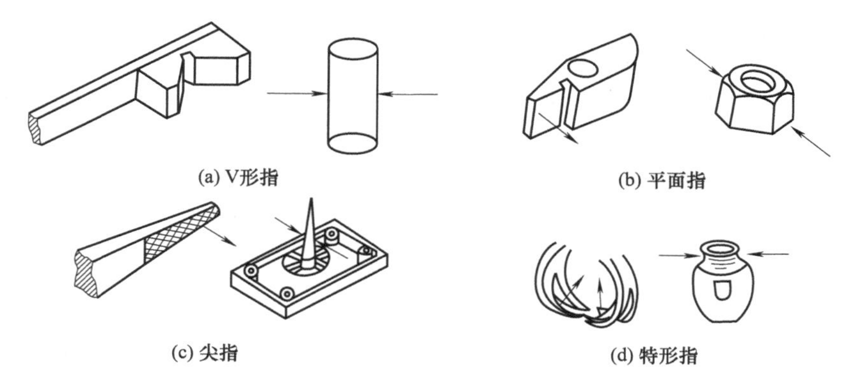

图 2-20　夹钳式手部的手指

② 驱动　夹钳式手部通常采用气动、液动、电动和电磁来驱动手指的开合。

气动手爪目前得到广泛的应用，这是因为气动手爪有许多突出的优点：结构简单，成本低，容易维修，开合迅速，重量轻。其缺点是空气介质的可压缩性使爪钳位置控制比较复杂。液压驱动手爪成本稍高一些。电动手爪的优点是手指开合电动机的控制与机器人控制可以共用一个系统，但是夹紧力比气动手爪、液压手爪小，开合时间比它们长。电磁手爪控制信号简单，但是电磁夹紧力与爪钳行程有关，因此，只用在开合距离小的场合。

（2）机器人的吸附类手部

吸附类手部靠吸附力取料。根据吸附力的不同有气吸附和磁吸附两种。吸附类手部适用于大平面（单面接触无法抓取）、易碎（玻璃、磁盘）、微小（不易抓取）的物体，因此适用面也较大。

① 气吸式手部　气吸式手部是工业机器人常用的一种吸持工件的装置。它由吸盘（一个或几个）、吸盘架及进排气系统组成。

气吸式手部具有结构简单、重量轻、使用方便可靠等优点，主要用于搬运体积大、重量轻的零件，如冰箱壳体、汽车壳体等；也广泛用于搬运需要小心搬运的物件，如显像管、平板玻璃等；以及用于搬运非金属材料，如板材、纸张等；或用于材料的吸附搬运。

气吸式手部的另一个特点是对工件表面没有损伤，且对被吸持工件预定的位置精度要求不高；但要求工件上与吸盘接触部位光滑平整、清洁，被吸工件材质致密，没有透气空隙。

气吸式手部是利用吸盘内的压力与大气压之间的压力差工作的。按形成压力差的方法，可分为真空气吸、气流负压气吸、挤压排气气吸三种。

a. 真空气吸吸附手部。利用真空发生器产生真空，其基本的原理如图 2-21 所示。当吸盘压到被吸物后，吸盘内的空气被真空发生器或者真空泵从吸盘上的管路中抽走，使吸盘内形成

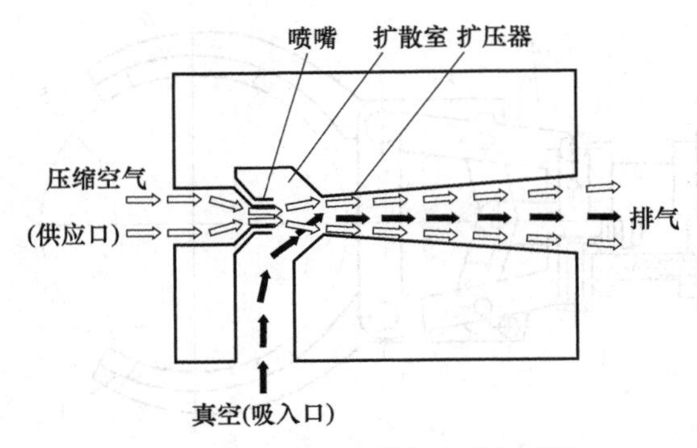

图 2-21 真空发生器基本的原理图

真空；而吸盘外的大气压力把吸盘紧紧地压在被吸物上，使之几乎形成一个整体，可以共同运动。真空发生器是利用压缩空气产生真空（负压）的，其原理是从喷嘴中放出（喷射）压缩空气产生真空。真空发生部分是没有活动部的单纯结构，所以使用寿命较长。

图 2-22 所示为产生负压的真空吸盘控制系统。吸盘吸力在理论上决定于吸盘与工件表面的接触面积和吸盘内、外压差，但实际上其与工件表面状态有十分密切的关系，工件表面状态影响负压的泄漏。采用真空泵能保证吸盘内持续产生负压，所以这种吸盘比其他形式吸盘的吸力大。

图 2-23 所示为真空气吸吸附手部结构。真空的产生是利用真空系统实现的，真空度较高，主要零件为橡胶吸盘 1，通过固定环 2 安装在支承杆 4 上；支承杆由螺母 6 固定在基板 5 上。取料时，橡胶吸盘与物体表面接触，橡胶吸盘的边缘起密封和缓冲作用，然后真空抽气，吸盘内腔形成真空，进行吸附取料。放料时，管路接通大气，失去真空，使物体放下。为了避免在取、放料时产生撞击，有的还在支承杆上配有弹簧缓冲；为了更好地适应物体吸附面的倾斜状况，有的在橡胶吸盘背面设计有球铰链。真空吸盘按结构可分为普通型与特殊型两大类。

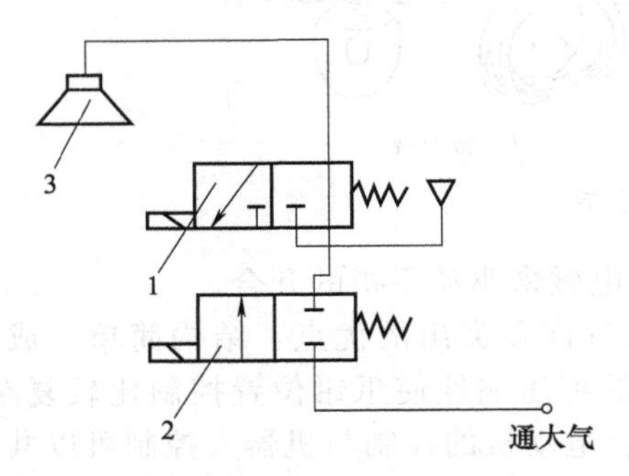

图 2-22 真空吸盘控制系统
1,2—电磁阀；3—吸盘

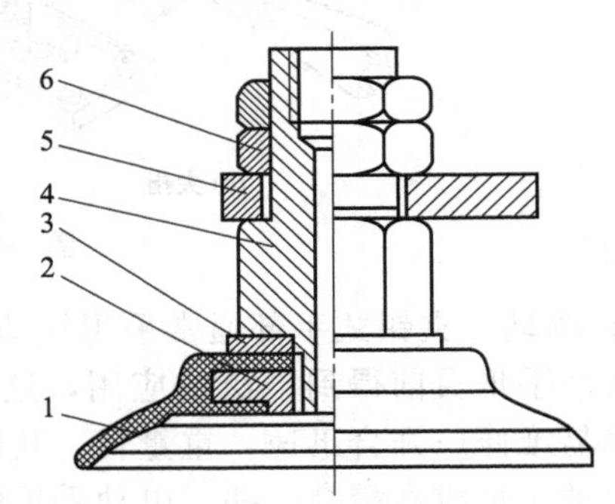

图 2-23 真空气吸吸附手部
1—橡胶吸盘；2—固定环；3—垫片；
4—支承杆；5—基板；6—螺母

· 普通型吸盘。普通型吸盘一般用来吸附表面光滑平整的工件，如玻璃、瓷砖、钢板等。吸盘的材料有丁腈橡胶、硅橡胶、聚氨酯、氟橡胶等。要根据工作环境对吸盘耐油、耐水、耐腐、耐热、耐寒等性能的要求，选择合适的材料。普通吸盘橡胶部分的形状一般为碗状，但异形的也可使用，这要视工件的形状而定。吸盘的形状可为长方形、圆形和圆弧形等。

常用的几种普通型吸盘的结构如图 2-24 所示。图 2-24（a）所示为普通型直进气吸盘，靠头部的螺纹可直接与真空发生器的吸气口相连，使吸盘与真空发生器成为一体，结构非常紧凑。图 2-24（b）所示为普通型侧向进气吸盘，其中弹簧用来缓冲吸盘部件的运动惯性，可减小对工件的撞击力。图 2-24（c）所示为带支撑楔的吸盘，这种吸盘结构稳定，变形量小，并能在竖直吸吊物体时产生更大的摩擦力。图 2-24（d）所示为采用金属骨架，由橡胶压制而成的碟盘形大直径吸盘，吸盘作用面采用双重密封结构面，大径面为轻吮吸启动面，小径面为吸牢有效作用面；其柔软的轻吮吸启动使得吸着动作特别轻柔，不伤工件，且易于吸附。图 2-24（e）所示为波纹型吸盘，其可利用波纹的变形来补偿高度的变化，往往用于吸附工件高度变化的场合。图 2-24（f）所示为球铰式吸盘，吸盘可自由转动，以适应工件吸附表面的倾斜，转动范围可达 30°～50°；吸盘体上的抽吸孔通过贯穿球节的孔，与安装在球节端部的吸盘相通。

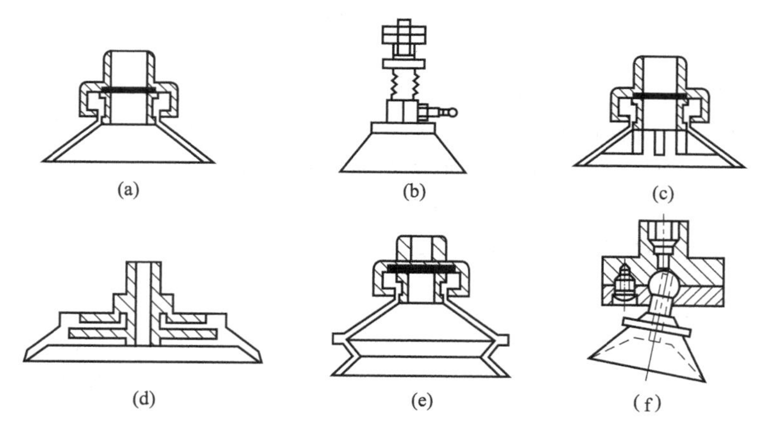

图 2-24　几种普通型吸盘的结构

· 特殊型吸盘。特殊型吸盘是为了满足特殊应用场合而专门设计的，图 2-25 所示为两种特殊型吸盘的结构。图 2-25（a）所示为吸附有孔工件的吸盘。当工件表面有孔时，普遍型吸盘不能形成密封容腔，工作的可靠性得不到保证。吸附有孔工件吸盘的环形腔室为真空吸附腔，与抽吸口相通，工件上的孔与真空吸附区靠吸盘中的环形区隔开。为了获得良好的密封性，所用的吸盘材料具有一定的柔性，以利于吸附表面的贴合。图 2-25（b）所示为可挠性轻型工件的吸盘。对于可挠性轻型工件如纸、聚乙烯薄膜等，采用普通吸盘时，由于吸盘接触面积大，易使这类轻、软、薄工件沿吸盘边缘皱折，出现许多狭小缝隙，降低真空腔的密封性。而采用图 2-25（b）所示结构形式的吸盘，可很好地解决工件起皱问题。其材料可选用铜或铝。

· 自适应吸盘。如图 2-26 所示的自适应吸盘具有一个球关节，使吸盘能倾斜自如，适应工件表面倾角的变化，这种自适应吸盘在实际应用中获得了良好的效果。

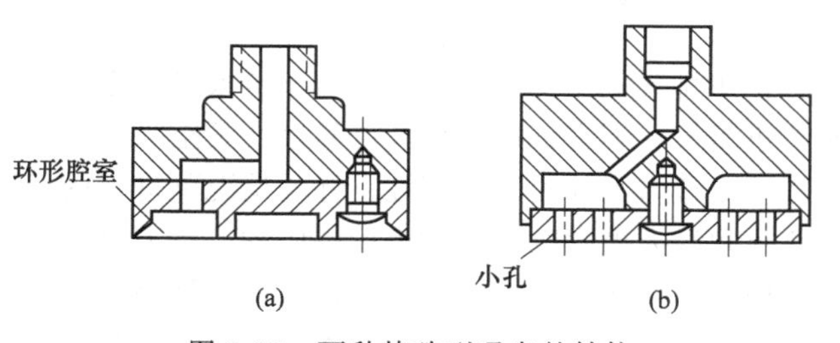

图 2-25　两种特殊型吸盘的结构

· 异形吸盘。图 2-27 所示为异形吸盘中的一种。通常吸盘只能吸附一般的平整工件，而该异形吸盘可用来吸附鸡蛋、锥颈瓶等物件，扩大了真空吸盘在工业机器人上的应用。

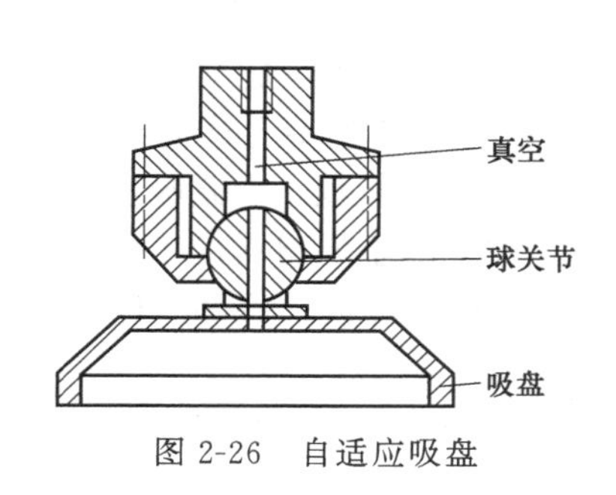

图 2-26　自适应吸盘

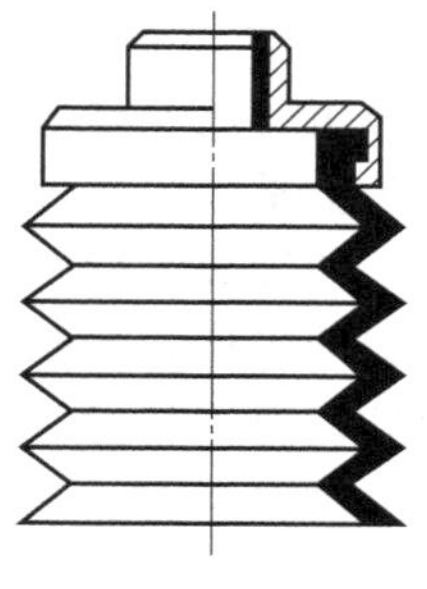
图 2-27　异形吸盘

b. 气流负压吸附手部。图 2-28 所示为气流负压吸附手部，压缩空气进入喷嘴后，利用伯努利效应使橡胶皮腕内产生负压。当需要取物时，压缩空气高速流经喷嘴 5，其出口处的气压低于吸盘腔内的气压，于是，腔内的气体被高速气流带走而形成负压，完成取物动作。当需要释放时，切断压缩空气即可。气流负压吸附手部需要使用压缩空气，而工厂一般都有空压机站或空压机，比较容易获得空压机气源，不需要专为机器人配置真空泵，所以气流负压吸盘在工厂内使用方便，成本较低。

c. 挤压排气式手部。图 2-29 所示为挤压排气式手部结构。其工作原理为：取料时手部先向下，吸盘压向工件 5，橡胶吸盘 4 形变，将吸盘内的空气挤出；之后，手部向上提升，压力去除，橡胶吸盘恢复弹性形变使吸盘内腔形成负压，将工件牢牢吸住，机械手即可进行工件搬运。到达目标位置后要释放工件时，用碰撞力或电磁力使压盖 2 动作，使吸盘腔与大气连通而失去负压，破坏吸盘腔内的负压，释放工件。

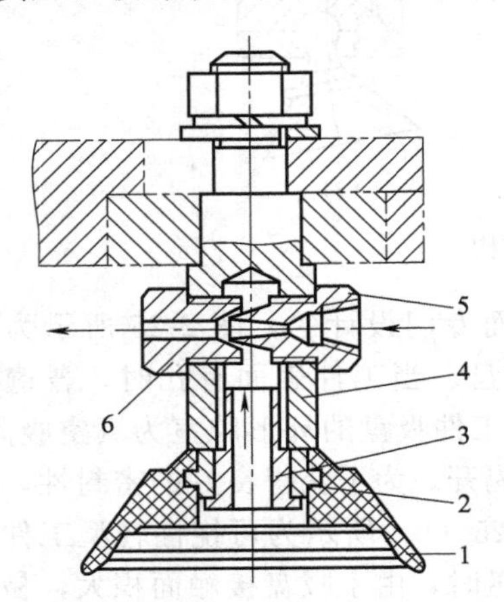

图 2-28　气流负压吸附手部

1—橡胶吸盘；2—芯套；3—通气螺钉；4—支承杆；5—喷嘴；6—喷嘴套

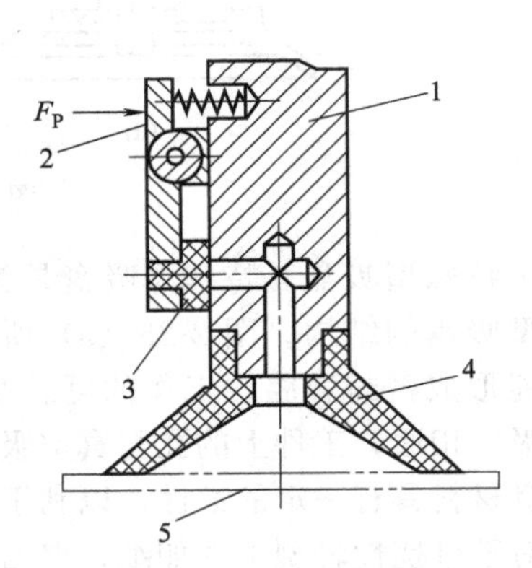

图 2-29　挤压排气式手部

1—吸盘架；2—压盖；3—密封垫；4—橡胶吸盘；5—工件

挤压排气式手部结构简单，既不需要真空泵系统也不需要压缩空气气源，比较经济方便。但要防止漏气，不宜长期停顿，可靠性比真空吸盘和气流负压吸盘差。挤气负压吸盘的吸力计算是在假设吸盘与工件表面气密性良好的情况下进行的，利用热力学定律和静力平衡公式计算内腔最大负压和最大极限吸力。对市场供应的三种型号耐油橡胶吸盘进行吸力理论计算及实测的结果表明，理论计算误差主要由假定工件表面为理想状况所造成。实验表明，在工件表面清洁度、平滑度较好的情况下牢固吸附时间可达到 30s，能满足一般工业机器人工作循环时间的要求。

② 磁吸式手部　磁吸式手部是利用永久磁铁或电磁铁通电后产生的磁力来吸附材料工件的，应用较广。磁吸式手部不会破坏被吸件表面质量。

a. 磁吸式手部的特点。磁吸式手部比气吸式手部优越的方面是：有较大的单位面积吸力，对工件表面粗糙度及通孔、沟槽等无特殊要求。磁吸式手部的不足之处是：被吸工件存在剩磁，吸附头上常吸附磁性屑（如铁屑等），影响正常工作。因此对那些不允许有剩磁的零件要禁止使用，如钟表零件及仪表零件，不能选用磁力吸盘，可用真空吸盘。电磁吸盘只能吸住铁磁材料制成的工件，如钢铁等黑色金属工件，吸不住有色金属和非金属材料的工件。对钢、铁等材料制品，温度超过 723℃就会失去磁性，故在高温下无法使用磁吸式手部。磁力吸盘要求工件表面清洁、平整、干燥，以保证可靠地吸附。

b. 磁吸式手部的原理。磁吸式手部按磁力来源可分为永久磁铁手部和电磁铁手部。电磁铁手部由于供电不同又可分为交流电磁铁手部和直流电磁铁手部。

磁吸附式取料手是利用电磁铁通电后产生的电磁吸力取料的，因此只能对铁磁物体起作用，而且对某些不允许有剩磁的零件禁止使用，所以磁吸附式取料手的使用有一定的局限性。盘状磁吸附式取料手的结构如图 2-30 所示。铁芯 1 和磁盘 3 之间用黄铜焊料焊接并构成隔磁环 2，既焊为一体又将铁芯和磁盘分隔，这样使铁芯 1 成为内磁极，磁盘 3 成为外磁极。其磁路由壳体 6 的外圈，经磁盘 3、工件和铁芯，再到壳体内圈形成闭合回路，以此吸附工件。铁芯、磁盘和壳体均采用 8～10 低碳钢制成，可减少剩磁，并在断电时不吸或少吸铁屑。盖 5 为用黄铜或铝板制成的隔磁材料，用以压住线圈 11，以防止工作过程中线圈的活动。挡圈 7、8 用以调整铁芯和壳体的轴向间隙，即磁路气隙 δ。在保证铁芯正常转动的情况下，气隙越大，电磁吸力就会显著地减小，因此，一般取 $\delta=0.1\sim0.3$mm。

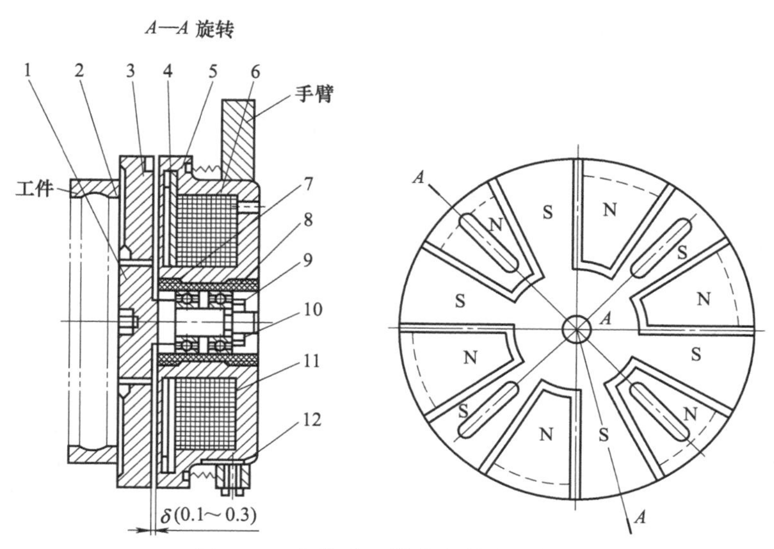

图 2-30　盘状磁吸附式取料手的结构

1—铁芯；2—隔磁环；3—磁盘；4—卡环；5—盖；6—壳体；7,8—挡圈；9—螺母；10—轴承；11—线圈；12—螺钉

在机器人手臂的孔内，可作轴向微量的移动，但不能转动。铁芯 1 和磁盘 3 一起装在轴承上，用以实现在不停车的情况下自动上、下料。

图 2-31 为几种电磁式吸盘吸料的示意图。其中，图 2-31（a）所示为吸附滚动轴承座圈的电磁式吸盘；图 2-31（b）所示为吸取钢板用的电磁式吸盘；图 2-31（c）所示为吸取齿轮用的电磁式吸盘；图 2-31（d）所示为吸附多孔钢板用的电磁式吸盘。

图 2-32 所示为一种具有磁粉袋的吸附手，用于吸附具有光滑曲面的工件。

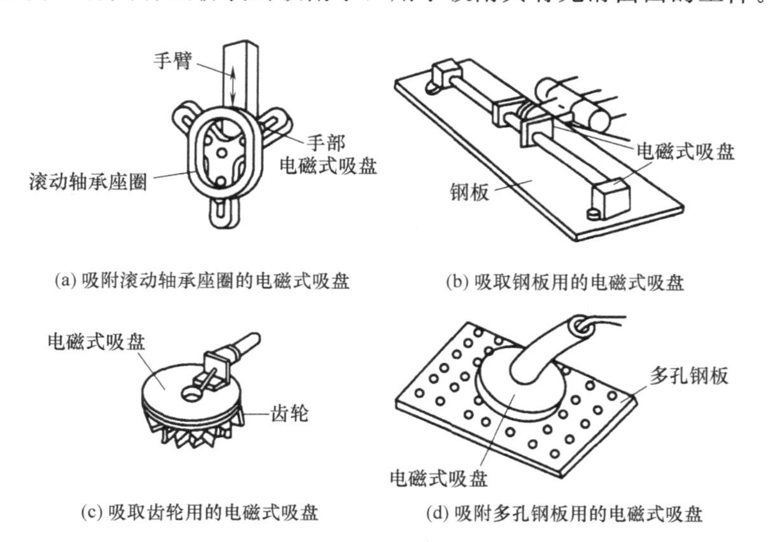

图 2-31　电磁式吸盘吸料的示意图

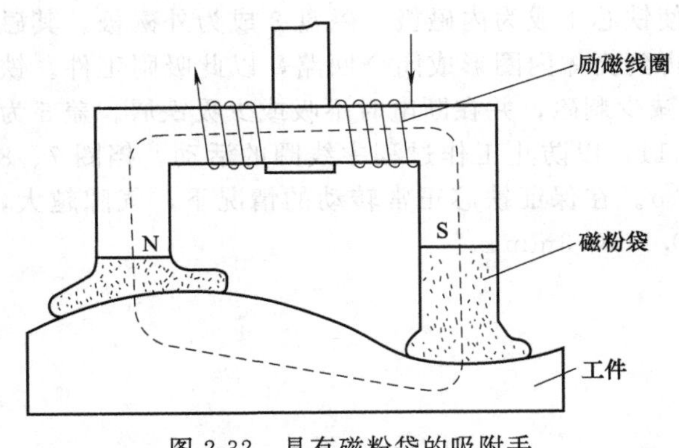

图 2-32 具有磁粉袋的吸附手

2.2.3 按手部的手指或吸盘数目分类

按手指数目可分为二指手爪及多指手爪。按手指关节可分为单关节手指手爪及多关节手指手爪。吸盘式手爪按吸盘数目可分为单吸盘式手爪及多吸盘式手爪。

如图 2-33 所示为一种三指手爪的外形，其每个手指是独立驱动的。这种三指手爪与二指手爪相比可以抓取类似立方体、圆柱体及球体等形状的物体。如图 2-34 所示为一种多关节柔性手指手爪，它的每个手指具有若干个被动式关节，每个关节不是独立驱动的。在拉紧夹紧钢丝绳后柔性手指环抱住物体，因此这种柔性手指手爪对物体形状有一定适应性。但是，这种柔性手指并不同于各个关节独立驱动的多关节手指。

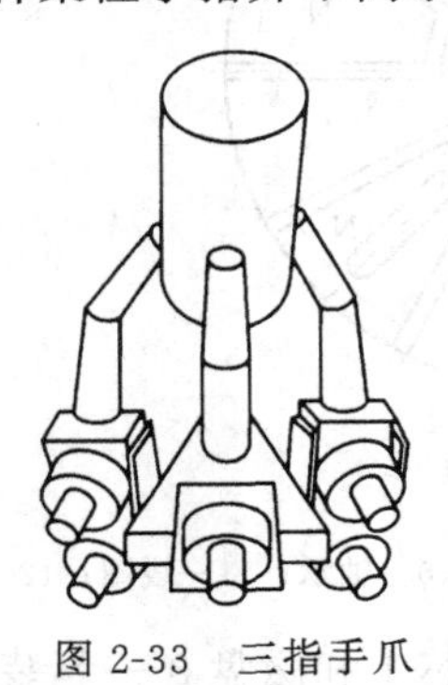
图 2-33 三指手爪

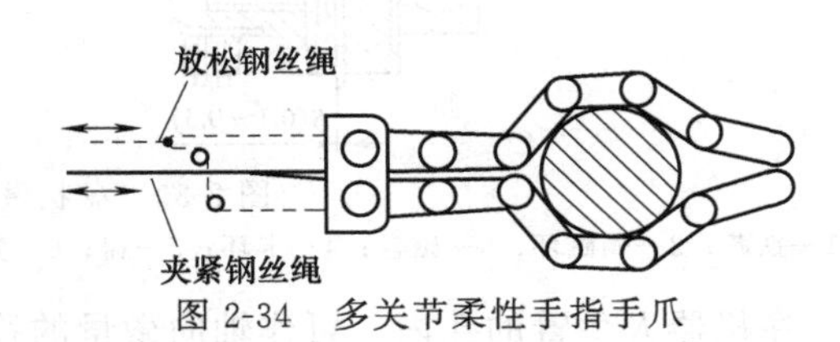

图 2-34 多关节柔性手指手爪

2.2.4 按手部的智能化分类

按手部的智能化划分，可以分为普通式手爪和智能化手爪两类。普通式手爪不具备传感器。智能化手爪具备一种或多种传感器，如力传感器、触觉传感器及滑觉传感器等，手爪与传感器集成成为智能化手爪。

2.2.5 仿人手机器人手部

目前，大部分工业机器人的手部只有两个手指，而且手指上一般没有关节。因此取料不能适应物体外形的变化，不能使物体表面承受比较均匀的夹持力，因此无法满足对复杂形状、不同材质的物体实施夹持和操作。

为了提高机器人手部和腕部的操作能力、灵活性和快速反应能力，使机器人能像人手一样进行各种复杂的作业，如装配作业、维修作业、设备操作等，就必须有一个运动灵活、动作多样的灵巧手，即仿人手机器人手部。

（1）柔性手

柔性手可对不同外形物体实施抓取，并使物体表面受力比较均匀。

如图 2-35 所示为多关节柔性手，图 2-35（a）所示为其外观结构，每个手指由多个关节串接而成。图 2-35（b）所示为其手指传动原理，手指传动部分由牵引钢丝绳及摩擦滚轮组成，每个手指由两根钢丝绳牵引，一侧为握紧，一侧为放松。这样的结构可抓取凹凸外形并使物体受力较为均匀。

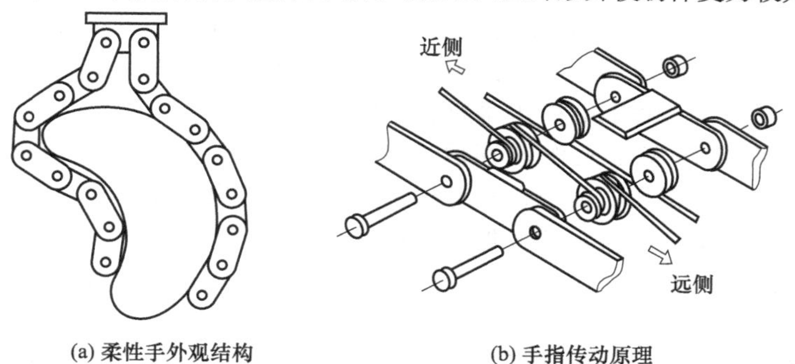

(a) 柔性手外观结构　　(b) 手指传动原理

图 2-35　多关节柔性手

(2) 多指灵活手

机器人手部和腕部最完美的形式是模仿人手的多指灵活手。多指灵活手由多个手指组成，每一个手指有三个回转关节，每一个关节自由度都是独立控制的，这样各种复杂动作都能模仿。如图 2-36 所示的是三指灵活手和四指灵活手。

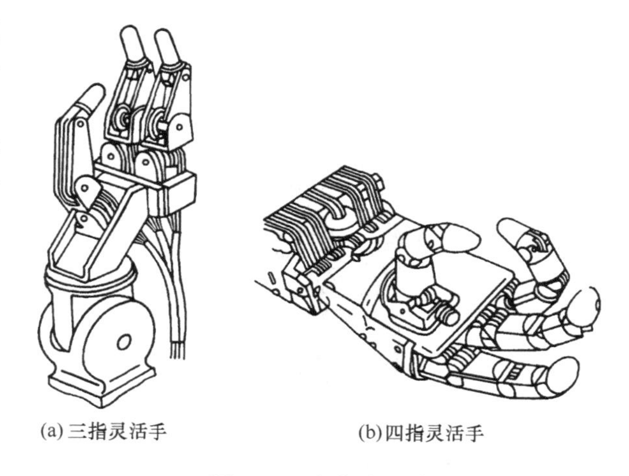

(a) 三指灵活手　　(b) 四指灵活手

图 2-36　多指灵活手

2.2.6 专用末端操作器及换接器

(1) 专用末端操作器

机器人是一种通用性很强的自动化设备，可根据作业要求，再配上各种专用的末端操作器，就能完成各种动作。例如在通用机器人上安装焊枪，就成为一台焊接机器人；安装拧螺母机，则成为一台装配机器人。目前，有许多由专用电动、气动工具改型而成的操作器，有拧螺母机、焊枪、电磨头、电铣头、抛光头、激光切割机等，如图 2-37 所示。所形成的一整套系列供用户选用，使机器人能胜任各种工作。

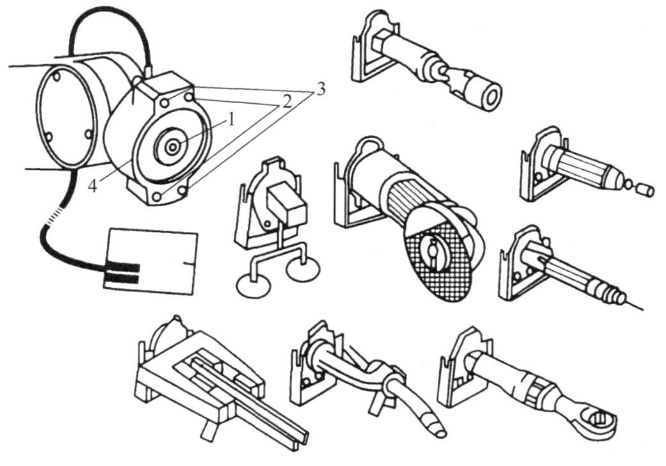

图 2-37　各种专用的末端操作器

1—气路接口；2—定位销；3—电接头；4—电磁吸盘

（2）换接器或自动手爪更换装置

使用一台通用机器人，要在作业时能自动更换不同的末端操作器，就需要配置具有快速装卸功能的换接器。换接器由两部分组成：换接器插座和换接器插头，分别装在机器腕部和末端操作器上，能够实现机器人对末端操作器的快速自动更换。

具体实施时，将各种末端操作器存放在工具架上，组成一个专用末端操作器库，如图 2-38所示。机器人可根据作业要求，自行从工具架上接上相应的专用末端操作器。

对专用末端操作器换接器的要求主要有：同时具备气源、电源及信号的快速连接与切换；能承受末端操作器的工作载荷；在失电、失气情况下，机器人停止工作时不会自行脱离；具有一定的换接精度等。

气动换接器和专用末端操作器如图 2-39 所示。该换接器也分成两部分：一部分装在手腕上，称为换接器；另一部分在末端操作器上，称为配合器。利用气动锁紧器将两部分进行连接，并具有就位指示灯，以表示电路、气路是否接通。

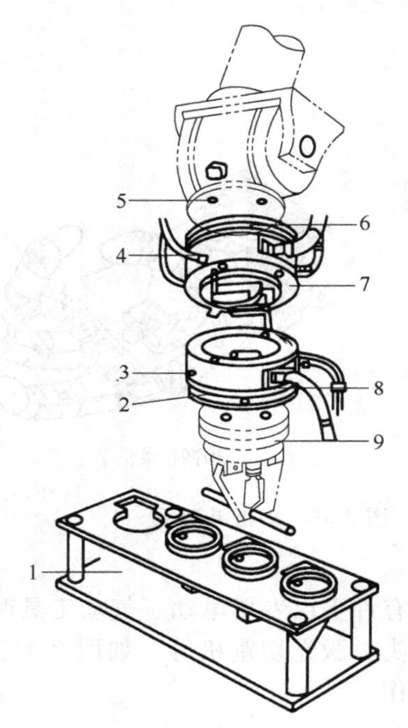

图 2-38　气动换接器与操作器库

1—末端操作器库；2—操作器过渡法兰；3—位置指示器；4—换接器气路；5—连接法兰；6—过渡法兰；7—换接器；8—换接器配合端；9—末端操作器

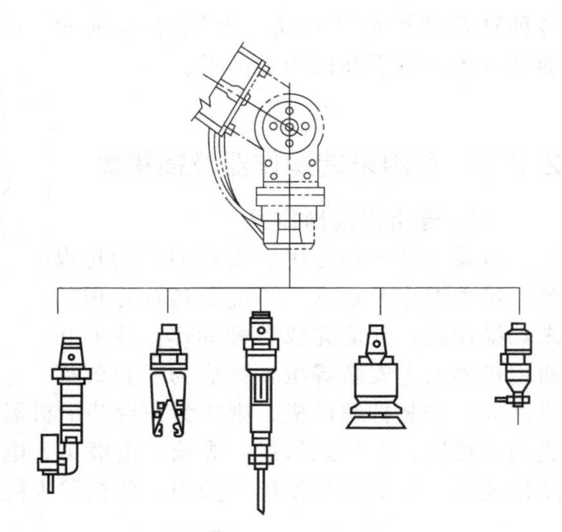

图 2-39　气动换接器和专用末端操作器

（3）焊枪

熔化极气体保护焊的焊枪可用来进行手工操作（半自动焊）和自动焊（安装在机器人等自动装置上）。这些焊枪包括适用于大电流、高生产率的重型焊枪和适用于小电流、全位置焊的轻型焊枪。

焊枪还可以分为水冷式或气冷式及鹅颈式或手枪式，这些形式既可以制成重型焊枪，也可以制成轻型焊枪。熔化极气体保护焊用焊枪的基本组成如下：导电嘴、气体保护喷嘴、送丝导管和焊接电缆等，这些元器件如图 2-40 所示。

点焊电极是保证点焊质量的重要零件，其主要功能有：向工件传导电流；向工件传递压力；迅速导散焊接区的热量。常用的点焊电极形式如图 2-41 所示。

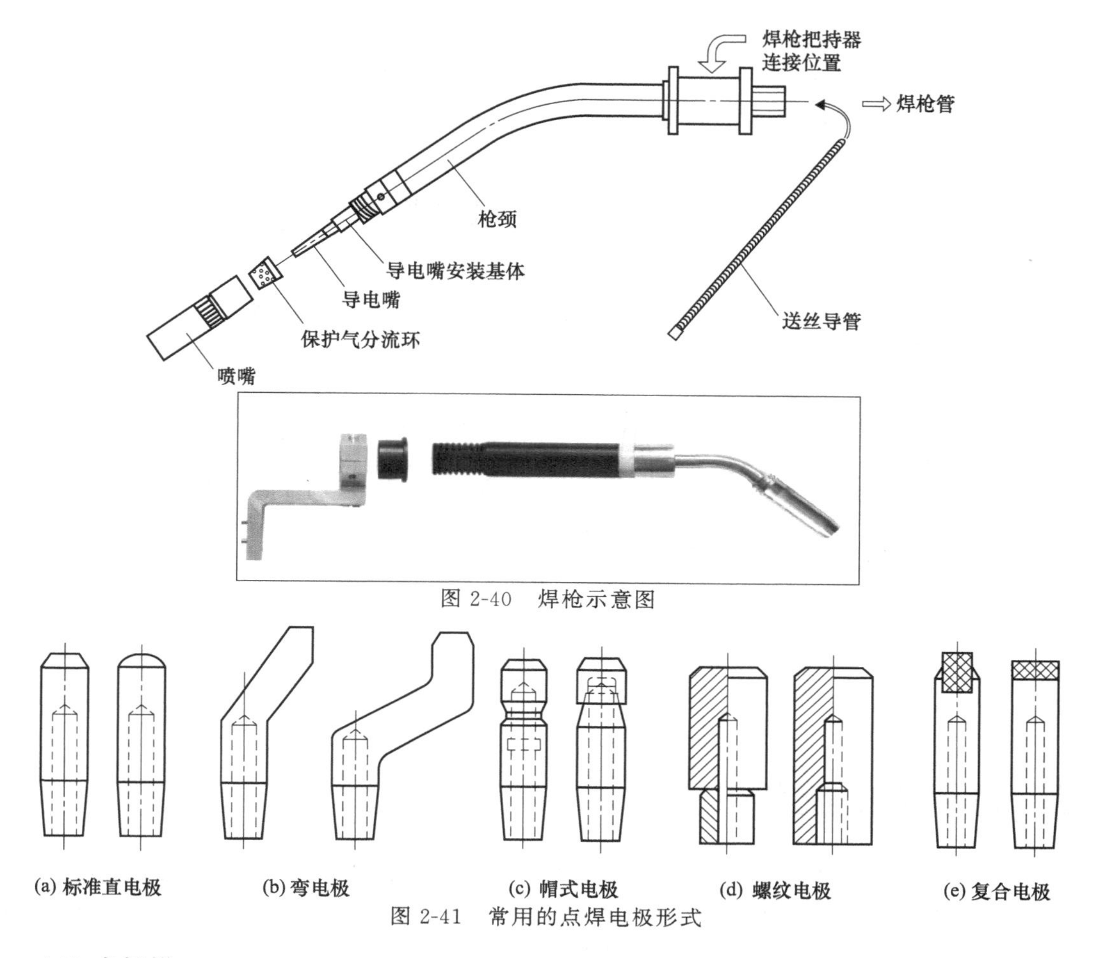

图 2-40　焊枪示意图

图 2-41　常用的点焊电极形式

（4）点焊钳

① C 型焊钳　根据焊接工位的不同，C 型焊钳主要用于点焊垂直及近似于垂直倾斜位置的焊缝。C 型焊钳的结构及部件名称如图 2-42 所示。

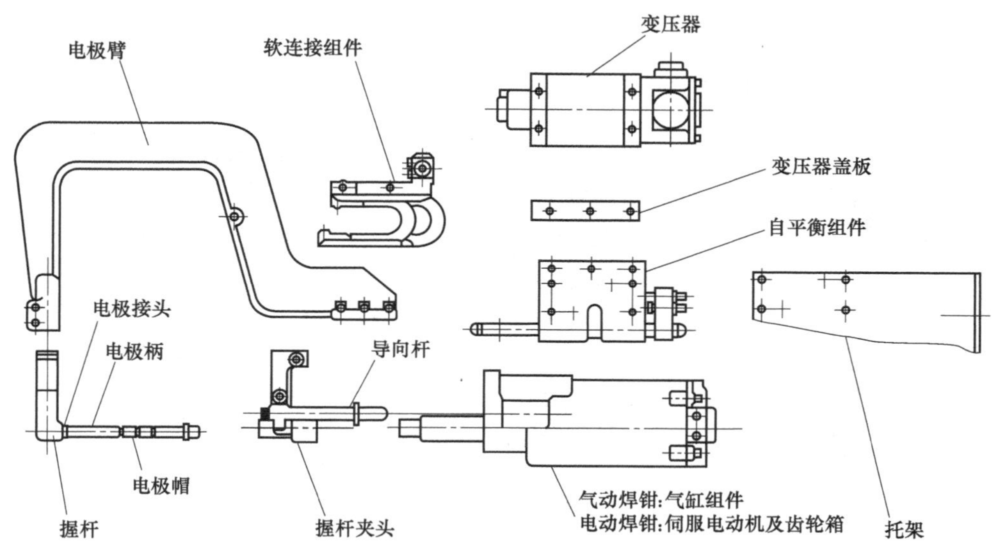

图 2-42　C 型焊钳结构及部件名称

② X 型焊钳　X 型焊钳主要用于点焊水平及近似于水平倾斜位置的点焊。X 型焊钳的结构及部件名称如图 2-43 所示。

在实际应用中，需要根据打点位置的特殊性，对点焊钳钳体做特殊的设计，只有这样才能确保点焊钳到达焊点位置。

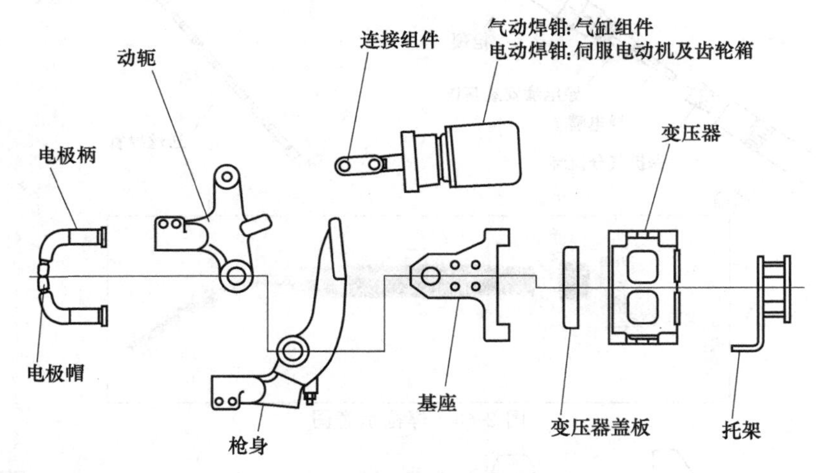

图 2-43　X 型焊钳结构及部件名称

2.3 机器人的腕部机构

腕部是连接机器人的小臂与末端执行器（臂部和手部）之间的结构部件，其作用是利用自身的活动度来确定手部的空间姿态，从而确定手部的作业方向。对于一般的机器人，与手部相连接的腕部都具有独立驱动自转的功能，若腕部能在空间取任意方位，那么与之相连的手部就可在空间取任意姿态，即达到完全灵活。

多数情况下将腕部结构的驱动部分安装在机器人的小臂上。腕部是臂部与手部的连接部件，起支承手部和改变手部姿态的作用。目前，RRR 型三自由度腕部应用较普遍。

2.3.1 机器人腕部的移动方式

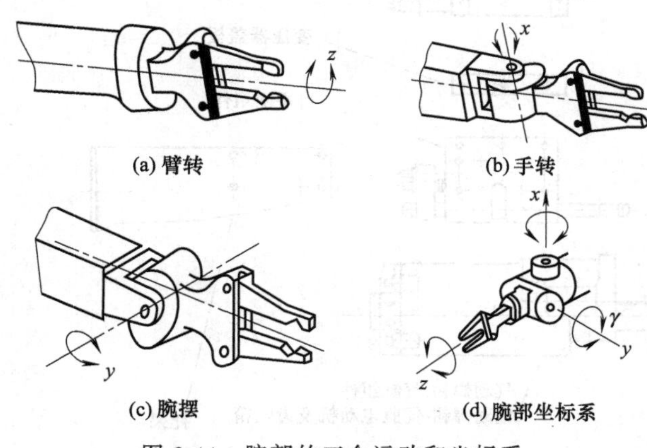

图 2-44　腕部的三个运动和坐标系

（1）腕部的运动

机器人一般具有 6 个自由度才能使手部（末端执行器）达到目标位置和处于期望的姿态。为了使手部能处于空间任意方向，要求腕部能实现对空间 3 个坐标轴 x、y、z 的旋转运动，如图 2-44 所示。这便是腕部的 3 个运动——腕部旋转、腕部弯曲、腕部侧摆，或称为 3 个自由度。

① 腕部旋转　腕部旋转是指腕部绕小臂轴线的转动，又叫做臂转，如图 2-44 (a)所示。有些机器人限制其腕

部转动角度小于 360°。另一些机器人则仅仅受到控制电缆缠绕圈数的限制，腕部可以转几圈。

② 腕部弯曲　腕部弯曲是指腕部的上下摆动，这种运动也称为俯仰，又叫做手转，如图 2-44（b）所示。

③ 腕部侧摆　腕部侧摆指机器人腕部的水平摆动，又叫做腕摆。腕部的旋转和俯仰两种运动结合起来可以看成是侧摆运动，通常机器人的侧摆运动由一个单独的关节提供，如图 2-44（c)所示。

腕部结构多为上述三个回转方式的组合，组合的方式可以有多种形式，常用的腕部组合的方式有臂转、腕摆、手转结构，臂转、双腕摆、手转结构等，如图 2-45 所示。

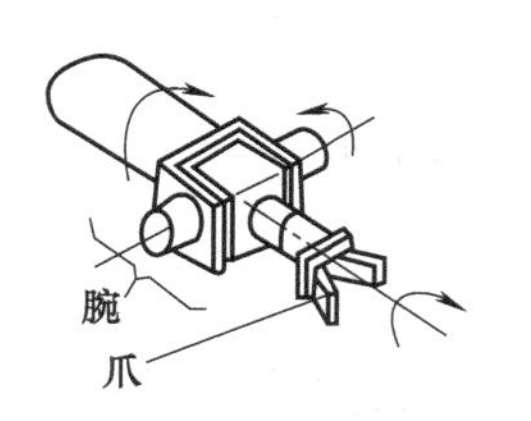

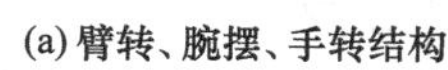
(a) 臂转、腕摆、手转结构

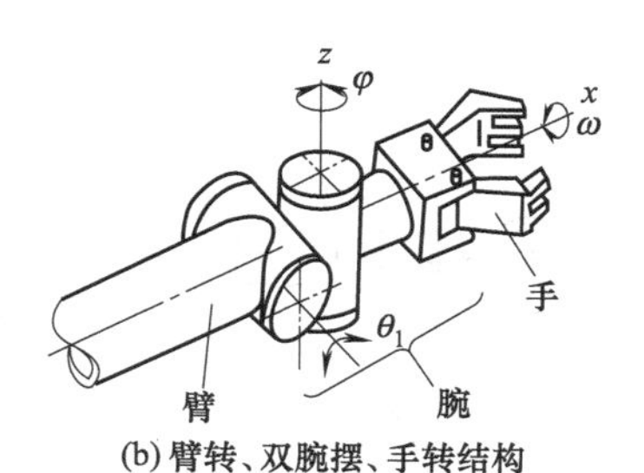

(b) 臂转、双腕摆、手转结构

图 2-45　腕部的组合方式

（2）腕部的转动

按腕部转动特点的不同，用于腕部关节的转动又可细分为滚转和弯转两种。

滚转是指组成关节的两个零件自身的几何回转中心和相对运动的回转轴线重合，因而能实现 360°无障碍旋转的关节运动，通常用 R 来标记，如图 2-46（a）所示。

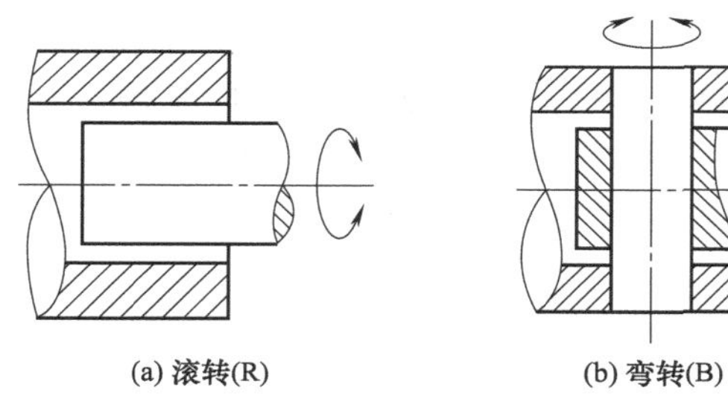
(a) 滚转(R)　(b) 弯转(B)

图 2-46　腕部关节的滚转和弯转

弯转是指两个零件的几何回转中心和其相对转动轴线垂直的关节运动。由于受到结构的限制，其相对转动角度一般小于 360°弯转，通常用 B 来标记，如图 2-46（b）所示。

可见滚转可以实现腕部的旋转，弯转可以实现腕部的弯曲，滚转和弯转的结合就实现了腕部的侧摆。

2.3.2　手腕的分类

（1）按自由度数目来分类

手腕按自由度数目来分，可分为单自由度手腕、二自由度手腕和三自由度手腕。

① 单自由度手腕　如图 2-47（a）所示是一种翻转（Roll）关节，它把手臂纵轴线和手腕关节轴线构成共轴线形式，这种 R 关节旋转角度大，可达到 360°以上。图 2-47（b）、（c）所示是一种折曲（Bend）关节，关节轴线与前、后两个连接件的轴线相垂直。这种 B 关节因为受到结构上的干涉，旋转角度小，大大限制了方向角。

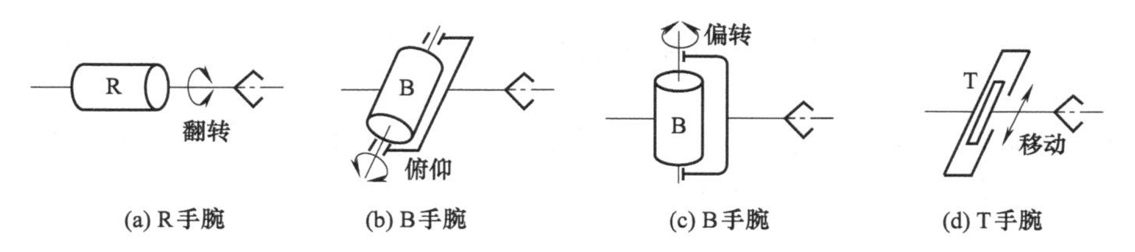

(a) R 手腕　(b) B 手腕　(c) B 手腕　(d) T 手腕

图 2-47　单自由度手腕

② 二自由度手腕　二自由度手腕可以由一个 R 关节和一个 B 关节组成 BR 手腕［图 2-48（a)］，也可以由两个 B 关节组成 BB 手腕［图 2-48（b)］。但是，不能由两个 R 关节组成 RR 手腕，因为两个 R 关节共轴线，所以退化了一个自由度，实际只构成了单自由度手腕［图 2-48（c)］。

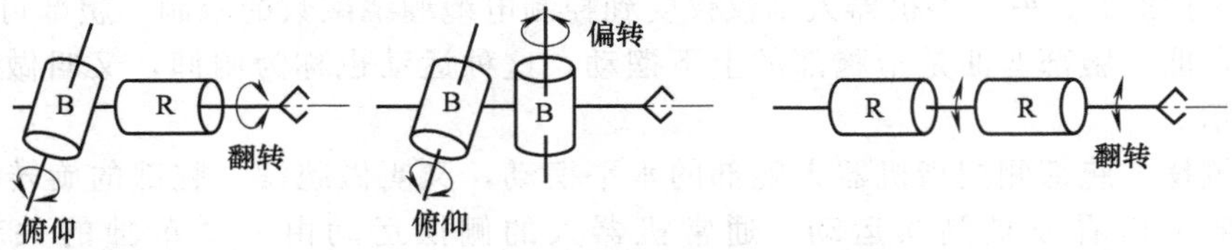

(a) BR 手腕　(b) BB 手腕　(c) RR 手腕

图 2-48　二自由度手腕

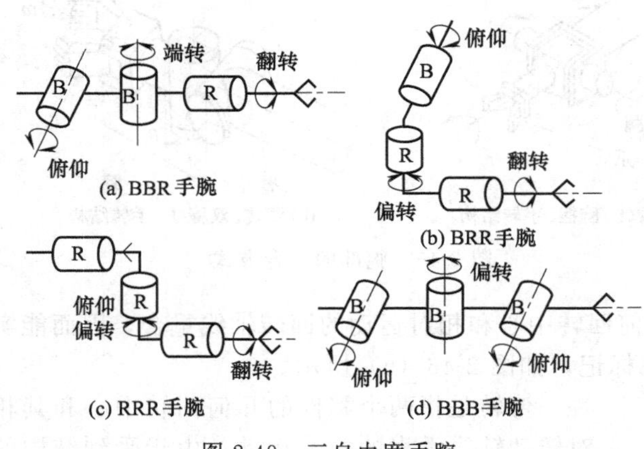

(a) BBR手腕　(b) BRR手腕　(c) RRR手腕　(d) BBB手腕

图 2-49　三自由度手腕

③ 三自由度手腕　三自由度手腕可以由 B 关节和 R 关节组成许多种形式。图 2-49（a）所示为通常见到的 BBR 手腕，使手部具有俯仰、偏转和翻转运动，即 RPY 运动。图 2-49（b）所示为一个 B 关节和两个 R 关节组成的 BRR 手腕，为了不使自由度退化，使手部获得 RPY 运动，第一个 R 关节必须如图所示偏置。图 2-49（c）所示为三个 R 关节组成的 RRR 手腕，它也可以实现手部 RPY 运动。图 2-49（d）所示为 BBB 手腕，很明显，它已经退化为二自由度手腕，只有 PY 运动，实际上它是不采用的。此外，B 关节和 R 关节排列的次序不同，也会产生不同的效果，也产生了其他形式的三自由度手腕。为了使手腕结构紧凑，通常把两个 B 关节安装在一个十字接头上，这可大大减小 BBR 手腕的纵向尺寸。

（2）按驱动方式分类

① 按驱动源分类

a. 液压（气）缸驱动的腕部结构。直接用回转液压（气）缸驱动实现腕部的回转运动，具有结构紧凑、灵巧等优点。如图 2-50 所示的腕部结构，采用回转液压缸实现腕部的旋转运动。从 A—A 剖视图可以看出，回转叶片 11 用螺钉、销钉和回转轴 10 连在一起；固定叶片 8 和缸体 9 连接。当压力油从右进油孔 7 进入液压缸右腔时，便推动回转叶片 11 和回转轴 10 一起绕轴线顺时针转动；当液压油从左进油孔 5 进入左腔时，便推动转轴逆时针方向回转。由于手部和回转轴 10 连成一个整体，故回转角度极限值由动片、定片之间允许回转的角度来决定。图示液压缸可以回转＋90°或－90°。腕部旋转的位置控制采用机械挡块。固定挡块安装在刚体上，可调挡块与手部连接。当要求任意点定位时，可用位置检测元件对所需位置进行检测并加以反馈控制。

腕部用于和臂部连接，三根油管由臂内通过，并经腕架分别进入回转液压缸和手部驱动液压缸。如果能把上述转轴的直径设计得较大，并足以容纳手部驱动液压缸，则可把转轴做成手部驱动液压缸的缸体，这就能进一步缩小腕部与手部的总轴向尺寸，使结构更加紧凑。如图 2-51 所示为复合液压缸驱动的腕部结构。

b. 机械传动的腕部结构。图 2-52 为三自由度的机械传动腕部结构的传动图，是一个具有三根输入轴的差动轮系。腕部旋转使得附加的腕部结构紧凑、重量轻。从运动分析的角度看，这是一种比较理想的三自由度腕部，这种腕部可使手的运动灵活、适应性广。目前，它已成功地用于焊接、喷漆等通用机器人上。

② 按驱动距离分类　从驱动方式看，腕部驱动一般有两种形式，即直接驱动和远程驱动。

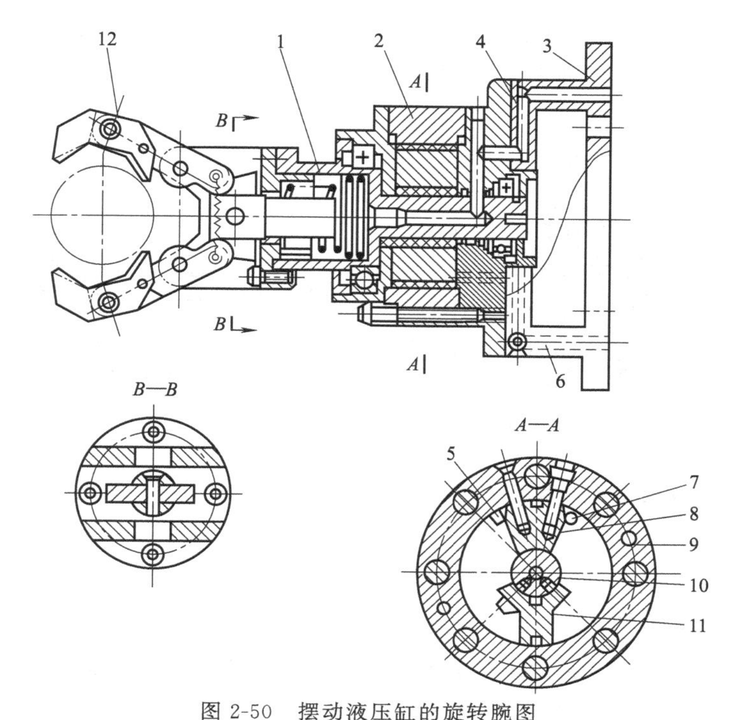

图 2-50 摆动液压缸的旋转腕图

1—手部驱动位；2—回转液压缸；3—腕架；4—通向手部的油管；5—左进油孔；6—通向摆动液压缸油管；7—右进油孔；8—固定叶片；9—缸体；10—回转轴；11—回转叶片；12—手部

a. 直接驱动。直接驱动是指驱动器安装在腕部运动关节的附近直接驱动关节运动，因而传动路线短，传动刚度好，但腕部的尺寸和质量大、惯量大，如图 2-53 所示。

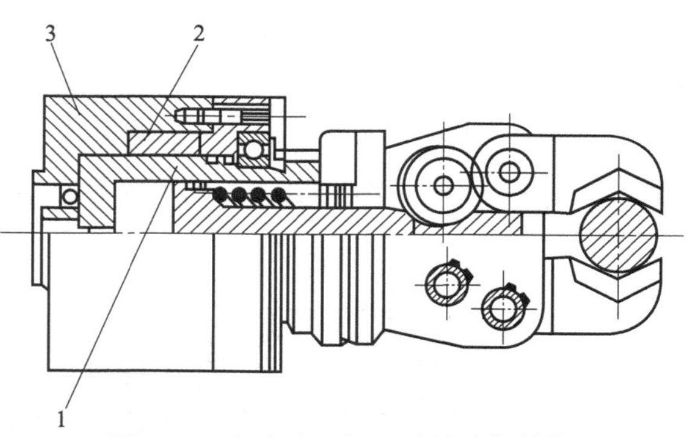

图 2-51 复合液压缸驱动的腕部结构

1—手部驱动液压缸；2—转子；3—腕部驱动液压缸

驱动源直接装在腕部上，这种直接驱动腕部的关键是能否设计和加工出尺寸小、重量轻而驱动转矩大、驱动性能好的驱动电动机或液压马达。

b. 远程驱动。远程驱动方式的驱动器安装在机器人的大臂、基座或小臂远端，通过连杆、链条或其他传动机构间接驱动

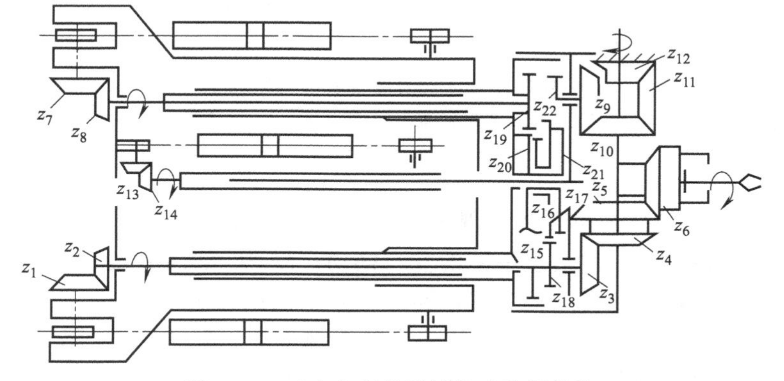

图 2-52 三自由度的机械传动腕部结构

腕部关节运动，因而腕部的结构紧凑，尺寸和质量小，对改善机器人的整体动态性能有好处，但传动设计复杂，传动刚度也降低了。如图 2-54 所示，轴Ⅰ做回转运动，轴Ⅱ做俯仰运动，轴Ⅲ做偏转运动。

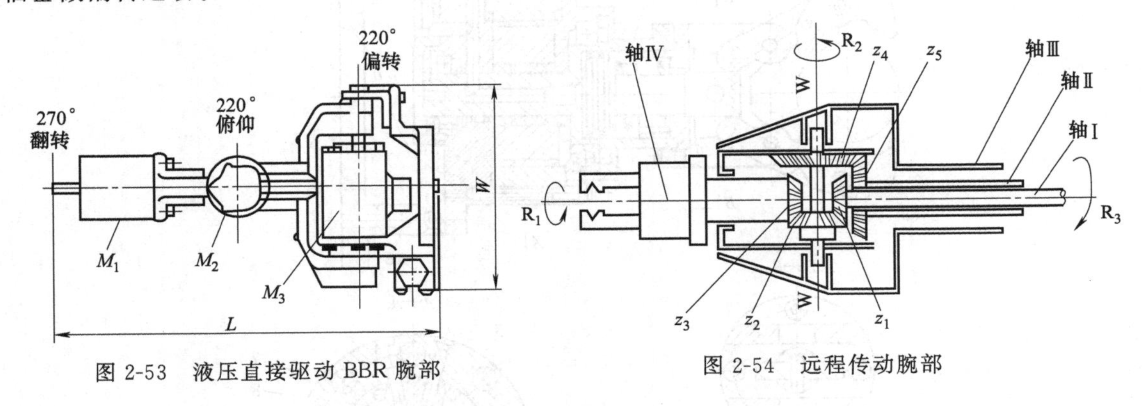

图 2-53 液压直接驱动 BBR 腕部

图 2-54 远程传动腕部

2.3.3 手腕的典型结构

手腕除应满足启动和传送过程中所需的输出力矩外，还要求结构简单，紧凑轻巧，避免干涉，传动灵活，多数情况下，要求将腕部结构的驱动部分安装在小臂上，使外形整齐，也可以设法使几个电动机的运动传递到同轴旋转的心轴和多层套筒上去，运动传入手腕部后再分别实现各个动作。下面介绍几个常见的机器人手腕结构。

（1）单自由度手腕

图 2-55 所示为采用回转油缸的手腕结构。定片 1 与后盖 3、回转缸体 6 和前盖 7 均用螺钉和销子进行连接和定位，动片 2 与手部的夹紧油缸缸体（或转轴）4 用键连接。缸体 4 与指座 8 固连成一体。当回转油缸的两腔分别通入压力油时，驱动动片连同夹紧油缸缸体 4 和指座 8 一同转动，即是手腕的回转运动。此手腕具有结构简单和紧凑等优点。

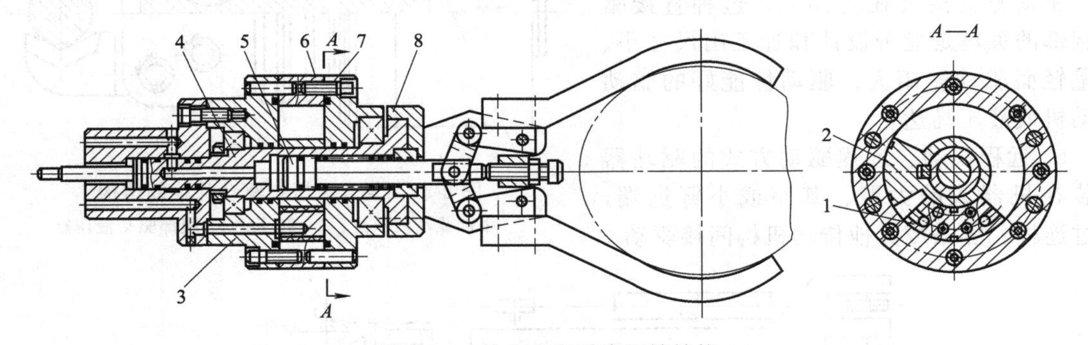

图 2-55 单自由度手腕回转结构

1—定片；2—动片；3—后盖；4—夹紧缸体；5—活塞杆；6—回转缸体；7—前盖；8—指座

（2）二自由度手腕

图 2-56 所示为双手悬挂式机器人实现手腕回转和左右摆动的结构。$V—V$ 剖面所表示的是油缸外壳转动而中心轴不动，以实现手腕的左右摆动；$L—L$ 剖面所表示的是油缸外壳不动而中心轴回转，以实现手腕的回转运动。其油路的分布如剖面所示。

图 2-57 所示为 KUKAIR 662/100 型机器人的手腕传动原理。这是一个具有 3 个自由度的手腕结构，关节配置形式为臂转、腕摆、手转结构。其传动链分成两部分：一部分在机器人小

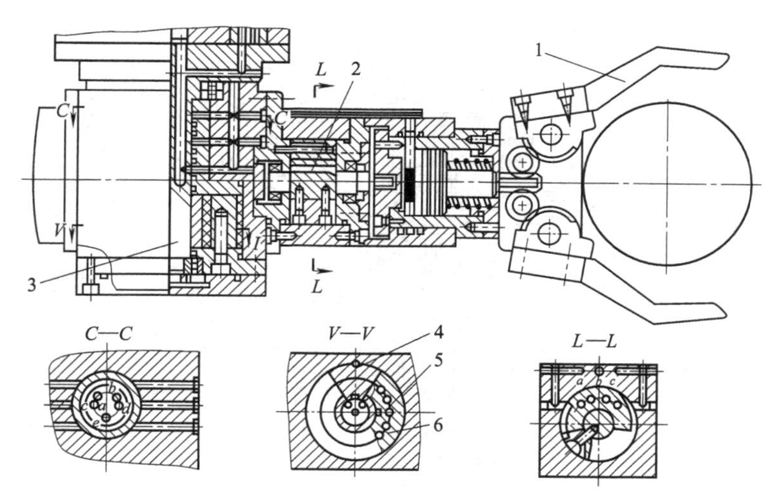

图 2-56　具有回转与摆动的二自由度手腕结构

1—手腕；2—中心轴；3—固定中心轴；4—定片；5—摆动回转油缸体；6—动片

臂壳内，3 个电动机的输出通过带传动分别传递到同轴传动的心轴、中间套、外套筒上；另一部分传动链安装在手腕部，图 2-58 为手腕部分的装配图。

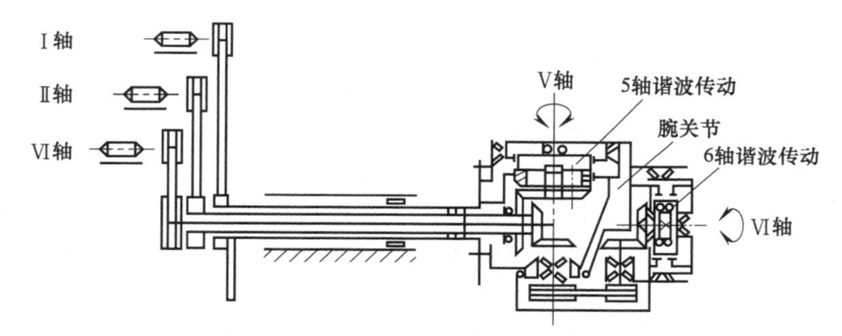

图 2-57　KUKAIR 662/100 型机器人的手腕传动原理图

其传动路线如下。

① 臂转运动　臂部外套筒与手腕壳体 7 通过端面法兰连接，外套筒直接带动整个手腕旋转完成臂转运动。

② 腕摆运动　臂部中间套通过花键与空心轴 4 连接，空心轴另一端通过一对锥齿轮 12、13 带动腕摆谐波减速器的波发生器 16，波发生器上套有轴承和柔轮 14，谐波减速器的定轮 10 与手腕壳体相连，动轮 11 通过盖 18 和腕摆壳体 19 相固接，当中间套带动空心轴旋转时，腕摆壳体作腕摆运动。

③ 手转运动　臂部心轴通过花键与腕部中心轴 2 连接，中心轴的另一端通过一对锥齿轮 45、46 带动花键轴 41，花键轴的一端通过同步齿形带传动 44、36 带动花键轴 35，再通过一对锥齿轮传动 33 带动谐波减速器的波发生器 25，波发生器上套有轴承和柔轮 29，谐波减速器的定轮 31 通过底座 34 与腕摆壳体相连，动轮 24 通过安装架 23 与连接手部的法兰盘 30 相固定，当臂部心轴带动腕部中心轴旋转时，法兰盘作手转运动。

然而，臂转、腕摆、手转三个传动并不是相互独立的，彼此之间存在较复杂的干涉现象。当中心轴 2 和空心轴 4 固定不转，仅有手腕壳体作臂转运动时，由于锥齿轮 12 不转，锥齿轮 13 在其上滚动，因此有附加的腕摆运动输出；同理，锥齿轮 45 在锥齿轮 46 上滚动时，也产生附加的手转运动。当中心轴 2 和手腕壳体 7 固定不转，空心轴 4 转动使手腕作腕摆运动时，

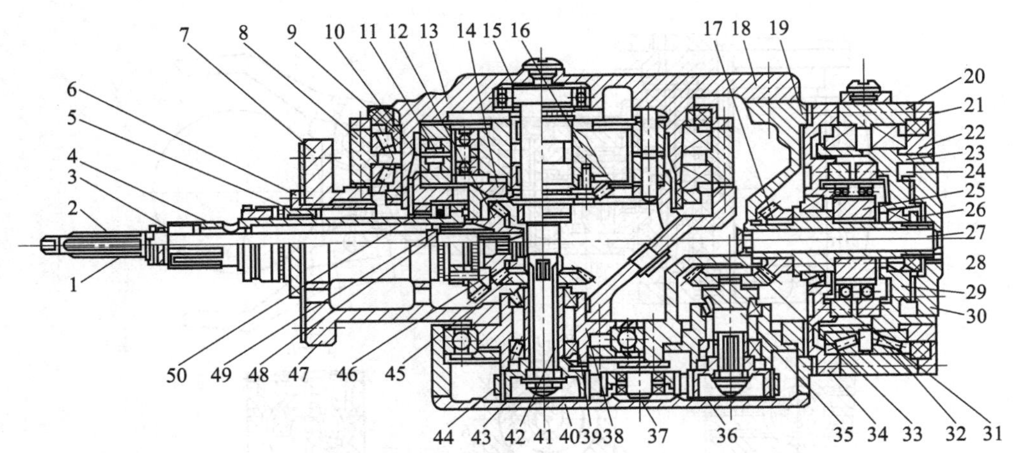

图 2-58 KUKAIR 662/100 型机器人手腕部分装配图

1—轴承；2—中心轴；3,5,42,49—轴套；4,28—空心轴；6,8,20,32,47—端盖；
7—手腕壳体；9,15,21,22,26,50—压盖；10,31—定轮；11,24—动轮；12,13,45,46—锥齿轮；
14,29—柔轮；16,25—波发生器；17,33—锥齿轮传动；18,40—盖；19—腕摆壳体；23—安装架；27,37,48—轴；
30—法兰盘；34—底座；35,41—花键轴；36,44—同步齿形带传动；38,43—轴承套；39—固定架

也会产生附加的手转运动。这些在最后需要通过控制系统进行修正。

(3) 机器人的柔顺腕部

一般来说，在用机器人进行精密装配作业中，当被装配零件不一致，工件的定位夹具、机器人的定位精度不能满足装配要求时，会导致装配困难。这就提出了对装配动作的柔顺性要求。柔顺装配技术有两种，包括主动柔顺装配和被动柔顺装配。

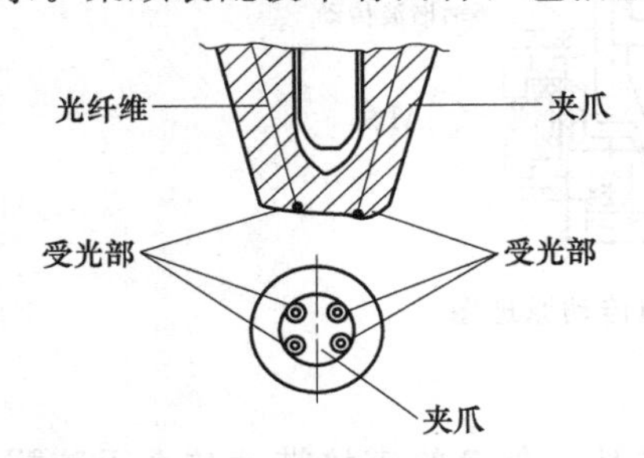

图 2-59 带检测元件的手爪

① 主动柔顺装配 从检测、控制的角度，采取各种不同的搜索方法，实现边校正边装配。有的手爪还配有检测元件如视觉传感器（图 2-59）、力传感器等，这就是所谓的主动柔顺装配。主动柔顺腕部需装配一定功能的传感器，价格较贵；另外，由于反馈控制响应能力的限制，装配速度较慢。

② 被动柔顺装配 从机械结构的角度在腕部配置一个柔顺环节，以满足柔顺装配的需要。这种柔顺装配技术称为“被动柔顺装配”（RCC)。被动柔顺腕部结构比较简单，价格比较便宜，装配速度较快。相比主动柔顺装配技术，它要求装配件要有倾角，允许的校正补偿量受到倾角的限制，轴孔间隙不能太小。采用被动柔顺装配技术的机器人腕部称为机器人的柔顺腕部，如图 2-60 所示。

a. 柔顺腕部的构成。图 2-60（a）所示是一个具有水平和摆动浮动机构的柔顺腕部。水平浮动机构由平面、钢球和弹簧构成，实现在两个方向上进行浮动；摆动浮动机构由上、下浮动件和弹簧构成，实现两个方向的摆动。

b. 柔顺腕部的原理。在装配作业中如遇夹具定位不准或机器人手爪定位不准时可自行校正。其动作过程如图 2-60（b）所示，当在插入装配中，工件局部被卡住时，将会受到阻力，促使柔顺腕部起作用，使手爪有一个微小的修正量，工件便能顺利地插入。

图 2-61 所示是采用板弹簧作为柔性元件组成的柔顺手腕，在基座上通过板弹簧 1、2 连接框架，框架另两个侧面上通过板弹簧 3、4 连接平板和轴。装配时通过四块板弹簧的变形实现柔顺性装配。图 2-62 所示是采用数根钢丝弹簧并联组成的柔顺手腕。图 2-63 所示是另一种结构形式的柔顺手腕。

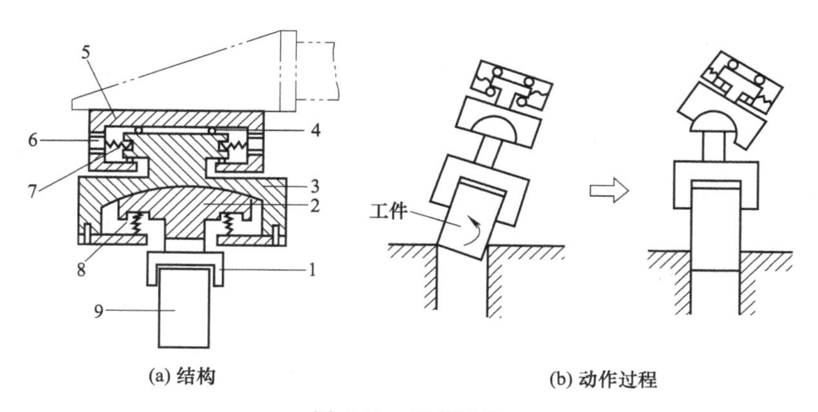

图 2-60　柔顺腕部

1—机械手；2—上浮动件；3—下浮动件；4—钢球；5—中空固定件；6—螺钉；7,8—弹簧；9—工件

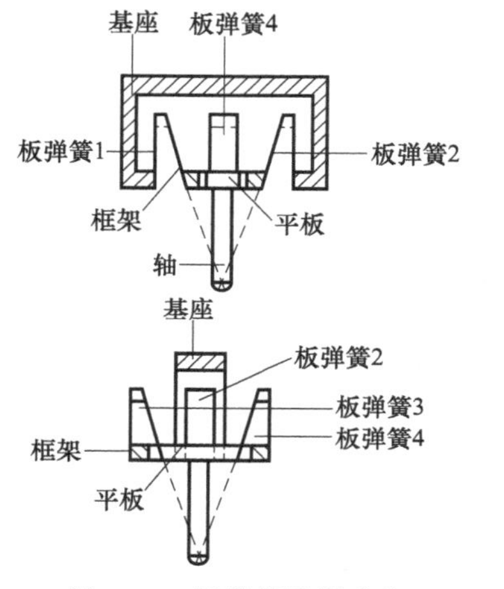

图 2-61　板弹簧柔顺手腕

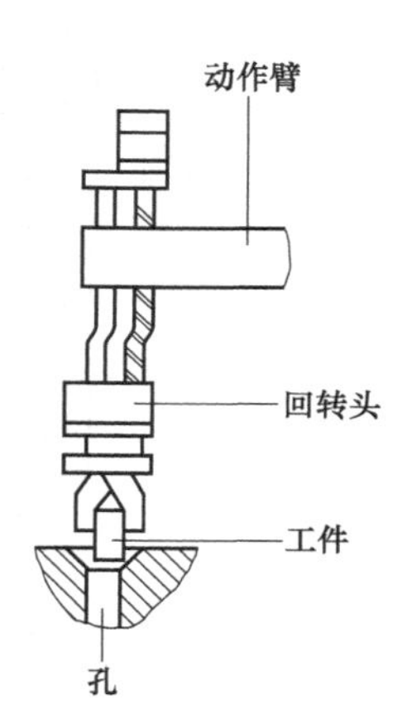

图 2-62　钢丝弹簧柔顺手腕

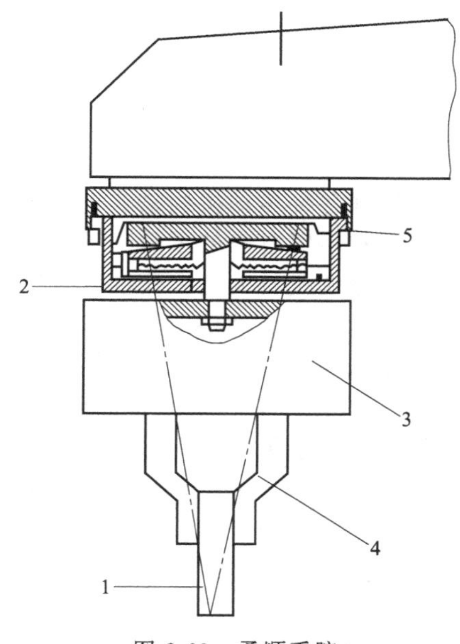

图 2-63　柔顺手腕

1—工件；2—骨架；3—机械手驱动部；4—机械手；5—驱动装置

(4) 手腕的典型结构

图 2-64 所示为 PT-600 型弧焊机器人手腕部结构。由图 2-64 所示可以看出，这是一个腕摆-手转两自由度的手腕结构，其传动路线为：腕摆电动机通过同步齿形带传动带动腕摆谐波减速器 7，减速器的输出轴带动腕摆框 1 实现腕摆运动；手转电动机通过同步齿形带传动带动手转谐波减速器 10，减速器的输出通过一对锥齿轮 9 实现手转运动。需要注意的是，当腕摆框摆动而手转电动机不转时，连接末端执行器的锥齿轮在另一锥齿轮上滚动，产生附加的手转运动，在控制上要进行修正。

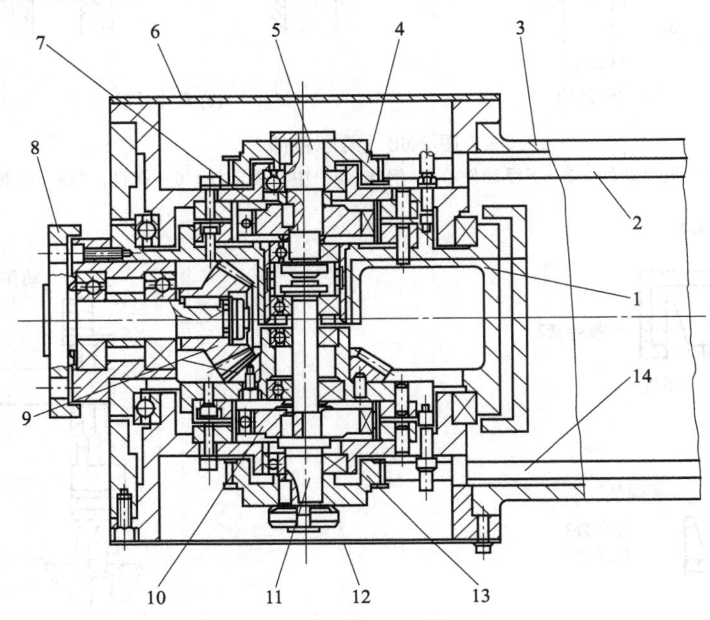

图 2-64 PT-600 型弧焊机器人手腕

1—腕摆框；2—腕摆齿形带；3—小臂；4—腕摆带轮；5—腕摆轴；6—端盖；7—腕摆谐波减速器；8—连接法兰；9—锥齿轮；10—手转谐波减速器；11—手转轴；12—端盖；13—手转带轮；14—手转齿形带

2.4 机器人手臂

手臂的各种运动通常由驱动机构和各种传动机构来实现。因此，它不仅仅承受被抓取工件的重量，而且承受末端执行器、手腕和手臂自身的重量。手臂的结构、工作范围、灵活性、抓重大小（即臂力）和定位精度都直接影响机器人的工作性能，所以臂部的结构形式必须根据机器人的运动形式、抓取重量、动作自由度、运动精度等因素来确定。手臂特性如下。

① 刚度要求高。为防止臂部在运动过程中产生过大的变形，手臂的断面形状要合理选择。工字形断面的弯曲刚度一般比圆断面的大；空心管的弯曲刚度和扭转刚度都比实心轴的大得多，所以常用钢管做臂杆及导向杆，用工字钢和槽钢做支承板。

② 导向性要好。为防止手臂在直线运动中沿运动轴线发生相对转动，需设置导向装置，或设计方形、花键等形式的臂杆。

③ 重量要轻。为提高机器人的运动速度，要尽量减小臂部运动部分的重量，以减小整个手臂对回转轴的转动惯量。

④ 运动要平稳、定位精度要高。由于臂部运动速度越高，惯性力引起的定位前的冲击也就越大，运动既不平稳，定位精度也不高，因此，除了臂部设计上要力求结构紧凑、重量轻

外，同时要采用一定形式的缓冲措施。

2.4.1 机器人臂部的运动与组成

（1）手臂的运动

一般来讲，为了让机器人的手爪或末端操作器可以达到任务目标，手臂至少要能够完成三个运动：垂直移动、径向移动、回转运动。

① 垂直移动　垂直移动是指机器人手臂的上下运动。这种运动通常采用液压缸机构或其他垂直升降机构来完成，也可以通过调整整个机器人机身在垂直方向上的安装位置来实现。

② 径向移动　径向移动是指手臂的伸缩运动。机器人手臂的伸缩使其手臂的工作长度发生变化。在圆柱坐标式结构中，手臂的最大工作长度决定其末端所能达到的圆柱表面直径。

③ 回转运动　回转运动是指机器人绕铅垂轴的转动。这种运动决定了机器人的手臂所能到达的角度位置。

（2）手臂的组成

机器人的手臂主要包括臂杆以及与其伸缩、屈伸或自转等运动有关的构件，如传动机构、驱动装置、导向定位装置、支承连接和位置检测元件等。此外，还有与腕部或手臂的运动和连接支承等有关的构件、配管配线等。

根据臂部的运动和布局、驱动方式、传动和导向装置的不同，可分为：伸缩型臂部结构；转动伸缩型臂部结构；屈伸型臂部结构；其他专用的机械传动臂部结构。伸缩型臂部结构可由液（气）压缸驱动或由直线电动机驱动；转动伸缩型臂部结构除了臂部作伸缩运动，还绕自身轴线运动，以便使手部旋转。

2.4.2 机器人臂部的配置

机身和臂部的配置形式基本上反映了机器人的总体布局。由于机器人的运动要求、工作对象、作业环境和场地等因素的不同，出现了各种不同的配置形式。目前常用的有横梁式、立柱式、机座式、屈伸式四种。

（1）横梁式配置

机身设计成横梁式，用于悬挂手臂部件，通常分为单臂悬挂式和双臂悬挂式两种，如图 2-65 所示。这类机器人的运动形式大多为移动式。它具有占地面积小、能有效利用空间、动作简单直观等优点。

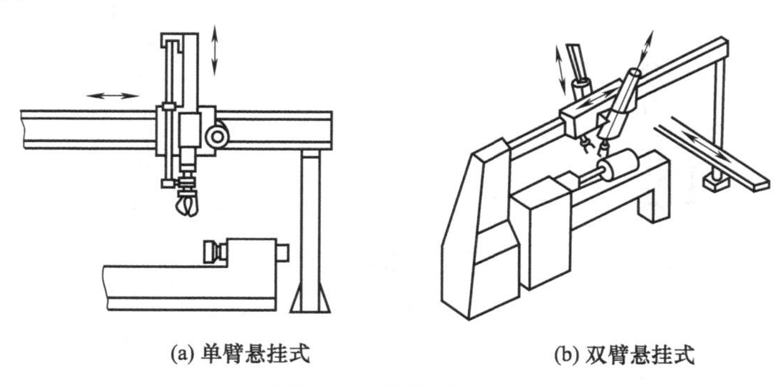

图 2-65　横梁式配置

横梁可以是固定的，也可以是行走的，一般横梁安装在厂房原有建筑的柱梁或有关设备上，也可从地面进行架设。

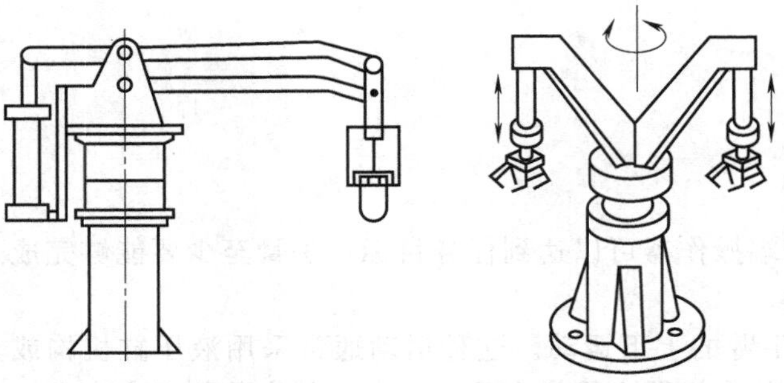

(a) 单臂配置　(b) 双臂配置

图 2-66　立柱式配置

（2）立柱式配置

立柱式机器人多采用回转型、俯仰型或屈伸型的运动形式，是一种常见的配置形式，通常分为单臂式和双臂式两种，如图 2-66 所示。一般臂部都可在水平面内回转，具有占地面积小而工作范围大的特点。

立柱可固定安装在空地上，也可以固定在床身上。立柱式结构简单，服务于某种主机，承担上、下料或转运等工作。

（3）机座式配置

这种机器人可以是独立的、自成系统的完整装置，可以随意安放和搬动，也可以具有行走机构，如沿地面上的专用轨道移动，以扩大其活动范围。各种运动形式均可设计成机座式，如图 2-67 所示。

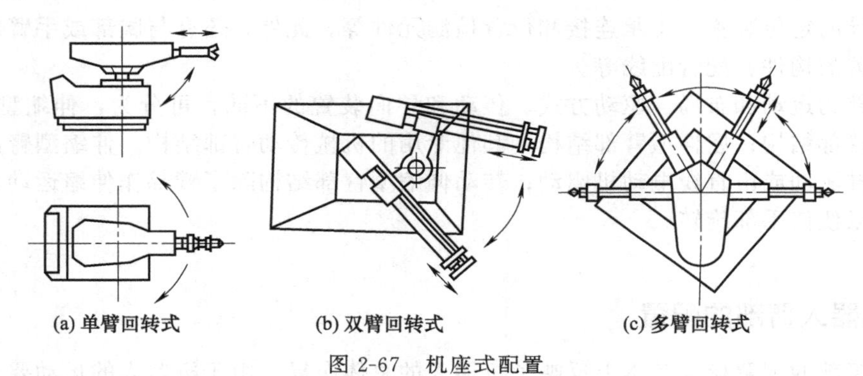

(a) 单臂回转式　(b) 双臂回转式　(c) 多臂回转式

图 2-67　机座式配置

（4）屈伸式配置

屈伸式机器人的臂部由大、小臂组成，大、小臂间有相对运动，称为屈伸臂。屈伸臂与机身间的配置形式关系到机器人的运动轨迹，可以实现平面运动，也可以作空间运动，如图 2-68所示。

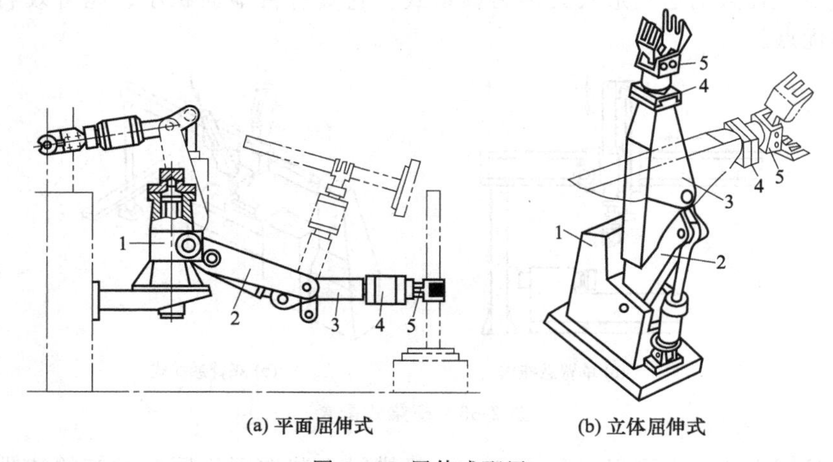

(a) 平面屈伸式　(b) 立体屈伸式

图 2-68　屈伸式配置

1—机座；2—大臂；3—小臂；4—腕；5—手爪

2.4.3　机器人手臂机构

机器人的手臂由大臂、小臂或多臂组成。手臂的驱动方式主要有液压驱动、气动驱动和电动驱动几种形式，其中电动驱动形式最为通用。

（1）臂部伸缩机构

当行程小时，采用油（气）缸直接驱动；当行程较大时，可采用油（气）缸驱动齿条传动的倍增机构或步进电动机及伺服电动机驱动，也可用丝杠螺母或滚珠丝杠传动。为了增加手臂的刚性，防止手臂在伸缩运动时绕轴线转动或产生变形，臂部伸缩机构需设置导向装置，或设计方形、花键等形式的臂杆。

常用的导向装置有单导向杆和双导向杆等，可根据手臂的结构、抓重等因素选取。

图 2-69 所示为采用四根导向柱的臂部伸缩机构。手臂的垂直伸缩运动由油缸 3 驱动，其特点是行程长，抓重大。工件形状不规则时，为了防止产生较大的偏重力矩，可采用四根导向柱，这种结构多用于箱体加工线上。

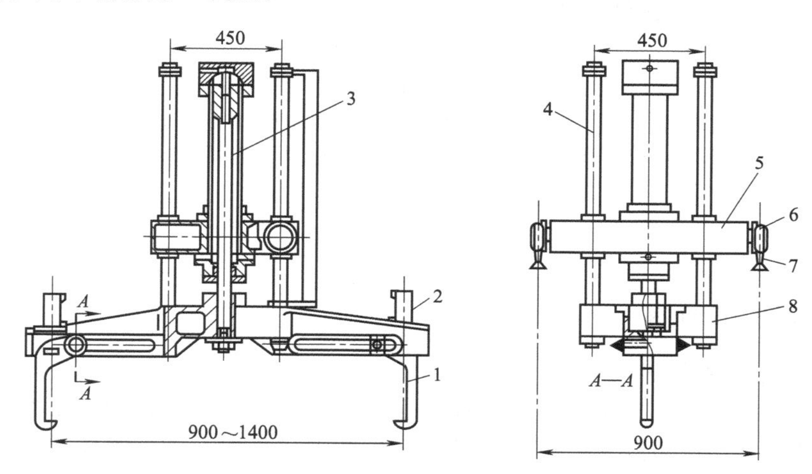

图 2-69　四导向柱式臂部伸缩机构

1—手部；2—夹紧缸；3—油缸；4—导向柱；5—运行架；6—行走车轮；7—轨道；8—支座

（2）臂部俯仰机构

通常采用摆动油（气）缸驱动、铰链连杆机构传动实现手臂的俯仰，如图 2-70 所示。图 2-71 所示为实现手臂俯仰、回转和升降的结构。其手臂 4 的俯仰由铰连活塞缸 6 和连杆机构来实现，手臂回转由回转油缸的动片 14 带动手臂回转缸体 11，经端盖支承架 3，使手臂 4 回转。定片 12 与手臂回转缸体 11 固连，支承架 3 通过键与活塞杆 1 连接如剖视图 A—A 所示。手臂升降由活塞油缸驱动活塞杆 1 而带动手臂 4 和齿轮轴套 7 作上下移动。图中所示件 9 为手臂回转和俯仰的位置反馈装置。此手臂的特点是，用齿轮轴套 7 做导向套，刚度大，导向性能好，传动平稳。另外传动结构简单，紧凑，而且外形美观整齐。

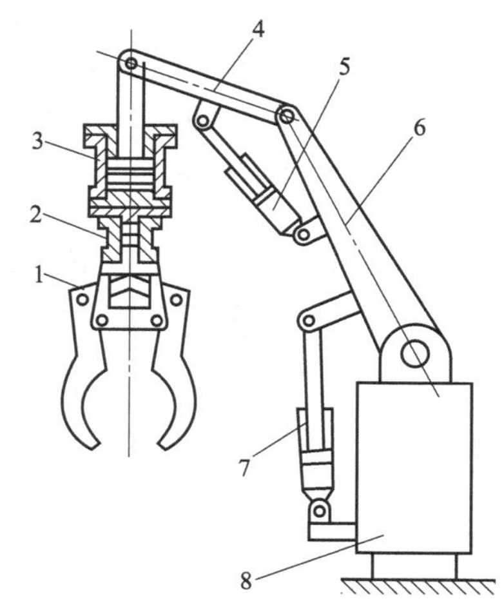

图 2-70　摆动气缸驱动连杆俯仰臂部机构

1—手部；2—夹紧缸；3—升降缸；4—小臂；5,7—摆动气缸；6—大臂；8—立柱

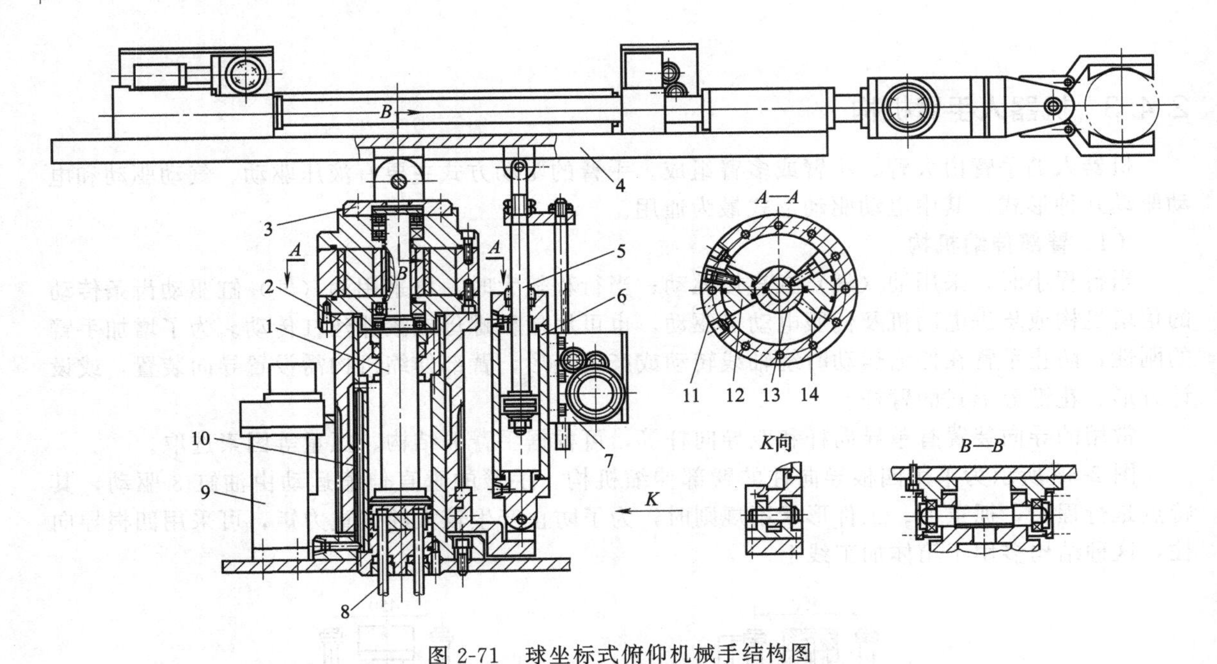

图 2-71　球坐标式俯仰机械手结构图

1—活塞杆；2—齿轮套；3—支承架；4—手臂；5—活塞杆；6—铰连活塞缸；7—齿轮轴套；8—导向杆；9—手臂回转、俯仰的位置反馈装置；10—升降缸；11—手臂回转缸体；12—定片；13—轴套；14—动片

2.4.4 手臂的常用结构

（1）手臂直线运动机构

机器人手臂的伸缩、横向移动均属于直线运动。实现手臂往复直线运动的机构形式比较多，常用的有液压（气压）缸、齿轮齿条机构、丝杠螺母机构及连杆机构等。由于液压（气压）缸的体积小、重量轻，因而在机器人的手臂结构中应用比较多。

在手臂的伸缩运动中，为了使手臂移动的距离和速度有定值地增加，可以采用齿轮齿条传动的增倍机构。图 2-72 所示为采用气压传动的齿轮齿条式增倍机构的手臂结构。活塞杆 3 左移时，与活塞杆 3 相连接的齿轮 2 也左移，并使运动齿条 1 一起左移；由于齿轮 2 与固定齿条 4 相啮合，因而齿轮 2 在移动的同时，又在固定齿条上滚动，并将此运动传给运动齿条 1，从而使运动齿条 1 又向左移动一段距离。因手臂固连于齿条 1 上，所以手臂的行程和速度均为活塞杆 3 的两倍。

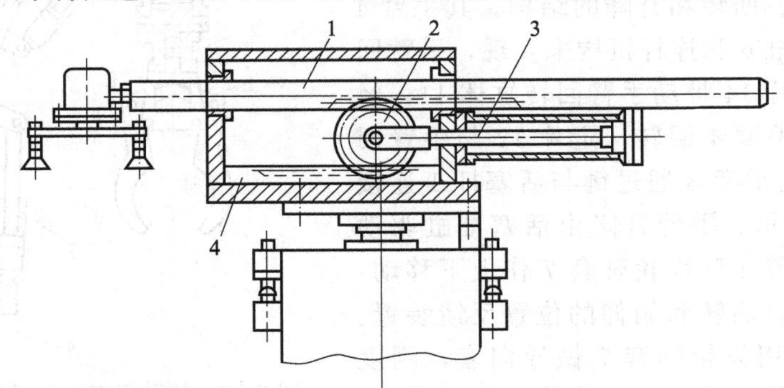

图 2-72　齿轮齿条式增倍机构的手臂结构

1—运动齿条；2—齿轮；3—活塞杆；4—固定齿条

往复直线运动还可采用液压或气压驱动的活塞液压（气）缸。由于活塞液压（气）缸的体积小、重量轻，因而在机器人手臂结构中应用比较多。双导向杆手臂的伸缩结构如图 2-73 所示。手臂和手腕通过连接板安装在升降液压缸的上端。当双作用液压缸 1 的两腔分别通入压力油时，则推动活塞杆 2（即手臂）作往复直线移动；导向杆 3 在导向套 4 内移动，以防手臂伸缩式地转动（并兼作手腕 6 回转缸及手部 7 的夹紧液压缸用的输油管道）。由于手臂的伸缩液压缸安装在两根导向杆之间，由导向杆承受弯曲作用，活塞杆只受拉压作用，故受力简单、传动平稳、外形整齐美观、结构紧凑。

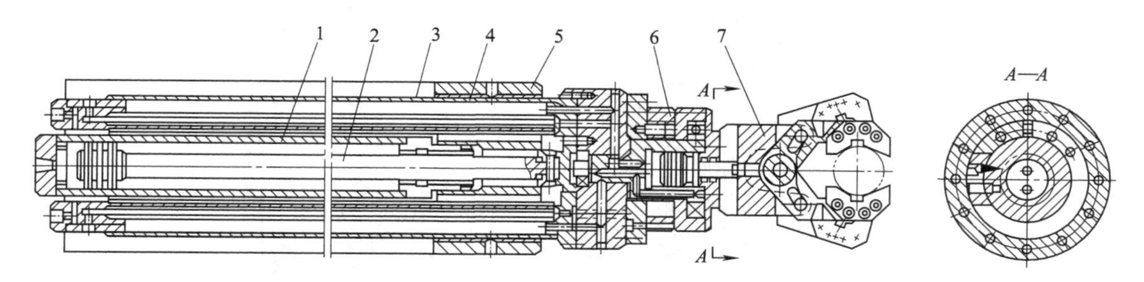

图 2-73　双导向杆手臂的伸缩结构

1—双作用液压缸；2—活塞杆；3—导向杆；4—导向套；5—支承座；6—手腕；7—手部

（2）手臂回转运动机构

实现机器人手臂回转运动的机构形式多种多样，常用的有叶片式回转缸、齿轮传动机构、链轮传动机构、活塞缸和连杆机构等。

图 2-74 所示为采用活塞缸和连杆机构的一种双臂机器人的手臂结构。手臂的上下摆动由铰接活塞油缸和连杆机构来实现。当活塞油缸 1 的两腔通压力油时，通过连杆 2 带动曲柄 3（即手臂）绕轴心做 90°的上下摆动（如双点划线所示位置）。手臂下摆到水平位置时，其水平和侧向的定位由支承架 4 上的定位螺钉 6 和 5 来调节，此手臂结构具有传动结构简单、紧凑和轻巧等特点。

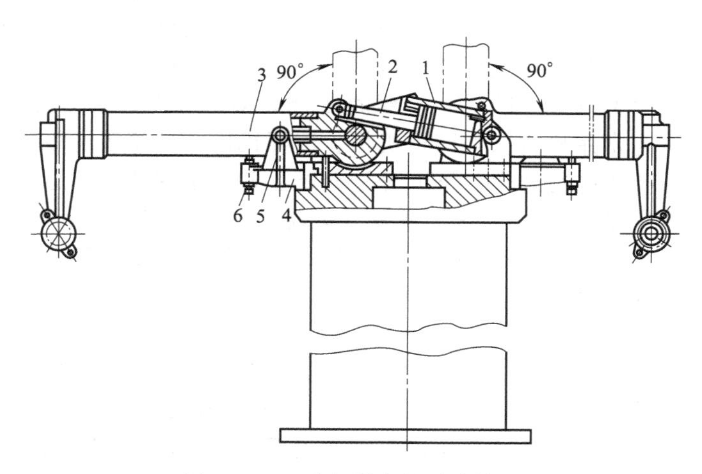

图 2-74　双臂机器人的手臂结构

1—铰接活塞油缸；2—连杆（即活塞杆）；3—手臂（即曲柄）；4—支承架；5,6—定位螺钉

实现机器人手臂回转运动的机构形式是多种多样的，常用的有叶片式回转缸、齿轮传动机构、链轮传动机构、连杆机构。下面以齿轮传动机构中活塞缸和齿轮齿条机构为例来说明手臂的回转。齿轮齿条机构通过齿条的往复移动带动与手臂连接的齿轮作往复回转运动，即实现手臂的回转运动。带动齿条往复移动的活塞缸可以由压力油或压缩气体驱动。手臂升降和回转运动的结构如图 2-75 所示。活塞液压缸两腔分别进压力油，推动齿条活塞 7 做往复移动（见 A—A 剖面），与齿条 7 啮合的齿轮 4 即作往复回转运动。由于齿轮 4、手臂升降缸体 2、连接板 8 均用螺钉连接成一体，连接板又与手臂固连，从而实现手臂的回转运动。升降液压缸的活塞杆通过连接盖 5 与机座 6 连接而固定不动，缸体 2 沿导向套 3 作上下移动，因升降液压缸外部装有导向套，故刚性好、传动平稳。

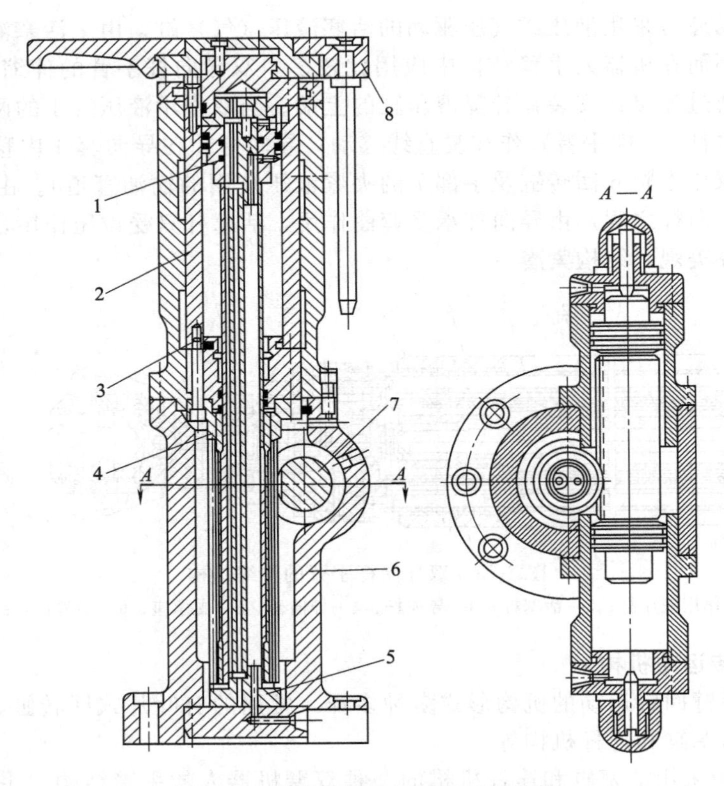

图 2-75 手臂升降和回转运动的结构

1—活塞杆；2—升降缸体；3—导向套；4—齿轮；5—连接盖；6—机座；7—齿条；8—连接板

（3）手臂的复合运动机构

手臂的复合运动多数用于动作程序固定不变的专用机器人，它不仅使机器人的传动结构简单，而且可简化驱动系统和控制系统，并使机器人传动准确、工作可靠，因而在生产中应用得比较多。除手臂实现复合运动外，手腕与手臂的运动亦能组成复合运动。

手臂（或手腕）和手臂的复合运动，可以由动力部件（如活塞缸、回转缸、齿条活塞缸等）与常用机构（如凹槽机构、连杆机构、齿轮机构等）按照手臂的运动轨迹或手臂和手腕的动作要求进行组合。下面分别介绍手臂和手腕的复合运动及其结构。

① 凹槽机构实现手臂复合运动　图 2-76（a）所示为曲线凹槽机构手臂结构。当活塞油缸 1 通入压力油时，推动铣有 N 形凹槽的活塞杆 2 右移，由于销轴 6 固定在前盖 3 上，因此，滚套 7 在活塞杆的 N 形凹槽内滚动，迫使活塞杆 2 既作移动又作回转运动，以实现手臂 4 的复合运动。

图 2-76（b）为活塞杆 2 上的凹槽展开图，其中 L_1 直线段为机器人取料过程；L 曲线段为机器人送料回转过程；L_2 直线段为机器人向卡盘内送料过程，当机床扣盘夹紧工件后立即发出信号，使活塞杆反向运动，退至原位等待上料，以此完成自动上料。

② 用行星机构实现手臂复合运动　图 2-77 为由行星齿轮机构组成手臂和手腕回转运动的结构图和运动简图。

如图 2-77（a）所示，齿条活塞油缸驱动齿轮 10 回转，经键 5 带动主轴体 9（即行星架或系杆）回转，装在主轴体 9 上的手部 1 和锥齿轮 4 均绕主轴体的轴线回转，其中锥齿轮 4 和锥齿轮 12 相啮合，而锥齿轮 12 相对手臂升降油缸 13 的活塞套 8 是不动的，因此，锥齿轮 12 是“固定”中心轮。锥齿轮 4 随同主轴体 9 绕主轴体的轴线公转时，迫使它又绕自身轴线自转，即锥齿轮 4 作行星运动，故称为行星轮。锥齿轮 4 的自转，经键 5 带动手部 1 的夹紧油缸 2 回

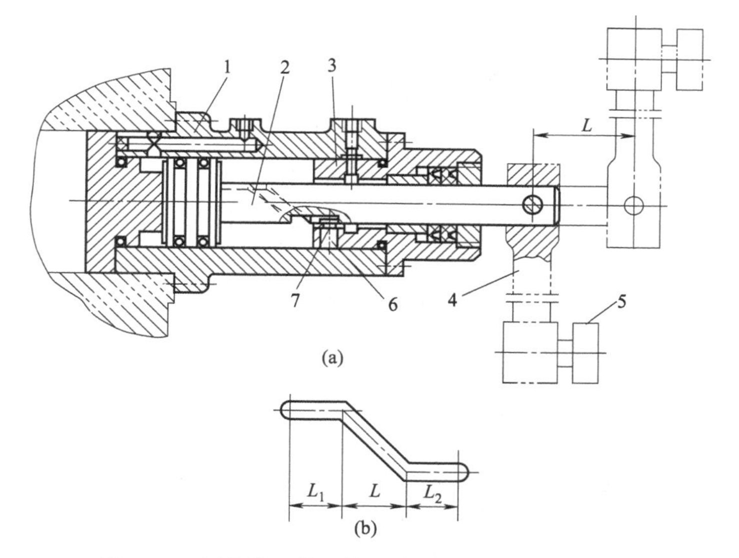

图 2-76　用曲线凹槽机构实现手臂复合运动的结构

1—活塞油缸；2—活塞杆；3—前盖；4—手臂；5—手部；6—销轴；7—滚套

转，即为手腕回转运动。由于手臂的回转，通过锥齿轮行星机构使手腕回转。

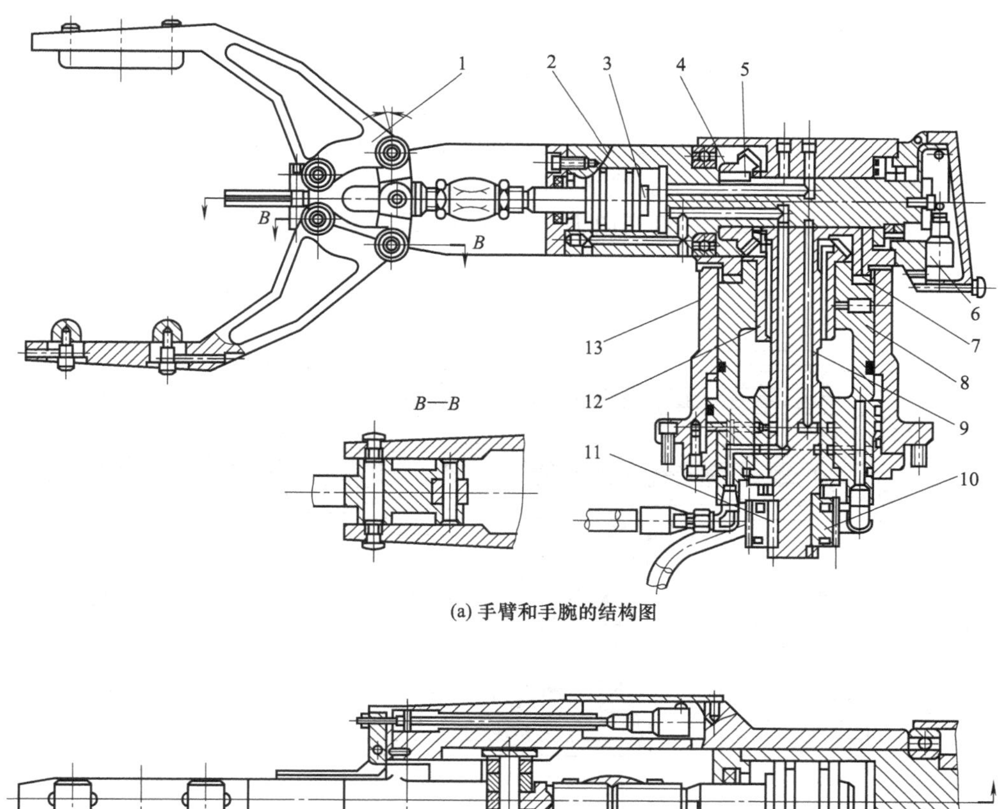

(a) 手臂和手腕的结构图

(b) 手臂的结构图

图 2-77

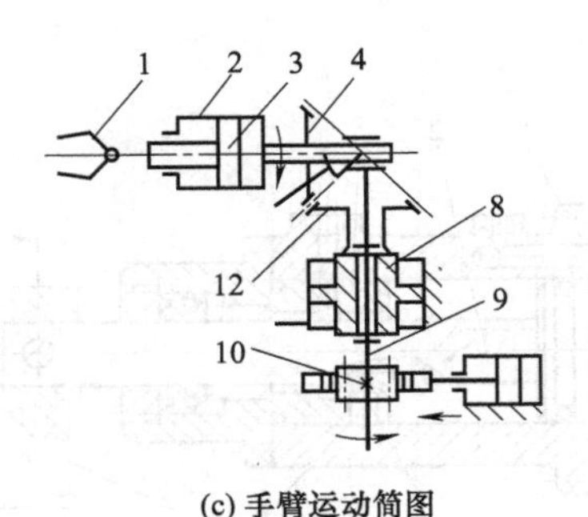

(c) 手臂运动简图

图 2-77 用行星机构实现手臂和手腕同时回转

1—手部；2—夹紧油缸；3—活塞杆；4,12—锥齿轮；5,11—键；

6—行程开关；7—止推轴承垫；8—活塞套；9—主轴体；10—圆柱齿轮；13—升降油缸

③ 用液压缸实现手臂复合运动 机器人手臂的伸缩、横向移动均属于直线运动。实现手臂往复直线运动的机构形式比较多，常用的有活塞油（气）缸、齿轮齿条机构、丝杠螺母机构以及连杆机构等。因为活塞油（气）缸的体积小、重量轻，在机器人的手臂结构中得到的应用比较多。

图 2-78 所示为手臂直线和回转运动的结构。该手臂的直线运动采用双导向杆的伸缩结构来完成。手臂和手腕通过连接板安装在升降油缸的上端，当双作用油缸 1 的两腔分别通入压力油时，则推动活塞杆 2（即手臂）作往复直线移动。导向杆 3 在导向套 4 内移动，以防手臂伸缩时的转动（并兼作手腕回转缸 6 及手部夹紧油缸 7 用的输油管道）。手臂回转是由回转油缸来实现的，如剖视图 $A—A$ 所示。中心轴 13 固定不动，而回转油缸 14 与手臂座 8 一起回转。手臂横向移动是由活塞缸 15 来驱动的，回转缸体与滑台 10 用螺钉连接，活塞杆 16 通过两块连接板 12 用螺钉固定在滑座 11 上。当活塞缸 15 通压力油时，其缸体就带动滑台 10，沿着燕尾形滑座 11 作横向往复移动，如剖视图 $B—B$ 所示。此手臂结构具有传动结构简单、紧凑和轻巧等特点。

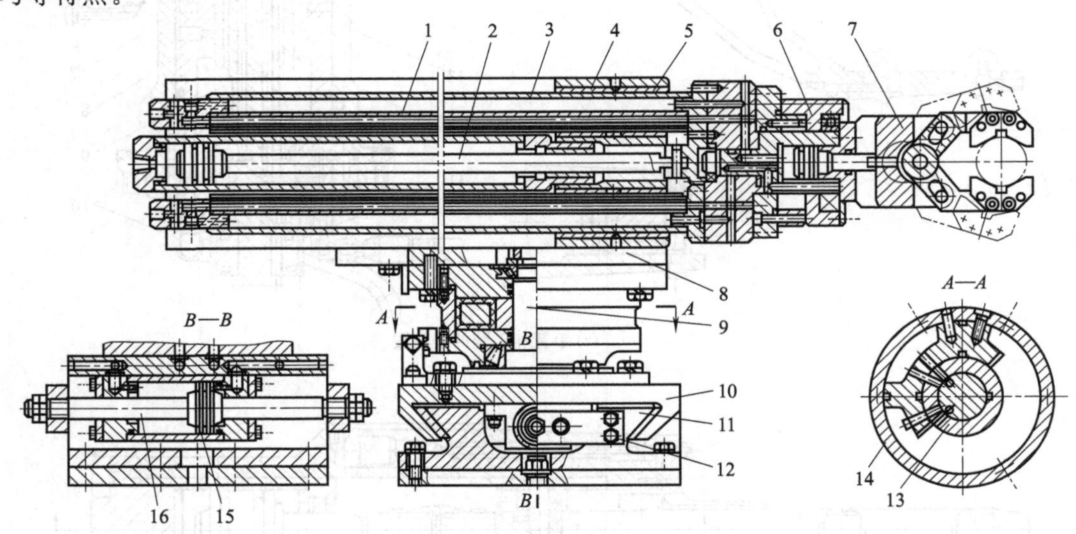

图 2-78 手臂直线和回转运动的结构

1—双作用油缸；2—活塞杆；3—导向杆；4—导向套；5—支承座；6—手腕回转缸；

7—手部夹紧油缸；8—手臂座；9—手臂回转油缸；10—滑台；11—滑座；

12—连接板；13—中心轴；14—回转油缸；15—活塞缸；16—活塞杆

如图 2-79 所示的机身包括两个运动：机身的回转和升降。机身回转机构置于升降缸之上。手臂部件与回转缸的上端盖连接，回转缸的动片与缸体连接，由缸体带动手臂回转运动。回转缸的转轴与升降缸的活塞杆是一体的。活塞杆采用空心结构，内装一花键套并与花键轴配合，活塞升降由花键轴导向。花键轴与升降缸的下端盖用键来固定，下端盖与连接地面的底座固定。这样就固定了花键轴，也就通过花键轴固定了活塞杆。这种结构中导向杆在内部，结构紧凑。

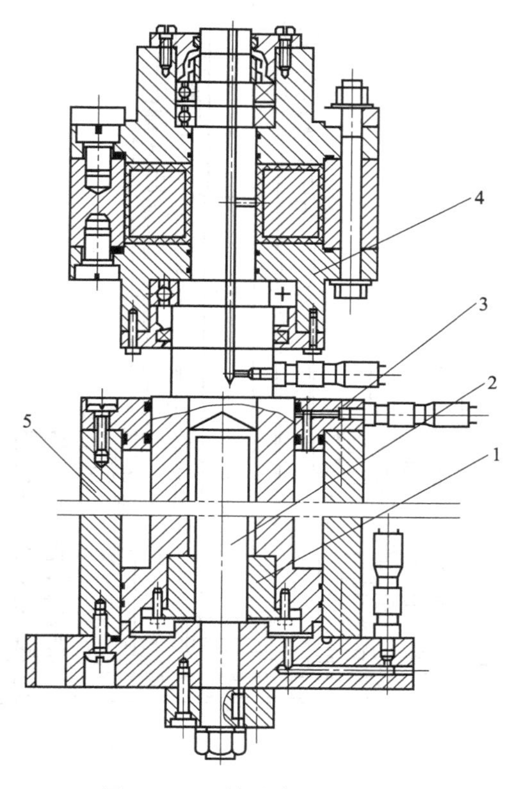

图 2-79　回转升降型机身结构

1—花键轴套；2—花键轴；3—活塞；4—回转缸；5—升降缸

2.4.5　机器人手臂的典型机构

Adept One 机器人是四自由度水平关节 SCARA 机器人，大臂和小臂的回转运动采用直接驱动，没有减速器。其传动系统如图 2-80 所示，大臂驱动方式如图 2-80（a）所示，直接驱动电动机的转子 1 直接安装在大臂的回转轴（轴 A）上，电动机转子直接带动大臂回转。大臂通过齿轮带动大臂的编码器 5 旋转，给出大臂回转角度反馈信号。小臂驱动方式如图 2-80（b）所示，直接驱动电动机安装在轴 B 上，轴 B 通过安装在其上的驱动鼓轮 16 与被动鼓轮 12 上的钢带，将运动传递到小臂的编码器上，小臂的编码器给出小臂回转的角度反馈信号，大臂的结构见图 2-81，小臂的结构见图 2-82。

GMF M300 型机器人是圆柱坐标机器人，见图 2-83。手臂的升降 2 及伸缩 3 都是直线运动。这两个直线运动均采用双圆柱导轨及直流伺服电动机与滚珠丝杠驱动。

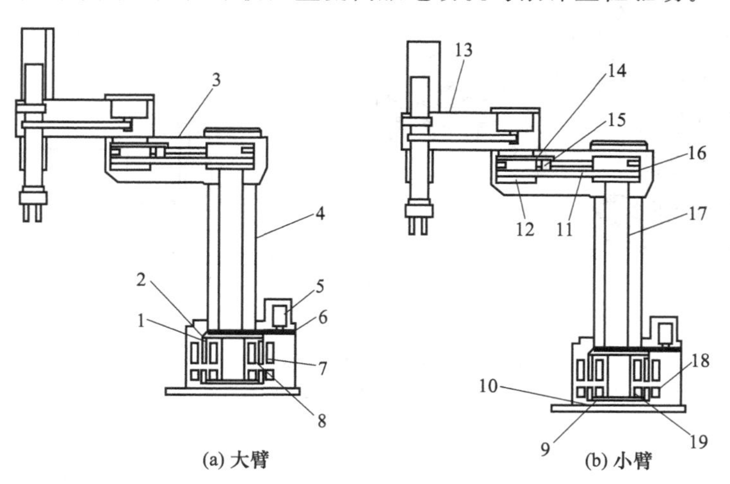

图 2-80　Adept One 机器人传动系统

1,9—转子；2—制动器及标定环；3—大臂；4—轴 A；5,15—编码器；6,14—编码器齿轮；7,18—外定子；8,19—内定子；10—标定环；11—钢带；12—被动鼓轮；13—小臂；16—驱动鼓轮；17—轴 B

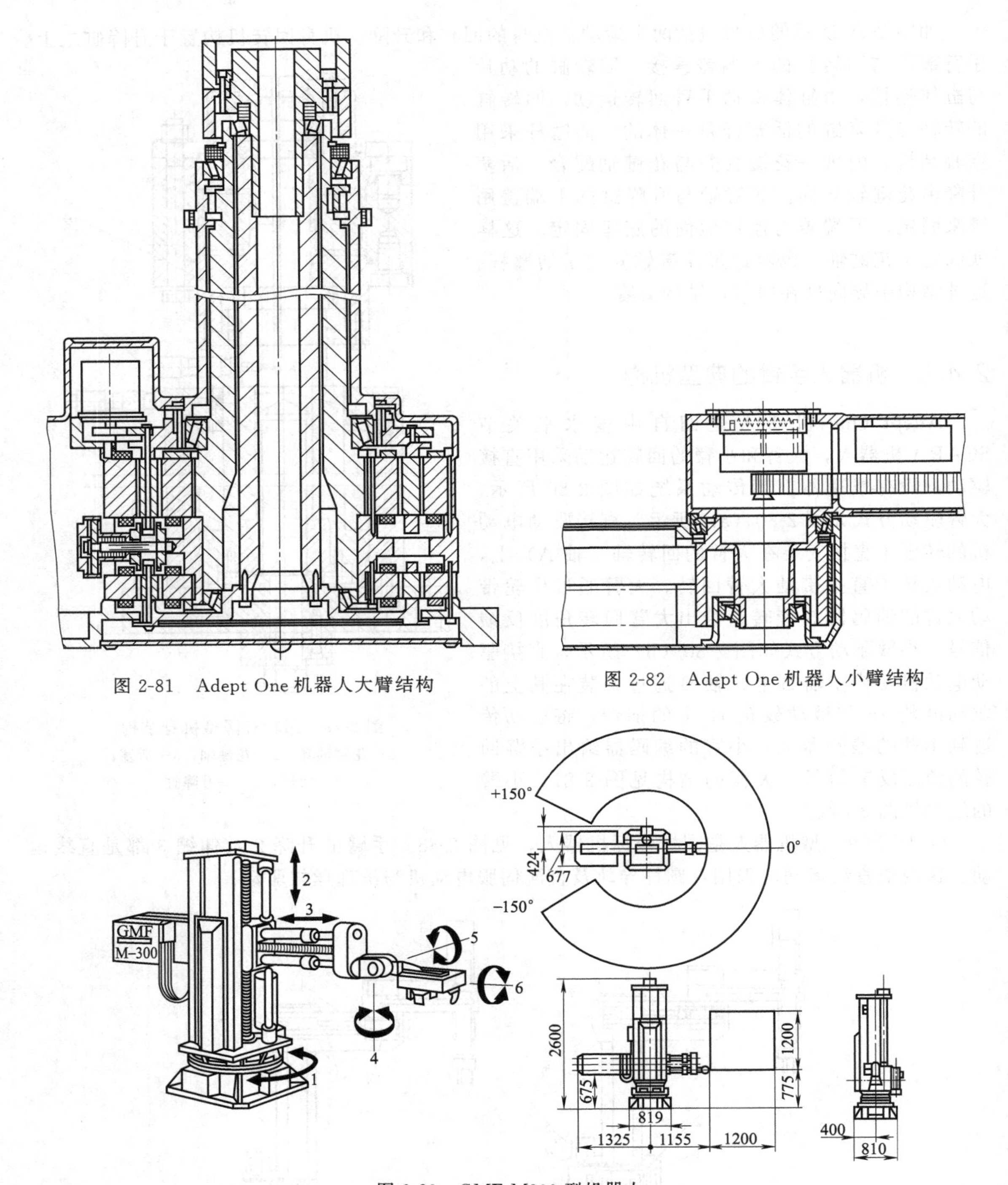

图 2-81 Adept One 机器人大臂结构

图 2-82 Adept One 机器人小臂结构

图 2-83 GMF M300 型机器人

1—腰转；2—大臂升降；3—大臂伸缩；4—腕捻；5—腕摆；6—腕转

2.4.6 机器人手臂的分类

手臂是机器人执行机构中重要的部件，它的作用是支承腕部和手部，并将被抓取的工件运送到给定的位置上。机器人的臂部主要包括臂杆以及与其运动有关的构件，包括传动机构、驱动装置、导向定位装置、支承连接和位置检测元件等。此外，还有与腕部或手臂的运动和连接支承等有关的构件，其结构形式如图 2-84 所示。

一般机器人手臂有 3 个自由度，即手臂的伸缩、左右回转和升降（或俯仰）运动。手臂回转和升降运动是通过机座的立柱实现的，立柱的横向移动即为手臂的横移。手臂的各种运动通常由驱动机构和各种传动机构来实现。手臂的 3 个自由度可以有不同的运动（自由度）组合，通常可以将其设计成如图 2-84 所示的五种形式。

（1）圆柱坐标型

如图 2-84（a）所示，这种运动形式是通过一个转动、两个移动共三个自由度组成的运动系统，工作空间图形为圆柱形，它与直角坐标型相比，在相同的工作空间条件下，机体所占体积小，而运动范围大。

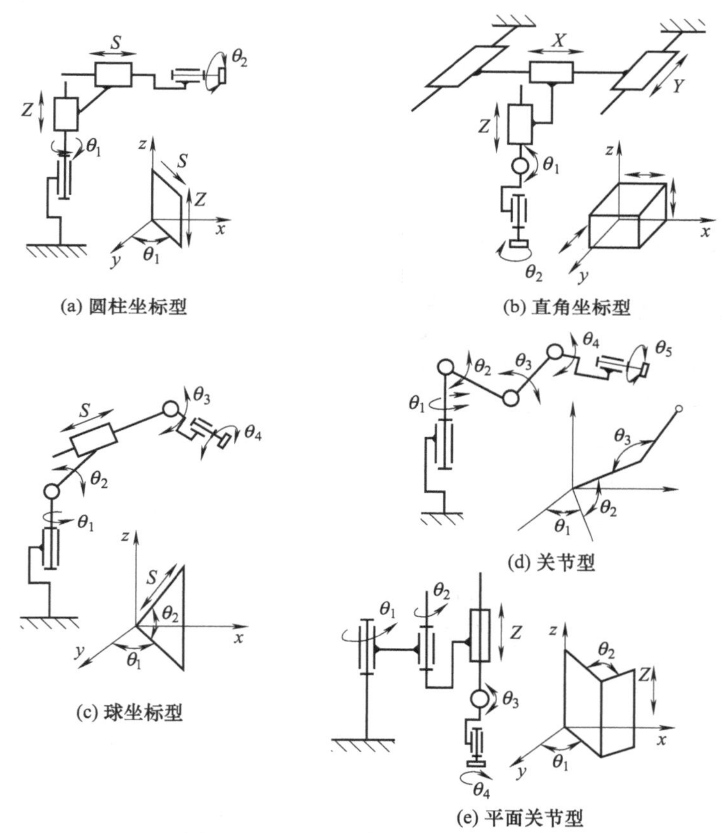

图 2-84　机器人手臂机械结构形式

（2）直角坐标型

如图 2-84（b）所示，直角坐标型工业机器人，其运动部分由三个相互垂直的直线移动组成，其工作空间图形为长方体。它在各个轴向的移动距离，可在各坐标轴上直接读出，直观性强，易于做位置和姿态的编程计算，定位精度高、结构简单，但机体所占空间体积大、灵活性较差。

（3）球坐标型

如图 2-84（c）所示，又称极坐标型，它由两个转动和一个直线移动所组成，即由一个回转、一个俯仰和一个伸缩运动组成，其工作空间图形为一球体。它可以作上下俯仰动作并能够抓取地面上或较低位置的工件，具有结构紧凑、工作空间范围大的特点，但结构较复杂。

（4）关节型

如图 2-84（d）所示，关节型又称回转坐标型，这种机器人的手臂与人体上肢类似，其前三个关节都是回转关节，这种机器人一般由立柱和大小臂组成，立柱与大臂间形成肩关节，大臂与小臂间形成肘关节，可使大臂作回转运动和使大臂作俯仰摆动 θ_2，小臂作俯仰摆动 θ_3。其特点是工作空间范围大，动作灵活，通用性强，能抓取靠近机座的物体。

(5) 平面关节型

如图 2-84 (e) 所示，采用两个回转关节和一个移动关节；两个回转关节控制前后、左右运动，而移动关节则实现上下运动。其工作空间的轨迹图形的纵截面为矩形的回转体，纵截面高为移动关节的行程长，两回转关节转角的大小决定回转体横截面的大小、形状。这种形式的机器人又称 SCARA 型装配机器人，是 Selective Compliance Assembly Robot Arm 的缩写，意思是具有选择柔顺性的装配机器人手臂，在水平方向有柔顺性，在垂直方向则有较大的刚性。它结构简单，动作灵活，多用于装配作业中，特别适用于小规格零件的插接装配，如在电子工业零件的接插、装配中应用广泛。

机器人的手臂相关结构如图 2-85～图 2-89 所示。

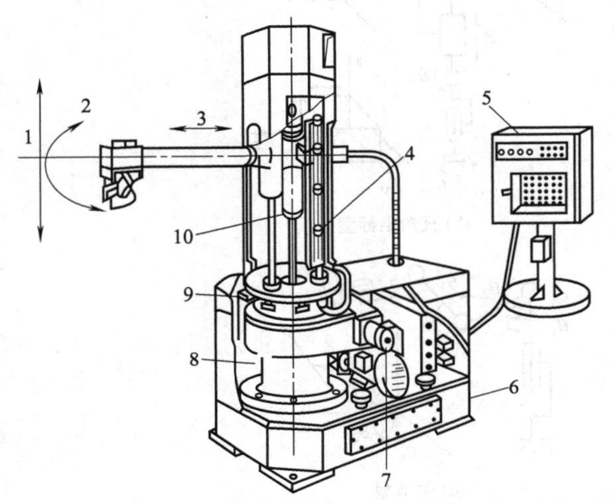

图 2-85 圆柱坐标型机器人的臂部结构

1—升降；2—回转；3—伸缩；4—升降位置检测器；5—控制器；6—液压源；7—回转机构；8—机身；9—回转位置检测器；10—升降缸

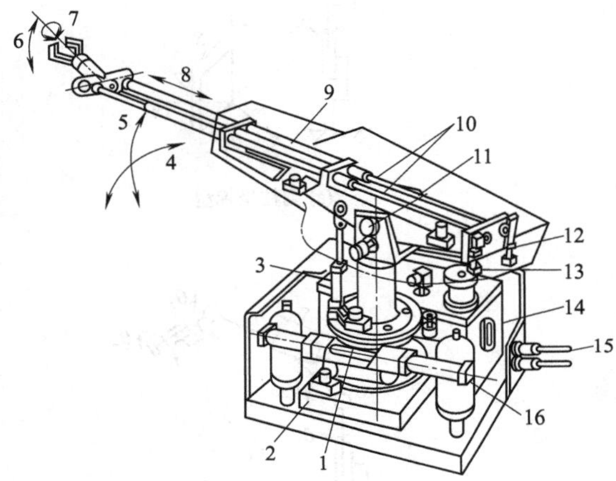

图 2-86 极坐标型机器人的臂部结构

1—回转用齿轮齿条副；2—机身；3—俯仰缸；4—臂回转；5—俯仰；6—上下弯曲；7—回转；8—伸缩；9—伸缩缸；10—花键；11—俯仰回转轴；12—手腕回转用油缸；13—手腕弯曲用油缸；14—液压源；15—接控制柜；16—回转齿条缸

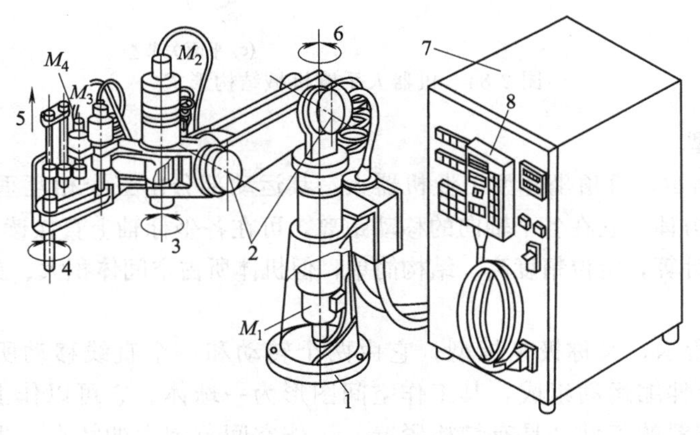

图 2-87 平面关节型机器人的臂部结构

1—机座；2—回转轴；3—水平回转 M_2；4—弯曲回转 M_3；5—腕上下运动 M_4；6—水平回转 M_1；7—控制柜；8—示教盒

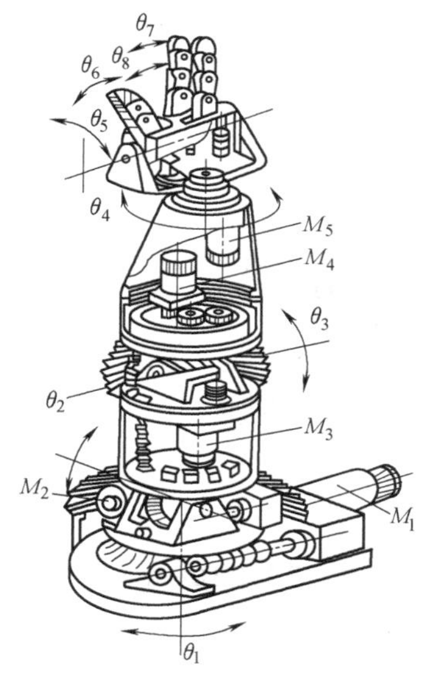

图 2-88　多回转关节型

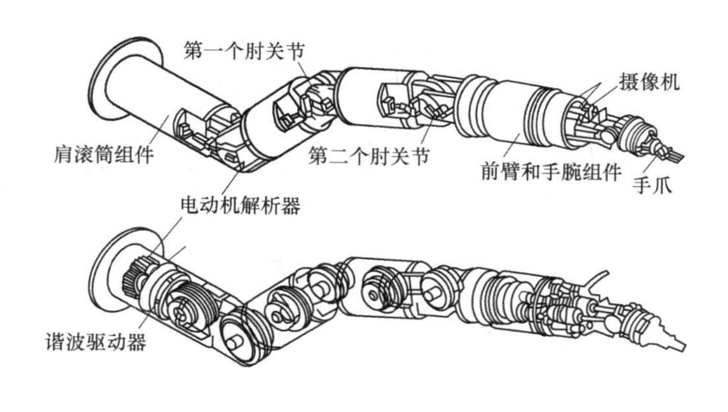

图 2-89　柔性臂部结构

2.5 机器人的行走机构

行走机构是行走机器人的重要执行部件，它由驱动装置、传动机构、位置检测元件、传感器、电缆及管路等组成。它一方面支承机器人的机身、臂部和手部，另一方面还根据工作任务的要求，带动机器人实现在更广阔的空间内的运动。

一般而言，行走机器人的行走机构主要有车轮式行走机构、履带式行走机构、足式行走机构，此外，还有步进式行走机构、蠕动式行走机构、混合式行走机构和蛇行式行走机构等，以适用于各种特殊的场合。下面主要介绍车轮式行走机构、履带式行走机构和足式行走机构，以及其他有代表性的典型机构。

2.5.1 机器人行走机构的特点

行走机构按其行走移动轨迹可分为固定轨迹式和无固定轨迹式。固定轨迹式行走机构主要用于工业机器人。无固定轨迹式行走机构按其特点可分为步行式、轮式和履带式行走机构。在行走过程中，步行式行走机构与地面为间断接触，轮式和履带式行走机构与地面为连续接触；前者为类人（或动物）的腿脚式，后两者的形态为运行车式。运行车式行走机构用得比较多，多用于野外作业，比较成熟；步行式行走机构正在发展和完善中。

（1）固定轨迹式行走机构

固定轨迹式行走机器人的机身设计成横梁式，用于悬挂手臂部件，这是工厂中常见的一种配置形式。这类机器人的运动形式大多为直移式，具有占地面积小、能有效利用空间、直观等优点。横梁可设计成固定式或行走式。一般情况下，横梁可安装在厂房原有建筑的柱梁或有关设备上，也可专门从地面架设。

双臂悬挂式结构大多是为 1 台主机上、下料服务的，1 条臂用于上料，另 1 条臂用于下料。这种形式可以减少辅助时间、缩短动作循环周期，有利于提高生产率。双臂在横梁上的具体配置形式，视工件的类型、工件在机床上的位置和夹紧方式、料道与机床间的相对位置及运动形式的不同而异。

轴类工件的轴向尺寸较长时，机器人上、下料时移动的距离亦将增加。这种机器人横梁架于机床上空，如图 2-90 所示，臂的配置也有不同的形式。

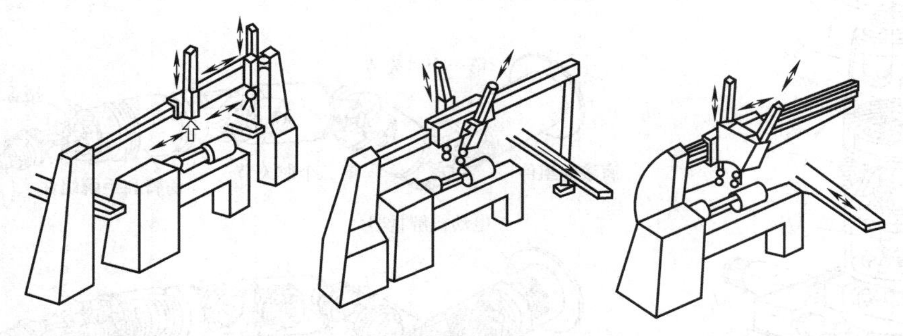

图 2-90 轴类零件抓取用双臂悬挂机器人

图 2-90（a）所示为双臂平行配置的机器人。双臂与横梁在同一平面内，上料道与下料道分别设在机床两端。为了使双臂能同时动作，缩短辅助时间，两臂间的距离应与料道至机床两顶尖间中点的距离相同，且两臂同步地沿横梁移动。

图 2-90（b）所示为双臂交叉配置的机器人。双臂交叉配置在横梁的两侧，并垂直于横梁轴线。两臂轴线交于机床中心。两臂交错伸缩进行上、下料，并同时沿横梁移动，移动的行程与双臂平行配置的机器人相同。这种配置形式采用同一料道，缩短了横梁长度，且由于两臂位于横梁两侧，可减少横梁的扭转变形。

图 2-90（c）所示为横梁是一悬伸梁的双臂交叉配置的机器人。一般采用等强度铸造横梁，受力比较合理。其行程较图 2-90（a）、（b）所示的机器人更短些。由于结构限制，双臂必须位于横梁的同一侧。

（2）无固定轨迹式行走机器人

工厂对机器人行走性能的基本要求是机器人能够从一台机器旁边移动到另一台机器旁边，或者在一个需要焊接、喷涂或加工的物体周围移动。这样，就不用再把工件送到机器人面前。这种行走性能也使机器人能更加灵活地从事更多的工作。在一项任务不忙的时候，它还能够去干另一项工作，就好像真正的工人一样。要使机器人能够在被加工物体周围移动或者从一个工作地点移动到另一个工作地点，首先需要机器人能够面对一个物体自行重新定位。同时，行走机器人应能够绕过其运行轨道上的障碍物。计算机视觉系统是提供上述能力的方法之一。

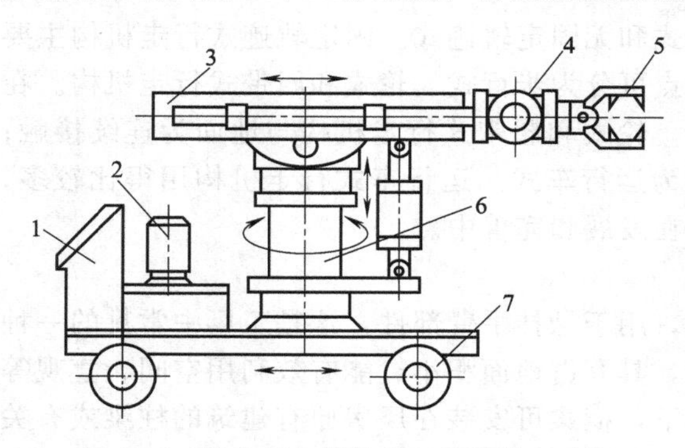

图 2-91 具有行走机构的工业机器人系统

1—控制部件；2—驱动部件；3—臂部；4—腕部；5—手部；6—机身；7—行走机构

运载机器人的行走车辆必须能够支承机器人的重量。当机器人四处行走对物体进行加工的时候，移动车辆还需具有保持稳定的能力。这就意味着机器人本身既要平衡可能出现的不稳定力或力矩，又要有足够的强度和刚度，以承受可能施加于其上的力和力矩。为了满足这些要求，可以采用以下两种方法：一是增加机器人移动车辆的重量和刚性；二是进行实时计算和施加所需要的平衡力。由于前一种方法容易实现，所以它是目前改善机器人行走性能的常用方法。图 2-91 所示为一个具有行走机构的工业机器人系统。

2.5.2　车轮式行走机构

车轮式行走机器人是机器人中应用最多的一种，在相对平坦的地面上，用车轮移动方式行走是相当优越的。

（1）车轮的形式

车轮的形状或结构形式取决于地面的性质和车辆的承载能力。在轨道上运行的车轮多采用实心钢轮，在室外路面行驶的车轮多采用充气轮胎，在室内平坦地面上运行的车轮可采用实心轮胎。

如图 2-92 所示的是不同地面上采用的不同车轮形式。图 2-92（a）所示的充气球轮适用于沙丘地形；图 2-92（b）所示的半球形轮是为火星表面而开发的；图 2-92（c）所示的传统车轮适用于平坦的坚硬路面；图 2-92（d）所示为车轮的一种变形，称为无缘轮，用来爬越阶梯，以及在水田中行驶。

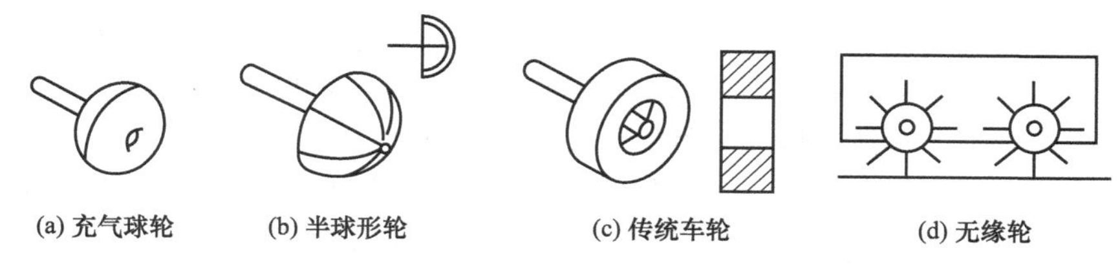

(a) 充气球轮　(b) 半球形轮　(c) 传统车轮　(d) 无缘轮

图 2-92　不同车轮形式

（2）车轮的配置和转向机构

车轮行走机构依据车轮的多少分为一轮、两轮、三轮、四轮以及多轮机构。一轮和两轮行走机构在实现上的主要障碍是稳定性问题，实际应用的车轮式行走机构多为三轮和四轮。

① 两轮车　人们把非常简单、便宜的自行车或两轮摩托车用在机器人上的试验很早就进行了。但是人们很容易地就认识到两轮车的速度、倾斜等物理量精度不高，而进行机器人化所需的简单、便宜、可靠性高的传感器也很难获得。此外，两轮车制动时以及低速行走时也极不稳定。图 2-93 所示是装备有陀螺仪的两轮车。人们在驾驶两轮车时，依靠手的操作和重心的移动才能稳定地行驶，这种装备有陀螺仪的两轮车，把与车体倾斜成比例的力矩作用在轴系上，利用陀螺效应使车体稳定。

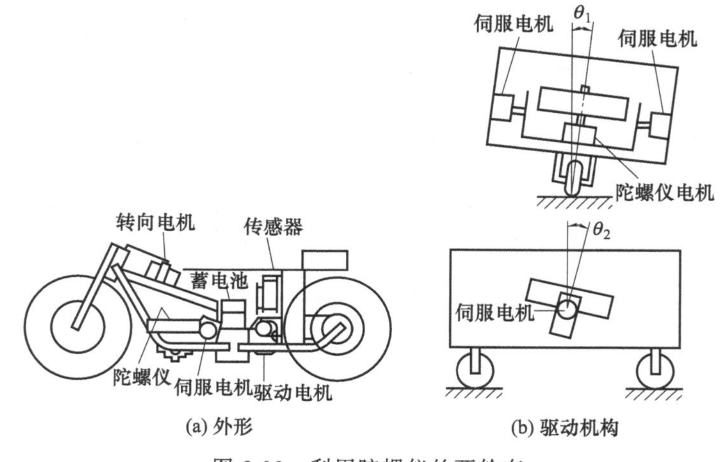

(a) 外形　(b) 驱动机构

图 2-93　利用陀螺仪的两轮车

② 一般三轮行走机构　三轮行走机构具有一定的稳定性，代表性的车轮配置方式是一个前轮、两个后轮，如图 2-94 所示。图 2-94（a）所示结构是采用两个后轮独立驱动，前轮仅起支承作用，靠后轮的转速差实现转向；图 2-94（b）所示结构则是采用前轮驱动、前轮转向的方式；图 2-94（c）所示结构是利用两后轮差动减速器驱动、前轮转向的方式。

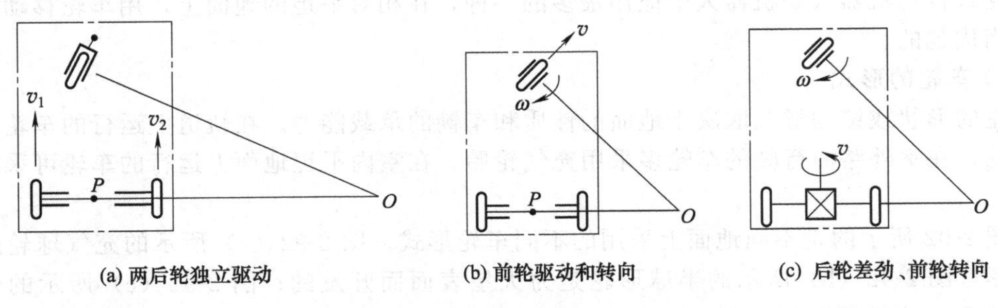

图 2-94　三轮行走机构

③ 轮组三轮行走机构　如图 2-95 所示的是具有三组轮子的轮组三轮行走机构。三组轮子呈等边三角形分布在机器人的下部，每组轮子由若干个滚轮组成。这些轮子能够在驱动电动机的带动下自由地转动，使机器人移动。驱动电动机控制系统既可以同时驱动三组轮子，也可以分别驱动其中两组轮子，这样，机器人就能够在任何方向上移动。该机器人的行走机构设计得非常灵活，它不但可以在工厂地面上运动，而且能够沿小路行驶。这种轮系存在的问题是稳定性不够，容易倾倒，而且运动稳定性随着负载轮子的相对位置不同而变化；在轮子与地面的接触点从一个滚轮移到另一个滚轮上的时候，还会出现颠簸。

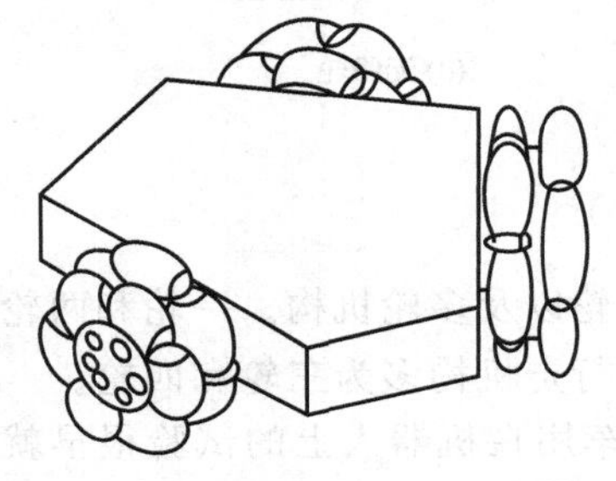

图 2-95　三组轮子的轮组三轮行走机构

为了改进该机器人的稳定性，重新设计的三轮机器人使用了长度不同的两种滚轮，长滚轮呈锥形，固定在短滚轮的凹槽里，这样可大大减小滚轮之间的间隙，减小了轮子的厚度，提高了机器人的稳定性。此外，滚轮上还附加了软橡胶，具有足够的变形能力，可使滚轮的接触点在相互替换时不发生颠簸。

④ 四轮行走机构　四轮行走机构的应用最为广泛，四轮机构可采用不同的方式实现驱动和转向，如图 2-96 所示。图 2-96（a）所示结构采用后轮分散驱动；图 2-96（b）所示为用连杆机构实现四轮同步转向的机构，当前轮转向时，通过四连杆机构使后轮得到相应的偏转。这种车辆相比仅有前轮转向的车辆可实现更小的转向回转半径。

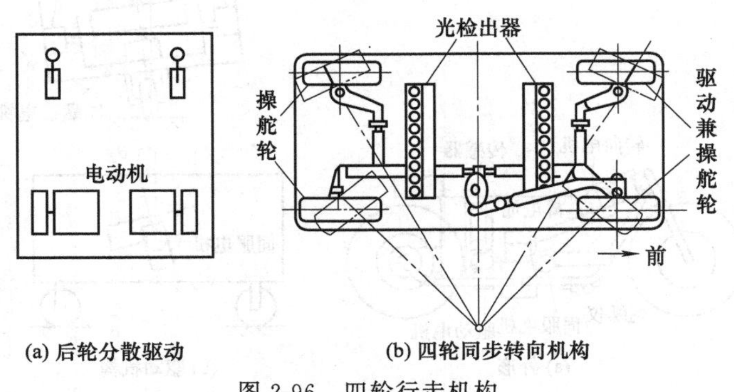

图 2-96　四轮行走机构

具有四组轮子的轮系运动稳定性有很大提高。但是，要保证四组轮子同时和地面接触，必须使用特殊的轮系悬挂系统。它需要四个驱动电动机，控制系统也比较复杂，造价也较高。图 2-97 所示是一个轮位可变型四轮行走机构，机器人可以根据需要让四个车轮呈横向、纵向或同心方向的行走，可以增加机器人的运动灵活性。

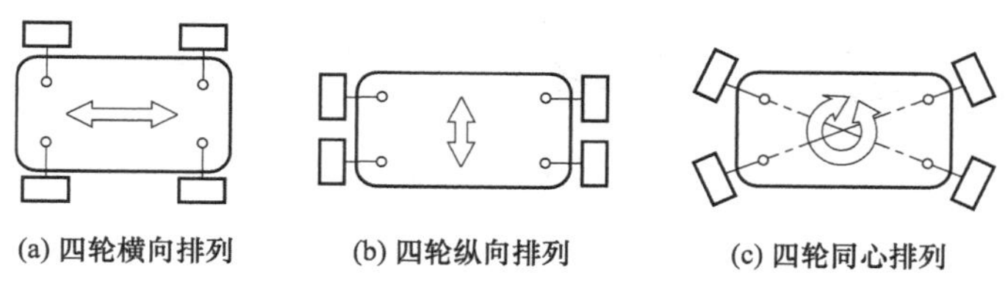

图 2-97　轮位可变型四轮行走机构

（3）越障轮式机构

普通车轮行走机构对崎岖不平的地面适应性很差，为了提高轮式车辆的地面适应能力，设计了越障轮式机构。这种行走机构往往是多轮式行走机构。

① 三小轮式车轮机构　图 2-98 是三小轮式车轮机构示意图。当①～④小车轮自转时，用于正常行走；当⑤、⑥车轮公转时，用于上台阶；⑦是支臂撑起负载的时候。

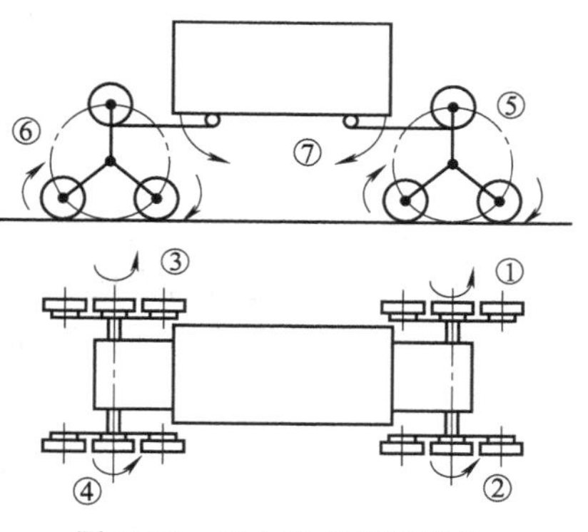

图 2-98　三小轮式车轮机构

图 2-99 是三小轮式车轮机构上、下台阶时的工作示意图。图 2-99（a）所示是 a 小轮和 c 小轮旋转前进（行走)，使车轮接触台阶停住；图 2-99（b）所示是 a、b 和 c 小轮绕着它们的中心旋转（公转），b 小轮接触到了高一级台阶；图 2-99（c）所示是 b 小轮和 a 小轮旋转前进（行走）；图 2-99（d）所示是车轮又一次接触台阶停住。如此往复，便可以一级一级台阶地向上爬。图 2-100 是三轮或四轮装置上台阶时的示意图，在同一个时刻，总是有轮子在行走，有轮子在公转。

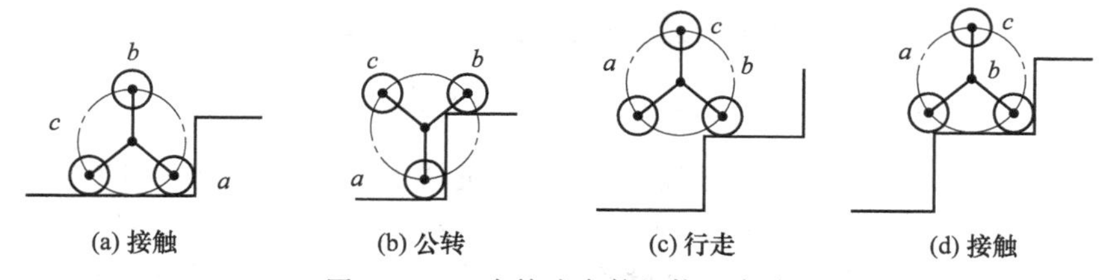

图 2-99　三小轮式车轮机构上台阶

② 多节车轮式结构　多节车轮式结构是由多个车轮用轴关节或伸缩关节连在一起形成的轮式行走结构。这种多轮式行走机构非常适合于行驶在崎岖不平的道路上，对于攀爬台阶也非常有效。图 2-101 为这种行走机构的组成原理图，图 2-102 为其上台阶的工作过程示意图。

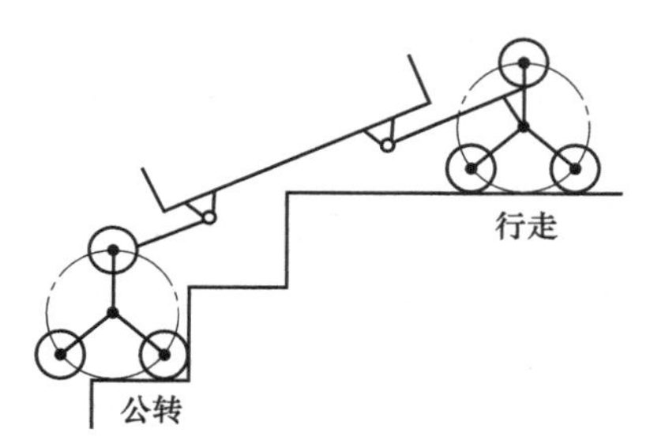

图 2-100　三轮或四轮装置的三小轮式车轮机构上台阶

2.5.3　履带式行走机构

轮式行走机构在野外或海底工作时，遇到松软地面时可能陷车，故宜采用履带式行走机构。它是轮式移动机构

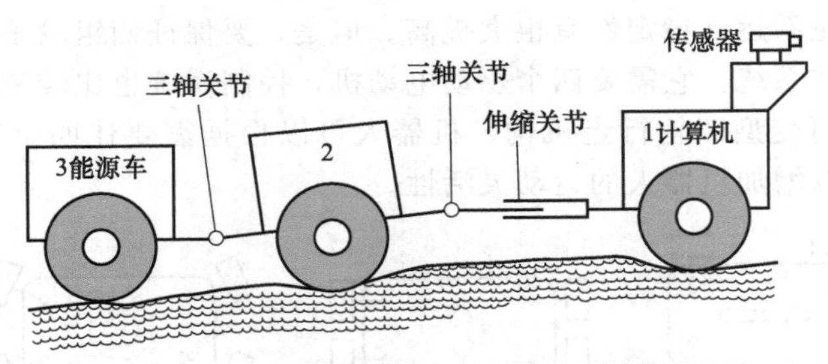

图 2-101 多节车轮式行走机构组成原理图

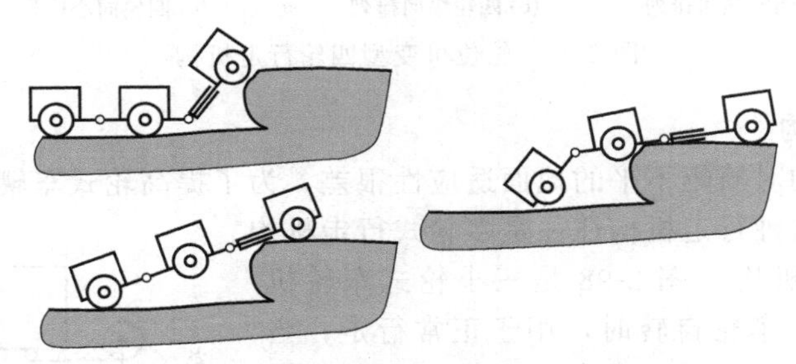

图 2-102 多节车轮式行走机构上台阶过程

的拓展，履带本身起着给车轮连续铺路的作用。

（1）履带行走机构的构成

① 履带行走机构的组成 履带行走机构由履带、驱动链轮、支承轮、托带轮和张紧轮组成，如图 2-103 所示。

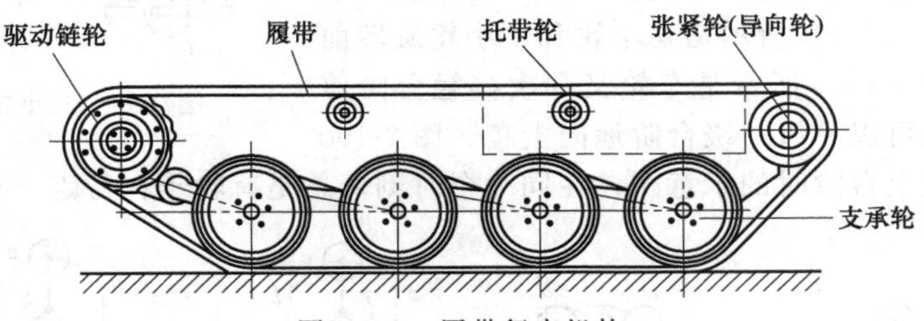

图 2-103 履带行走机构

图 2-104 所示的 MF2 是典型的越野履带式移动机器人。它像一辆小型坦克车，其主要操作设备是安装在转塔上的抓重为 200kg 的 6 自由度机器人手臂。在手臂的肘关节 1 处附有一个承载量为 400kg 的吊钩 2，作为辅助起重设备。履带移动机构左、右两条履带的驱动轮 3 位于前方，由直流电动机通过齿轮减速器装置驱动。底盘的支承轮悬挂在扭力杆上，在行驶过程中可以减少因颠簸而引起的振动，而在进行操作时可将弹簧悬挂系统锁紧以保持稳定。底盘上装有蓄电池组 4，作为移动机器人的直流电源。机器人的主要观测设备大都装在一个位于转塔上的云台（摆动-俯仰头）5 上。此云台可以左右摆动和俯仰，以扫描前方的半个球面的视野，必要时还可以向左横移一半的距离。

② 履带行走机构的形状 履带行走机构的形状有很多种，主要是一字形、倒梯形等，如图 2-105 所示。图 2-105（a）所示为一字形结构，驱动轮及张紧轮兼作支承轮，增大支承地面面积，改善了稳定性，此时驱动轮和导向轮只略微高于地面。图 2-105（b）所示为倒梯形结构，不作支承轮的驱动轮与张紧轮装得高于地面，链条引入、引出时角度达 50°，其好处是适合于穿越障碍，另外因为减少了泥土夹入引起的磨损和失效，可以提高驱动轮和张紧轮的寿命。

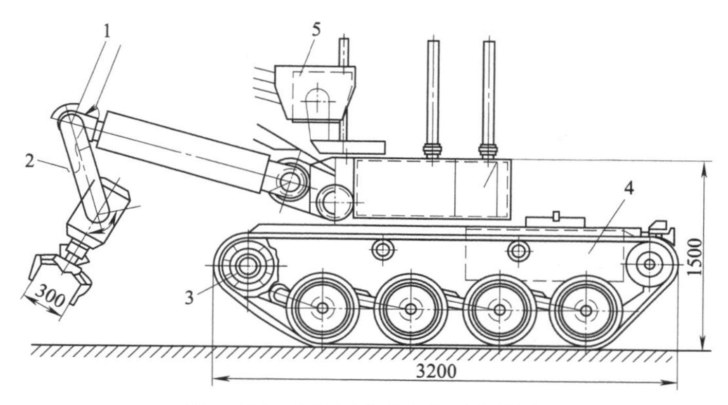

图 2-104 MF2 履带式移动机器人
1—肘关节；2—吊钩；3—驱动轮；4—蓄电池组；5—云台

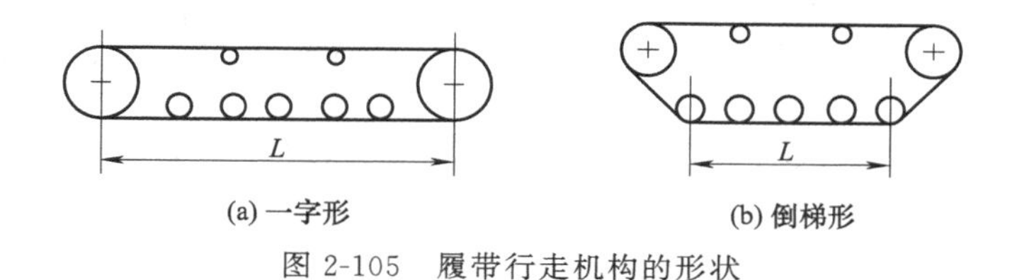

图 2-105 履带行走机构的形状

（2）履带行走机构的特点

① 履带行走机构的优点

a. 支承面积大，接地比压小，适合于在松软或泥泞场地进行作业，下陷度小，滚动阻力小。

b. 越野机动性好，可以在有些凹凸的地面上行走，可以跨越障碍物，能爬梯度不太高的台阶，爬坡、越沟等性能均优于轮式行走机构。

c. 履带支承面上有履齿，不易打滑，牵引附着性能好，有利于发挥较大的牵引力。

② 履带行走机构的缺点

a. 由于没有自定位轮，没有转向机构，只能靠左右两个履带的速度差实现转弯，因此在横向和前进方向都会产生滑动。

b. 转弯阻力大，不能准确地确定回转半径。

c. 结构复杂，重量大，运动惯性大，减振功能差，零件易损坏。

（3）履带行走机构的变形

① 形状可变履带行走机构 如图 2-106 所示为形状可变履带行走机构。随着主臂杆和曲柄的摇摆，整个履带可以随意变成各种类型的三角形形态，即其履带形状可以为适应台阶而改变，这样会比普通履带机构的动作更为自如，从而使机器人的机体能够任意进行上下楼梯和越过障碍物的行走，如图 2-107 所示。

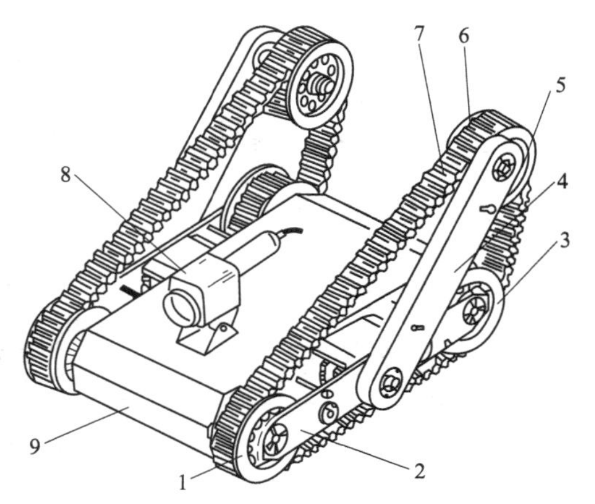

图 2-106 形状可变履带行走机构
1—驱动轮；2—履带架；3—导向轮；4—主臂杆；5—曲柄；6—行星轮；7—履带；8—摄像机；9—机体

② 位置可变履带行走机构 如图 2-108 所示为位置可变履带行走机构。随着主臂杆和曲柄的摇摆，4 个履带可以随意变成朝前和朝后的多种位

置组合形态，从而使机器人的机体能够进行上下楼梯、越过障碍物甚至是跨越横沟的行走，如图 2-109 所示。如图 2-110 所示为位置可变履带行走机构的其他实例。

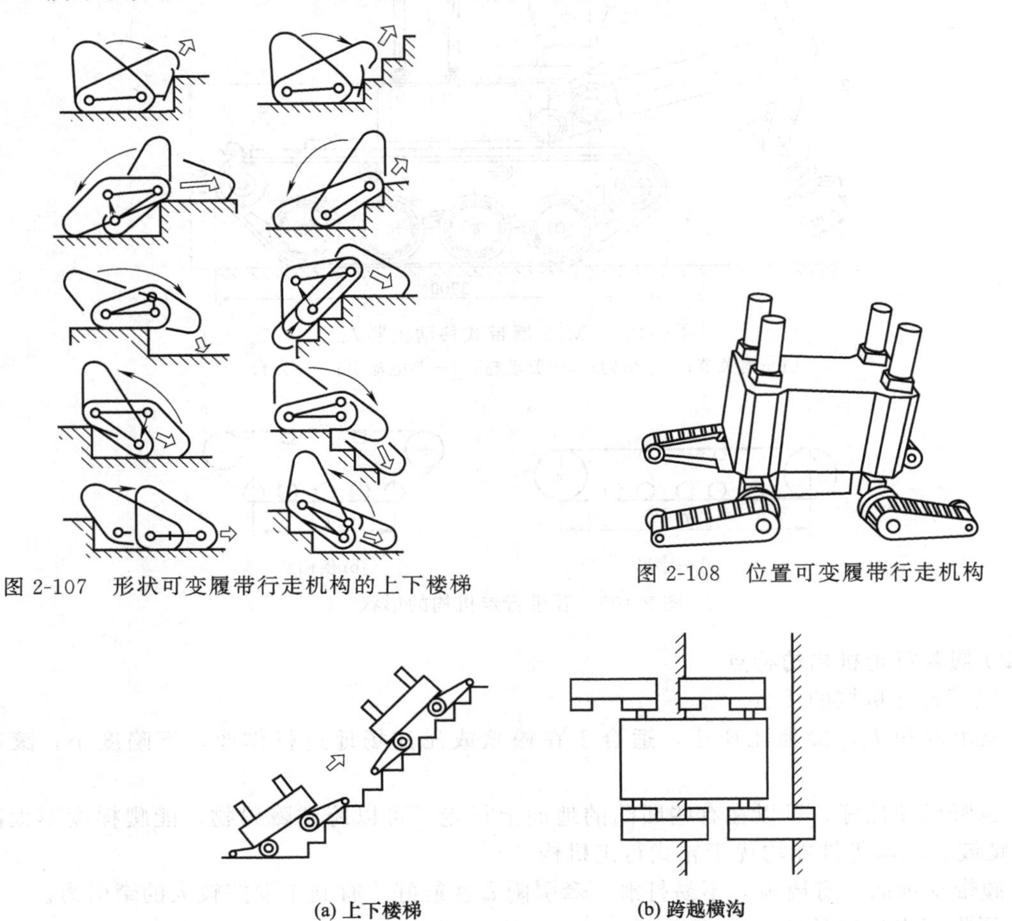

图 2-107　形状可变履带行走机构的上下楼梯

图 2-108　位置可变履带行走机构

(a) 上下楼梯　　(b) 跨越横沟

图 2-109　位置可变履带行走机构的上下楼梯和跨越横沟

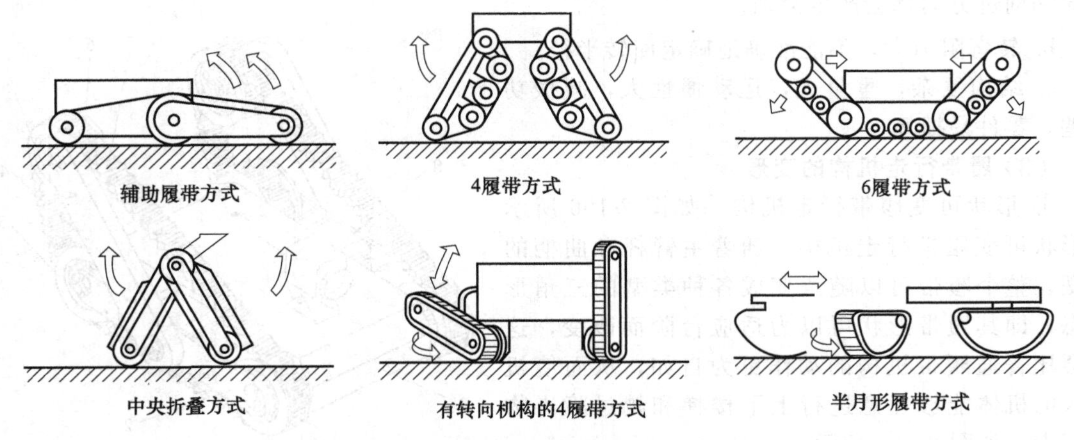

图 2-110　位置可变履带行走机构的其他实例

③ 装有转向机构的履带行走机构　如图 2-111 所示为装有转向机构的履带式机器人。它可以转向，可以上下台阶。如图 2-112 所示为双重履带式可转向行走机构机器人，其行走机构

的主体前后装有转向器，并装有使转向器绕图中的 A-A' 轴旋转的提起机构，这使得机器人上下台阶非常顺利，能得到诸如用折叠方式向高处伸臂，在斜面上保持主体水平等各种各样的姿势。

图 2-111　装有转向机构的履带式机器人

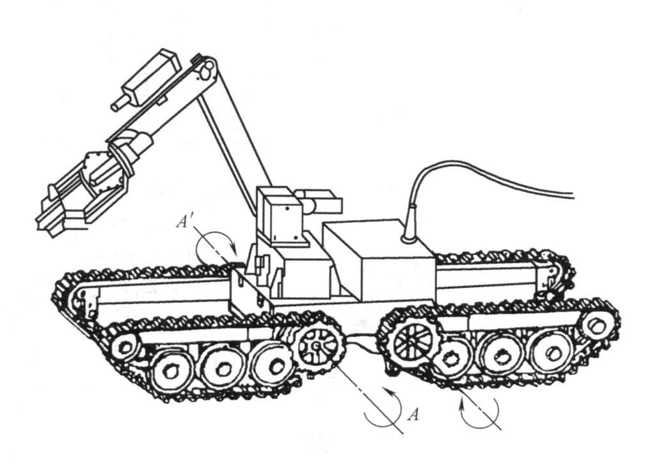

图 2-112　双重履带式可转向行走机构机器人

2.5.4 足式行走机构

车轮式行走机构只有在平坦坚硬的地面上行驶才有理想的运动特性。如果地面凹凸程度和车轮直径相当或地面很软，则它的运动阻力将大大增加。履带式行走机构虽然可在高低不平的地面上运动，但它的适应性不够，行走时晃动太大，在软地面上行驶运动效率低。根据调查，地球上近一半的地面不适合传统的轮式或履带式车辆行走。但是一般多足动物却能在这些地方行动自如，显然足式行走方式与轮式和履带式行走方式相比具有独特的优势。

（1）足式行走特点

① 足式行走的优点　足式行走对崎岖路面具有很好的适应能力，足式运动方式的立足点是离散的点，可以在可能到达的地面上选择最优的支撑点，而轮式和履带行走工具必须面临最差的地形上的几乎所有点；足式行走机构有很大的适应性，尤其在有障碍物的通道（如管道、台阶或楼梯）或很难接近的工作场地更有优越性。足式运动方式还具有主动隔振能力，尽管地面高低不平，但机身的运动仍然可以相当平稳；足式行走在不平地面和松软地面上的运动速度较高，能耗较少。

② 足的数目　现有的步行机器人的足数分别为单足、双足、三足、四足、六足、八足甚至更多。足的数目多，适合于重载和慢速运动。双足和四足具有最好的适应性和灵活性，也最接近人类和动物。

图 2-113 所示为单足、双足、三足、四足和六足行走结构。对不同足数的行走能力的评价如表 2-1 所示。

（2）足的配置

足的配置是指足相对于机体的位置和方位的安排，这个问题对于两足及以上机器人尤为重要。就两足而言，足的配置或者是一左一右，或者是一前一后。后一种配置因容易引起腿间的干涉而实际上很少用到。

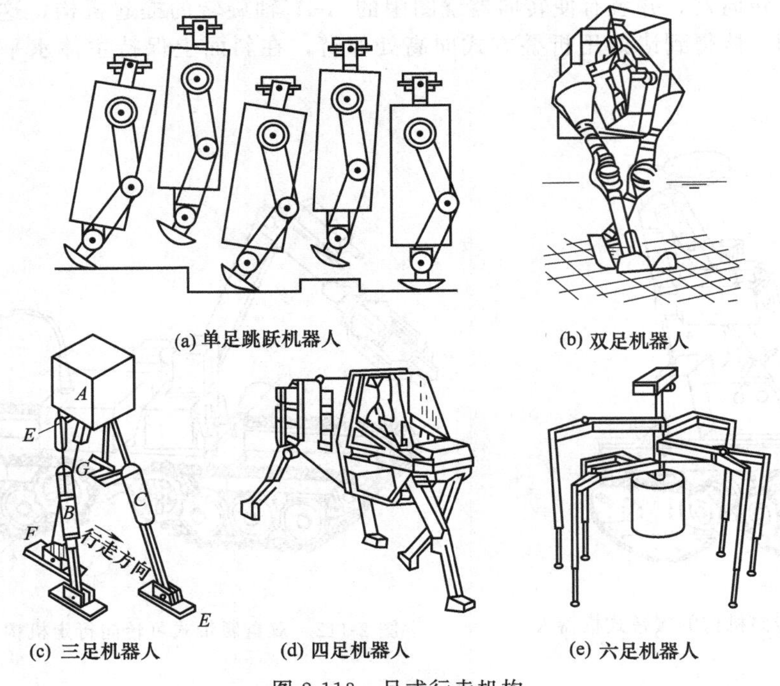

(a) 单足跳跃机器人　(b) 双足机器人

(c) 三足机器人　(d) 四足机器人　(e) 六足机器人

图 2-113　足式行走机构

表 2-1　对不同足数的行走能力的评价

足数	1	2	3	4	5	6	7	8
保持稳定姿态的能力	无	无	好	最好	最好	最好	最好	最好
静态稳定行走的能力	无	无	无	好	最好	最好	最好	最好
高速静态稳定行走能力	无	无	无	有	好	最好	最好	最好
动态稳定行走的能力	有	有	最好	最好	最好	好	好	好
用自由度数衡量的结构简单性	最好	最好	好	好	好	有	有	有

① 足的主平面的安排　在假设足的配置为对称的前提下，四足或多于四足的配置可能有两种，如图 2-114 所示。图 2-114（a）所示为正向对称分布，即腿的主平面与行走方向垂直；图2-114（b）所示为前后向对称分布，即腿平曲和行走方向一致。

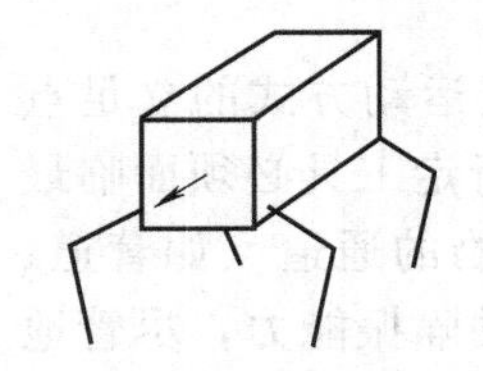

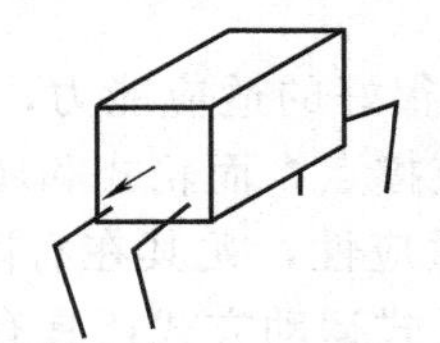

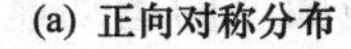

(a) 正向对称分布　(b) 前后向对称分布

图 2-114　足的主平面的安排

② 足的几何构形　图 2-115 所示为足在主平面内的几何构形，分别有：哺乳动物形，如图 2-115（a）所示；爬行动物形，如图 2-115（b）所示；昆虫形，如图 2-115（c）所示。

③ 足的相对方位　如图 2-116 所示的是足的相对弯曲方向，分别有：图 2-116（a）所示的内侧相对弯曲，图 2-116（b）所示的外侧相对弯曲，图 2-116（c）所示的同侧弯曲。不同的安排对稳定性有不同的影响。

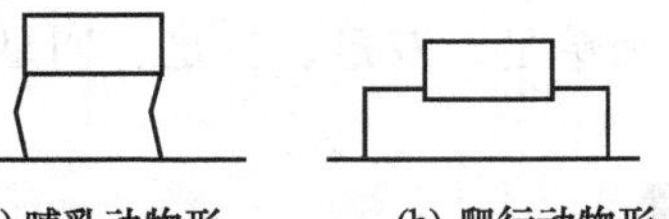

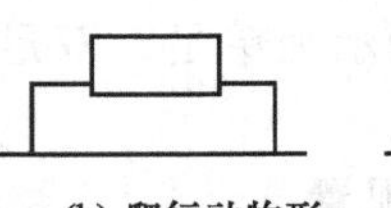

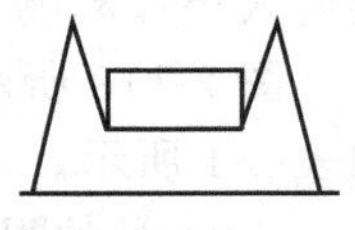

(a) 哺乳动物形　(b) 爬行动物形　(c) 昆虫形

图 2-115　足的几何构形

（3）足式行走机构的平衡和稳定性

① 静态稳定的多足机构　机器人机身的稳定通过足够数量的足支承来保证。在行走过程中，机身重心的垂直投影始终落在支承足着落地点垂直投影所形成的凸多边形内。这样，

即使在运动中的某一瞬时将运动“凝固”，机体也不会有倾覆的危险。这类行走机构的速度较慢，它的步态为爬行或步行。

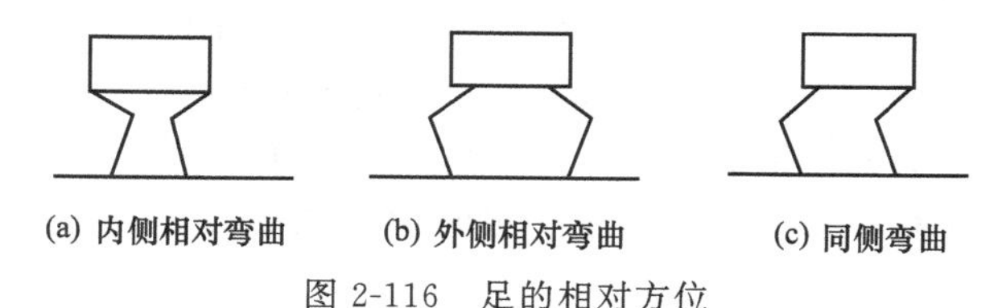

图 2-116　足的相对方位

四足机器人在静止状态是稳定的，在步行时，当一只脚抬起，另三只脚支承自重时，必须移动身体，让重心落在三只脚接地点所组成的三角形内。六足、八足步行机器人由于行走时可保证至少有三足同时支承机体，在行走时更容易得到稳定的重心位置。

在设计阶段，静平衡机器人的物理特性和行走方式都经过认真协调，因此在行走时不会发生严重偏离平衡位置的现象。为了保持静平衡，机器人需要仔细考虑机器足的配置。保证至少同时有三个足着地来保持平衡，也可以采用大的机器足，使机器人重心能通过足的着地面，易于控制平衡。

② 动态稳定的多足机构　动态稳定的典型例子是踩高跷。高跷与地面只是单点接触，两根高跷在地面不动时站稳是非常困难的，要想原地停留，必须不断踏步，不能总是保持步行中的某种瞬间姿态。

在动态稳定中，机体重心有时不在支承图形中，利用这种重心超出面积外而向前产生倾倒的分力作为行走的动力，并不停地调整平衡点以保证不会跌倒。这类机构一般运动速度较快，消耗能量小。其步态可以是小跑和跳跃。

双足行走和单足行走有效地利用了惯性力和重力，利用重力使身体向前倾倒来向前运动。这就要求机器人控制器必须不断地将机器人的平衡状态反馈回来，通过不停地改变加速度或者重心的位置来满足平衡或定位的要求。

（4）典型的足式行走机构

① 两足步行式机器人　足式行走机构有两足、三足、四足、六足、八足等形式，其中两足步行式机器人具有最好的适应性，也最接近人类，故也称之为类人双足行走机器人。类人双足行走机构是多自由度的控制系统，是现代控制理论很好的应用对象。这种机构除结构简单外，在保证静、动行走性能及稳定性和高速运动等方面都是最困难的。

如图 2-117 所示的两足步行式机器人行走机构是一空间连杆机构。在行走过程中，行走机构始终满足静力学的静平衡条件，也就是机器人的重心始终落在接触地面的一只脚上。

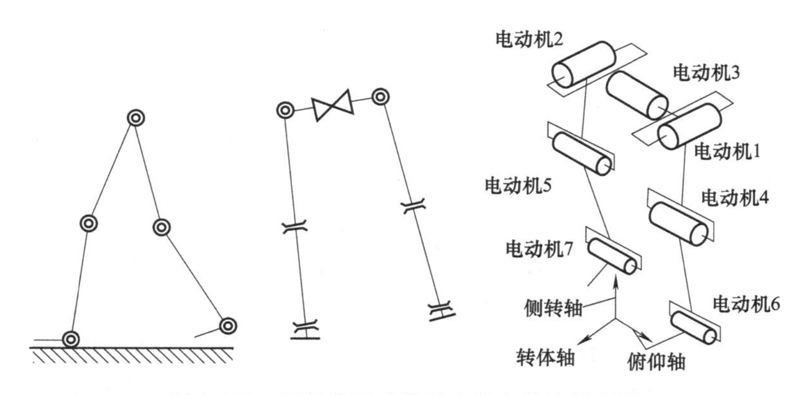

图 2-117　两足步行式机器人行走机构原理图

② 四足与六足步行式机器人　这类步行式机器人是模仿动物行走的机器人。四足步行式机器人除了关节式外，还有缩放式步行机构。如图 2-118 所示为四足缩放式步行机器人在平地

上行走的初始姿态，通常使机体与支承面平行。四足对称姿态比两足步行更容易保持运动过程中的稳定，控制也更容易些，其运动过程是一只腿抬起，三腿支承机体向前移动。如图 2-119 所示为六足缩放式步行机构原理，每条腿有三个转动关节。行走时，三条腿为一组，足端以相同位移移动，两组相差一定时间间隔进行移动，可以实现 xy 平面内任意方向的行走和原地转动。

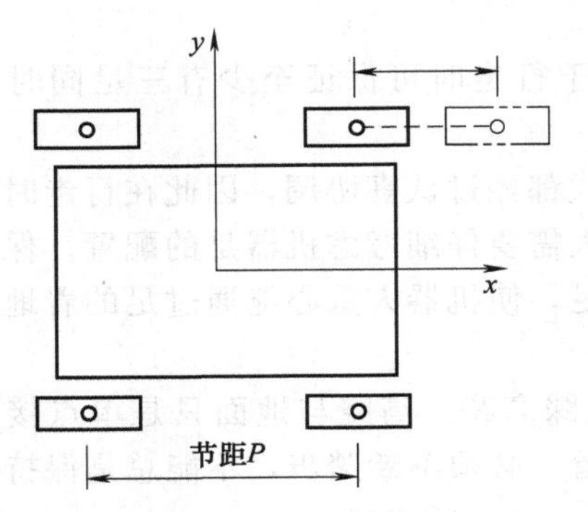

图 2-118　四足缩放式步行机器人的平面几何模型

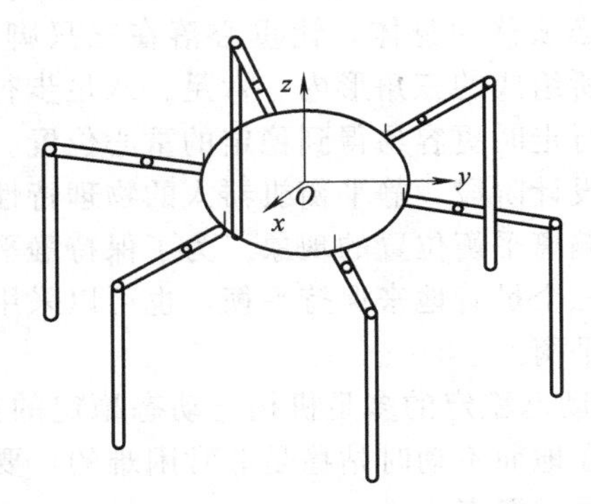

图 2-119　六足缩放式步行机构

2.6 机器人的辅助机构

2.6.1 外轴

（1）变位机

在我国，焊接变位机是一种年青的产品。由于制造业之间发展水平的差异，很多企业的焊接工位还没有装备焊接变位机；同时，相关的研究也比较薄弱。迄今为止，没有专门著作去研究它的定义和分类，对它的称呼也就不可能规范化了。同一种设备，不同的企业和不同的人可能有不同的称呼，如：转胎、转台、翻转架、变位器或变位机等。

用来拖动待焊工件，使其待焊焊缝运动至理想位置进行施焊作业的设备，称为焊接变位机，如图 2-120 所示。也就是说，其作用是把工件装夹在一个设备上，进行施焊作业。焊件待焊焊缝的初始位置可能处于空间任一方位。通过回转变位运动后，使任一方位的待焊焊缝，变为船角焊、平焊或平角焊进行施焊作业，完成这个功能的设备就是焊接变位机。它改变了可能需要立焊、仰焊等难以保证焊接质量的施焊操作，从而保证了焊接质量，提高了焊接生产率和生产过程的安全性。

(a) 单轴　(b) 双轴　(c) 三轴

图 2-120　典型变位机外形

（2）轨道

在工业机器人与数控机床集成时，一台工业机器人有时要服务几台设备，工业机器人可在轨道上运动，这时，轨道也是一个坐标轴，如图 2-121 所示。

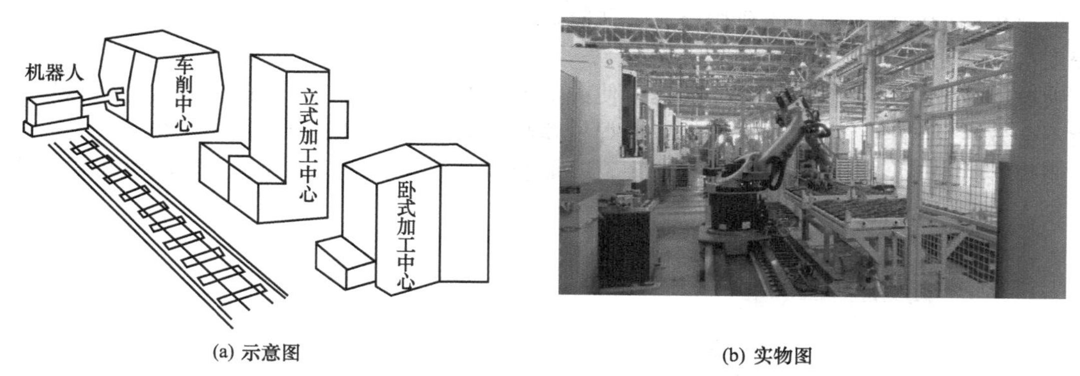

(a) 示意图　　(b) 实物图

图 2-121　数控机床与工业机器人的集成

2.6.2　送丝机构

送丝装置由焊丝送进电动机、保护气体开关电磁阀和送丝滚轮等构成，如图 2-122 所示。

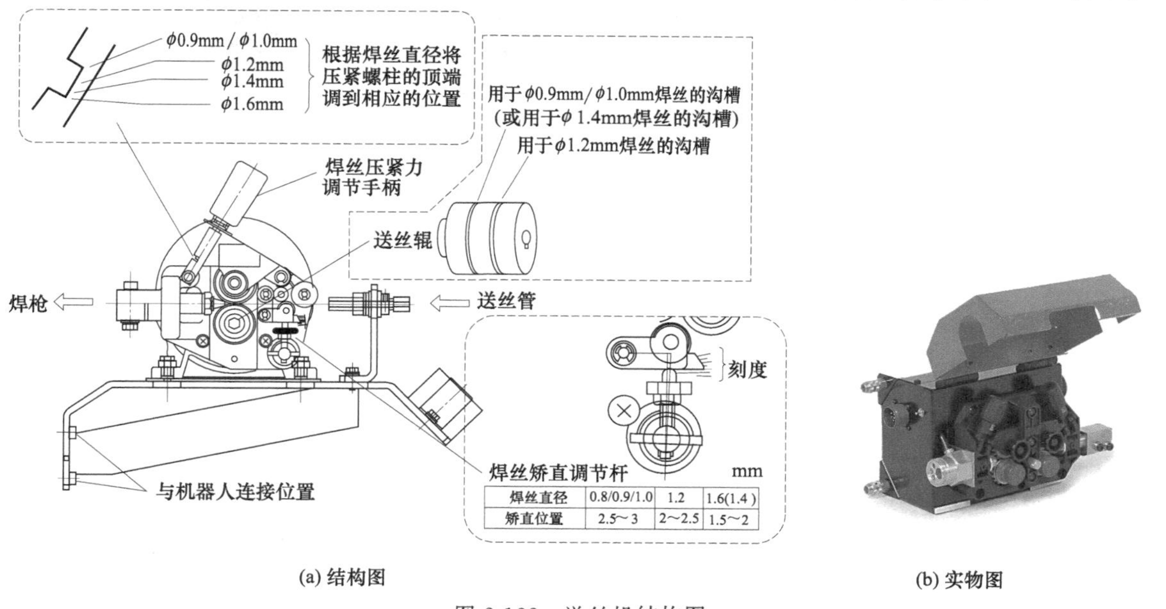

焊丝直径	0.8/0.9/1.0	1.2	1.6(1.4)
矫直位置	2.5～3	2～2.5	1.5～2

(a) 结构图　　(b) 实物图

图 2-122　送丝机结构图

焊丝供给装置是专门向焊枪供给焊丝的，在机器人焊接中主要采用推丝式单滚轮送丝方式，即在焊丝绕线架一侧设置传送焊丝滚轮，然后通过导管向焊枪传送焊丝。在铝合金的 MIG 焊接中，由于焊丝比较柔软，因此在开始焊接时或焊接过程中焊丝在滚轮处会发生扭曲现象，为了克服这一难点，采取了各种措施。

2.6.3　清枪装置

自动清枪剪丝装置由清枪站、剪丝机构和喷硅油单元三部分组成，如图 2-123 所示。图

2-124所示是清枪前后的情况。

清枪站采用三点固定方式，将焊枪喷嘴固定于与铰刀同心的位置，铰刀转动的同时上升，将喷嘴上黏附的焊渣飞溅清理干净。精确高效的清枪站用于机器人焊接。

剪丝机构能够保证焊丝的剪切质量，并能提供最佳的焊接起弧效果和焊枪 TCP 测量的精确程度（TCP 指机器人安装的工具工作点）。

喷硅油装置采用了双喷嘴交叉喷射，使硅油能更好地到达焊枪喷嘴的内表面，确保焊渣与喷嘴不会发生死粘连，由此能有效地减少焊枪喷嘴的清理次数和延长其使用寿命。

当焊接结束后，需要对焊枪进行清理，一般步骤是剪丝、清枪、喷油，然后就可以再次进行焊接。

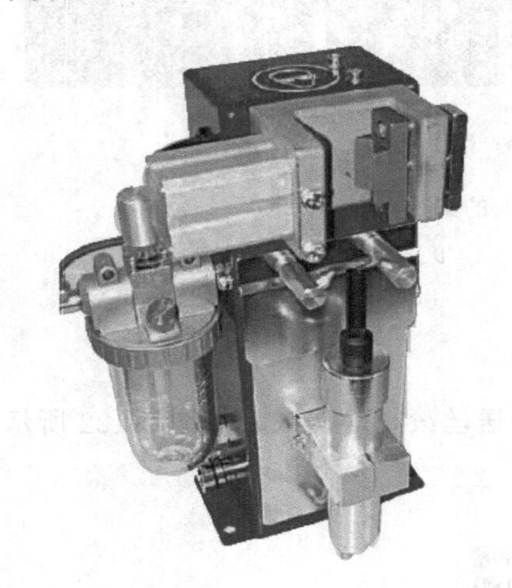

图 2-123　清枪装置

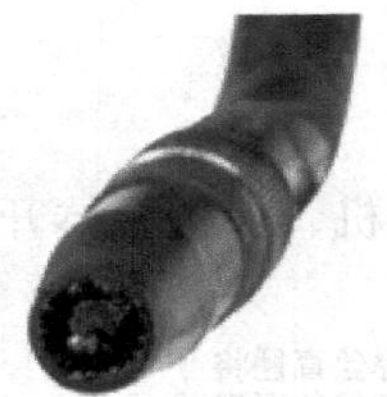

(a) 清枪前

(b) 清枪后

图 2-124　清枪前后的情况

第3章

工业机器人的传感系统

一般机器人有类似于人脑功能的思维系统、类似于眼睛、耳朵、皮肤等功能的感觉系统、类似于人手脚功能的运动系统。人脑、手、足、皮肤、眼睛、耳朵、舌头等的功能在机器人中分别对应于判断和控制、把握、行走、触觉、视觉、听觉、味觉等，各种功能之间有着很强的关联性和依赖性，通过传感器使得这些功能得以充分发挥。例如装配机器人作业中，一般有决定零件安装位置的距离传感器、检测零件形状的视觉传感器、检测手的把握状态及安装状态的滑觉传感器和力觉传感器。机器人根据这些传感器获取的信息作出判断、控制并进行有效地作业。

机器人传感器主要包括机器人视觉、力觉、触觉、接近觉、姿态觉、位置觉等传感器。由于机器人视觉研究的重要性和复杂性，一般将机器人视觉单独列为一个学科研究。与大量使用的工业检测传感器相比，机器人传感器对传感信息的种类和智能化处理的要求更高。

3.1 工业机器人传感器概述

3.1.1 工业机器人传感器的分类

工业机器人根据所完成任务的不同，配置的传感器类型和规格也不尽相同，一般分为内部信息传感器和外部信息传感器。工业机器人传感器分类如图3-1所示，内部信息传感器主要用来采集机器人本体、关节和手爪的位移、速度、加速度等来自机器人内部的信息；外部信息传感器用来采集机器人和外部环境以及工作对象之间相互作用的信息。详细说明如表3-1所示。

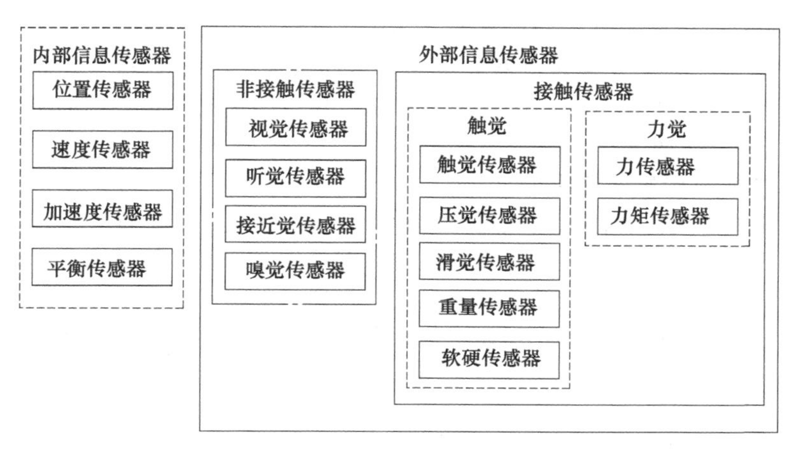

图3-1　工业机器人传感器分类

表 3-1 机器人传感器的分类及应用

传感器	检测对象	传感器装置	应用
视觉	空间形状	面阵 CCD、SSPD、TV 摄像机	物体识别、判断
	距离	激光、超声测距	移动控制
	物体位置	PSD、线阵 CCD	位置决定、控制
	表面形态	面阵 CCD	检查,异常检测
	光亮度	光电管、光敏电阻	判断对象有无
	物体颜色	色敏传感器、彩色 TV 摄像机	物料识别,颜色选择
触觉	接触	微型开关、光电传感器	控制速度、位置,姿态确定
	握力	应变片、半导体压力元件	控制握力,识别握持物体
	负载	应变片、负载单元	张力控制,指压控制
	压力大小	导电橡胶、感压高分子元件	姿态、开关判别
	压力分布	应变片、半导体感压元件	装配力控制
	力矩	压阻元件、转矩传感器	控制手腕,伺服控制双向力
	滑动	光电编码器、光纤	修正握力,测量质量或表面特征
接近觉	接近程度	光敏元件、激光	作业程序控制
	接近距离	光敏元件	路径搜索、控制,避障
	倾斜度	超声换能器、电感式传感器	平衡,位置控制
听觉	声音	麦克风	语音识别、人机对话
	超声	超声波换能器	移动控制
嗅觉	气体成分	气体传感器、射线传感器	化学成分分析
	气体浓度		
味觉	味道	离子敏传感器、pH 计	化学成分分析

3.1.2 机器人对传感器的要求

(1)机器人对传感器的一般要求

① 精度高　机器人传感器的精度直接影响机器人的工作质量。用于检测和控制机器人运动的传感器是控制机器人定位精度的基础。机器人是否能够准确无误地正常工作往往取决于传感器的测量精度。

② 稳定性好　机器人传感器的稳定性和可靠性是保证机器人能够长期稳定可靠地工作的必要条件。机器人经常是在无人照管的条件下代替人工操作的,万一它在工作中出现故障,轻则影响生产的正常进行,重则造成严重的事故。

③ 抗干扰能力强　机器人传感器的工作环境往往比较恶劣,机器人传感器应当能够承受强电磁干扰、强振动,并能够在一定的高温、高压、高污染环境中正常工作。

④ 安装方便可靠　对于安装在机器人手臂等运动部件上的传感器,重量要轻,否则会加大运动部件的惯性,影响机器人的运动性能。对于工作空间受到某种限制的机器人,体积和安装方向的要求也是必不可少的。

(2)机器人控制对传感器的要求

机器人控制需要采用传感器检测机器人的运动位置、速度、加速度。

除了较简单的开环控制机器人外,多数机器人都采用了位置传感器作为闭环控制中的反馈元件。机器人根据位置传感器反馈的位置信息,对机器人的运动误差进行补偿。不少机器人还装备有速度传感器和加速度传感器。加速度传感器可以检测机器人构件受到的惯性力,使控制能够补偿惯性力引起的变形误差。速度检测用于预测机器人的运动时间,计算和控制由离心力引起的变形误差。

(3)安全方面对传感器的要求

① 机器人的安全　为了使机器人安全地工作而不受损坏,机器人的各个构件都不能超过

其受力极限。为了机器人的安全，也需要监测其各个连杆和各个构件的受力。这就需要采用各种力传感器。

现在多数机器人是采用加大构件尺寸的办法来避免其自身损坏的。如果采用上述力传感器监测控制的方法，就能大大提高机器人的运动性能和工作能力，并减小构件尺寸和减少材料的消耗。

机器人自我保护的另一个问题是要防止机器人和周围物体的碰撞，这就要求采用各种触觉传感器。目前，有些工业机器人已经采用触觉导线加缓冲器的方法来防止碰撞的发生，一旦机器人的触觉导线和周围物体接触，立刻向控制系统发出报警信号，在碰撞发生以前，使机器人停止运动。防止机器人和周围物体碰撞也可以采用接近觉传感器。

② 机器人使用者的安全　从保护机器人使用者的安全角度出发，也要考虑对机器人传感器的要求。工业环境中的任何自动化设备都必须装有安全传感器，以保护操作者和附近的其他人，这是劳动安全条例中所规定的。

要检测人的存在可以使用防干扰传感器，它能够自动关闭工作设备或者向接近者发出警告。有时并不需要完全停止机器人的工作，在有人靠近时，可以暂时限制机器人的运动速度。

在对机器人进行示教时，操作者需要站在机器人旁边和机器人一起工作，这时操作者必须按下安全开关，机器人才能工作。即使在这种情况下，也应当尽可能设法保护操作者的安全。例如可以采用设置安全导线的办法限制机器人不能超出特定的工作区域。

另外，在任何情况下，都需要安排一定的传感器检测控制系统是否正常工作，以防止由于控制系统失灵而造成意外事故。

3.1.3 机器人传感器的性能指标

通过前面的介绍可知，传感器的性能好坏在机器人中有着相当关键的影响。那么，机器人传感器的性能到底通过哪些指标来评价呢？

传感器的性能分为静态特性和动态特性，因此传感器的性能指标也分为静态性能指标和动态性能指标。

（1）传感器静态性能指标

传感器的静态特征是传感器本身的特性，是传感器的输出量与输入量之间所具有的相互关系。因为这时输入量和输出量都与时间无关，所以它们之间的关系即传感器的静态特性可用一个不含时间变量的代数方程来描述，或用以输入量做横坐标、以与其对应的输出量做纵坐标而画出的特性曲线来描述。传感器的静态性能指标主要有灵敏度、精度、线性度、分辨率、迟滞、重复性、漂移、阈值等。

① 灵敏度　这是传感器静态特性的一个重要指标。传感器的输出信号达到稳定时，如果稍微改变输入信号，那么输出信号的变化量与输入信号的变化量的比值就是灵敏度。

一般来说，传感器的灵敏度越高越好，但是过高的灵敏度有时会导致传感器输出稳定性下降。

需要注意的是，传感器的灵敏度是有方向性的。如果被测量是单向量，而且对其方向性要求较高，则应选择其他方向灵敏度低的传感器；如果被测量是多维向量，则要求传感器的交叉灵敏度越低越好。

② 精度和线性度　传感器的精度是指传感器的测量输出值与实际被测量值之间的误差。线性度是指传感器输出信号与输入信号之间的线性程度。

传感器的线性范围是指输出与输入成正比的范围。从理论上讲，在此范围内，灵敏度保持定值。传感器的线性范围越宽，则其量程越大，并且能保证一定的测量精度。因此，传感器的精度和线性度越高越好。

③ 分辨率　如果输入量从某一非零值缓慢地变化，则当输入变化值未超过某一数值时，传感器的输出不会发生变化，即传感器对此输入量的变化是分辨不出来的；只有当输入量的变化超过分辨率时，其输出才会发生变化。分辨率反映了传感器可感受到的被测量的最小变化量。

通常传感器在满量程范围内各点的分辨率并不相同，因此常用满量程中能使输出量产生阶跃变化的输入量中的最大变化值作为衡量分辨率的指标。上述指标若用满量程的百分比表示，则称为分辨率。

分辨率是指传感器在整个测量范围内所能辨别的被测量的最小变化量，或者所能辨别的不同被测量的个数。如果它辨别的被测量最小变化量越小，或被测量个数越多，则分辨率越高；反之，分辨率越低。传感器的分辨率直接影响机器人的可控程度和控制品质，因此，传感器的分辨率也是越高越好。

④ 迟滞　传感器在输入量由小到大（正行程）及输入量由大到小（反行程）变化期间其输入、输出特性曲线不重合的现象称为迟滞。对于同一大小的输入信号，传感器的正、反行程输出信号大小不相等，这个差值称为迟滞差值。

⑤ 重复性　当输入信号按同一方向连续变化多次时，传感器的检测结果有可能不一样。这个检测结果变化不一致的程度称为传感器的重复性。结果的变化越小，重复性越好，传感器也就越好。对于多数传感器来说，重复性指标都优于精度指标。

⑥ 漂移　传感器的漂移是指在输入量不变的情况下，传感器输出量随着时间变化的现象。传感器的漂移对传感器的检测结果是有害的，因此传感器的漂移越小越好。

⑦ 阈值　当传感器的输入从零值开始缓慢增加时，在达到某一值后输出发生可观测的变化，这个输入值称为传感器的阈值电压。

（2）传感器动态性能指标

传感器的动态特性是指传感器在输入变化时，它的输出特性。在实际工作中，传感器的动态特性常用它对某些标准输入信号的响应来表示（最常用的标准输入信号有阶跃信号和正弦信号两种，这两种信号分别如图 3-2 和图 3-3 所示），传感器的动态特性常用阶跃响应和频率响应来表示。传感器的动态性能指标就是响应时间。

响应时间就是指传感器输出信号变化到一个稳定值需要的时间。响应时间是传感器的动态特性指标，有时也用频率响应特性来代替。

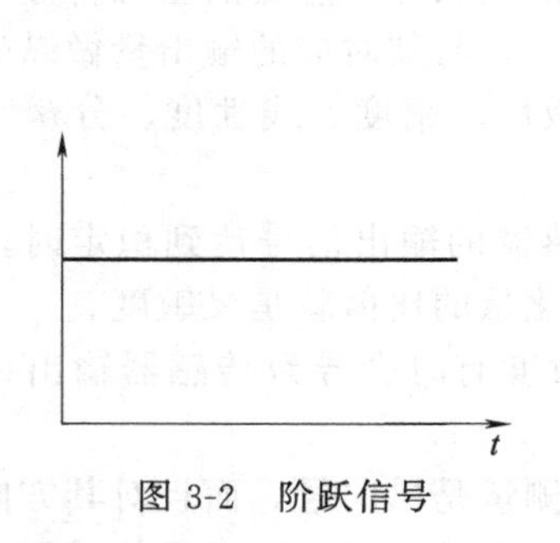

图 3-2　阶跃信号

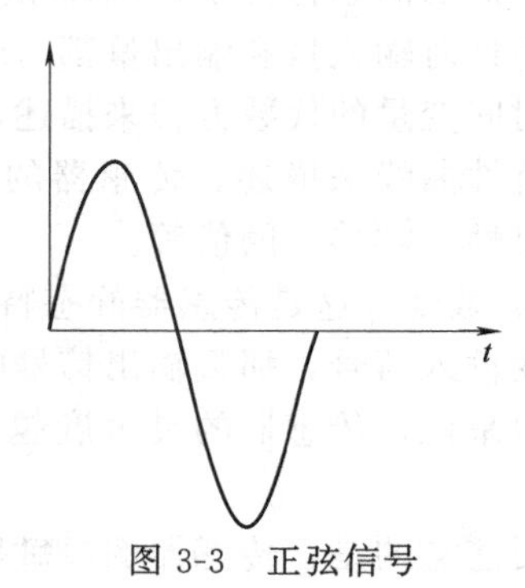

图 3-3　正弦信号

3.1.4 机器人对传感器的需要与选择

（1）机器人对传感器的需要

机器人传感器除了常见的表征内部状态的位置、速度传感器外，还包括外部传感器。也就是说，机器人需要的最重要的感觉能力可分为以下几类：

① 简单触觉：确定工作对象是否存在。

② 复合触觉：确定工作对象是否存在以及它的尺寸和形状等。

③ 简单力觉：沿一个方向测量力，对单维力的测量。

④ 复合力觉：沿一个以上方向测量力，对多维力的测量。

⑤ 接近觉：对工作对象的非接触探测等。

⑥ 简单视觉：对孔、边、拐角等的检测。

⑦ 复合视觉：识别工作对象的形状等。

一些特殊领域应用的机器人还可能需要具有温度、湿度、压力、滑动量、化学性质等感觉能力方面的传感器。

（2）机器人传感器的选择

在选择机器人传感器的时候，最重要的是确定机器人需要传感器做些什么事情，达到什么样的性能要求。根据机器人对传感器的工作类型要求，选择传感器的类型。根据这些工作要求和机器人需要某种传感器达到的性能要求，选择具体的传感器。

① 尺寸和重量　这是机器人传感器的重要物理参数。机器人传感器通常需要装在机器人手臂上或手腕上，与机器人手臂一起运动，它也是机器人手臂驱动器负载的一部分，所以，它的尺寸和重量将直接影响到机器人的运动性能和工作性能。

② 输出形式　传感器的输出可以是某种机械运动，也可以是电压和电流，还可以是压力、液面高度或量度等。传感器的输出形式一般是由传感器本身的工作原理所决定的。

由于目前机器人的控制大多是由计算机完成的，传感器的输出信号通过计算机分析处理，一般希望传感器的输出最好是计算机可以直接接受的数字式电压信号，因此应该优先选用这一输出形式的传感器。

③ 可插接性　传感器的可插接能力不但影响传感器使用的方便程度，而且影响到机器人结构的复杂程度。如果传感器没有通用外插口，或者需要采用特殊的电压或电流供电，则在使用时不可避免地需要增加一些辅助性设备和工件，机器人系统的成本也会因此而提高。

另外，传感器输出信号的大小和形式也应当尽可能地和其他相邻设备的要求相匹配。

3.2　内部信息传感器

从机器人的结构组成上看，机器人的传感器分属机器人感受系统、机器人-环境交互系统。机器人感受系统，用以获取机器人内部状态和外部环境状态中有意义的信息；机器人-环境交互系统，用来实现机器人与外部环境中的设备相互联系和协调。

从检测对象上看，机器人的传感器分属内部状态传感器和外部状态传感器。机器人要感知它自己的内部状态，用以调整并控制其行动，就要检测其本身的坐标轴来确定其位置，因此通常由位置、加速度、速度及压力传感器组成内部传感器。机器人还要感知周围环境、目标构成等状态信息，从而对环境有自校正和自适应能力，因此外部传感器的功能通常包括触觉、接近觉、视觉、听觉、嗅觉、味觉等。

从安装上看，机器人的传感器可分为内部安装和外部安装，其中外部安装传感器检测的是机器人对外界的感应，如视觉或触觉等，并不包括在机器人控制器的固有部件中；而内部安装传感器如旋转编码器，则装入机器人内部，属于机器人控制器的一部分。

可见，无论是从机器人的结构组成上看、从检测对象上看，还是从安装上看，机器人传感都可以划分成两大类：内部传感器和外部传感器。

内部传感器是用来确定机器人在其自身坐标系内的姿态位置，如用来测量位移、速度、加速度和应力的通用型传感器。几乎所有的机器人都使用内部传感器，如为测量回转关节位置的编码器和为测量速度以控制其运动的测速计。

3.2.1 位移传感器

位移传感器在工业机器人中用来检测关节位置及转动角度等物理量。机器人常用的位移传感器有可变电位器、差动变压器、光电式角度传感器、半导体角度传感器等多种类型。

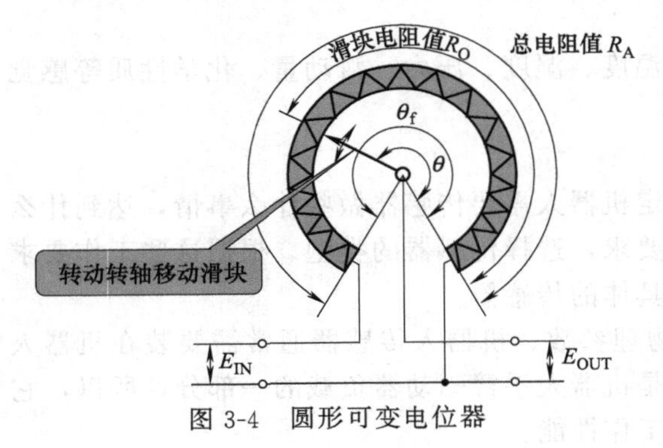

图 3-4 圆形可变电位器

（1）可变电位器

图 3-4 为一个圆形可变电位器的示意图。当转动滑块沿圆周状的电阻材料滑动时，输出电阻与滑块在电阻材料间的转动角度成正比。给电阻体施加一个固定的电压时，由滑块位置分压的输出电压可由电阻材料的总电阻与滑块至固定端的电阻之比求得。若可变电位器采用如图 3-5 所示的线绕型结构，则其分辨率将会呈离散式变化。

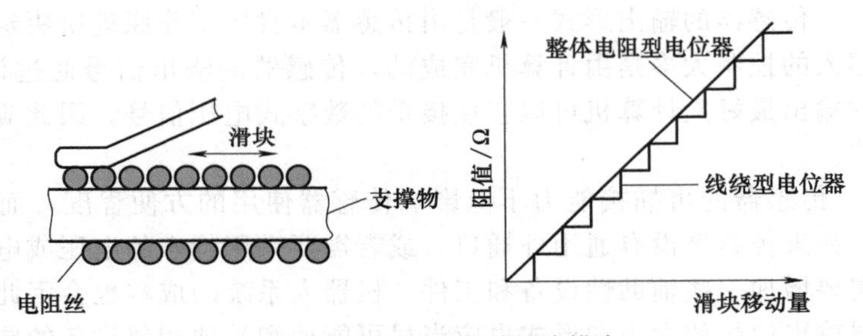

图 3-5 线绕型电位器的分辨率

按结构的不同，可变电位器又可分为单圈型（120°、340°）及如图 3-6 所示的多圈型（1800°、3600°）两种。

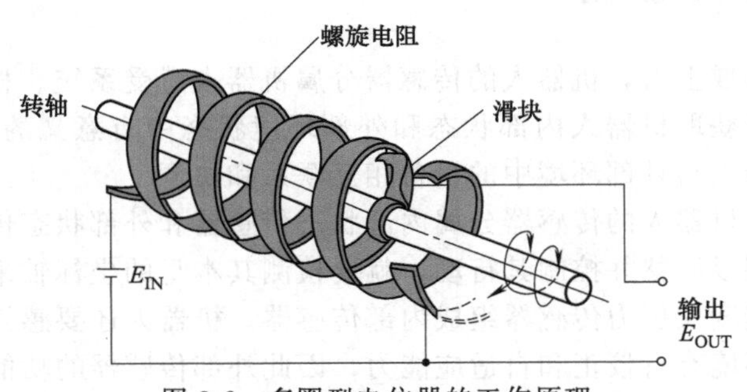

图 3-6 多圈型电位器的工作原理

由于可调电位器的阻值相对较大，因此在工业机器人这样精度要求较高的检测和控制电路中，经常采用高输入阻抗的差动放大器进行阻抗变换。

（2）差动变压器

差动变压器的结构及原理如图 3-7 所示。当给初级线圈施加一个交流电压时，铁芯中的磁通量将会随之发生变化，通过电磁感应，在次级线圈中将会产生一个与磁通量成正比的感应电动势。利用这一原理，若在初级线圈上施加一个稳定的励磁交流电压，则会在次级线圈上产生一个与铁芯位置成正比的感应电压。将这个电压整流成直流信号后取出，就可检测铁芯前端位移量。

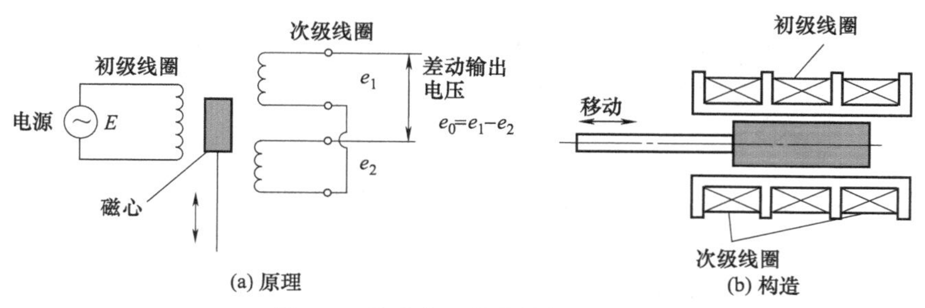

图 3-7　差动变压器的结构及原理

差动变压器的检测范围通常为 5～200mm，也有的差动变压器只能检测±1mm 范围内的位移量。

此外，差动变压器的灵敏度一般为每毫米位移输出 80～300mV 电压。由于它的信号电平高、输出阻抗低，因此具有很强的抗干扰能力。而且，若采用在初级线圈两侧反向缠绕次级线圈的结构，则还可以根据输出电压的正、负极性，判别出物体的位移方向。

（3）光电式角度传感器

光电式角度传感器的结构如图 3-8 所示。它的转动盘上带有螺线状的栅缝，当转动盘转动时，从发光元件发射的光按转动盘的转动角度照射到半导体位置检测元件的相应位置上，将轴的旋转角度变换成对应的电压信号，通过放大电路就可以检测物体的旋转角度。

此类传感器的最大转动角为 120°和 340°，电源电压为 DC 5V 或 DC 12V，输出电压为 0.5～4.5V，分辨率较高。此外，其机械特性为扭矩小于 0.245mN·m，最高转速可达 200r/min，所以在工业机器人中常用来检测机器人旋转关节的旋转角度。

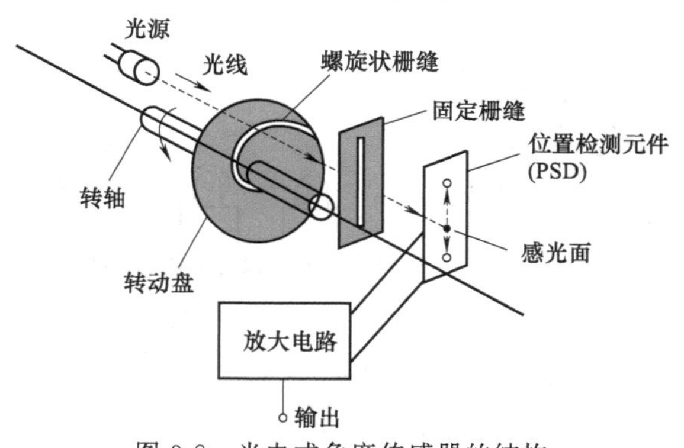

图 3-8　光电式角度传感器的结构

（4）半导体角度传感器

这种传感器用半导体材料制成的半导体磁阻元件作为感应器件，当磁性齿轮转动时，由于外部磁场的强弱变化而引起元件阻抗的改变，使其输出的正弦曲线发生变化。若将该输出电压中一小段直线部分取出，则就可以准确地检测轴的转动角度。此外，采用这种传感器时，通过对输出脉冲的计数，还可以检测出轴的旋转角度及转数。这种传感器的结构如图 3-9 所示。

在半导体角度传感器中，电源电压有 5V、6V、8V 等多种规格，转动角度可以自由设定。此外，它的扭矩比较小，一般小于 0.1mN·m，使用温度范围为－10～＋80℃，常用来检测机器人旋转关节的旋转角度及位置。

（5）行程开关

行程开关又称限位开关，它将机械位移转变为电信号，以控制机械运动。行程开关按结构可分为直动式、滚动式和微动式。

① 直动式行程开关　图 3-10（a）所示为直动式行程开关的结构，其动作过程与控制按钮类似，只是用运动部件上的撞块来碰撞行程开关将其推开，触点的分合速度取决于撞块移动的

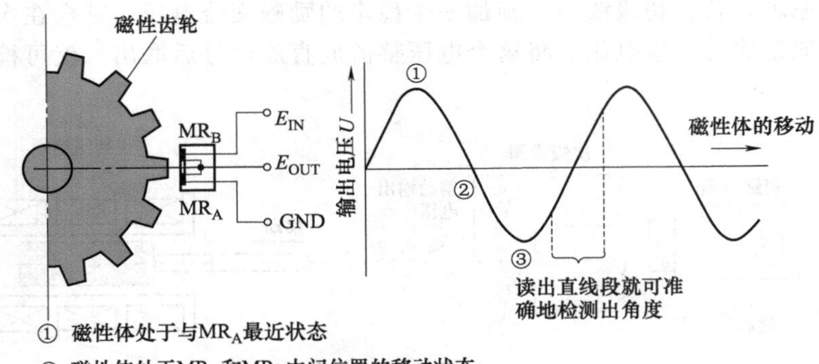

图 3-9 半导体角度传感器

速度。这类行程开关在机床上主要用于坐标轴的限位、减速或执行机构，如液压缸、气缸塞的行程控制。图 3-10（b）所示为直动式行程开关推杆的形式，图 3-10（c）所示为柱塞式行程开关外形。

② 滚动式行程开关　如图 3-11 所示，在滚动式行程开关的内部通常都具有可以检测是否有物体与其发生接触的机械式的执行机构。当移动的物体碰撞到执行机构时，凸轮发生转动使凸轮槽内的弹子落下，从而触动微动开关实现电路的接通或断开。使用该行程开关可以检测出机器人的关节位置。

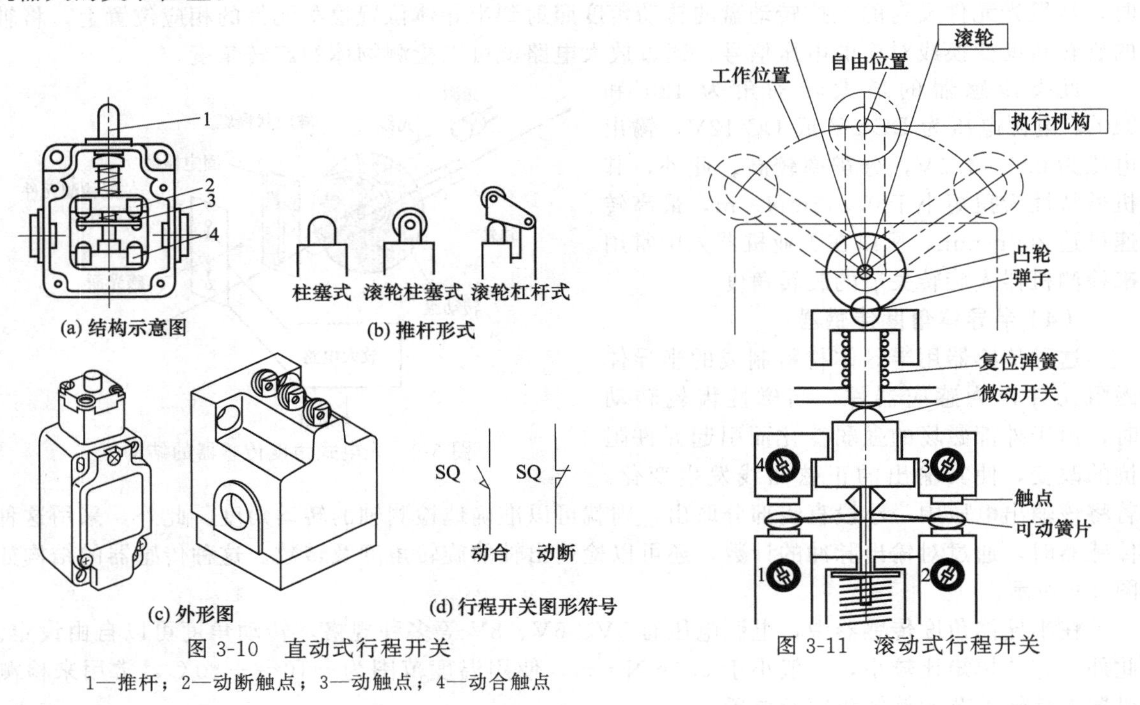

图 3-10 直动式行程开关

1—推杆；2—动断触点；3—动触点；4—动合触点

图 3-11 滚动式行程开关

滚动式行程开关的内部为小间隙的触点结构，由凸轮槽和弹子的相互关系保证微动开关的位移量，不会发生超程现象。有的滚动式行程开关中还装有霍尔 IC 芯片，构成防止误碰撞、具有去抖动功能的无触点型滚动式行程开关。

③ 微动式行程开关　图 3-12（a）为采用弯片状弹簧的微动式行程开关结构示意图，图 3-12（b）为微动式行程开关外形图。

当推杆2被压下时，弓簧片3产生变形，当到达预定的临界点时，弹簧片连同动触点1产生瞬时跳跃，使动断触点5断开，动合触点4闭合，从而导致电路的接通、分断或转换。微动式行程开关的体积小，动作灵敏。

从以上各个开关的结构及动作过程来看，失效的形式一是弹簧片卡死，造成触点不能闭合或断开；二是触点接触不良。诊断方法为：用万用表测量接线端，在动合、动断状态下观察是否断路或短路。另外要注意的是与行程开关相接触的撞块，如图3-13所示，如果撞块设定的位置由于松动而发生偏移，就可能使行程开关的触点无动作或误动作，因此对撞块的检查和调整是行程开关维护中很重要的一个方面。

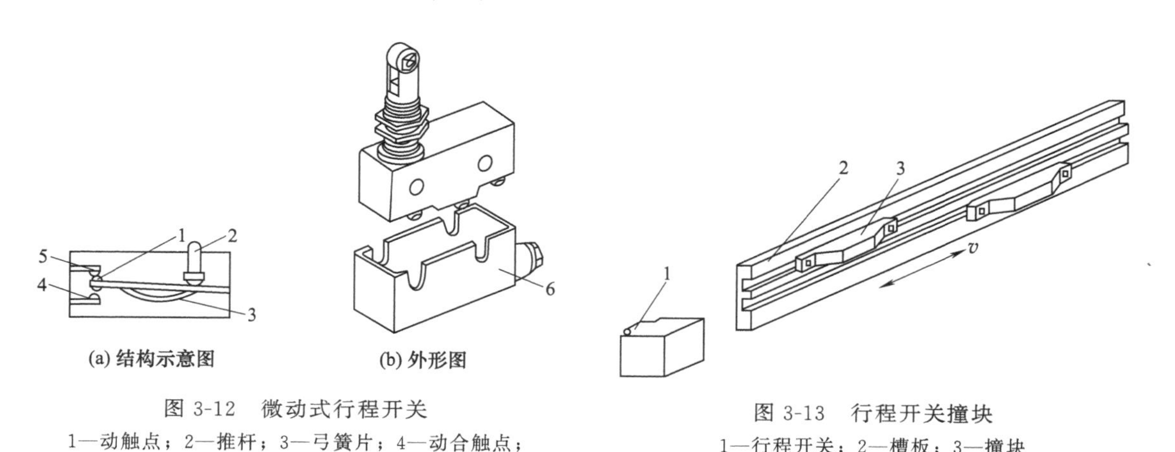

(a) 结构示意图　(b) 外形图

图3-12　微动式行程开关

1—动触点；2—推杆；3—弓簧片；4—动合触点；5—动断触点；6—外形盒

图3-13　行程开关撞块

1—行程开关；2—槽板；3—撞块

（6）光栅

根据光线在光栅中是反射还是透射分为透射光栅和反射光栅；根据光栅形状可分为直线光栅（图3-14）和圆光栅，直线光栅用于检测直线位移。

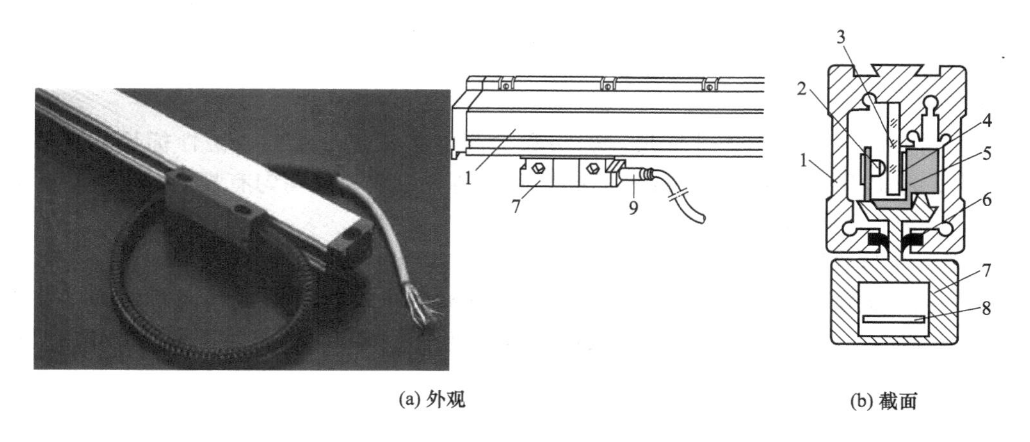

(a) 外观　(b) 截面

图3-14　直线光栅外观及截面示意图

1—尺身（铝外壳）；2—带聚光透镜的LED；3—标尺光栅；4—指示光栅；5—游标（装有光敏器件）；6—密封唇；7—读数头；8—电子线路；9—信号电缆

（7）感应同步器

感应同步器是一种电磁式高精度位移检测装置，由定尺和滑尺两部分组成，如图3-15（a）所示。

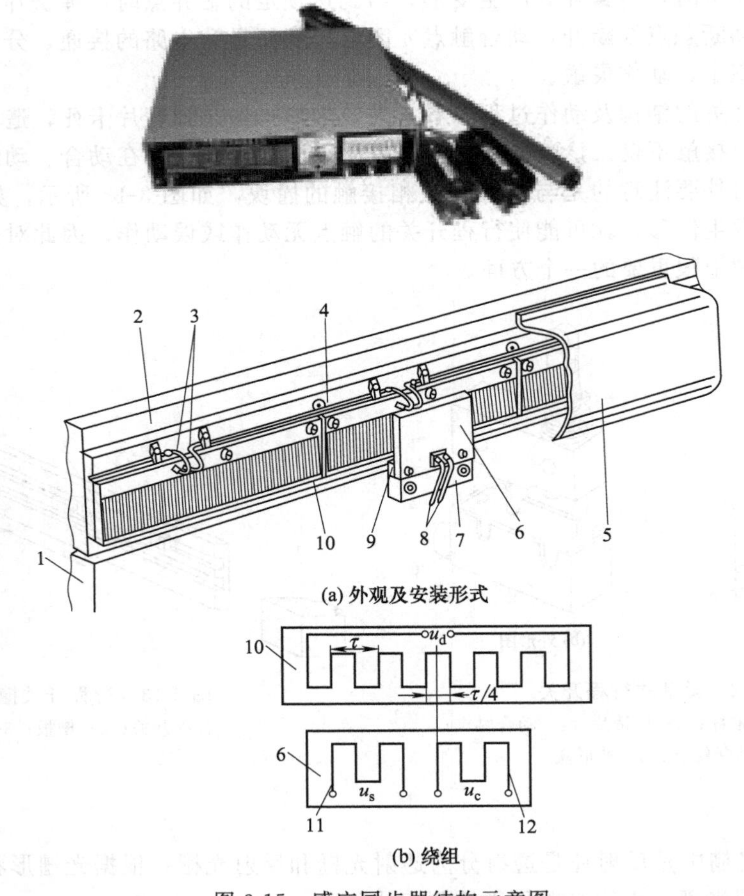

(a) 外观及安装形式

(b) 绕组

图 3-15 感应同步器结构示意图

1—固定部件；2—运动部件；3—定尺绕组引线；4—定尺座；5—防护罩；6—滑尺；7—滑尺座；8—滑尺绕组引线；9—调整垫；10—定尺；11—正弦励磁绕组；12—余弦励磁绕组

（8）磁尺

如图 3-16 所示，磁尺由磁性标尺、磁头和检测电路三部分组成。磁性标尺是在非导磁材料的基体上，覆盖上一层 10～30μm 厚的高导磁材料，形成一层均匀有规则的磁性膜，再用录磁磁头在尺上记录相等节距的周期性磁化信号。

（9）倾斜角传感器

倾斜角传感器用于测量重力的方向，应用于机械手末端执行器或移动机器人的姿态控制中。根据测量原理，倾斜角传感器分为液体式、垂直振子式和陀螺式，下面只介绍常见的两种类型。

① 液体式倾斜角传感器　液体式倾斜角传感器分为气泡位移式、电解液式、电容式和磁流体式等，下面仅介绍其中的气泡位移式倾斜角传感器。图 3-17 所示为气泡位移式倾斜角传感器的结构及测量原理。半球状容器内封入含有气泡的液体，对准 LED 发出的光。容器下面分成 4 部分，分别安装 4 个光电二极管，用以接受投射光。液体和气泡的透光率不同。液体在光电二极管上投影的位置，随传感器倾斜角度而变化。因此，通过计算对角的光电二极管感光量的差值，可测量出二维倾斜角。该传感器测量范围为 20°左右，分辨率可达 0.001°。

② 垂直振子式倾斜角传感器　如图 3-18 所示是垂直振子式倾斜角传感器的原理。振子由挠性薄片悬起，传感器倾斜时，振子为了保持铅直方向而离开平衡位置。根据振子是否偏离平

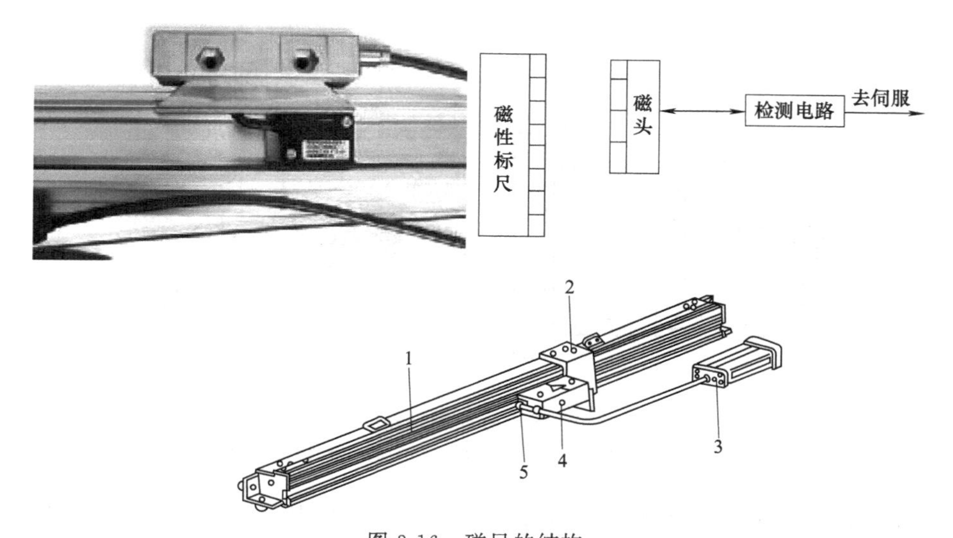

图 3-16　磁尺的结构

1—安装导轨；2—滑块；3—磁头放大器；4—磁头架；5—可拆插头

衡位置及位移角函数（通常是正弦函数）检测出倾斜角度，但是由于容器限制，测量范围只能在振子自由摆动的允许范围内，不能检测过大的倾斜角度。

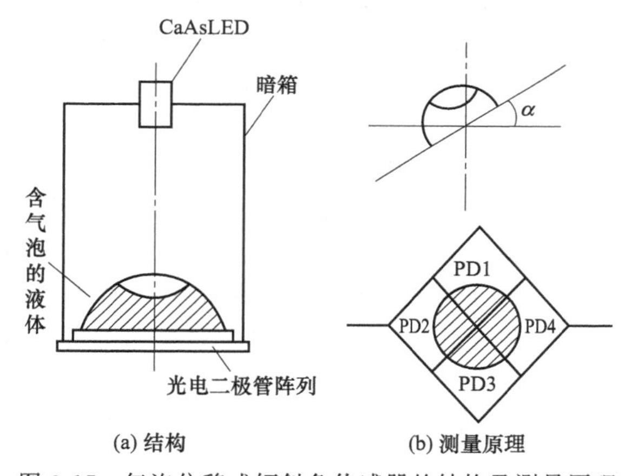

图 3-17　气泡位移式倾斜角传感器的结构及测量原理

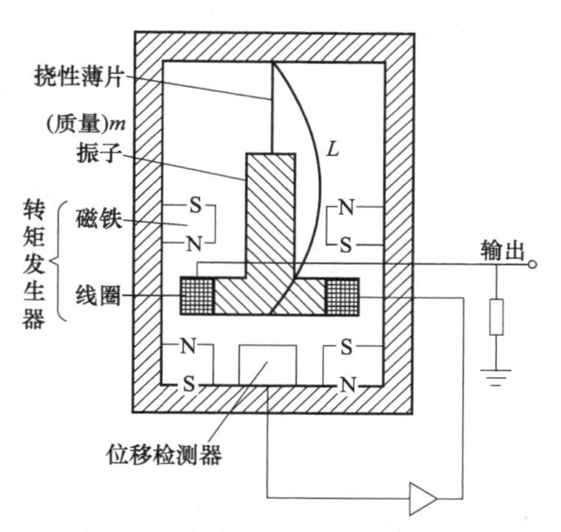

图 3-18　垂直振子式倾斜角传感器

3.2.2 速度传感器

（1）光电脉冲编码器

光电脉冲编码器有绝对式和增量式两种。增量式脉冲编码器是一种旋转式脉冲发生器，能把机械转角转变成电脉冲，是在工业机器人上使用广泛的位置检测装置，其工作示意如图 3-19 所示。图 3-20 为光电脉冲编码器的结构示意图。光电脉冲编码器是在工业机器人上使用广泛的位置检测装置。编码器的输出信号有：两个相位信号输出，用于辨向；一个零标志信号（又称一转信号）。其结构还包括

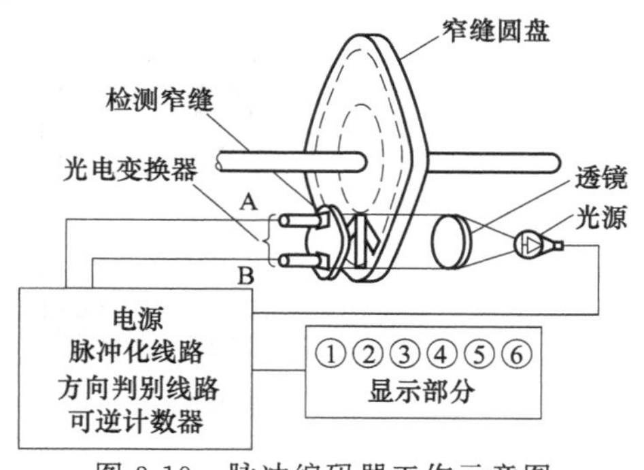

图 3-19　脉冲编码器工作示意图

＋5V电源和接地端。

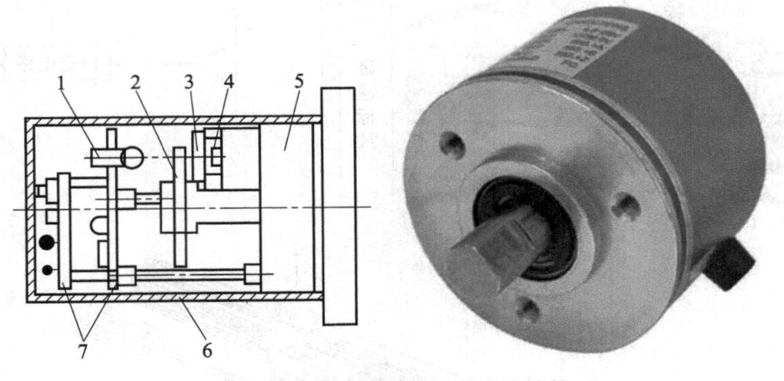

图 3-20 光电脉冲编码器的结构

1—光源；2—圆光栅；3—指示光栅；4—光电池组；5—机械部件；6—护罩；7—印制电路板

增量型旋转编码器的结构如图 3-21 所示。当动光栅盘与固定接收光栅板之间有光透过时，两处栅缝可产生 1/4 间距的相位差，通过两相输出可以判定旋转的正、反方向。此外，为了使动光栅盘在转动一周时能发出一个归零信号，动光栅盘上还刻有零点栅缝，通过它可以检测机器的原点，并对检测电路的计数累计误差进行修正。

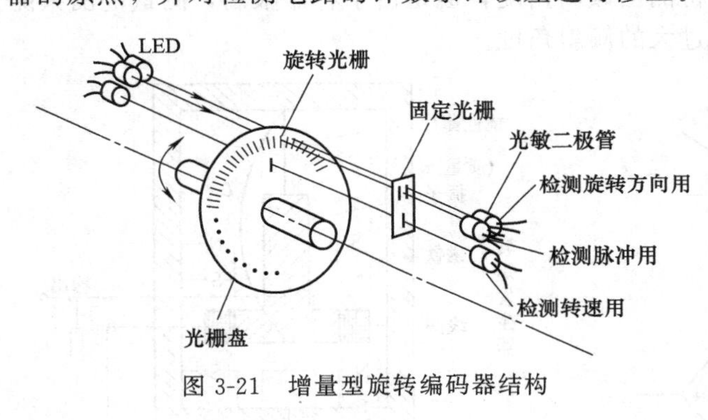

图 3-21 增量型旋转编码器结构

由于增量型旋转编码器是通过脉冲计数来检测轴的旋转角度的，因此它能对旋转量进行无限制的计数，这是此类传感器的一个显著特点。

绝对型旋转编码器结构如图 3-22 所示。该编码器是将动光栅盘按分辨率的位数划分成一系列同心圆，并将各同心圆的圆周按 2、4、8、16 的方式进行等分（构成编码盘），在此类传感器中都会配有与同心圆数相等的发光二极管及光敏二极管，其输出为脉冲式编码信号。无论编码盘是否转动，它都会并行输出动光栅盘当前角度所对应的绝对位置的编码信号。这类编码器都具有与分辨率位数相等的数字输出信号线。

在增量型旋转编码器中，电源电压为 DC 5～30V，分辨率最高可达 10～9000 脉冲/圈；绝对型旋转编码器的电源电压 DC 10～26V，分辨率最高可达 2048 脉冲/圈（11 位编码）。

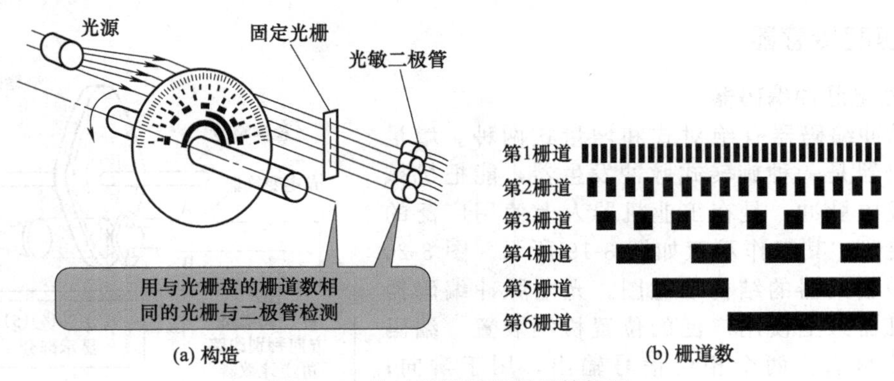

图 3-22 绝对型旋转编码器结构图

（2）测速发电机

测速发电机是一种旋转式速度检测元件，可将输入的机械转速变为电压信号输出。测速发电机检测伺服电动机的实际转速，转换为电压信号后反馈到速度控制单元中，与给定电压进行比较，发出速度控制信号，调节伺服电动机的转速（图 3-23）。为了准确反映伺服电动机的转速，就要求测速发电机的输出电压与转速严格成正比。

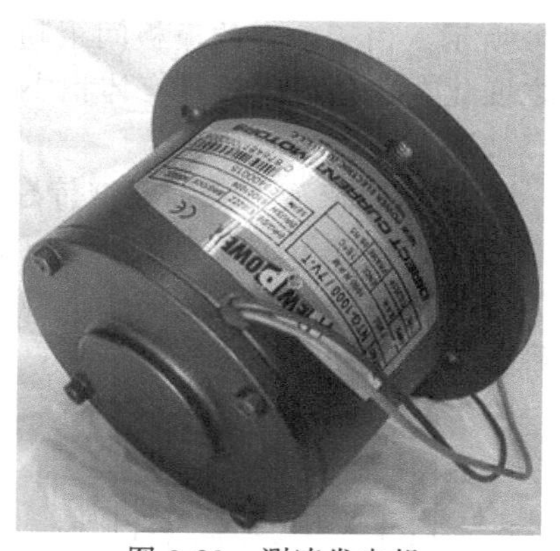

图 3-23　测速发电机

（3）圆光栅

圆光栅用于检测角位移，如图 3-24 所示。

（4）旋转变压器

从转子感应电压的输出方式来看，旋转变压器可分为有刷［图 3-25（a）］和无刷［图 3-25（b）］两种类型。

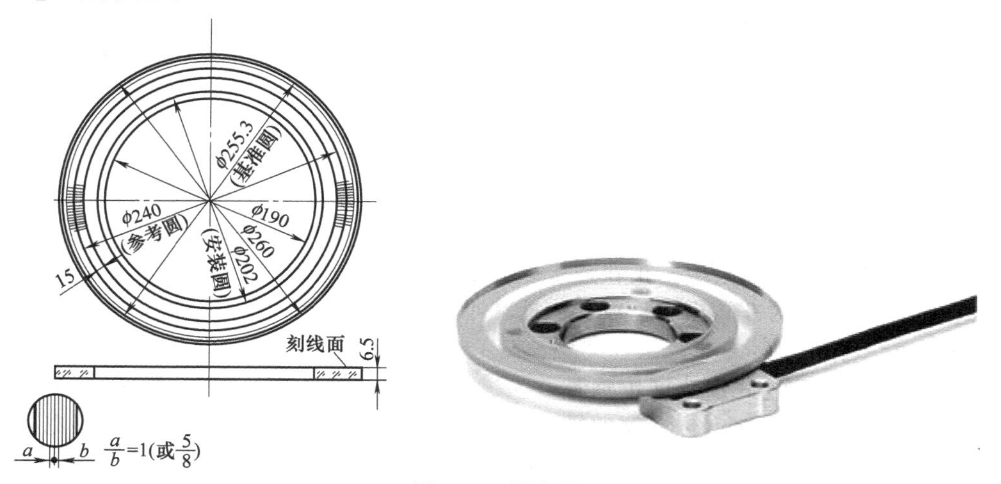

图 3-24　圆光栅

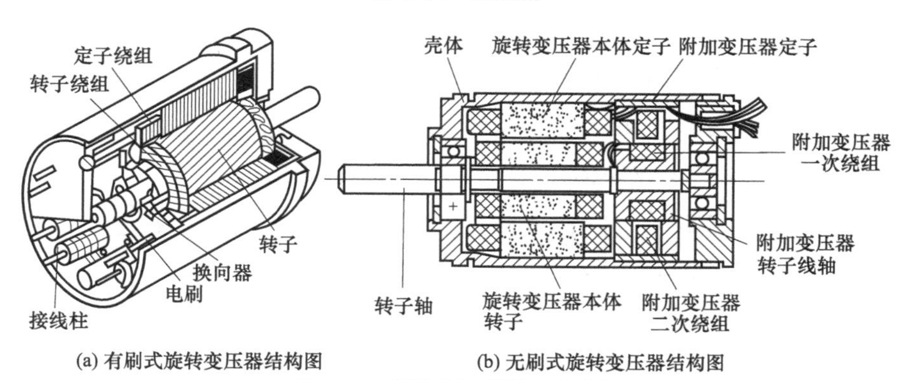

(a) 有刷式旋转变压器结构图　(b) 无刷式旋转变压器结构图

图 3-25　旋转变压器结构示意图

3.2.3　加速度传感器

加速度传感器需安装在机器人的关节上来测量关节的加速度。

（1）电容式加速度传感器

电容式加速度传感器是一种利用振子作为电容的一个电极制成的传感器，其基本结构如图

3-26 所示。由于电容的极板间距随惯性质量的相对运动而变化，因此传感器中的电容量也将随之变化。这种传感器具有体积小、重量轻的特点，可以测量从静态加速度至几百赫［兹］的动态加速度。

（2）金属应变片式加速度传感器

它是一种在振子上安装金属应变片构成惠斯通电桥的传感器，其基本结构如图 3-27 所示。金属应变片能够将振子弯曲产生的应变量以阻抗变化的形式输出。这种传感器具有体积小、重量轻、可测量静态加速度等特点，但因其灵敏度较低，近来已很少使用。

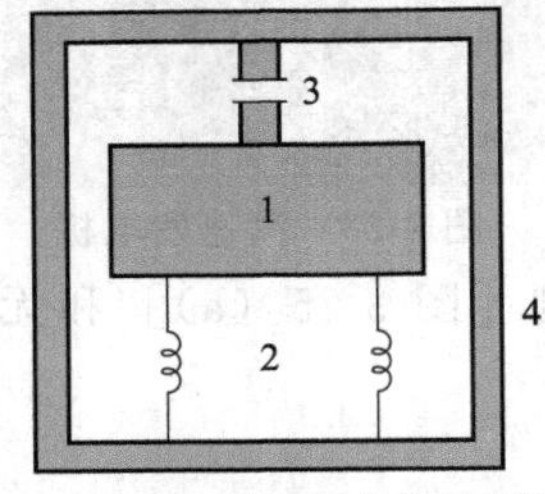

图 3-26 电容式加速度传感器的结构

1—惯性质量；2—弹簧；3—电容器；4—壳体

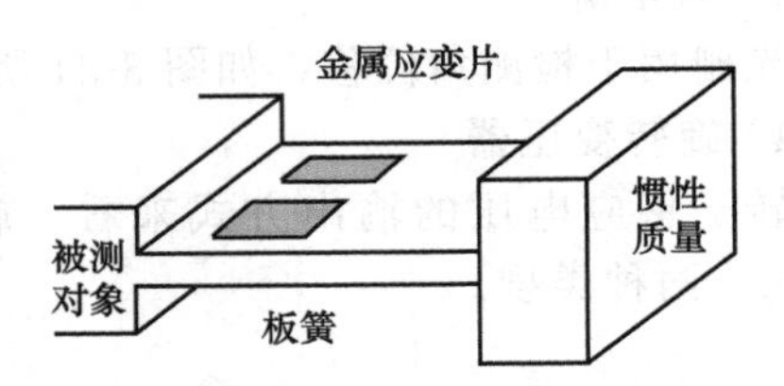

图 3-27 金属应变片式加速度传感器的结构

（3）半导体应变片式加速度传感器

其基本原理与金属应变片式加速度传感器基本相同。它是利用半导体材料的压阻效应，采用半导体应变片替代金属应变片而制成的一种传感器。半导体应变片式加速度传感器的灵敏度比较高，可广泛应用于各种领域，正在逐步取代金属应变片式传感器，逐渐得到广泛普及。由于其灵敏度随绝对温度的升高几乎是成正比地减小，因此在使用此类传感器时需要采取温度补偿措施才能正常工作。

（4）电磁效应与压电式加速度传感器

图 3-28 所示为两种加速度传感器的结构原理。其中，图 3-28（a）所示是应用电磁效应原理的加速度传感器。当可动线圈随物体振动而使切割磁通量发生变化时，将在此线圈两端产生电压。把此电压加至一定负载，就能测出与电磁力有关的电流。图 3-28（b）所示则是应用压电变换原理的加速度传感器。在钛酸钡等压电材料中，将产生与外加应变成正比的电势，因而也可以通过对电势或电流的测量来测定加速度。

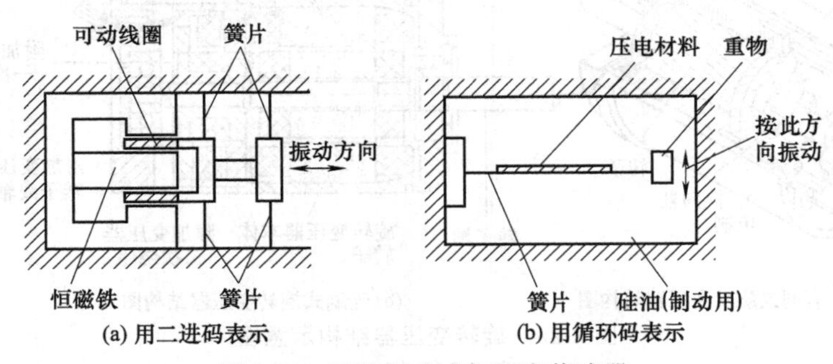

图 3-28 两种振动式加速度传感器

3.2.4 陀螺仪

随着生产生活、航空航天对机器人移动技术的要求提高，陀螺仪在机器人中的应用越来越广泛。

通俗地讲，绕一个支点高速转动的刚体称为陀螺。在一定的初始条件和一定的外力矩作用下，陀螺会在不停自转的同时，还绕着另一个固定的转轴不停地旋转，人们利用陀螺的力学性质所制成的各种功能的陀螺装置称为陀螺仪，它在科学、技术、军事等各个领域有着广泛的应用，如定向指示仪、炮弹的翻转等。

陀螺仪由陀螺转子、内环、外环和基座（壳体）组成。图 3-29 是陀螺仪的原理结构图。如图所示，陀螺仪有 3 根在空间互相垂直的轴。x 轴是陀螺的自转轴，陀螺本身是一只对称的转子，由电机驱动绕自转轴高速旋转。陀螺转子轴（x 轴）支承在内环上，y 轴是内环的转动轴，亦称内环轴。内框带动转子一起可绕内环轴相对外环自由旋转。z 轴为外环的转动轴，它支承在壳体上，外环可绕该轴相对壳体自由旋转。转子轴、内环轴和外环轴在空间交于一点，称为陀螺的支点。内、外环构成陀螺的“万向支架”，使得陀螺转子轴在空间具有 2 个自由度。因此，整个陀螺可以绕着支点在空间作任意方向的转动，陀螺仪可以绕 3 个轴自由转动，即具有 3 个自由度。通常把内、外环支承的陀螺仪称为 3 自由度陀螺仪，把仅用一个环支承的陀螺仪称为 2 自由度陀螺仪。

陀螺仪是利用惯性原理工作的。当陀螺转子高速旋转后，它就具有惯性，因而就表现出两个重要特性：稳定性及进动性。

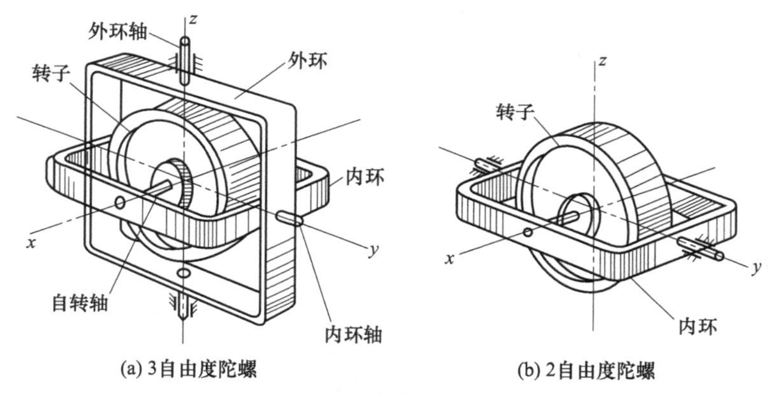

图 3-29　陀螺仪原理结构

（1）陀螺的稳定性

3 自由度陀螺仪保持其自转轴在惯性空间的方向不发生变化的特性，称为陀螺的稳定性。3 自由度陀螺仪的稳定性有两种表现形式，即定轴性和章动。图 3-30 为陀螺稳定性示意图。

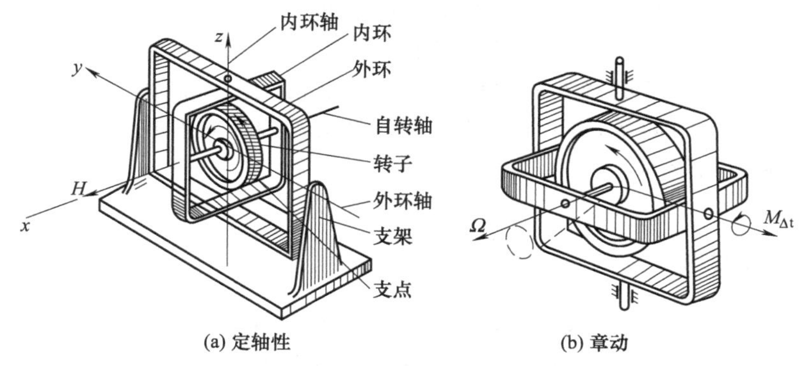

图 3-30　陀螺稳定性示意图

① 定轴性　当陀螺转子高速旋转后，若不受外力的作用，则不管机座如何转动，支承在万向支架上的陀螺自转轴指向惯性空间的方位始终不变，这种特性称为定轴性，如图 3-30（a）

所示。

② 章动　当陀螺高速旋转受到瞬时冲击力矩作用时，自转轴在原方位附近做微小的圆锥运动，且转子轴的方向基本保持不变，这种现象称为陀螺的章动，如图 3-30（b）所示。不论基座在空间如何转动，陀螺自转轴（z 轴）在惯性空间的方位始终不变。当章动的圆锥角为零时即为定轴，所以章动是陀螺稳定性的一般形式，定轴性是陀螺稳定性的特殊形式。

（2）陀螺的进动性

当 3 自由度陀螺受到外加力矩作用时，陀螺仪并不在外力矩所作用的平面内产生运动，而是在与外力矩作用平面相垂直的平面内运动。陀螺仪的这种特性称为进动性。

① 进动方向　陀螺的进动方向与转子自转方向和外力矩方向有关。其规律是：陀螺受外力矩作用时，自转轴的角速度矢量 Ω 沿最短的路线向外力矩矢量 M 方向运动，如图 3-31 所示，即进动角速度矢量 $\omega=\Omega\times M$。

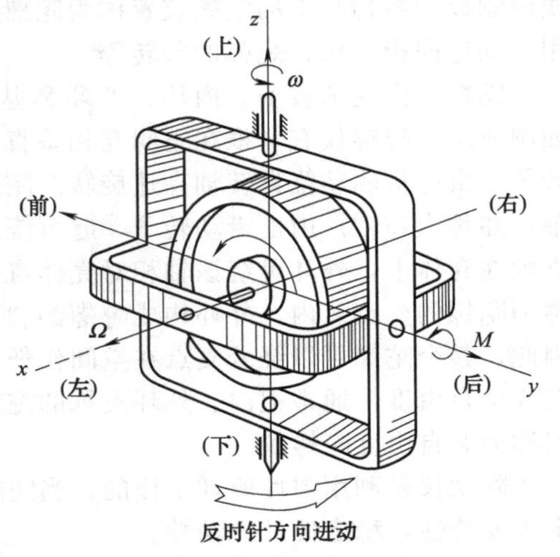

图 3-31　陀螺仪的进动性

② 进动角速度的大小　陀螺进动角速度 ω 的大小与转子角动量 H 和外力矩 M 有关，其一般关系为 $\omega=M/(H\cos\varphi)$。

3.3 外部信息传感器

为了检测作业对象及环境或检测机器人与它们的关系，在机器人上安装触觉传感器、视觉传感器、力觉传感器、接近觉传感器、超声波传感器和听觉传感器，即可大大改善机器人的工作状况，使其能够完成更复杂的工作。

机器人作业是一个其与周围环境的交互过程。作业过程有两类：一类是非接触式的，如弧焊、喷漆等，基本不涉及力；另一类工作是通过接触才能完成的，如拧螺钉、点焊、装配、抛光、加工等。目前已有将视觉和力觉传感器用于非事先定位的轴孔装配，其中，视觉完成大致的定位，装配过程靠孔的倒角作用不断产生的力反馈得以顺利完成。例如高楼清洁机器人，当它擦玻璃时，显然用力不能太大也不能太小，这就要求机器人作业时具有力控制功能。当然，对于机器人的力传感器，不仅仅是上面描述的机器人末端执行器与环境作用过程中发生的力测量，还有如机器人自身运动控制过程中的力反馈测量、机械手爪抓握物体时的握力测量等。

3.3.1 接触觉传感器

机器人触觉可分成接触觉、接近觉、压觉、滑觉和力觉五种，如图 3-32 所示。接触觉是通过与对象物体彼此接触而产生的，所以最好使用手指表面高密度分布的触觉传感器阵列，它柔软、易于变形，可增大接触面积，并且有一定的强度，便于抓握。接触觉传感器可检测机器人是否接触目标或环境，用于寻找物体或感知碰撞，触头可装配在机器人的手指上，用来判断工作中的各种状况。

机器人依靠接近觉来感知对象物体在附近，然后手臂减速慢慢接近物体；依靠接触觉可知已接触到物体，控制手臂让物体位于手指中间，合上手指握住物体；用压觉控制握力；如果物体较重，则靠滑觉来检测滑动，修正设定的握力来防止滑动；力觉控制与被测物体自重和转矩相应的力，举起或移动物体，另外，力觉在旋紧螺母、轴与孔的嵌入等装配工作中也有广泛的应用。

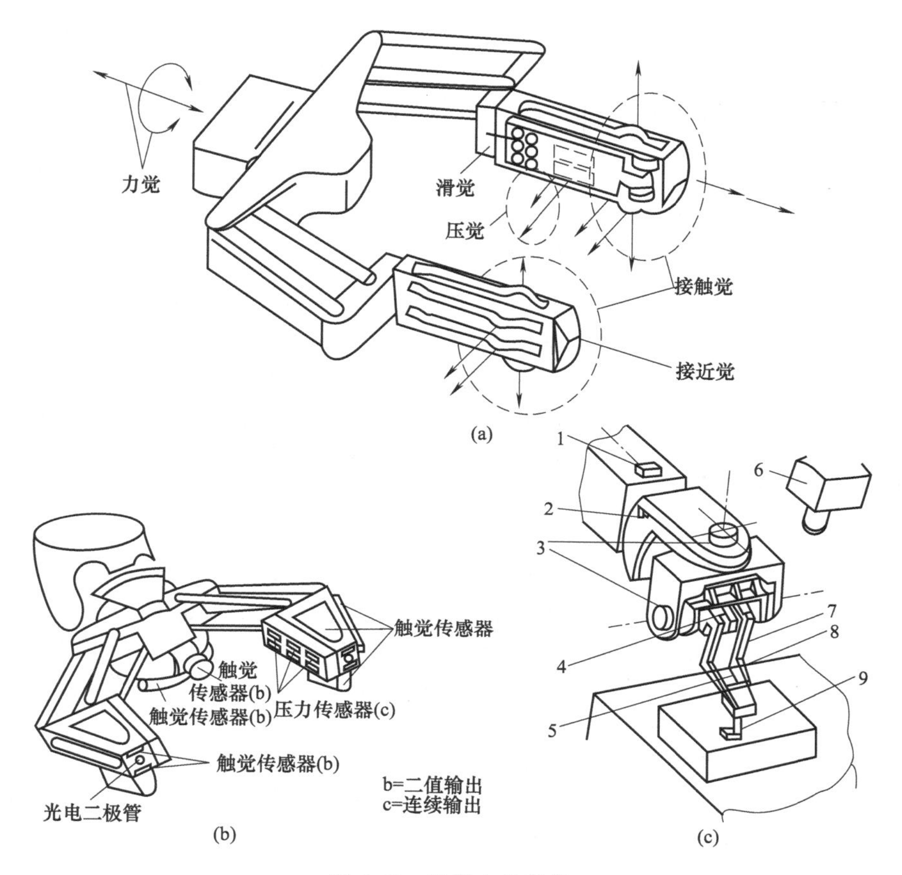

图 3-32　机器人的触觉

1—声波安全传感器；2—安全传感器（拉线形状）；3—位置、速度、加速度传感器；4—超声波测距传感器；5—多方向接触传感器；6—电视摄像头；7—多自由度力传感器；8—握力传感器；9—触头

（1）接触觉传感器的作用

① 使操作动作适宜，如感知手指同对象物之间的作用力，便可判定动作是否适当。还可以用这种力作为反馈信号，通过调整，使给定的作业程序实现灵活的动作控制。这一作用是视觉无法代替的。

② 识别操作对象的属性，如规格、质量、硬度等。有时也可以代替视觉进行一定程度的形状识别，在视觉无法起作用的场合，这一点很重要。

③ 用以躲避危险、障碍物等以防止事故，相当于人的痛觉。

（2）各类接触觉传感器

① 微动开关　微动开关是一种最简单的接触觉传感器，它主要由弹簧和触头构成。触头接触外界物体后离开基板，造成信号通路断开或闭合，从而检测到与外界物体的接触。微动开关的触点间距小、动作行程短、按动力小、通断迅速，具有使用方便、结构简单的优点。其缺点是易产生机械振荡和触头易氧化，仅有“0”和“1”两个信号。在实际应用中，通常以微

动开关和相应的机械装置（探头、探针等）相结合构成一种触觉传感器。

图 3-33 所示的接触觉传感器由微动开关组成，其中图 3-33（a）所示为点式开关，图 3-33（b）所示为棒式开关，图 3-33（c）所示为缓冲器式开关，图 3-33（d）所示为平板式开关，图 3-33（e）所示为环式开关。用途不同，其配置也不同，一般用于探测物体位置、探索路径和安全保护。这类结构属于分散装置结构，单个传感器安装在机械手的敏感位置上。

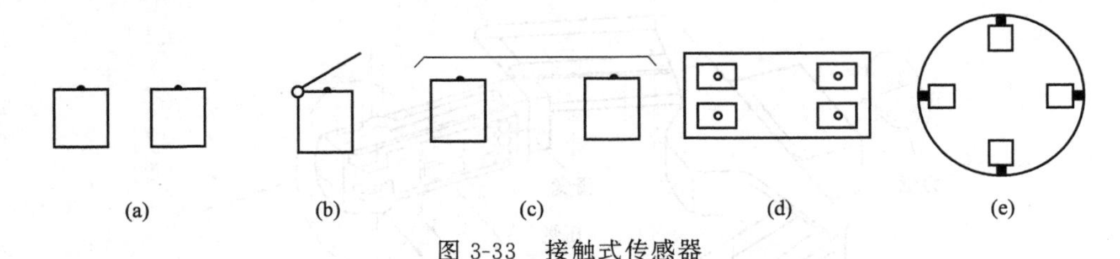

图 3-33　接触式传感器

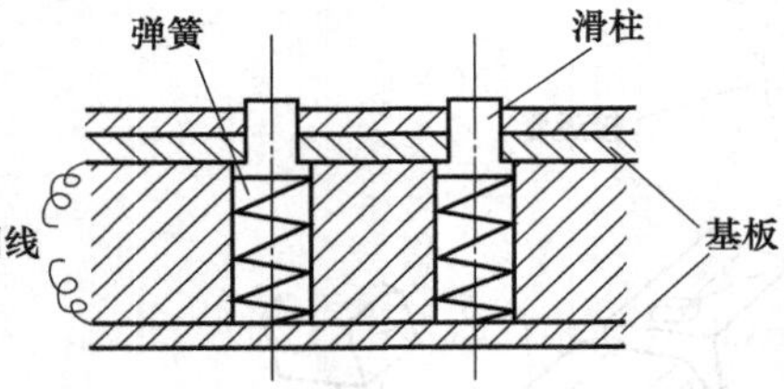

a. 单向性微动开关。图 3-34 是单向性微动开关的结构原理示意图。当开关的滑柱接触到外界物体时，滑柱受压缩移动，导通了电路，便产生输出信号。这种接触觉传感器的优点是结构简单、体积小、成本低、安装布置方便。若用多个这种传感器组成阵列，则还可检测对象物的大致轮廓形状。其缺点是：接触面积限制在平行于滑柱方向的一个很小范围，即是单方向性的；不平行的接触和过大的接触力都容易损坏这种传感器；另外，它的相应速度低，灵敏度也差。

图 3-34　单向性微动开关构成的接触觉传感器结构原理

b. 多向性微动开关。图 3-35 是多向性微动开关的外形图，其工作原理和单向性的相似，但以各种触头取代了单方向移动的滑柱，触头有半圆头式的、锥头式的和弹簧丝式的。其优点是从任何方向触碰触头都能触发开关而输出信号。

② 触须式触觉传感器　机械式触觉传感器与昆虫的触须类似，可以安装在移动机器人的四周，用以发现外界环境中的障碍物。图 3-36（a）为猫须传感器结构示意图。该传感器的控制杆采用柔软的弹性物质制成，相当于微动开关的触点，当触及物体时接通输出回路，输出电压信号。

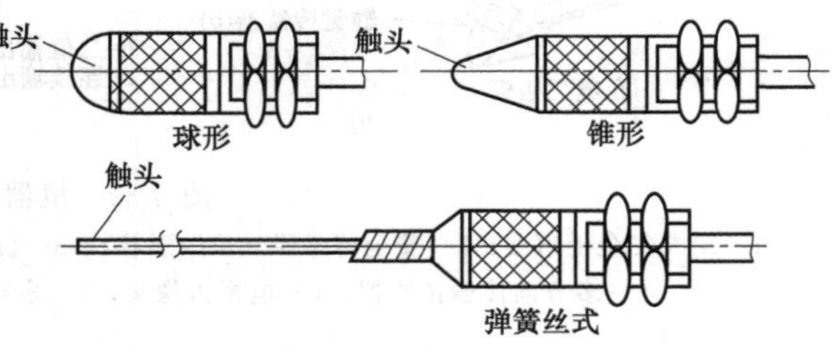

图 3-35　多向性微动开关构成的接触觉传感器

可在机器人脚下安装多个猫须传感器，如图 3-36（b）所示，依照接通的传感器个数及方位来判断机器脚在台阶上的具体位置。

③ 接触棒触觉传感器　接触棒触觉传感器由一端伸出的接触棒和传感器内部开关组成，如图 3-37 所示。移动过程中传感器碰到障碍物或接触作业对象时，内部开关接通电路，输出信号。将多个传感器安装在机器人的手臂或腕部，机器人将可以感知障碍物和物体。

④ 柔性触觉传感器

a. 柔性薄层触觉传感器。柔性传感器具有获取物体表面形状二维信息的潜在能力，是采用柔性聚氨基甲酸酯（简称聚氨酯）泡沫材料制成的传感器。柔性薄层触觉传感器如图 3-38 所示，泡沫材料用硅橡胶薄层覆盖。这种传感器结构与物体周围的轮廓相吻合，移去物体时，传感器即恢复到最初形状。导电橡胶应变计连到薄层内表面，拉紧或压缩应变计时，薄层的形变会被记录下来。

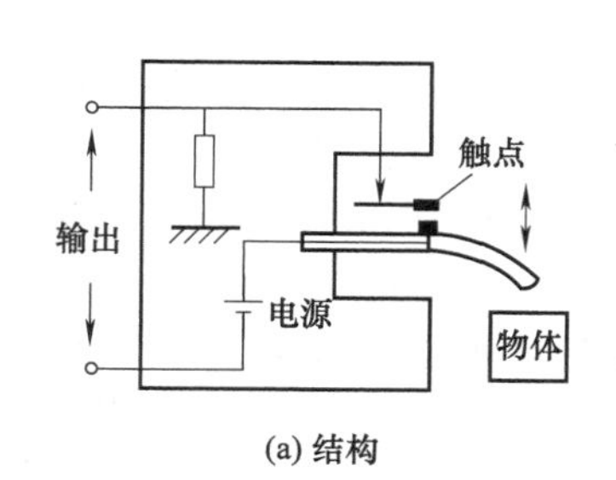

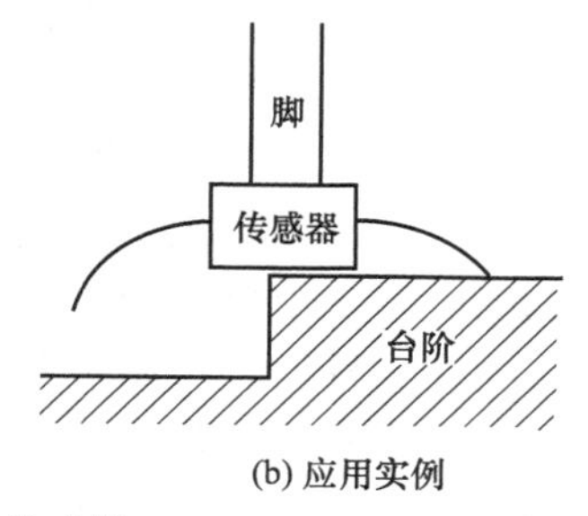

图 3-36 猫须传感器

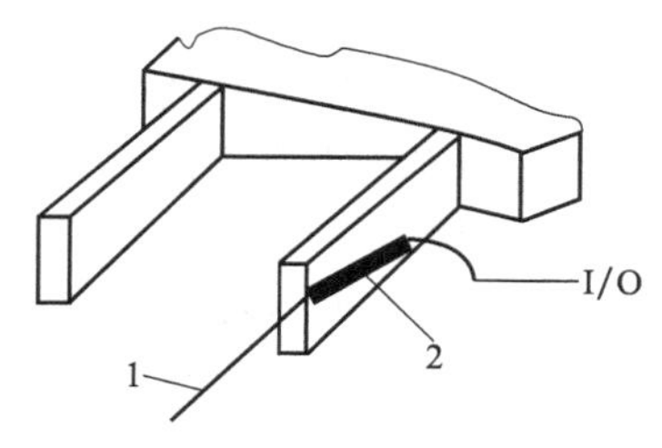

图 3-37 接触棒触觉传感器

1—接触棒；2—内部开关

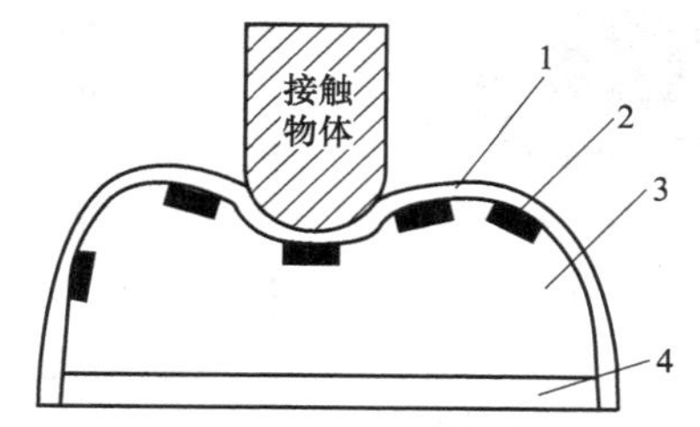

图 3-38 柔性薄层触觉传感器

1—硅橡胶薄层；2—导电橡胶应变计；
3—聚氨基甲酸酯泡沫材料；4—刚性支撑架

b. 导电橡胶传感器。导电橡胶传感器以导电橡胶为敏感元件，当触头接触外界物体受压后，会压迫导电橡胶，使它的电阻发生改变，从而使流经导电橡胶的电流发生变化。如图3-39所示，该传感器为三层结构，外边两层分别是传导塑料层 A 和 B，中间夹层为导电橡胶层 S，相对的两个边缘装有电极。传感器的构成材料是柔软而富有弹性的，在大块表面积上容易形成各种形状，可以实现对触压分布区中心位置的测定。这种传感器的缺点是由于导电橡胶的材料配方存在差异，出现的漂移和滞后特性不一致，优点是具有柔性。

c. 气压式触觉传感器。气压式触觉传感器主要由一个体积可变化的波纹管式密闭容腔、一只内藏于容腔底部的微型压力传感器和压力信号放大电路组成，如图 3-40 所示。其工作原理为：当波纹管密闭容腔的上端盖（头部）与外界物体接触受压后，将产生轴向移动，使密闭容腔体积缩小，内部气体将被压缩，引起压力变化；密闭容腔内压力的变化值，由内藏于底部的压力传感器检出；通过检测容腔内压力的变化，来间接测量波纹管的压缩位移，从而判断传感器与外界物体的接触程度。

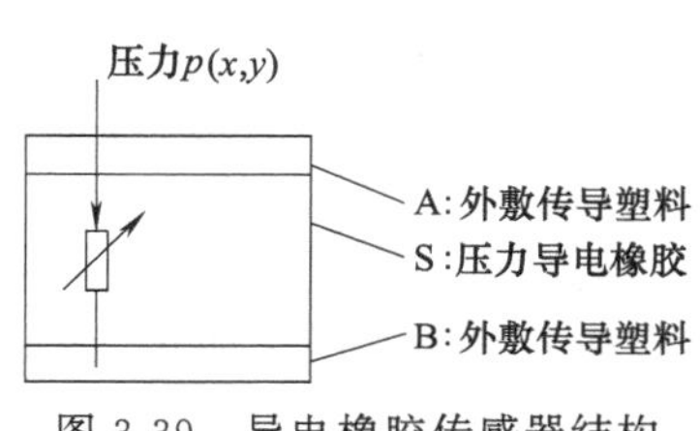

图 3-39 导电橡胶传感器结构

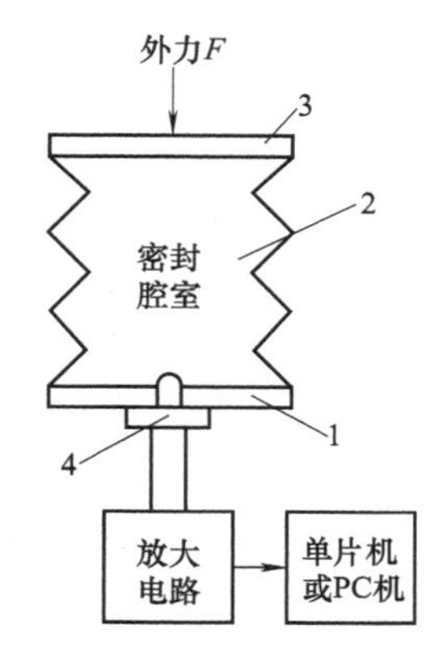

图 3-40 气压式触觉传感器原理图

1—下端盖；2—波纹管；3—上端盖；4—压力传感器

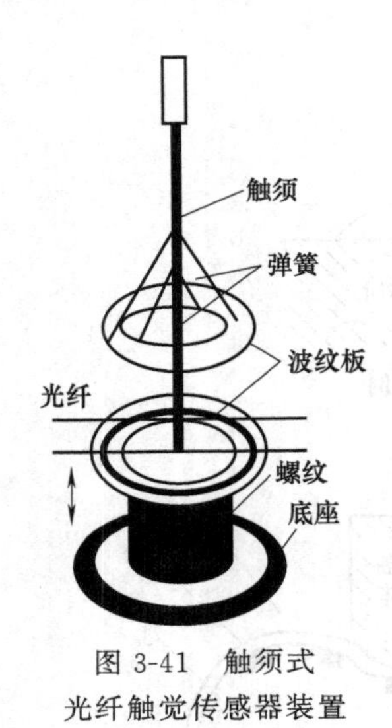

图 3-41 触须式光纤触觉传感器装置

气压式触觉传感器具有结构简单可靠、成本低廉、柔软性和安全高等优点，但由于波纹管在工作过程中存在着微量的横向膨胀，使该类传感器输出信号的线性度受到影响。

⑤ 光纤传感器　光纤传感器包括一根由光纤构成的光缆和一个可变形的反射表面。光通过光纤束投射到可变形的反射材料上，反射光按相反方向通过光纤束返回。如果反射表面是平的，则通过每条光纤所返回的光的强度是相同的。如果反射表面已变形，则反射的光强度不同。用高速光扫描技术进行处理，即可得到反射表面的受力情况。如图 3-41 所示为触须式光纤触觉传感器装置。

⑥ 面接触式传感器　将接触觉阵列的电极或光电开关应用于机器人手爪的前端及内外侧面，或在相当于手掌心的部分装置接触式传感器阵列，则通过识别手爪上接触物体的位置，可使手爪接近物体并且准确地完成把持动作。如图 3-42 所示是一种电极反应式面接触觉传感器的使用示例。如图 3-43 所示是一种光电开关式面接触觉传感器的使用示例。

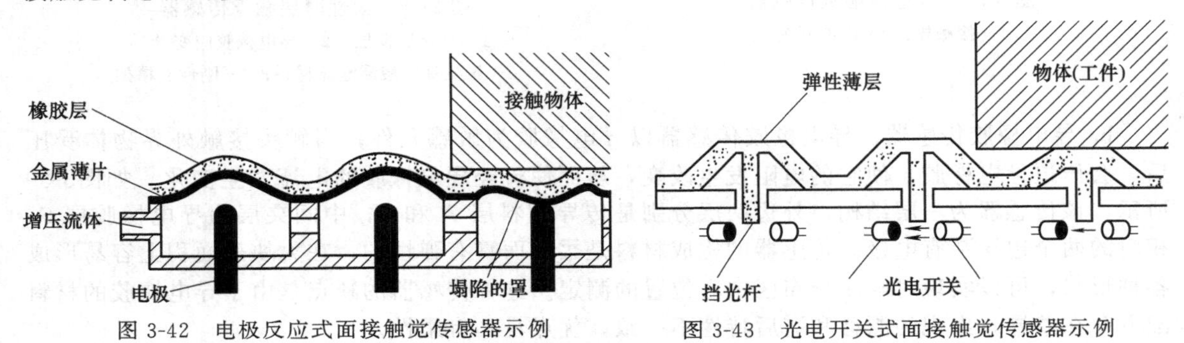

图 3-42 电极反应式面接触觉传感器示例　　图 3-43 光电开关式面接触觉传感器示例

⑦ 其他触觉传感器　将集成电路工艺应用到传感器的设计和制造中，使传感器和处理电路一体化，得到大规模或超大规模阵列式触觉传感器。

图 3-44 所示为一些典型的触觉传感器。其中，图 3-44 (a) 所示为平板上安装着多点通、断传感器附着板的装置。这一传感器平常为通态，当与物体接触时，弹簧收缩，上、下板间电流断开。它的功能相当于一开关，即输出“0”和“1”两种信号，可以用于控制机械手的运动方向和范围、躲避障碍物等。

图 3-44 (b) 所示为采用海绵中含碳的压敏电阻传感器，每个元件呈圆筒状。上、下有电极，元件周围用海绵包围。其触觉的工作原理是：元件上加压力时，电极间隔缩小，从而使电极间的电阻值发生变化。

图 3-44 (c) 所示为使用压敏导电橡胶的触觉结构。采用压敏橡胶的触觉结构与其他元件相比，其元件可减薄。其中可安装高密度的触觉传感器。另外，因为元件本身有弹性，所以在实用与封装方面都有许多优点。可是，由于导电橡胶有磁滞与响应迟延，接触电阻的误差也大，因此，要想获得实际的应用，还必须作更大的努力。

图 3-44 (d) 所示为能进行高密度触觉封装的触觉元件。其工作原理是：在接点与有导电性的石墨纸之间留一间隙，加外力时，碳纤维纸与氨基甲酸乙酯泡沫产生如图所示的变形，接点与碳纤维纸之间形成导通状态，触觉的复原力是由富有弹性与绝缘性的海绵体——氨基甲酸乙酯泡沫造成的。这种触觉传感器以极小的力工作，能进行高密度封装。

图 3-44（e）～（i）所示为采用斯坦福研究所研制的导电橡胶制成的触觉传感器。这种传感器与以往的传感器一样，都是利用两个电极的接触来工作的。其中图 4-18（f）所示的触觉部分有相当于人的头发的突起，一旦物体与突起接触，它就会变形，夹住绝缘体的上下金属成为导通的结构。这是以往的传感器所不具备的功能。

图 3-44（j）所示的触觉传感器的原理为：与手指接触进行实际操作时，触觉中除与接触面垂直的作用力外，还有平行的滑动作用力。人们以提高触觉传感器接触压力灵敏度作为研制这种传感器的主要目的。用铍青铜箔覆盖手指表面，通过它与手指之间或者手指与绝缘的金属之间的导通来检测触觉。

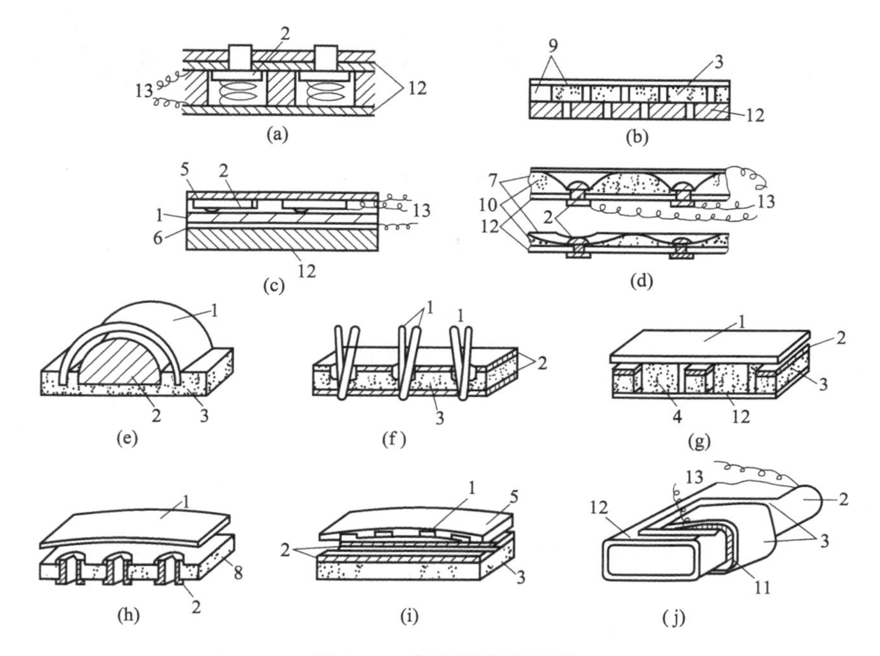

图 3-44 各种触觉传感器

1—导电橡胶；2—金属；3—绝缘体；4,9—海绵状橡胶；5—橡胶；6—金属箔；7—碳纤维；8—含碳海绵；10—氨基甲酸乙酯泡沫；11—铍青铜；12—衬底；13—引线

（3）触觉传感器阵列

① 接触觉传感器阵列原理 电极与柔性导电材料（条形导电橡胶、PVF2 薄膜）保持电气接触，导电材料的电阻随压力而变化。当物体压在其表面时，将引起局部变形，测出连续的电压变化，就可测量局部变形。电阻的改变很容易转换成电信号，其幅值正比于施加在材料表面上某一点的力。触觉传感器阵列原理如图 3-45、图 3-46 所示。

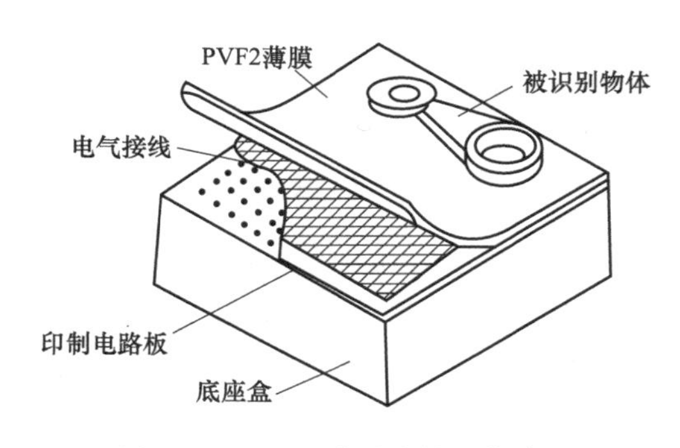

图 3-45 PVF2 阵列式触觉传感器

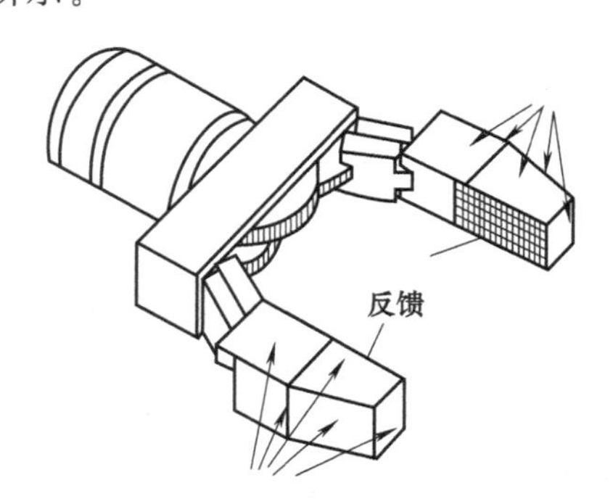

图 3-46 装有触觉传感器阵列的手爪

② 触觉传感器阵列的种类

a. 弹性式传感器。弹性式传感器由弹性元件、导电触点和绝缘体构成。如采用导电性石墨化碳纤维、氨基甲酸乙酯泡沫、印制电路板和金属触点构成的传感器，碳纤维被压后与金属触点接触，开关导通。

如图 3-47 所示为二维矩阵接触觉传感器的配置方法，一般将其放在机器人手掌的内侧。其中：①是柔软的电极；②是柔软的绝缘体；③是电极；④是电极板。图中所示柔软导体可以使用导电橡胶、浸含导电涂料的氨基甲酸乙酯泡沫或碳素纤维等材料。

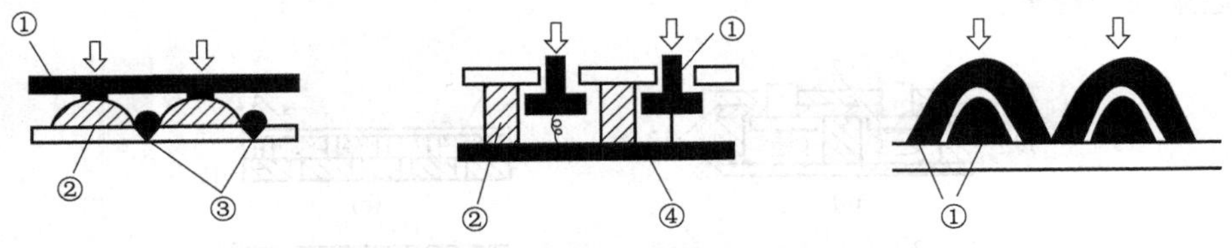

图 3-47 二维矩阵式接触觉传感器

阵列式接触觉传感器可用于测定自身与物体的接触位置、被握物体中心位置和倾斜度，甚至还可以识别物体的大小和形状。

对于非阵列接触觉传感器，信号的处理主要是为了感知物体的有无。由于信息量较少，处理技术相对比较简单、成熟。阵列式接触觉传感器的作用是辨识物体接触面的轮廓。

b. 成像触觉传感器。成像触觉传感器由若干个感知单元组成阵列结构，用于感知目标物体的形状。图 3-48 所示为美国 LORD 公司研制的 LTS-100 触觉传感器外形。传感器由 64 个感知单元组成 8×8 的阵列，形成接触界面，传感器单元的转换原理如图 3-48（b）所示。当弹性材料制作的触头受到法向压力作用时，触杆下伸，挡住发光二极管射向光敏二极管的部分光，于是光敏二极管输出随压力大小变化的电信号。阵列中感知单元的输出电流由多路模拟开关选通检测，经过 A/D 转换变为不同的触觉数字信号，从而感知目标物体的形状。

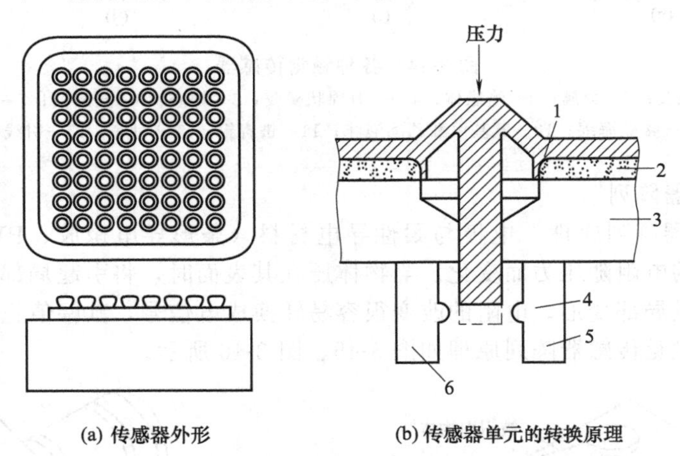

(a) 传感器外形　　(b) 传感器单元的转换原理

图 3-48 LTS-100 触觉传感器

1—橡胶垫片；2—金属板；3—A1 支持板；4—透镜；5—LED；6—光传感器

c. TIR 触觉传感器。基于光学全内反射原理（Total Internal Reflector）的触觉传感器如图 3-49 所示。传感器由白色弹性膜、光学玻璃波导板、微型光源、透镜组、CCD 成像装置和控制电路组成。光源发出的光从波导板的侧面垂直射入波导板，当物体未接触敏感面时，波导板与白色弹性膜之间存在空气间隙，进入波导板的大部分光线在波导板内发生全内反射。当物体接触敏感面时，白色弹性膜被压在波导板上。在两者贴近部位，波导板内的光线从光疏媒质

（光学玻璃波导板）射向光密媒质（白色弹性膜），同时波导板表面发生不同程度的变形，有光线从白色弹性膜和波导板贴近部位泄漏出来，在白色弹性膜上产生漫反射。漫反射光经波导板与三棱镜射出来，形成物体触觉图像。触觉图像经自聚焦透镜、传像光缆和显微镜进入 CCD 成像装置。

（4）接触觉应用

如图 3-50 所示为一个具有接触搜索识别功能的机器人。图 3-50（a）所示为具有 4 个自由度（2 个移动和 2 个转动）的机器人，由一台计算机控制，各轴运动是由直流电动机闭环驱动的。手部装有压电橡胶接触觉传感器，识别软件具有搜索和识别的功能。

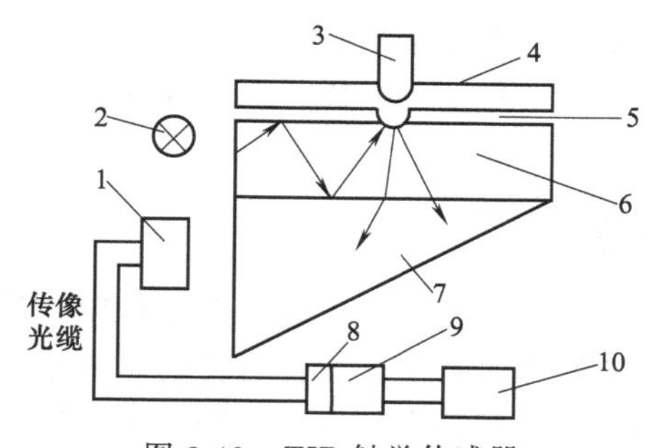

图 3-49　TIR 触觉传感器

1—自聚焦透镜；2—光源；3—物体；4—白色弹性膜；5—空气气隙；6—光学玻璃波导板；7—三棱镜；8—显微镜；9—CCD 成像装置；10—图像监视器

① 搜索过程　机器人有一扇形截面柱状操作空间，手爪在高度方向进行分层搜索，对每一层可根据预先给定的程序沿一定轨迹进行搜索。如图 3-50（b）所示，搜索过程中，假定在位置①遇到障碍，则手爪上的接触觉传感器就会发出停止前进的指令，使手臂向后缩回一段距离到达位置②；如果已经避开了障碍物，则再前进至位置③，又伸出到位置④处，再运动到位置⑤处与障碍物再次相碰；根据①、⑤的位置计算机就能判断被搜索物体的位置；再按位置⑥、位置⑦的顺序接近就能对搜索的目标物进行抓取，如图 3-50（b）所示。

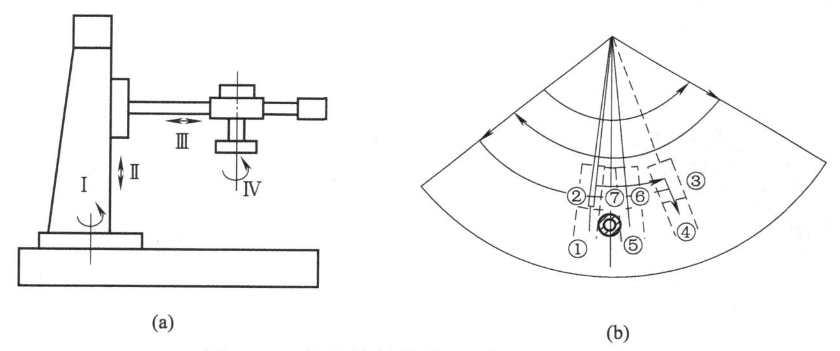

图 3-50　具有接触搜索识别功能的机器人

② 识别功能　图 3-51 所示为一个配置在机械手上的由 3×4 个触觉元件组成的表面阵列触觉传感器，识别对象为一长方体。假定机械手与搜索对象的已知接触目标模式为 x_*，机械手的每一步搜索得到的接触信息构成了接触模式 x_i，机器人根据每一步搜索，对接触模式 x_1、x_2、x_3……不断计算、估计，调整手的位姿，直到目标模式与接触模式相符合为止。

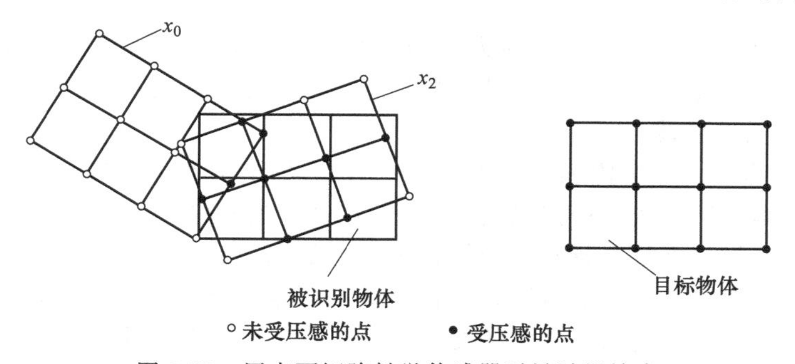

图 3-51　用表面矩阵触觉传感器引导随机搜索

每一步搜索过程由三部分组成：

a. 接触觉信息的获取、量化和对象表面形心位置的估算。

b. 对象边缘特征的提取和姿势估算。

c. 运动计算及执行运动。

要判定搜索结果是否满足形心对中、姿势符合要求，则还可设置一个目标函数，要求目标函数在某一尺度下最优，用这样的方法可判定对象的存在和位姿情况。

3.3.2 压觉传感器

压觉传感器实际上是接触觉传感器的延伸，用来检测机器人手指握持面上承受的压力大小及分布情况。目前压觉传感器的研究重点在阵列型压觉传感器的制备和输出信号处理上。压觉传感器的类型很多，如压阻型、光电型、压电型、压敏型、压磁型、光纤型等。

（1）机器人单一压觉传感器

① 压阻型压觉传感器　利用某些材料（如压敏导电橡胶和塑料等）的内阻随压力变化而变化的压阻效应制成压阻器件，将其密集配置成阵列，即可检测压力的分布。如图 3-52 所示为压阻型压觉传感器的基本结构。

② 光电型压觉传感器　图 3-53 为光电型阵列压觉传感器的结构示意图。当弹性触头受压时，触杆下伸，发光二极管射向光敏二极管的部分光线被遮挡，于是光敏二极管输出随压力变化而变化的电信号。通过多路模拟开关依次选通阵列中的感知单元，并经 A/D 转换器转换为数字信号，即可感知物体的形状。

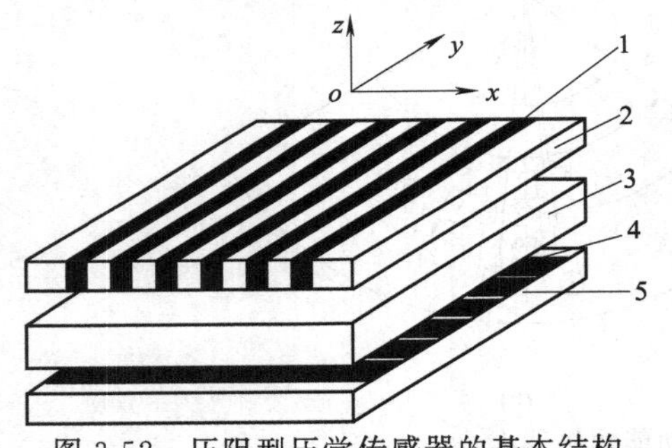

图 3-52　压阻型压觉传感器的基本结构

1—导电橡胶；2—硅橡胶；3—感压膜；4—条形电极；5—印制电路板

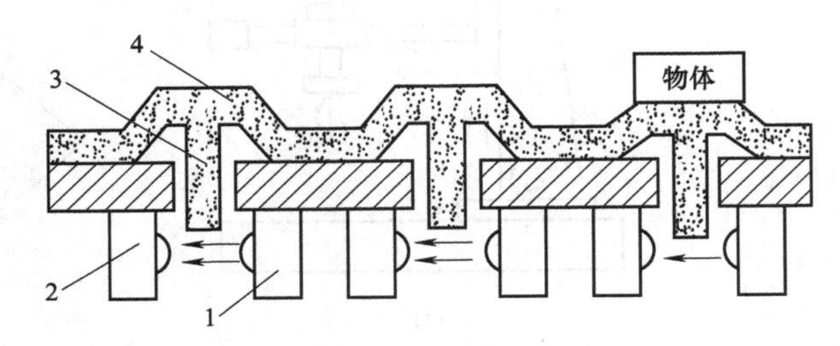

图 3-53　光电型阵列压觉传感器的结构

1—发光二极管；2—光敏二极管；3—触杆；4—弹性触头

③ 压电型压觉传感器　利用压电晶体等压电效应器件，可制成类似于人类皮肤的压电薄膜来感知外界压力。其优点是耐腐蚀、频带宽和灵敏度高等；缺点是无直流响应，不能直接检测静态信号。

④ 压敏型压觉传感器　利用半导体力敏器件与信号调理电路可构成集成压敏型压觉传感器。其优点是体积小、成本低、便于与计算机连接；缺点是耐压性差、不柔软。

（2）阵列式压觉传感器

图 3-54 所示为阵列式压觉传感器。图 3-54（a）所示结构由条状的导电橡胶排成网状，每个棒上附上一层导体引出，送给扫描电路；图 3-54（b）所示结构则由单向导电橡胶和印制电路板组成，电路板上附有条状金属箔，两块板上的金属条方向互相垂直；图 3-54（c）所示为与阵列式传感器相配的阵列式扫描电路。比较高级的压觉传感器是在阵列式触点上附一层导电橡胶，并在基板上装有集成电路，压力的变化使各接点间的电阻发生变化，信号经过集成电路处理后送出，如图 3-55 所示。

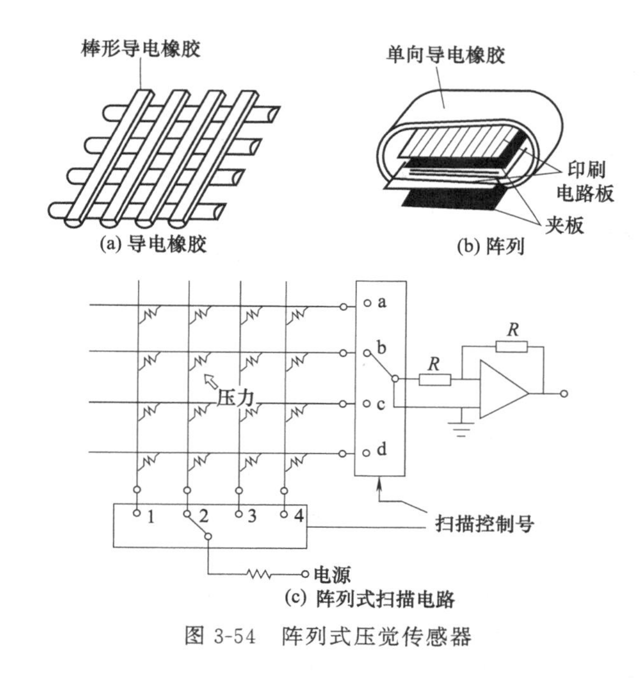

图 3-54　阵列式压觉传感器

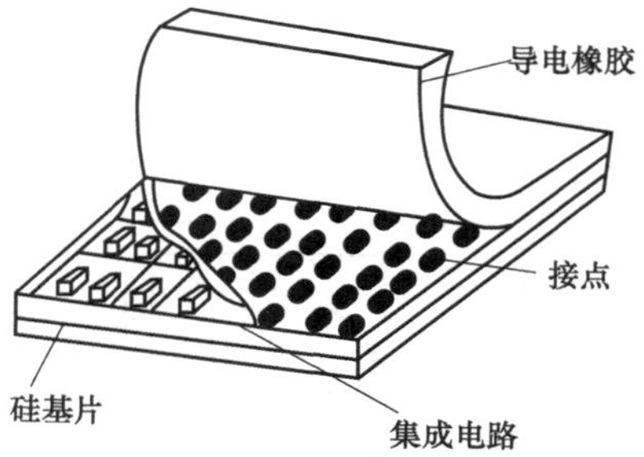

导电橡胶
接点
硅基片
集成电路

图 3-55　高级分布式压觉传感器

图 3-56 所示为变形检测器，用压力使橡胶变形，可用普通橡胶做传感器面，用光学和电磁学等手段检测其变形量。和直接检测压力的方法相比，这种方法可称为间接检测法。

3.3.3　滑觉传感器

机器人在抓取不知属性的物体时，其自身应能确定最佳握紧力的给定值；当握紧力不够时，要能检测被握紧物体的滑动，利用该检测信号，在不损害物体的前提下，考虑最可靠的夹持方法。实现此功能的传感器称为滑觉传感器。滑觉传感器可以检测垂直于握持方向物体的位移、旋转、由重力引起的变形等，以便修正夹紧力，防止抓取物的滑动。滑觉传感器主要用于检测物体接触面之间相对运动的大小和方向，判断是否握住物体以及应该用多大的夹紧力等。当机器人的手指夹住物体时，物体在垂直于夹紧力方向的平面内移动，需要进行的操作有：抓住物体并将其举起时的动作；夹住物体并将其交给对方的动作；手臂移动时加速或减速的动作。

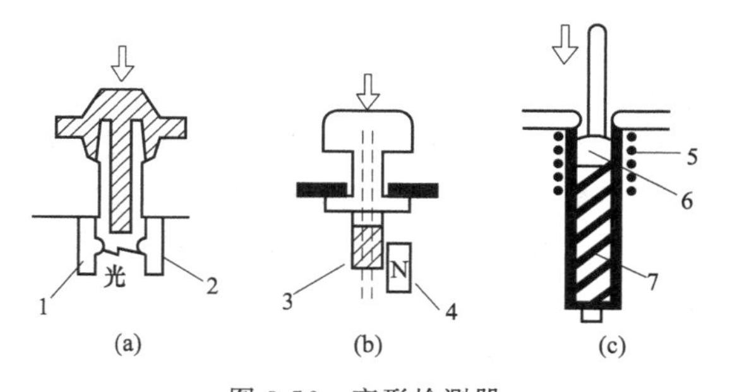

图 3-56　变形检测器

1—光电检测器；2—光发射器；3—霍尔器件；4—磁铁；5—线圈；6—探针；7—弹性体

机器人的握力应满足物体既不产生滑动而握力又为最小临界握力。如果能在刚开始滑动之后便立即检测出物体和手指间产生的相对位移，且增加握力就能使滑动迅速停止，那么该物体就可用最小的临界握力抓住。

检测滑动的方法有以下几种。

① 根据滑动时产生的振动进行检测，如图 3-57（a）所示。

② 把滑动的位移变成转动，检测其角位移，如图 3-57（b）所示。

③ 根据滑动时手指与对象物体间动静摩擦力来检测，如图 3-57（c）所示。

④ 根据手指压力分布的改变来检测，如图 3-57（d）所示。

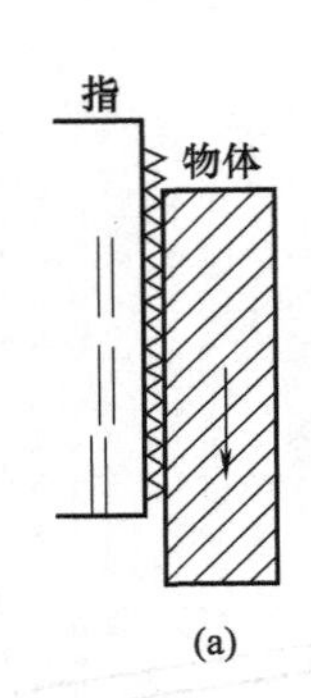

(a)

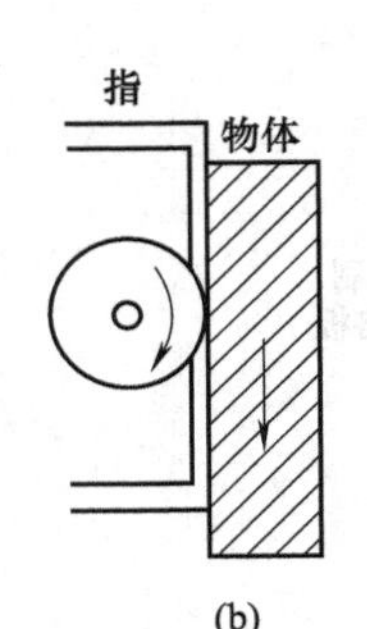

(b)

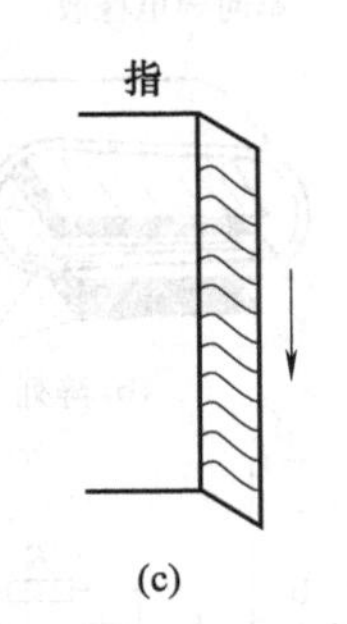

(c)

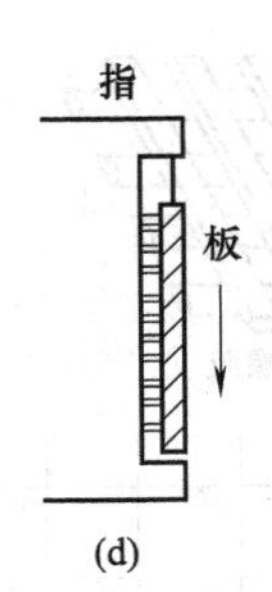

(d)

图 3-57 滑动引起的物理现象

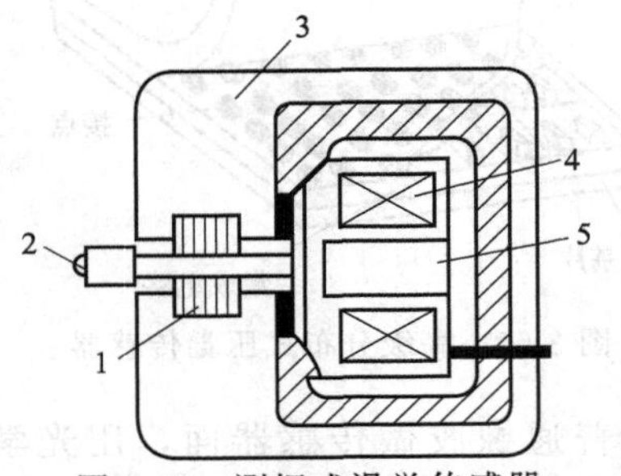

图 3-58 测振式滑觉传感器

1—橡胶阻尼圈；2—钢球；3—油阻尼器；4—线圈；5—磁铁

（1）测振式滑觉传感器

如图 3-58 所示是一种测振式滑觉传感器。传感器尖端用一个直径为 0.05mm 的钢球接触被握物体，振动通过杠杆传向磁铁，磁铁的振动在线圈中感应交变电流并输出。在传感器中设有橡胶阻尼圈和油阻尼器。滑动信号能清楚地从噪声中被分离出来。但其检测头需直接与对象物接触，在握持类似于圆柱体的对象物时，必须准确选择握持位置，否则就不能起到检测滑觉的作用，而且其接触为点接触，可能因造成接触压力过大而损坏对象表面。

（2）柱型滚轮式滑觉传感器

图 3-59 所示为柱型滚轮式滑觉传感器。小型滚轮安装在机器人手指上［图 3-59（a）］，其表面稍突出手指表面，使物体的滑动变成转动。滚轮表面贴有大摩擦因数的弹性物质，这种弹性物质一般为橡胶薄膜。用板型弹簧将滚轮固定，可以使滚轮与物体紧密接触，并使滚轮不产生纵向位移。滚轮内部装有发光二极管和光电三极管，通过圆盘形光栅把光信号转变为脉冲信号［图 3-59（b）］。

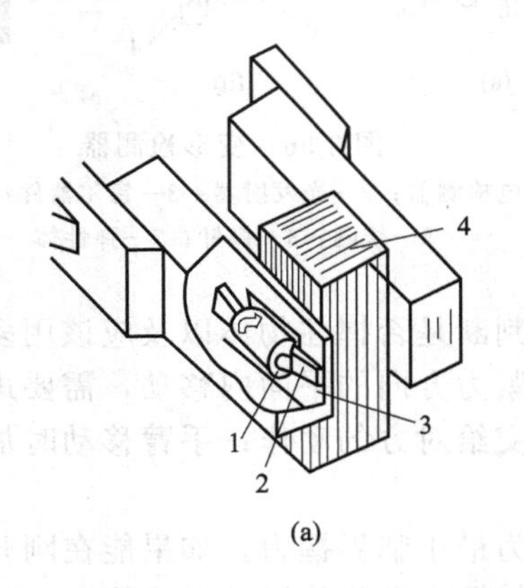

(a)

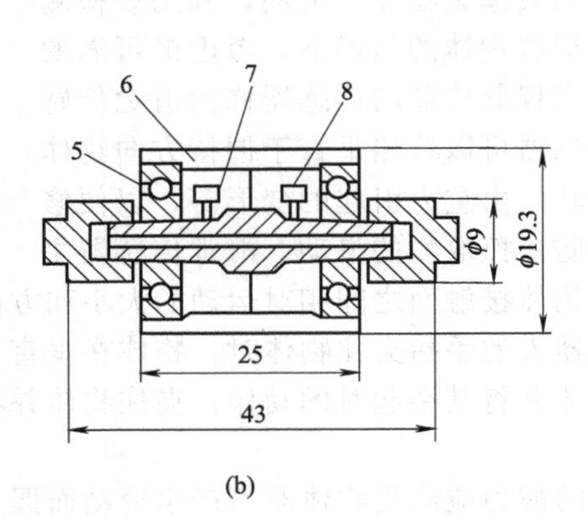

(b)

图 3-59 柱型滚轮式滑觉传感器

1—滑轮；2—弹簧；3—夹持器；4—物体；5—滚球；6—橡胶薄膜；7—发光二极管；8—光电三极管

（3）球形滑觉传感器

如图 3-60 所示为机器人专用球形滑觉传感器。它主要由金属球和触针组成，金属球表面分成许多个相间排列的导电小格和绝缘小格。触针头很细，每次只能触及一格。当工件滑动时，金属球也随之转动，在触针上输出脉冲信号。脉冲信号的频率反映了滑移速度，脉冲信号的个数对应滑移的距离。接触器触头面积小于球面上露出的导体面积，它不仅可做得很小，而且提高了检测灵敏度。球与被握物体相接触，无论滑动方向如何，只要球一转动，传感器就会产生脉冲输出。该球体在冲击力作用下不转动，因此抗干扰能力强。

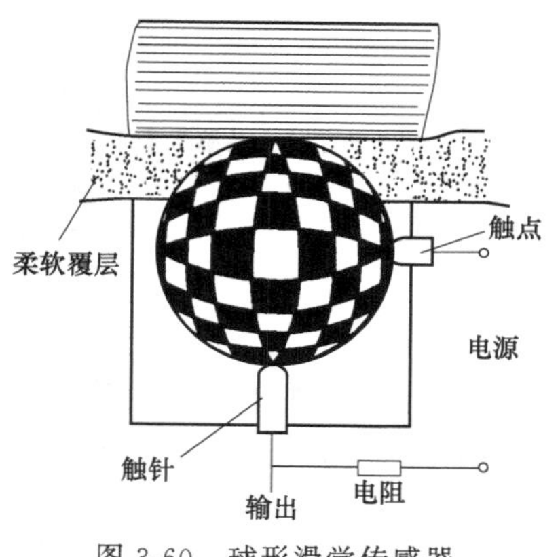

图 3-60　球形滑觉传感器

（4）滚轮式传感器

滚轮式传感器只能检测一个方向的滑动。球式传感器用球代替滚轮，可以检测各个方向的滑动。振动式滑觉传感器表面伸出的触针能和物体接触，物体滚动时，触针与物体接触而产生振动，这个振动由压电传感器或磁场线圈结构的微小位移计检测。磁通量振动式传感器和光学式振动式传感器的工作原理分别如图 3-61（a）、（b）所示。

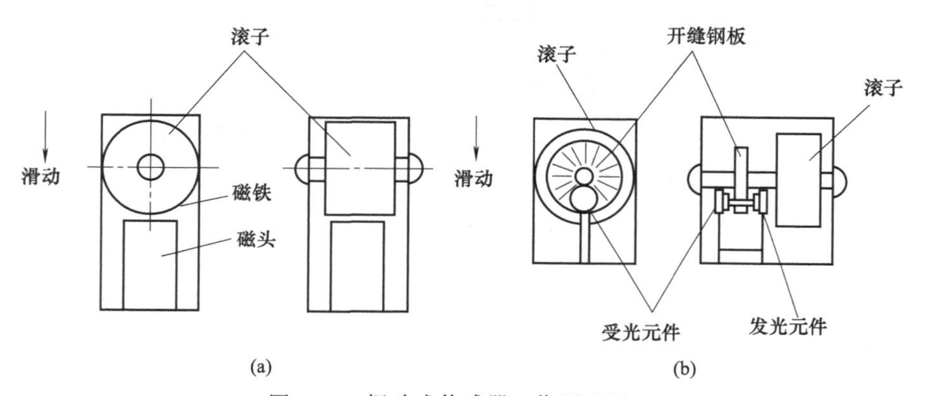

图 3-61　振动式传感器工作原理图

从机器人对物体施加力的大小看，握持方式可分为以下三类。

① 刚力握持：机器人手指用一个固定的力，通常是用最大可能的力握持物体。

② 柔力握持：根据物体和工作目的不同，使用适当的力握持物体；握力可变或可自适应控制。

③ 零力握持：可握住物体，但不用力，即只感觉到物体的存在；它主要用于探测物体、探索路径、识别物体的形状等。

（5）光纤滑觉传感器

目前，将光纤传感器用于机器人机械手上的有关研究主要是光纤压觉或力觉传感器和光纤触觉传感器。有关滑觉传感器的研究仍限于滚轴电编码式和滑球电编码式传感器。

由于光纤传感器具有体积小、不受电磁干扰、本质上防燃防爆等优点，因而在机械手作业过程中，可靠性较高。

在光纤滑觉传感系统中，利用滑球的微小转动来进行切向滑觉的转换，在滑球中心嵌入一平面反射镜。光纤探头由中心的发射光纤和对称布设的 4 根光信号接收光纤组成。来自发射光纤的出射光经平面镜反射后，被发射光纤周围的 4 根光纤所接收，形成同一光场的 4 象限光探测，所接收的 4 象限光信号经前置放大后被送入信号处理系统。当传感器的滑球在有滑动趋势的物体作用下绕球心产生微小转动时，由此引起反射光场发生变化，导致 4 象限接收光纤所接收到的光信号受到调制，从而实现全方位光纤滑觉检测。图 3-62 为该系统框图。

光纤滑觉传感器结构如图 3-63 所示。传感器壳体中开有一球冠形槽，可使滑球在其中滑动。滑球的一小部分露出并与乳胶膜相接触，滑动物体通过乳胶膜与滑球发生相互作用。滑球

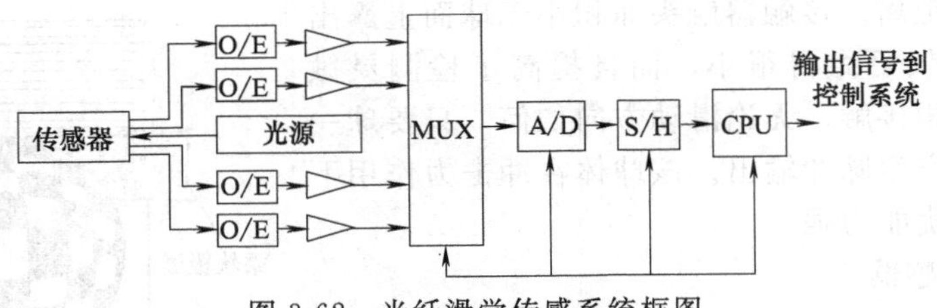

图 3-62 光纤滑觉传感系统框图

中心平面与一个内嵌平面反射镜的刚性圆板固接。该圆板通过 8 个仪表弹簧与传感器壳体相连，构成了该滑觉传感器的弹性恢复系统。

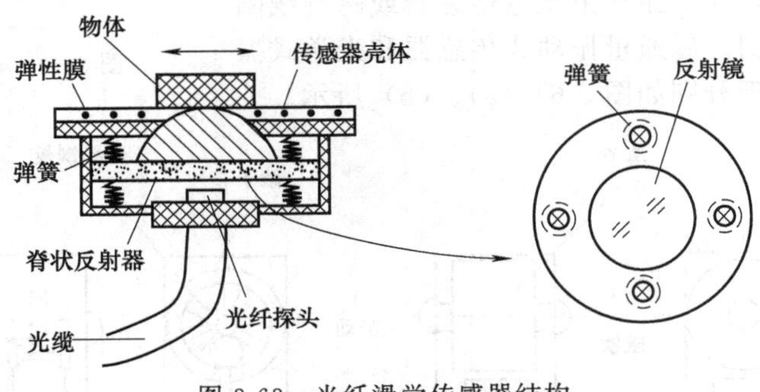

图 3-63 光纤滑觉传感器结构

3.3.4 力觉传感器

通常将机器人的力传感器分为以下三类：

① 装在关节驱动器上的力传感器，称为关节力传感器。它可以测量驱动器本身的输出力和力矩，用于控制中的力反馈。

② 装在末端执行器和机器人最后一个关节之间的力传感器，称为腕力传感器。腕力传感器能直接测出作用在末端执行器上的各向力和力矩。

③ 装在机器人手爪指关节上（或指上）的力传感器，称为指力传感器，用来测量夹持物体时的受力情况。

机器人的这三种力传感器依其不同的用途有不同的特点，关节力传感器用来测量关节的受力（力矩）情况，信息量单一，传感器结构也较简单，是一种专用的力传感器；（手）指力传感器一般测量范围较小，同时受手爪尺寸和重量的限制，指力传感器在结构上要求小巧，也是一种较专用的力传感器；腕力传感器从结构上来说，是一种相对复杂的传感器，它能获得手爪三个方向的受力（力矩），信息量较多，又由于其安装的部位在末端操作器与机器人手臂之间，比较容易形成通用化的产品（系列），因此使用较为广泛。

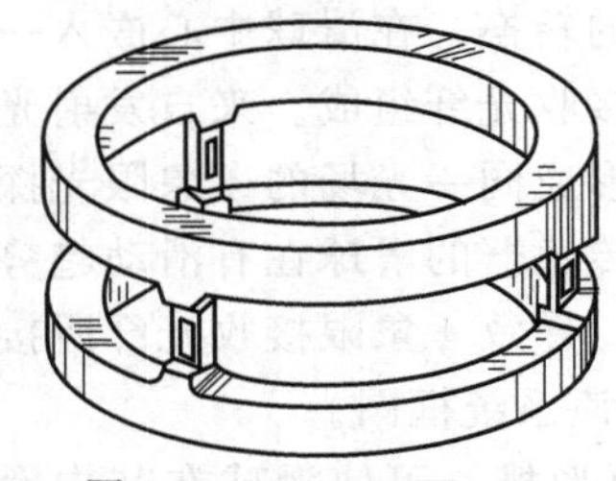

图 3-64 Draper Waston 的腕力传感器

图 3-64 所示为 Draper 实验室研制的六维腕力传感器的结构。它将一个整体金属环周壁铣成按 120°周向分布的三根细梁。其上部圆环上有螺孔与手臂相连，下部圆环上有螺孔与手爪连接，传感器的测量电路置于空心的弹性构架体内。该传感器结构比较简单，灵敏度也较高，但六维力（力矩）的获得需要解耦运算，传感器的抗过载能力较差，较易受损。

图 3-65 所示是 SRI（Stanford Research Institute）研制的六维腕力传感器。它由一只直径为 75mm 的铝管铣削而成，具有 8

个窄长的弹性梁，每一个梁的颈部开有小槽以使颈部只传递力，扭矩作用很小。梁的另一头两侧贴有应变片，若应变片的阻值分别为 R_1、R_2，则将其连成图 3-66 所示的形式输出，由于 R_1、R_2 所受应变方向相反，U_{out} 的值比使用单个应变片时大一倍。

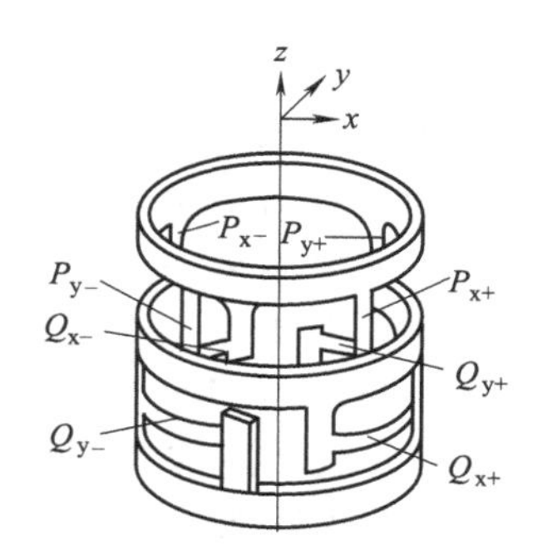

图 3-65　SRI 的传感器应变片连接方式

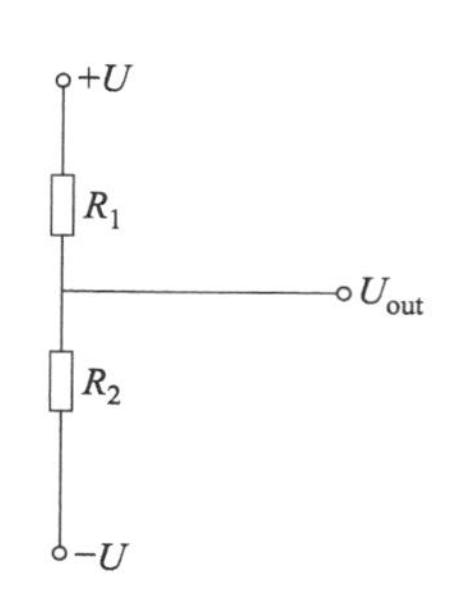

图 3-66　SRI 的腕力传感器应变连接电路

图 3-67 所示是日本大和制衡株式会社林纯一在 JPL 实验室研制的腕力传感器基础上提出的一种改进结构。它是一种整体轮辐式结构，传感器在十字梁与轮缘连接处有一个柔性环节，在 4 根交叉梁上共贴有 32 个应变片（图中以小方块表示），组成 8 路全桥输出，六维力的获得需通过解耦计算。这一传感器一般将十字交叉主杆与手臂的连接件设计成弹性体变形限幅的形式，可有效起到过载保护作用，是一种较实用的结构。

图 3-68 所示是一种非径向中心对称三梁结构，传感器的内圈和外圈分别固定于机器人的手臂和手爪，力沿与内圈相切的 3 根梁进行传递。每根梁的上下、左右各贴一对应变片，这样非径向的 3 根梁共粘贴 6 对应变片，分别组成 6 组半桥，对这 6 组电桥信号进行解耦可得到六维力（力矩）的精确解。这种力觉传感器结构有较好的刚性，最先由卡纳基梅隆大学提出，我国华中科技大学也曾对此结构的传感器进行过研究。

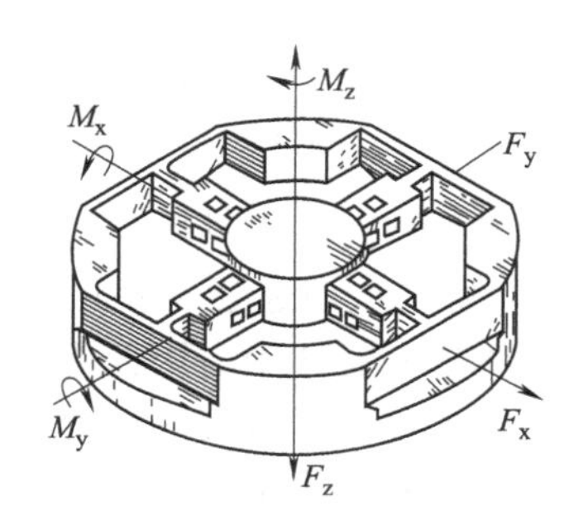

图 3-67　林纯一提出的腕力传感器结构

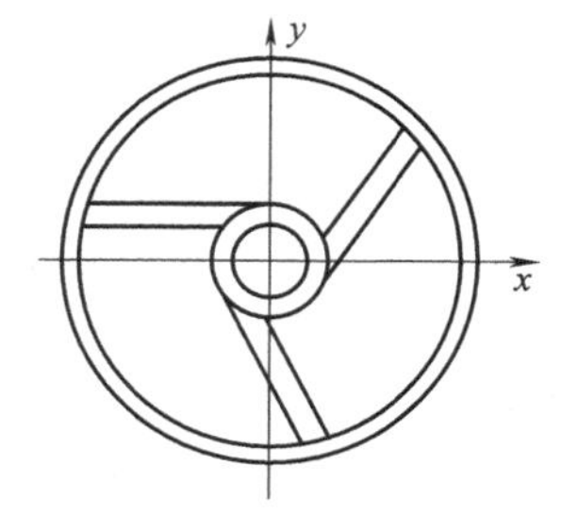

图 3-68　非径向中心对称三梁腕力传感器

（1）分布型传感器

对于力控制机器人，当对来自外界的力进行检测时，根据力的作用部位和作用力的情况，传感器的安装位置和构造会有所不同。

例如当希望检测来自所有方向的接触时，需要用传感器覆盖全部表面。这时，要使用分布型传感器，把许多微小的传感器进行排列，用来检测在广阔的面积内发生的物理量变化，这样组成的传感器，称为分布型传感器，如图 3-69 所示。

虽然目前还没有对全部表面进行完全覆盖的分布型传感器，但是已经开发出来能在手指和手掌等重要部位设置的小规模分布型传感器。因为分布型传感器是许多传感器的集合体，所以在输出信号的采集和数据处理中，需要采用特殊信号处理技术。

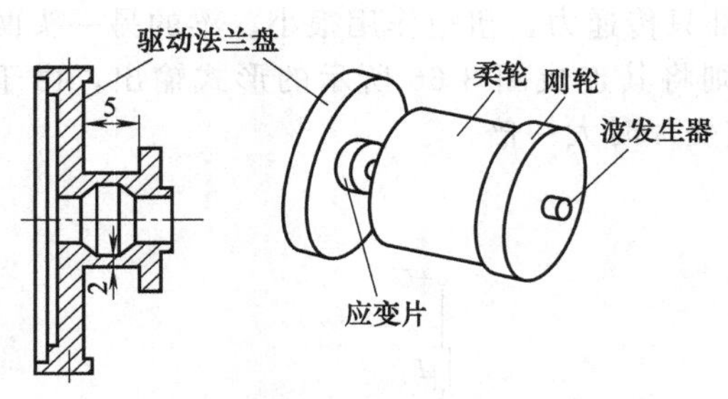

图 3-69 分布型关节力传感器

(2) 多维力传感器简介

多维力传感器指的是一种能够同时测量两个方向以上的力及力矩分量的力传感器。在笛卡儿坐标系中力和力矩可以各自分解为 3 个分量，因此多维力最完整的形式是六维力-力矩传感器，即能够同时测量 3 个力分量和 3 个力矩分量的传感器。目前广泛使用的多维力传感器就是这种传感器。在某些场合，不需要测量完整的 6 个力和力矩分量，而只需要测量其中某几个分量，因此就有了二、三、四、五维的多维力传感器，其中每一种传感器都可能包含有多种组合形式。

多维力传感器与单轴力传感器相比，除了要解决对所测力分量敏感的单调性和一致性问题外，还要解决因结构加工和工艺误差引起的维间（轴间）干扰问题、动静态标定问题以及矢量运算中的解耦算法和电路实现等。我国已经彻底解决了多维力传感器研究中的科学问题，如弹性体的结构设计、力学性能评估、矢量解耦算法等，也掌握了核心制造技术，具有从（宏观）机械到（微机械）的设计加工能力。产品覆盖了从二维到六维的全系列多维传感器，量程范围从几牛顿到几十万牛顿，并获得弹性体结构和矢量解耦电路等方面的多项专利技术。

多维力传感器广泛应用于机器人手指和手爪研究、机器人外科手术研究、指力研究、牙齿研究、力反馈、刹车检测、精密装配、切削、复原研究、整形外科研究、产品测试、触觉反馈和示教学习。行业覆盖了机器人、汽车制造、自动化流水线装配、生物力学、航空航天、轻纺工业等领域。图 3-70 所示为六维力传感器结构。

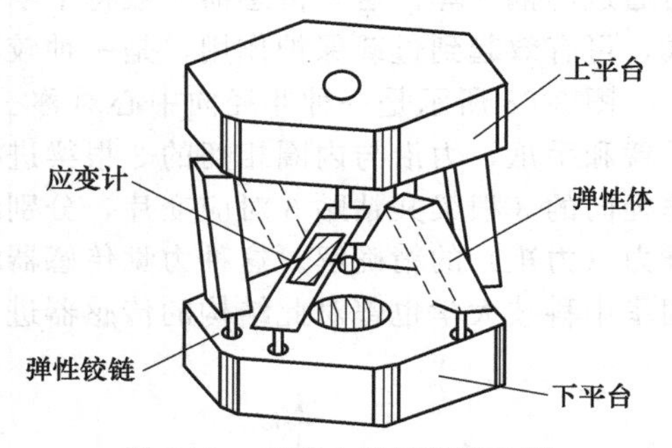

图 3-70 六维力传感器结构图

传感器系统中力敏元件的输出是 6 个弹性体连杆的应力。应力的测量方式很多，这里采用电阻应变计的方式测量弹性体上应力的大小。理论研究表明，在弹性体上只受到轴向的拉压作用力，因此只要在每个弹性体连杆上粘贴一片应变计（图 3-21），然后和其他 3 个固定电阻器正确连接即可组成测量电桥，从而通过电桥的输出电压测量出每个弹性体上的应力大小。整个传感器力敏元件的弹性体连杆有 6 个，因此需要 6 个测量电桥分别对 6 个应变信号进行测量。传感器力敏元件的弹性体连杆机械应变一般都较小，为将这些微小的应变引起的应变计电阻值的微小变化测量出来，并有效提高电压灵敏度，测量电路采用直流电桥的工作方式，其基本形式如图 3-71 所示。

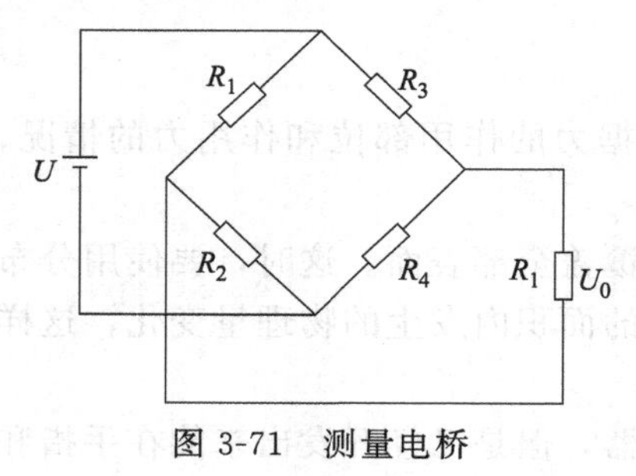

图 3-71 测量电桥

3.3.5 接近觉传感器

接近觉传感器是指机器人手接近到与对象物体的距离为几毫米到十几厘米时，就能检测出与对象物体表面的距离、斜度和表面状态的传感器。接近觉一般用非接触式测量元件如霍尔效应传感器、电磁式接近开关、光学接近传感器和超声波传感器作为感知元件。

接近觉传感器可分为 6 种：电磁式（感应电流式）、光电式（反射或透射式）、电容式、气压式、超声波式和红外线式，如图 3-72 所示。

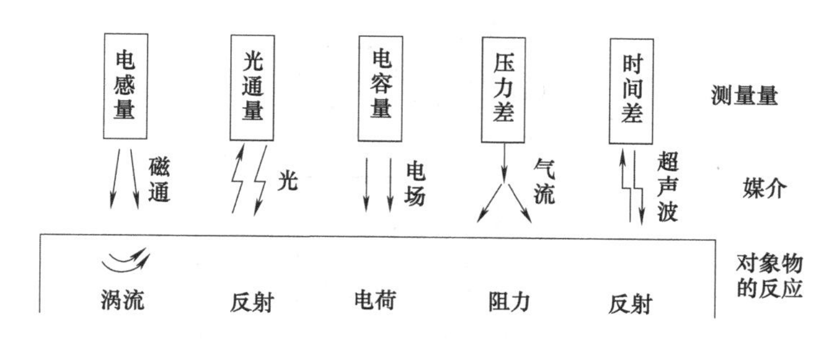

图 3-72　接近觉传感器

（1）电磁式接近觉传感器

在一个线圈中通入高频电流，就会产生磁场，这个磁场接近金属物时，会在金属物中产生感应电流，也就是涡流。涡流大小随对象物体表面与线圈的距离而变化，这个变化反过来又影响线圈内磁场强度。磁场强度可用另一组线圈检测出来，也可以根据激磁线圈本身电感的变化或激励电流的变化来检测。图 3-73 为该传感器的原理图。这种传感器的精度比较高，而且可以在高温下使用。由于工业机器人的工作对象大多是金属部件，因此电磁式接近觉传感器应用较广，在焊接机器人中可用它来探测焊缝。

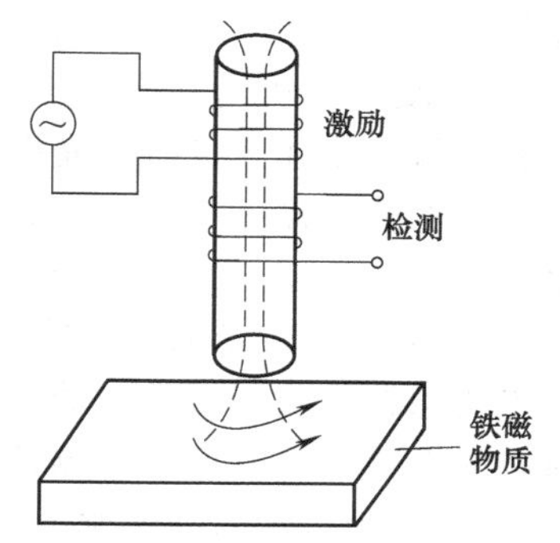

图 3-73　电磁式接近觉传感原理图

（2）光电式接近觉传感器

光源发出的光经发射透镜射到物体上，经物体反射并由接收透镜会聚到光电器件上。若物体不在感知范围内，则光电器件无输出。光反射式接近觉传感器由于光的反射量受到对象物体的颜色、表面粗糙度和表面倾角的影响，精度较差，应用范围小。光电式接近觉传感器的应答性好，维修方便，测量精度高，目前应用较多，但其信号处理较复杂，使用环境也受到一定限制（如环境光度偏低或污浊）。光电式接近觉传感器原理如图 3-74 所示。

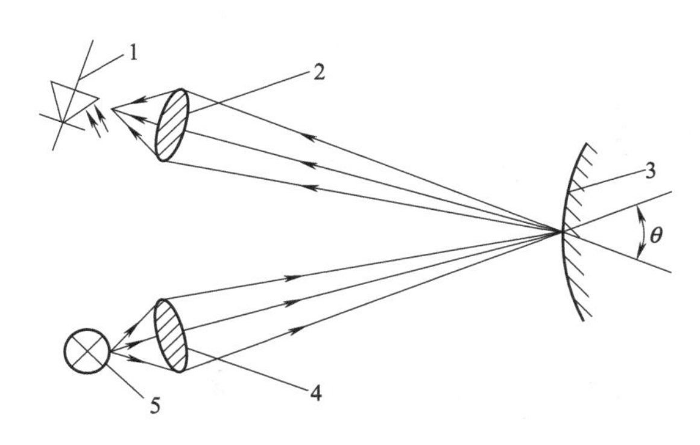

图 3-74　光电式接近觉传感器原理图
1—光电器件；2—接收透镜；3—物体；4—发射透镜；5—光源

光电式接近觉传感器又称为红外线光电接近开关，它可利用被检测物体对红外光束的遮挡或反射，由同步回路选通来检测物体的有无。其检测对象不限于金属材质的物体，而是对所有能遮挡或反射光线的物体均可检测。红外线属于电磁射线，其特性等同于无线电和 X 射线。人眼可见的光波波长是 380～780nm，发射波长为 780nm～1mm 的长射线称为红外线。光电开关一般使用的是波长接近可见光的近红外线。

光电开关一般由发射器、接收器和检测电路三部分构成，如图 3-75 所示。发射器对准目标发射光束，发射的光束一般来自于半导体光源，如发光二极管（LED）、激光二极管及红外发射二极管。工作时发射器不间断地发射光束，或者改变脉冲宽度。接收器由光电二极管、光电三极管、光电池组成，在接收器的前面装有光学元件如透镜和光圈等。

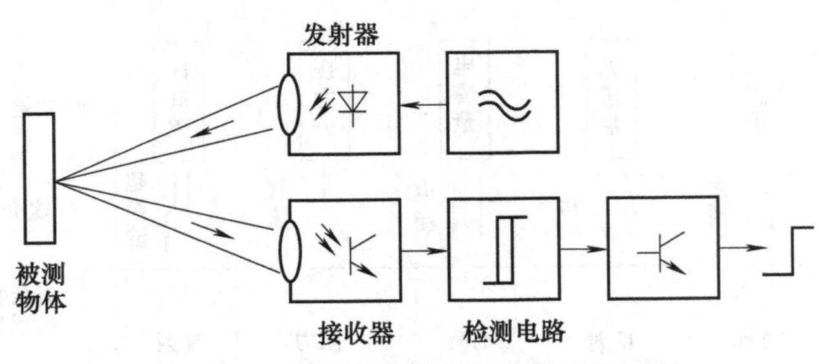

图 3-75　光电传感器的构成及工作原理

根据检测方式的不同，光电式接近觉传感器可分为漫反射式、镜反射式、对射式、槽式和光纤式五种，如图 3-76 所示。

① 漫反射式光电传感器　漫反射光电传感器是一种集发射器和接收器于一体的传感器，当有被检测物体经过时，光电传感器的发射器发射的具有足够能量的光线被反射到接收器上，于是光电传感器就产生了开关信号，如图 3-76（a）所示。当被检测物体的表面光亮或其反射率极高时，漫反射式是首选的检测模式。

② 镜反射式光电传感器　镜反射式光电传感器亦是集发射器与接收器于一体的传感器，光电传感器的发射器发出的光线经过反光镜反射回接收器，当被检测物体经过且完全阻断光线时，光电传感器就产生检测开关信号，如图 3-76（b）所示。

③ 对射式光电传感器　对射式光电传感器由在结构上相互分离且光轴相对放置的发射器和接收器组成，发射器发出的光线直接进入接收器。当被检测物体经过发射器和接收器之间且阻断光线时，光电传感器就产生了开关信号，如图 3-76（c）所示。当检测物体不透明时，采用对射式检测模式是最可靠的。

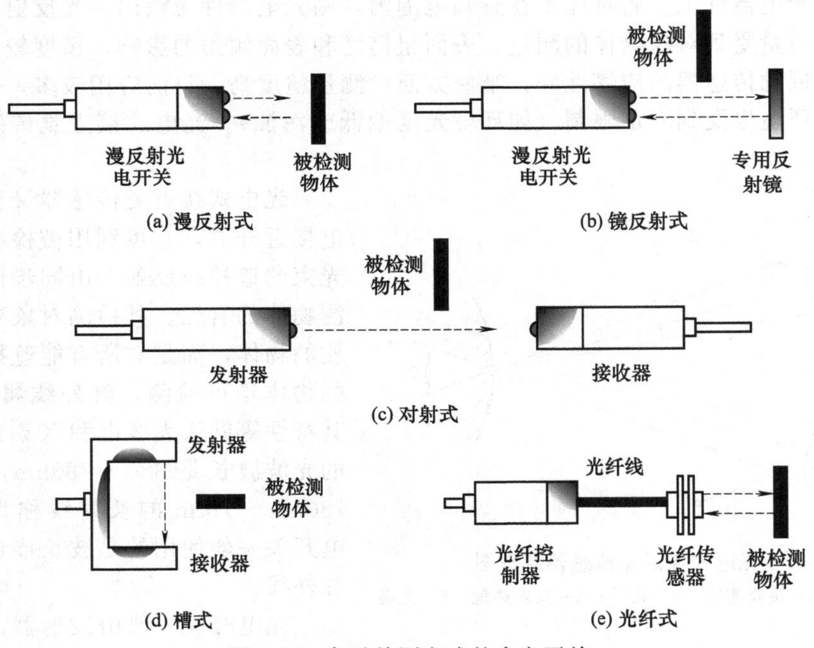

图 3-76　各种检测方式的光电开关

④ 槽式光电传感器　槽式光电传感器通常采用标准的 U 形结构，其发射器和接收器分别位于 U 形槽的两边，并形成一光轴，当被检测物体经过 U 形槽且阻断光轴时，光电传感器就产生开关信号，如图 3-76（d）所示。槽式光电传感器比较安全可靠，适合检测高速变化的透

明与半透明物体。

⑤ 光纤式光电传感器　光纤式光电传感器采用塑料或玻璃光纤传感器来引导光线，以实现被检测物体不在相近区域的检测，如图 3-76（e）所示。通常光纤传感器分为对射式和漫反射式两种。

（3）电容式接近觉传感器

电容式接近觉传感器可以检测任何固体和液体材料，外界物体靠近这种传感器会引起其电容量变化，由此反映距离信息。检测电容量变化的方案很多，最简单的方法是：将电容作为振荡电路的一部分，只有在传感器的电容值超过某一阈值时振荡电路才起振，将起振信号转换成电压信号输出，即可反映是否接近外界物体，这种方案可以提供二值化的距离信息。另一种方法是：将电容作为受基准正弦波驱动电路的一部分，电容量的变化会使正弦波发生相移，且两者成正比关系，由此可以检测出传感器与物体之间的距离。如图 3-77 所示为极板电容式接近觉传感器原理。

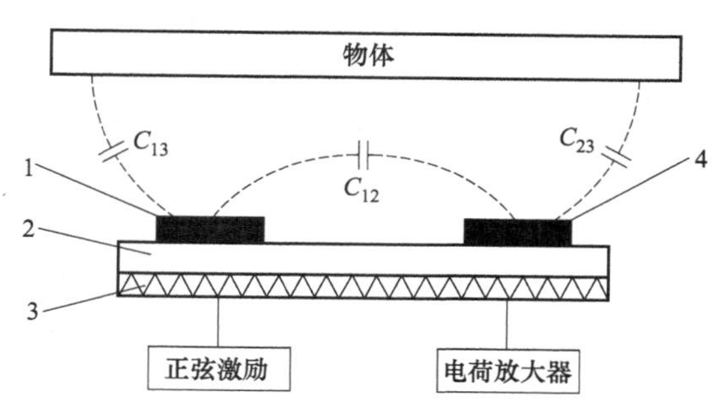

图 3-77　极板电容式接近觉传感器原理图

1—极板 A；2—绝缘板；3—接地屏蔽板；4—极板 B

（4）气压式接近觉传感器

气压式接近觉传感器由一根细的喷嘴喷出气流，如果喷嘴靠近物体，则内部压力会发生变化，这一变化可用压力计测量出来。如图 3-78（a）所示为其原理，图 3-78（b）所示曲线表示在气压 p 的情况下，压力计的压力与距离 d 之间的关系。它可用于检测非金属物体，尤其适用于测量微小间隙。

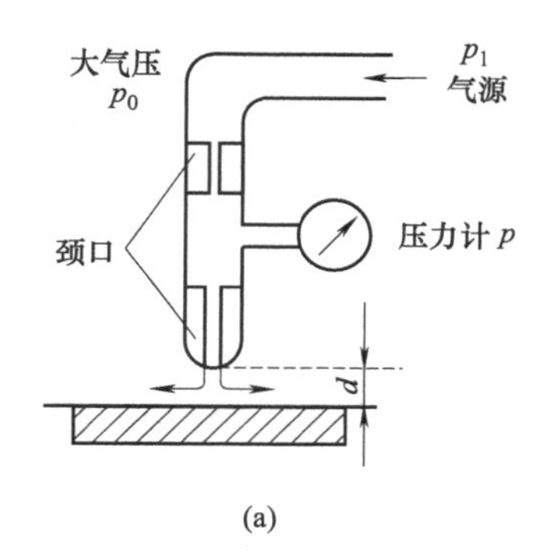

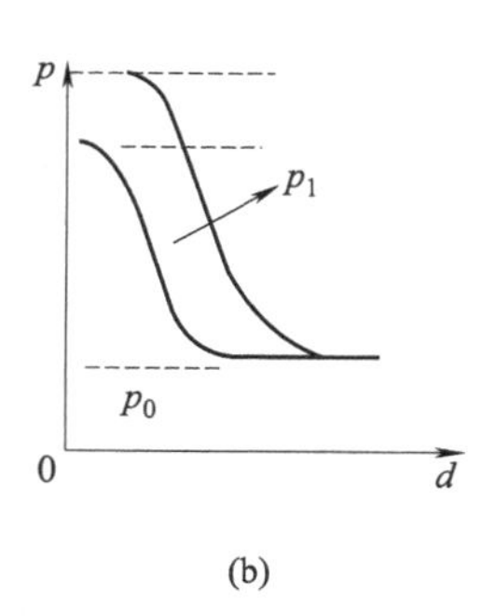

图 3-78　气压式接近觉传感器原理图

（5）超声波式接近觉传感器

超声波是频率在 20kHz 以上的机械振动波，超声波的方向性较好，可定向传播。超声波式接近觉传感器适用于较远距离和较大物体的测量，与感应式和光电式接近觉传感器不同，这种传感器对物体材料或表面的依赖性较低，在机器人导航和避障中应用广泛。图 3-79 为超声波式接近觉传感器的示意图，其核心器件是超声波换能器，材料通常为压电晶体、压电陶瓷或高分子压电材料。树脂用于防止换能器受潮湿或灰尘等环境因素的影响，还可起到声阻抗匹配的作用。

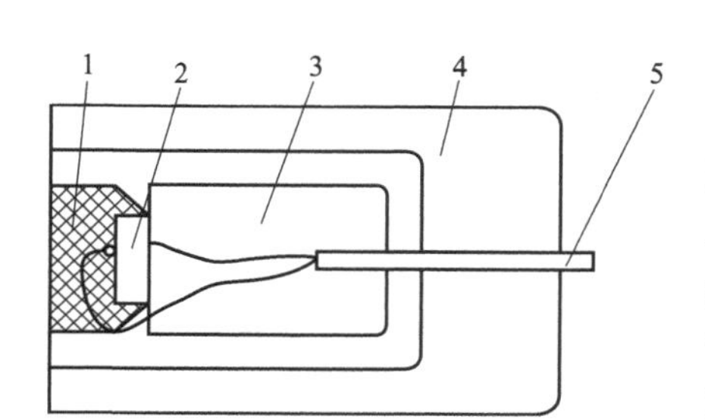

图 3-79　超声波式接近觉传感器示意图

1—树脂；2—换能器；3—吸声材料；4—壳体；5—电缆

(6)激光测距传感器

与超声测距传感器类似，激光侧距传感器也是一个测量飞行时间的传感器，由于使用的是激光而不是声音，相对于超声测距传感器，它得到了重大的改进。这种类型的传感器由发射器和接收器组成，前者发射直射光束（激光）至目标，后者能检测与发射光束本质上是同轴光的分量。这些装置通常被称作激光雷达，它们可根据光到达目标然后返回所需的时间估算距离。测量光束飞行时间的一种方法是使用脉冲激光，然后正如上面所说的那样，直接测量飞行时间，这就需要用到能处理百万分之一秒的技术，所以这些电子器件将非常昂贵；另外一种方法是测量调频连续波（Freauency-Modulated Continuous Wave，FMCW）和它接收到的反射波之间的差频。

此外还有一种方法，也是最常见的方法，即测量反射光的相移。如图 3-80 所示，德国的 SICK 公司的 LMS 系列产品正是使用这一技术来完成工作的。

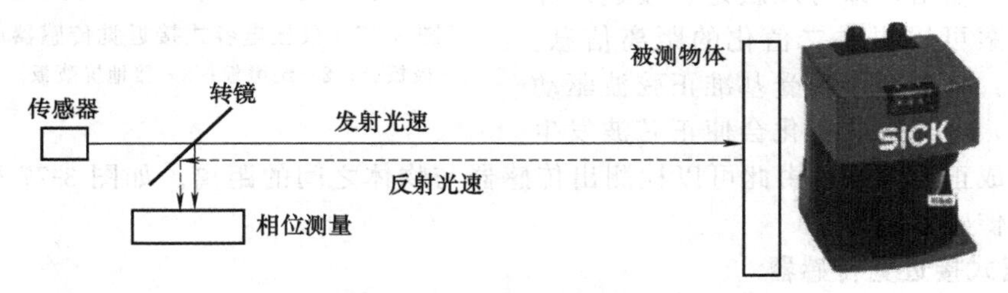

图 3-80 激光测距传感器原理与 SICK 公司的传感器

(7)接近开关

这是一种在一定的距离（几毫米至十几毫米）内检测有无物体的传感器。它给出的是高电平或低电平的开关信号，有的还具有较大的负载能力，可直接驱动断电器工作。接近开关具有灵敏度高、频率响应快、重复定位精度高、工作稳定可靠、使用寿命长等优点。许多接近开关将检测头与测量转换电路及信号处理电路做在一个壳体内，壳体上多带有螺纹，以便安装和调整距离，同时在外部安装有指示灯，以指示传感器的通断状态。常用的接近开关的类型有电感式、电容式、磁感式、光电式、霍尔式等。

① 电感式接近开关　图 3-81（a）为电感式接近开关的外形图，图 3-81（b）为电感式接近开关位置检测示意图，图 3-81（c）所示为接近开关图形符号。

电感式接近开关内部大多由一个高频振荡器和一个整形放大器组成。振荡器振荡后，在开关的感应面上产生交变磁场，当金属物体接近感应面时，金属体产生涡流，吸收了振荡器的能量，使振荡减弱以致停振。振荡和停振两种不同的状态，由整形放大器转换成开关信号，从而达到检测位置的目的。判断电感式接近开关好坏最简单的方法，就是用一块金属片去接近该开关，如果开关无输出，就可判断该开关已坏或外部电源短路。在实际位置控制中，如果感应块和开关之间的间隙变大，就会使接近开关的灵敏度下降甚至无信号输出，因此间隙的调整和检查在日常维护中是很重要的。

② 电容式接近开关　电容式接近开关的外形与电感式接近开关类似，除了对金属材料的无接触式检测外，还可以对非导电性材料进行无接触式检测。

③ 磁感应式接近开关　磁感应式接近开关又称磁敏开关，主要对气缸内活塞位置进行非接触式检测。图 3-82 所示为磁感应式接近开关安装结构。

固定在活塞上的永久磁铁由于其磁场的作用，使传感器内振荡线圈的电流发生变化，内部放大器将电流转换成输出开关信号，根据气缸型式的不同，磁感应式接近开关有绑带式安装、支架式安装等类型。

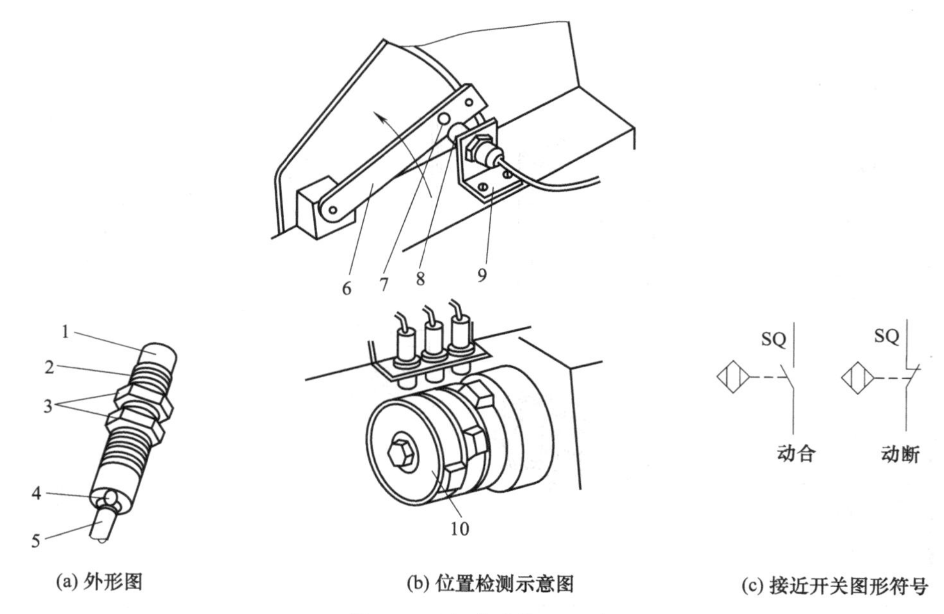

图 3-81 电感式接近开关

1—检测头；2—螺纹；3—螺母；4—指示灯；5—信号输出及电源电缆；6—运动部件；7—感应块；8—电感式接近开关；9—安装支架；10—轮轴感应盘

④ 光电式接近开关 图 3-83（a）所示的光电式接近开关是一种遮断型的光电开关，又称光电断续器。当被测物 4 从发光二极管 1 和光敏元件 3 中间槽通过时，红外光 2 被遮断，接收器接收不到红外线，而产生一个电脉冲信号。有些遮断型的光电式接近开关，其发射器和接收器做成第 2 个独立的器件，如图 3-83（b）所示。这种开关除了方形外观外，还有圆柱形的螺纹安装形式。

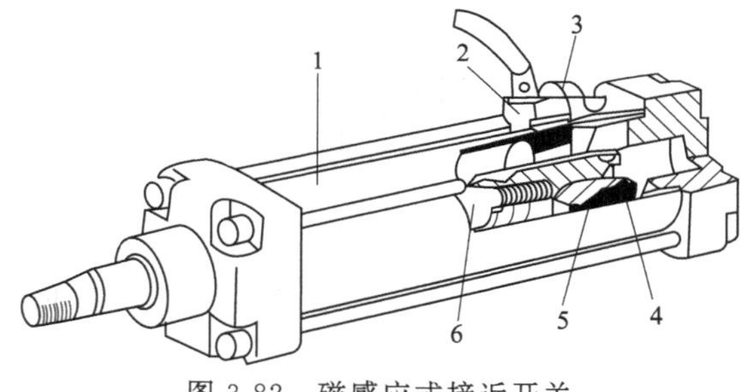

图 3-82 磁感应式接近开关

1—气缸；2—磁感应式接近开关；3—安装支架；4—活塞；5—磁性环；6—活塞杆

图 3-83（c）所示为反射型光电开关。当被测物 4 通过光电开关时，发光二极管 1 发射的红外光 2 通过被测物上的黑白标记反射到光敏元件 3，从而产生一个电脉冲信号。

在数控机床中，光电式接近开关常用于刀架的刀位检测和柔性制造系统中物料传送的位置控制等。

⑤ 霍尔式接近开关 霍尔式接近开关是将霍尔元件、稳压电器、放大器、施密特触发器和 OC 门等电路做在同一个芯片上的集成电路（图 3-84），因此，有时称霍尔式接近开关为霍尔集成电路，典型的有 UGM3020 等。

当外加磁场强度超过规定的工作点时，OC 门由高电阻态变为导电状态，输出低电平；当外加磁场强度低于释放点时，OC 门重新变为高阻态，输出高电平。

3.3.6 视觉传感器

在机器人领域中，几乎都是采用工业电视摄像机作为视觉传感器的。最初是用光导摄像管的摄像机，之后逐渐被固体摄像机所取代，但在图像信号的保存和信号读出的工作原理方面都

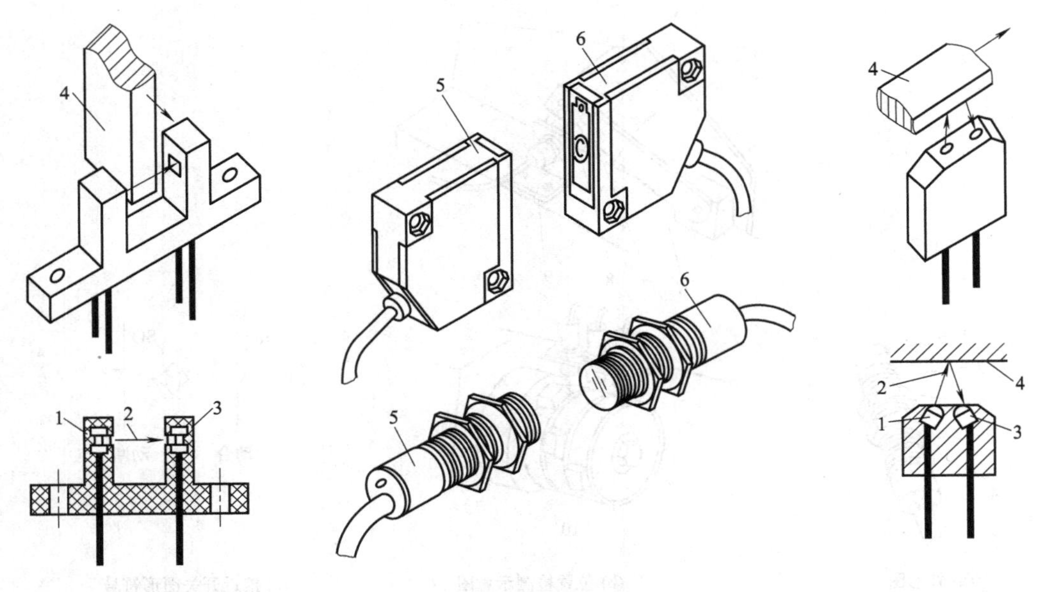

图 3-83 光电式接近开关

1—发光二极管；2—红外光；3—光敏元件；4—被测物；5—发射器；6—接收器

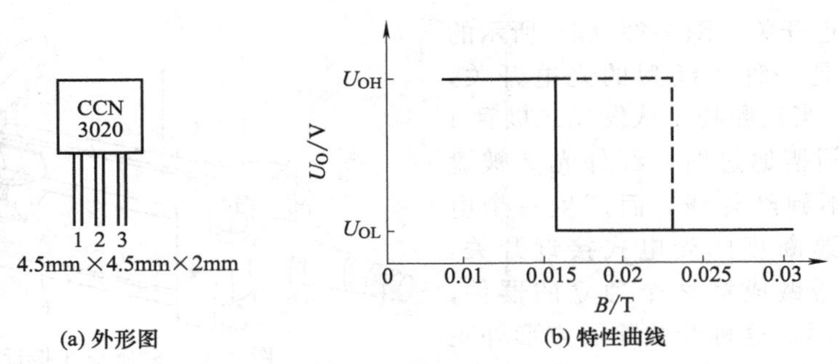

图 3-84 霍尔式接近开关

和光电摄像管的类似，只是以许多光电二极管组成阵列，以代替光电摄像管。视觉传感器在机器人中的功用分为三个方面：

① 进行位置测量，如装配时要找到对象物，并测量装配对象的位置和姿势。

② 进行图像识别，了解对象物的特征，以同其他物体相区别。

③ 进行检验，了解加工结果，检查装配好的部件在形状和尺寸方面是否存在缺陷等。

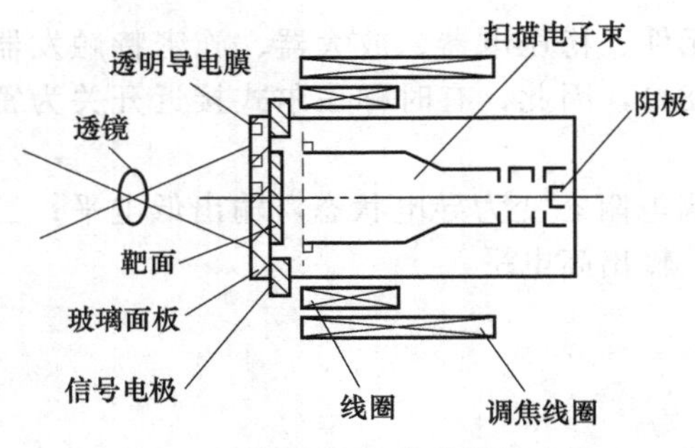

图 3-85 构成视觉传感器的光导摄像管结构示意图

图 3-85 所示是构成二维摄像传感器的光导摄像管，这种摄像管是兼有光电变换功能和扫描功能的真空管。经透镜成像的光信号在摄像管的靶面上作为模拟量而被记忆。从阴极发射出来的电子束依次在靶面上扫描，将图像的光信号转换成时间序列的电信号输出。

（1）机器人视觉系统的组成

一个典型的机器人视觉系统由视觉传感器、图像处理机、计算机及其相关软件组成，如图 3-86 所示。

① 机器人视觉系统的硬件　机器人视觉系统的硬件由以下几个部分组成。

a. 景物和距离传感器：常用的有摄像机、CCD 图像传感器、超声波传感器和结构光设备等。

b. 视频信号数字化设备：其任务是把摄像机或 CCD 输出的信号转换成方便计算和分析的数字信号。

c. 视频信号快速处理器：视频信号实时、快速、并行算法的硬件实现设备，如 DSP 系统。

d. 计算机及其外设：根据系统的需要可以选用不同的计算机及其外设来满足机器人视觉信息处理及机器人控制的需要。

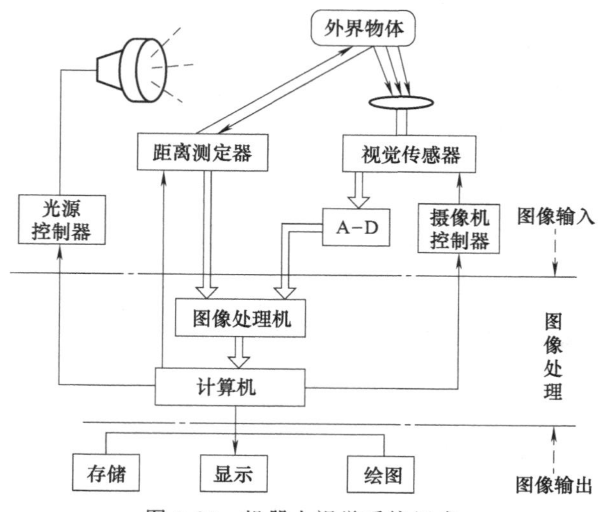

图 3-86　机器人视觉系统组成

② 机器人视觉系统的软件　机器人视觉的软件系统由以下几个部分组成。

a. 计算机系统软件：选用不同类型的计算机，就要有不同的操作系统和它所支撑的各种语言、数据库等。

b. 机器人视觉信息处理算法：图像预处理、分割、描述、识别和解释等算法。

（2）常用视觉系统简介

① Consight-I 视觉系统　图 3-87 所示为 Consight-I 视觉系统，用于美国通用汽车公司的制造装置中，能在噪声环境下利用视觉识别抓取工件。

该系统为了从零件的外形获得准确、稳定的识别信息，巧妙地设置照明灯，从倾斜方向向传送带发送两条窄条缝隙光，用安装在传送带上方的固态线性摄像机摄取图像，而且预先把两条缝隙光调整到刚好在传送带上重合的位置。这样，当传感带上没有零件时，缝隙光合成一条直线；当零件随传送带通过时，缝隙光变成两条线，其分开的距离同零件的厚度成正比。由于光线的分离之处正好就是零件的边界，因此利用零件在传感器下通过的时间就可以取出准确的边界信息。主计算机可处理装在机器人工作位置上方的固态线性阵列摄像机所检测到的工件，有关传送带速度的数据也送到计算机中处理。当工件从视觉系统位置移到机器人工作位置时，计算机利用视觉和速度数据确定工件的位置、取向和形状，并把这种信息经接口送到机器人控制器。根据这种信息，工件仍在传送带上移动时，机器人便能成功地接近和拾取工件。

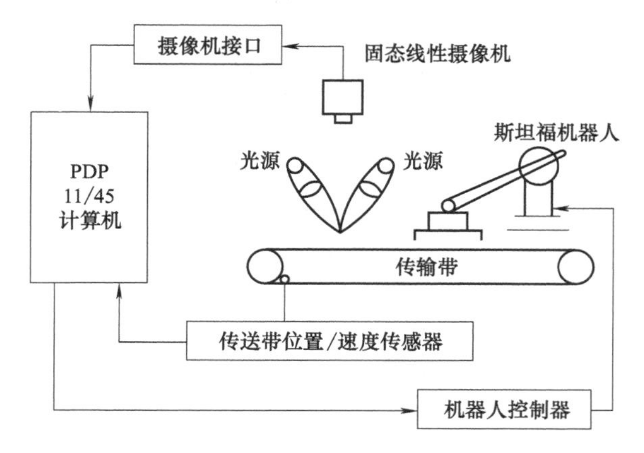

图 3-87　Consight-I 视觉系统

② Seampilot 视觉系统　荷兰 Oldelft 公司研制的 Seampilot 视觉系统，已被许多机器人公司用于组成视觉导引焊接机器人。它由 3 个功能部件组成：激光扫描器/摄像机、摄像机控制单元（CCU）、信号处理计算机（SPC）。图 3-88 为激光扫描器/摄像机的结构原理图，该结构被装在机器人的手上。激光聚焦到由伺服控制的反射镜上，形成一个垂直于焊缝的扇面激光束，线阵 CCD 摄像机检出该光束在工件上形成的图

像，利用三角法由扫描的角度和成像位置就可以计算出激光点的 y-z 坐标位置，即得到了工件的剖面轮廓图像，并可在监视器上显示。

剖面轮廓数据经摄像机控制单元（CCU）送给信号处理计算机（SPC），将这一剖面数据与操作手预先选定的焊接接头板进行比较，一旦匹配成功即可确定焊缝的有关位置数据，并通过串口将这些数据送到机器人控制器。

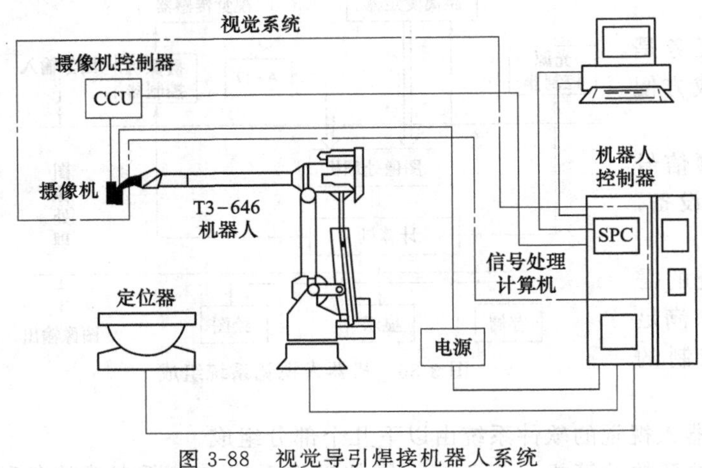

图 3-88　视觉导引焊接机器人系统

（3）视觉系统的应用

人类从外界获得的信息大多数是由眼睛得到的。人类视觉细胞的数量是听觉细胞的三千多倍，是皮肤感觉细胞的一百多倍。如果要赋予机器人较高级的智能，则机器人必须通过视觉系统更多地获取周围环境的信息。

① 在焊接过程中的应用　视觉传感器具有灵敏度高、动态响应特性好、信息量大、抗电磁干扰、与工件无接触等特点，能抵抗焊接过程产生的弧光、电弧热、烟雾以及飞溅等强烈干扰，已逐步应用于焊接机器人视觉系统中。焊接机器人包括点焊机器人和弧焊机器人等两类。这两类机器人都需要用位置传感器和速度传感器进行控制。位置传感器主要采用光电式增码盘，速度传感器主要采用测速发电机。为了检测点焊机器人与待焊工件的接近情况，控制点焊机器人的运动速度，点焊机器人还需要装备接近觉传感器。弧焊机器人对传感器要求比较特殊，需要采用传感器来控制焊枪沿焊缝自动定位，并自动跟踪焊缝。如图 3-89 所示为具有视觉焊缝对中功能的弧焊机器人的系统结构。图像传感器（摄像机）直接安装在机器人末端执行器中。焊接过程中，图像传感器对焊缝进行扫描检测，获得焊前区焊缝的截面参数曲线，计算机根据该截面参数计算出末端执行器相对焊缝中心线的偏移量 Δ，然后发出位移修正指令，调整末端执行器的位置，直到偏移量 $\Delta=0$ 为止。弧焊机器人装上视觉系统后，给编程带来了方便，编程只需严格按图样进行即可完成。在焊接过程中产生的焊缝变形、装卡及传动系统的误差均可由视觉系统自动检测并加以补偿。汽车工业使用的机器人大约一半用于焊接作业。机器人焊接比手工

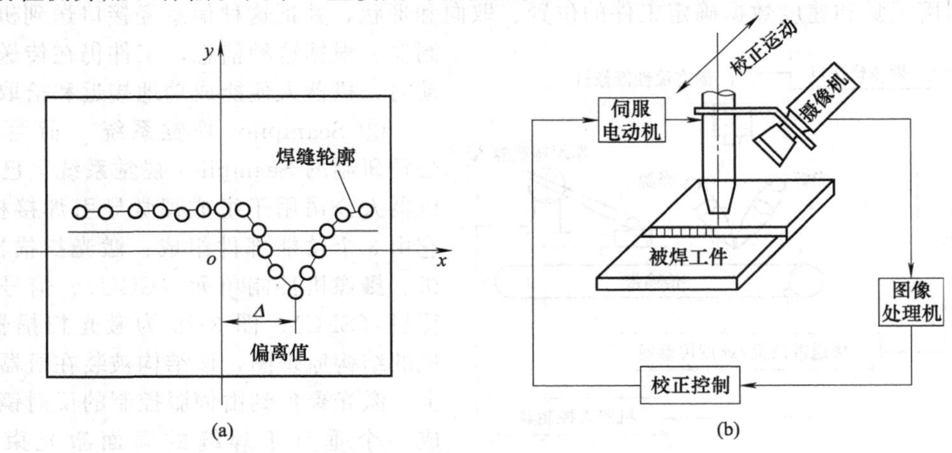

图 3-89　弧焊过程中焊枪对焊缝的对中

焊接更能保证焊接质量的一致性。但机器人焊接的关键问题是要保证被焊接工件位置的精确性。

图 3-90 所示为焊接机器人用视觉系统进行作业定位。

② 装配作业中的应用　装配机器人要求视觉系统：能识别传送带上所要装配的机械零件，并确定该零件的空间位置，据此信息控制机械手的动作，做到准确装配；对机械零件进行检查；测量工件的极限尺寸。

图 3-91 所示为一个吸尘器自动装配实验系统，该系统由 2 台关节机器人和 7 个图像传感器组成。吸尘器部件包括底盘、气泵和过滤器等，都自由堆放在右侧备料区，该区上方装配 3 个图像传感器（α、β、γ），用来分辨物料的种类和方位。机器人的前部为装配区，这里有 4 个图像传感器 A、B、C 和 D，用来对装配过程进行监控。使用这套系统装配一台吸尘器只需 2min。

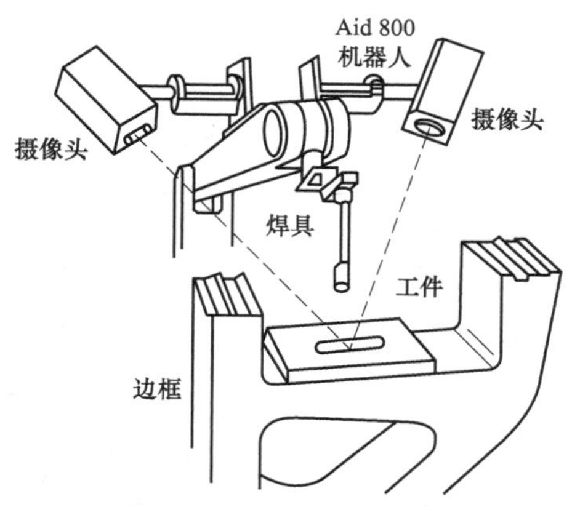

图 3-90　焊接机器人用视觉系统进行作业定位

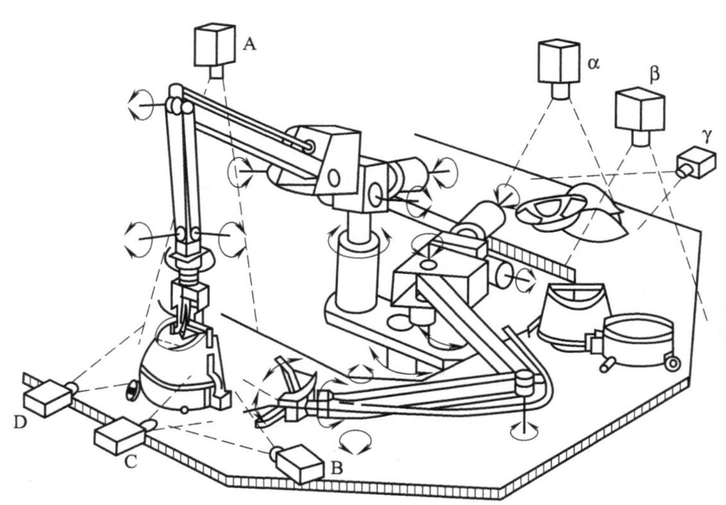

图 3-91　吸尘器自动装配实验系统

③ 机器人非接触式检测　在机器人腕部配置视觉传感器，可用于对异形零件进行非接触式测量，如图 3-92 所示。这种测量方法除了能完成常规的空间几何形状、形体相对位置的检测外，如配上超声、激光、X 射线探测装置，则还可进行零件内部的缺陷探伤、表面涂层厚度测量等作业。

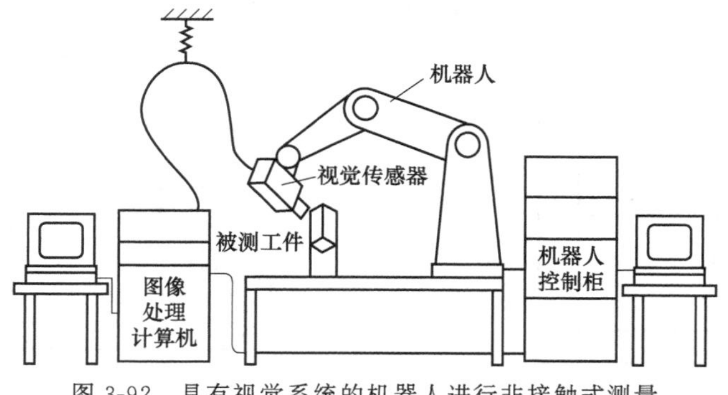

图 3-92　具有视觉系统的机器人进行非接触式测量

④ 其他应用　图 3-93 所示为视觉系统导引机器人进行喷涂作业。图 3-94 所示为搬运机器人用视觉系统导引电磁吸盘抓取工件。

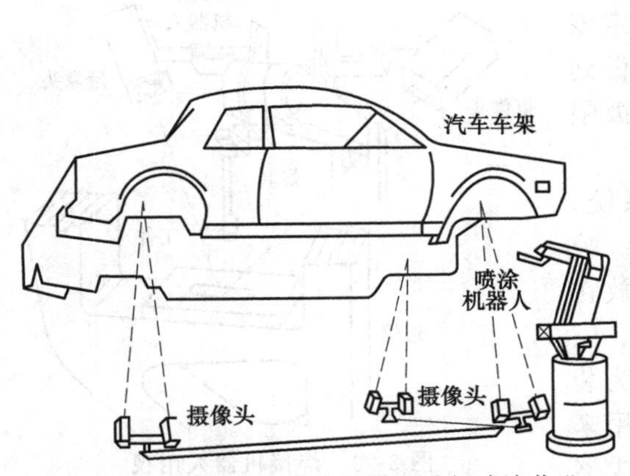

图 3-93　视觉系统导引机器人进行喷涂作业

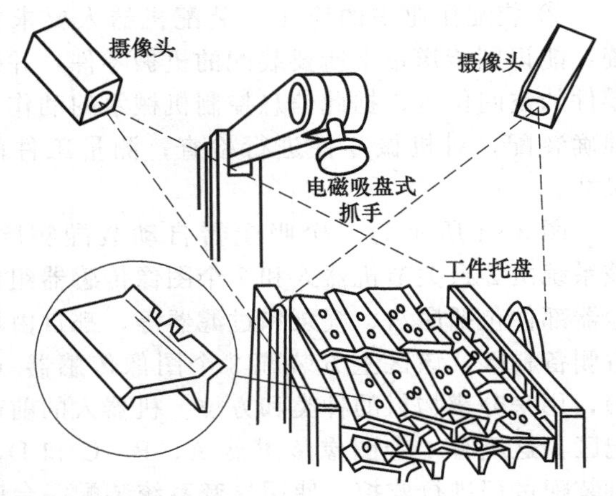

图 3-94　搬运机器人用视觉系统导引电磁吸盘抓取工件

3.3.7 听觉传感器

人用语言指挥工业机器人比用键盘指挥工业机器人更方便，因此需要听觉传感器对人发出的各种声音进行检测，然后通过语言识别系统识别出命令、执行命令。要实现该想法，就需要采用听觉传感器及语言识别系统。

听觉传感器的功能是将声信号转换为电信号，通常也称传声器。常用的听觉传感器有动圈式传声器、电容式传声器。

（1）动圈式传声器

如图 3-95 所示为动圈式传声器的结构原理。传声器的振膜非常轻、薄，可随声音振动。动圈同振膜粘在一起，可随振膜的振动而运动。动圈浮在磁隙的磁场中，当动圈在磁场中运动时，动圈中可产生感应电动势。此电动势与振膜和频率相对应，因而动圈输出的电信号与声音的强弱、频率的高低相对应。通过此过程，这种传声器就将声音转换成了音频电信号输出。

（2）电容式传声器

如图 3-96 所示为电容式传声器的结构原理，由固定电极和振膜构成一个电容，U_P 经过电阻 R_L 将一个极化电压加到电容的固定电极上。当声音传入时，振膜可随时间发生振动，此时振膜与固定电极间电容量也随声音而发生变化，此电容的阻抗也随之变化；与其串联的负载电阻 R_L 的阻值是固定的，电容的阻抗变化就表现为 a 点电位的变化。经过耦合电容 C 将 a 点电阻变化的信号输入到前置放大器 A，经放大后输出音频信号。

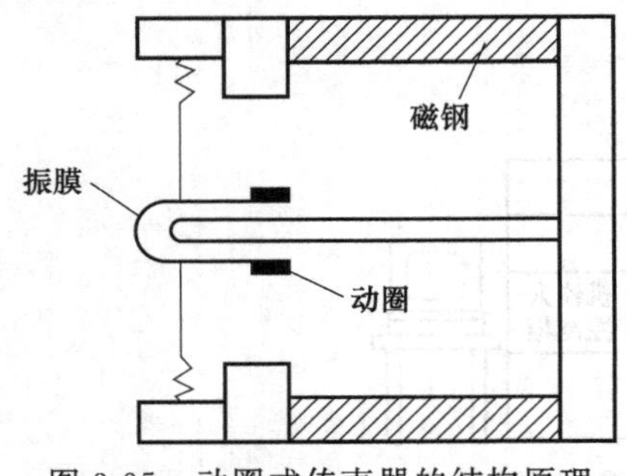

图 3-95　动圈式传声器的结构原理

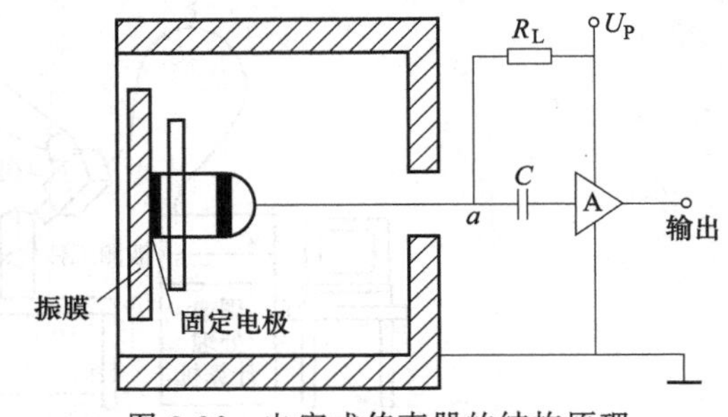

图 3-96　电容式传声器的结构原理

3.4 传感系统的应用

3.4.1 多传感器信息融合

传感器信息融合又称数据融合，是对多种信息的获取、表示及其内在联系进行综合处理和优化的技术。传感器信息融合技术从多信息的视角进行处理及综合，得到各种信息的内在联系和规律，从而剔除无用的和错误的信息，保留正确的和有用的成分，最终实现信息的优化。它也为智能信息处理技术的研究提供了新的观念。

（1）定义

多传感器信息融合是将经过集成处理的多传感器信息进行合成，形成一种对外部环境或被测对象某一特征的表达方式。单一传感器只能获得环境或被测对象的部分信息段，而多传感器信息经过融合后能够完善地、准确地反映环境的特征。经过融合后的传感器信息具有信息冗余性、信息互补性、信息实时性、信息获取的低成本性等特征。

（2）信息融合的核心

① 信息融合是在几个层次上完成对多源信息的处理过程，其中各个层次都表示不同级别的信息抽象。

② 信息融合处理包括探测、互联、相关、估计以及信息组合。

③ 信息融合包括较低层次上的状态和身份估计，以及较高层次上的整个战术态势估计。

（3）多传感器信息融合过程

图3-97为典型的多传感器信息融合过程框图。

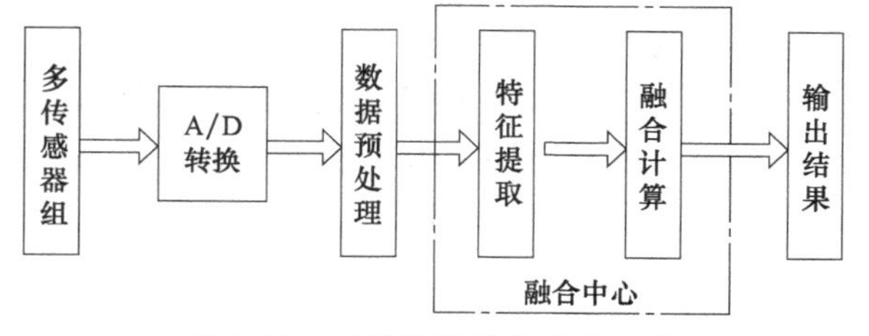

图3-97 多传感器信息融合过程

（4）信息融合的分类

① 组合　组合是由多个传感器组合成平行或互补的方式来获得多组数据输出的一种处理方法，是一种最基本的方式，涉及的问题有输出方式的协调、综合以及传感器的选择，在硬件这一级上应用。

② 综合　综合是信息优化处理中的一种获得明确信息的有效方法。例如在虚拟现实技术中，使用两个分开设置的摄像机同时拍摄到一个物体的不同侧面的两幅图像，综合这两幅图像可以复原出一个准确的有立体感的物体的图像。

③ 融合　融合是将传感器数据组之间进行相关或将传感器数据与系统内部的知识模型进行相关，而产生信息的一个新的表达式。

④ 相关　通过处理传感器信息获得某些结果，不仅需要单项信息处理，而且需要通过相关来进行处理，获悉传感器数据组之间的关系，从而得到正确信息，剔除无用和错误的信息。

相关处理的目的是对识别、预测、学习和记忆等过程的信息进行综合和优化。

（5）信息融合的结构

信息融合的结构分为串联、并联和混合3种，如图3-98所示。

C_1、C_2、…、C_n 表示 n 个传感器；S_1、S_2、…、S_n 表示来自各个传感器信息融合中心的数据；Y_1、Y_2、…、Y_n 表示融合中心。

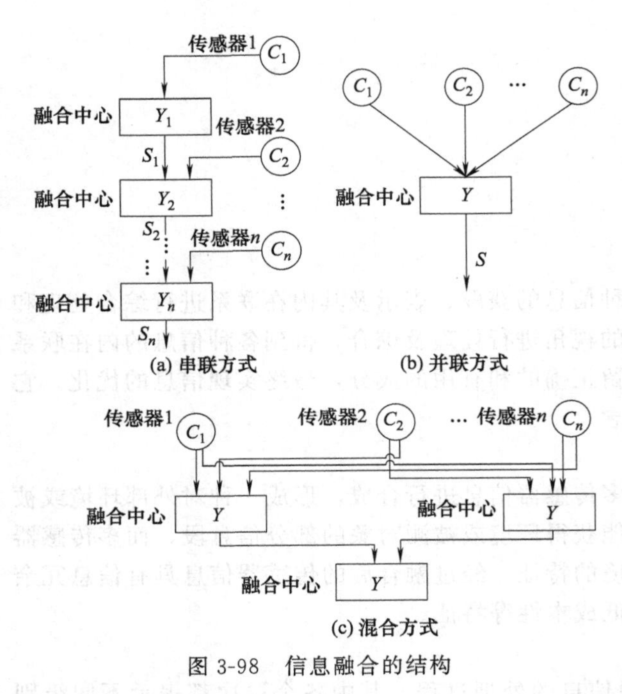

图 3-98　信息融合的结构

（6）融合方法

融合处理是将多维输入数据根据信息融合的功能，在不同融合层次上采用不同的数学方法，对数据进行综合处理，最终实现融合。多传感器信息融合的数学方法很多，常用的方法可概括为概率统计方法和人工智能方法两大类。与概率统计有关的方法包括估计理论、卡尔曼滤波、假设检验、贝叶斯方法、统计决策理论以及其他变形的方法；而人工智能类方法则有模糊逻辑理论、神经网络、粗集理论和专家系统等。

3.4.2　多功能复合传感器

多功能复合传感器常见的是仿生皮肤，仿生皮肤是集触觉、压觉、滑觉和热觉传感于一体的多功能复合传感器，具有类似于人体皮肤的多种感觉功能。仿生皮肤采用具有压电效应和热释电效应的 PVDF 敏感材料，具有温度范围宽、体电阻高、质量小、柔顺性好、机械强度高和频率响应范围宽等特点，采用热成形工艺容易加工成薄膜、细管或微粒。

集触觉、滑觉和温觉于一体的 PVDF 仿生皮肤传感器结构剖面如图 3-99 所示，传感器表层为保护层（橡胶包封表皮），上层为两面镀银的整块 PVDF，分别从两面引出电极。下层由特种镀膜形成条状电极，引线由导电胶粘接后引出。在上、下两层 PVDF 之间，由电加热层和柔性隔热层（软塑料泡沫）形成两个不同的物理测量空间。上层 PVDF 获取温觉和触觉信号，下层条状 PVDF 获取压觉和滑觉信号。

为了使 PVDF 具有感温功能，电加热层维持上层 PVDF 温度为 55℃左右，当待测物体接触传感器时，其与上层 PVDF 存在温差，导致热传递的发生，使 PVDF 的极化面产生相应数量的电荷，从而输出电压信号。

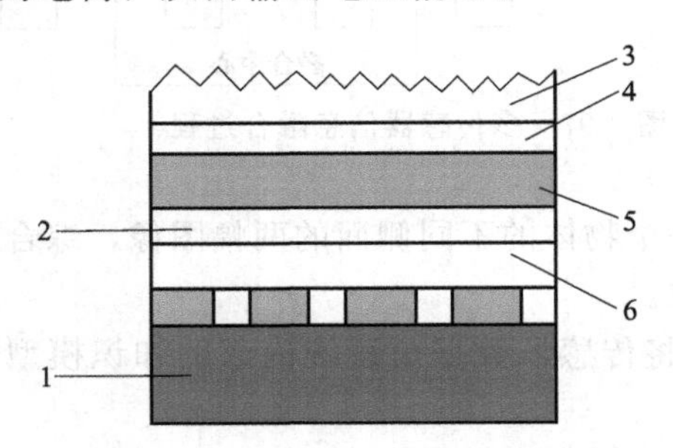

图 3-99　PVDF 仿生皮肤传感器结构剖面
1—硅导电橡胶基底及引线；2—柔性隔热层；
3—橡胶包封表皮；4—上层 PVDF；
5—加热层；6—下层 PVDF

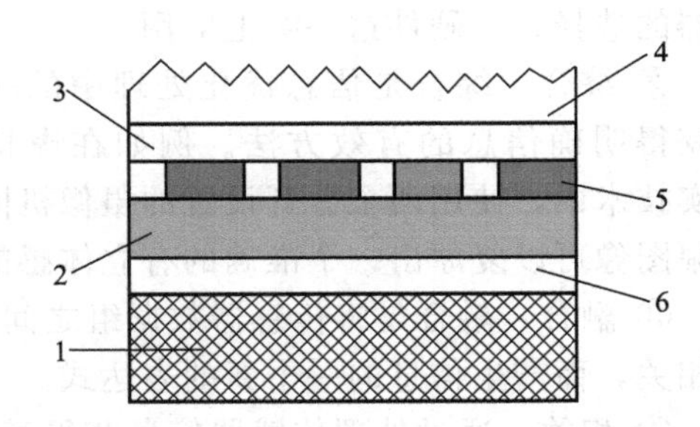

图 3-100　阵列式仿生皮肤传感器结构剖面
1—橡胶基底；2—绝缘层；3—行 PVDF；
4—表层；5—列 PVDF；6—PVDF 层

采用阵列 PVDF 形成的多功能复合仿生皮肤，可模拟人类通过触摸识别物体形状，传感器的结构剖面如图 3-100 所示。其层状结构主要由表层、行 PVDF 条、列 PVDF 条、绝缘层、PVDF 层和硅导电橡胶基底构成。行、列 PVDF 条两面镀银，均为用微细切割方法制成的细条，分别粘贴在表层和绝缘层上，由 33 根导线引出。行、列 PVDF 导线各 16 条，以及 1 根公共导线，形成 256 个触点单元。PVDF 层也两面镀银，引出 2 根导线。当 PVDF 层受到高频电压激发时，发出超声波使行、列 PVDF 条共振，输出一定幅值的电压信号。仿生皮肤传感器接触物体时，表面受到一定压力，相应受压触点单元的振幅会降低。根据这一机理，通过行列采样及数据处理，可以检测物体的形状、质心和压力的大小，以及物体相对于传感器表面的滑移。

3.4.3　多信息融合的典型应用

（1）机器人多传感器手爪系统

美国的 Luo 和 Lin 在 PUMA560 机器手臂控制的夹持型手爪的基础上提出了视觉、眼在手上视觉、接近觉、触觉、位置、力、力矩及滑觉等多传感器信息集成手爪。机器人手爪配置于多个传感器。感知的信息中存在着内在的联系。如果对不同传感器采用单独孤立的处理方式则将割断信息之间的内在联系，丢失信息有机组合后蕴含的信息。同时凭单个传感器的信息判断而得出的决策可能是不全面的。因此，采用多传感器信息融合方法是提高机器人操作能力和保持其安全的一条有效途径。

Luo 和 Lin 开发的多传感器集成手爪系统如图 3-101 所示，系统获取信息的四个阶段如图 3-102 所示。

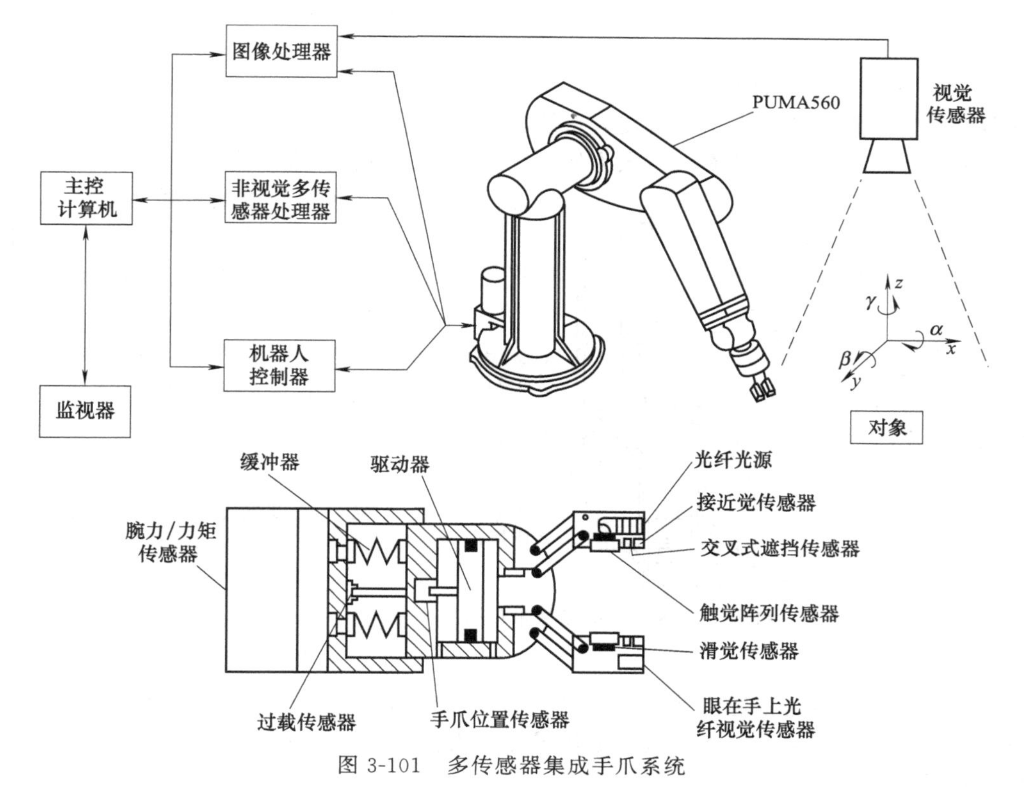

图 3-101　多传感器集成手爪系统

① 远距离传感　获取远距离场景的有用信息，包括位置、姿态、视觉纹理、颜色、形状、尺度等物体特征信息和环境温度及辐射水平。为了完成这一任务，系统包含有温度传感器和全局视觉传感器及距离传感器等。

② 近距离传感　近距离传感将进一步完成位置、姿态、颜色、辐射、视觉纹理信息的测

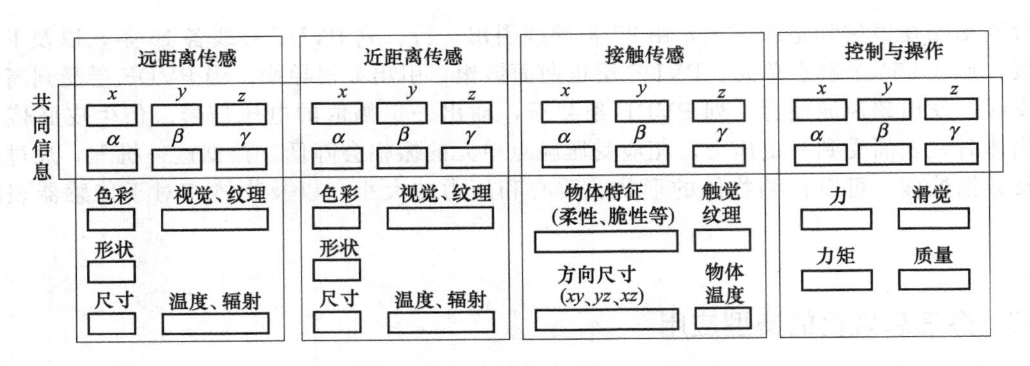

图 3-102 系统获取信息的四个阶段

量，以便更新第一阶段的同类信息。系统包含各种接近觉传感器、视觉传感器、角度编码器等。

③ 接触传感 在距离物体十分近时上面所述的传感器无法使用。此时可以通过触觉传感器来获取物体的位置和姿态信息以便进一步证实第二阶段信息的准确性，通过接触传感可以得到更精确更详细的物体特征信息。

④ 控制与操作 系统模块包括数据获取单元、知识库单元（机器人数据库、传感器数据库)、数据预处理单元、补偿单元、数据处理单元、决策和执行任务单元（力/力矩、滑动、物体质量等)。系统一直在不断地获取操作物体所需的全部信息，根据要求控制手爪做出需要的操作。

（2）上、下料工业机器人

将多传感信息融合技术应用于机器人系统，既提高了机器人的认知水平，又扩大了机器人的应用范围。下面以七感觉智能机器人为例，介绍多传感器在机器人上的应用。

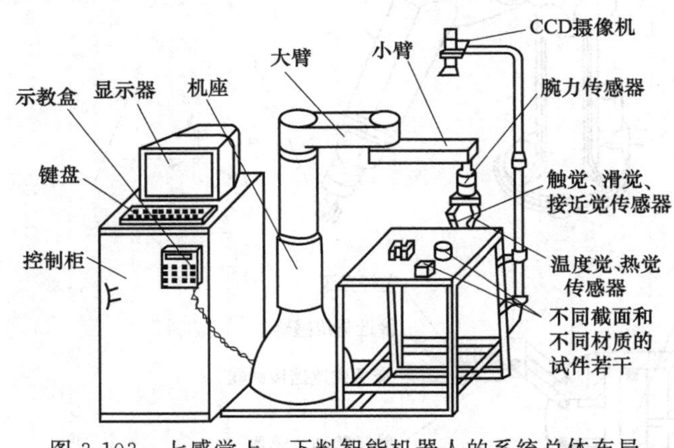

图 3-103 七感觉上、下料智能机器人的系统总体布局

多感觉智能机器人的总体布局如图 3-103 所示。它由机器人本体、控制及驱动器、多传感器系统、计算机系统和机器人示教盒组成，其工作环境为固定工作平台。控制箱内包含各传感器的信号调理电路、主控制器及下级控制单元、驱动电路、电源等。

多传感器系统共有接近觉、触觉、滑觉、温度觉、热觉、力觉、视觉七种感觉。其中，接近觉、触觉和滑觉为一体化的传感器，外形被制成手指形状，便于直接安装到手爪上。温度觉和热觉传感器装于机器人的另一根手指上，温度觉传感器是普通测量元件（集成温度传感器)，热觉传感由加热部分和铂热敏电阻实现。该手指的顶部装有垂直向接近觉传感器。力传感器装于机械手的腕部。将上述六种传感器组合装于一体的机械手爪，如图 3-104 所示。

机器人多传感器系统中除上述六种非视觉传感器以外，在机器人的上方还固定安装了视觉传感器（CCD 摄像机）对准机器人的作业台面。该系统采用的是 MTV-3501CB 型 CCD 摄像机，摄像机采集的模拟视频信号通过插在计算机扩展槽中的 PC Video 图像处理卡转换成一定格式的数字信息，送入计算机。

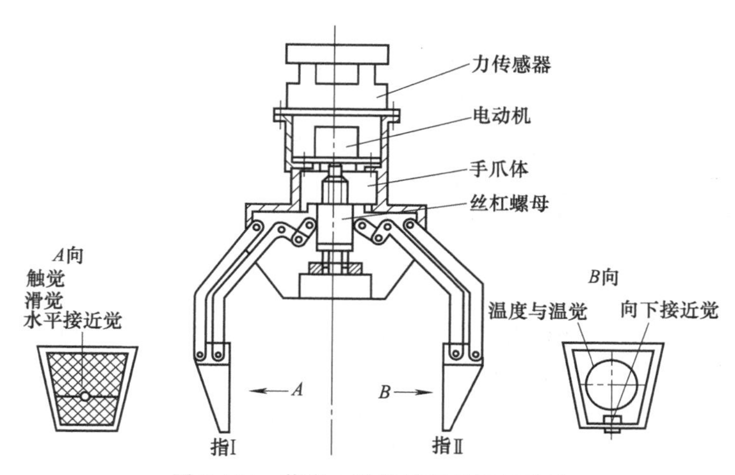

图 3-104 装有六种传感器的机械手爪

多感觉智能机器人的控制分3层进行，整个控制系统的结构如图3-105所示。包括主控制单元、示教盒、3个结构相同的下级控制单元（主要控制各电动机的运转，1个单元控制2个电动机）、向各控制单元提供机器人内部信号的接口（如极限位置、零位等）以及完成人机交互界面和进行多信息融合计算和控制的计算机。

计算机通过人机界面（鼠标操作）接受用户输入的宏观作业任务。由融合控制体系将任务逐步分解为指令，控制机器人并对传感器数据进行采集和融合。

主控制单元连接计算机、示教盒、机器人及下级控制单元，其任务是系统自检、资源管理、作业规划、交互信息管理及通信等。

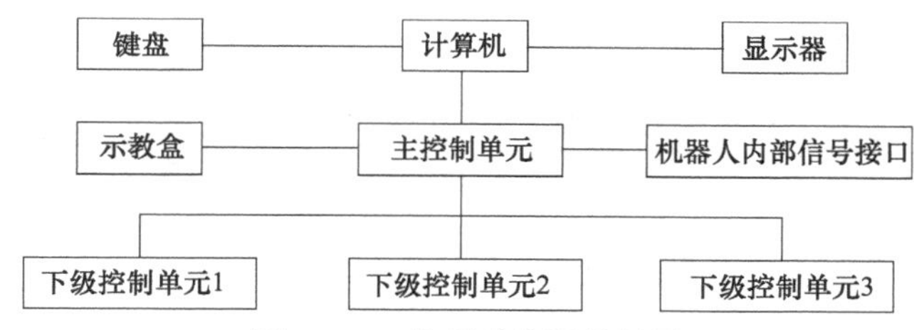

图 3-105 控制系统硬件框图

(3) 装配机器人传感系统

装配机器人需要视觉、触觉和力觉等感觉能力。通常，装配机器人对工作位置的要求更高。现在，越来越多的机器人进入装配工作领域，主要任务是销、轴、螺钉和螺栓等装配工作。为了使被装配的零件获得对应的装配位置，通常采用视觉系统选择合适的装配零件，并对它们进行粗定位，触觉传感器用于感知被拾取零件的存在、确定该零件的准确位置，以及确定该零件的方向，并自动校正装配位置。力觉传感器主要用于控制装配机器人的夹持力，防止机器人手爪损坏被抓取的零件。

① 位姿传感器 位姿传感器主要包括以下两个装置。

a. 主动柔顺装置。主动柔顺装置根据传感器反馈的信息对机器人末端执行器或工作台进行调整，补偿装配件间的位置偏差。根据传感方式的不同，主动柔顺装置可分为基于力传感器的柔顺装置、基于视觉传感器的柔顺装置和基于接近觉传感器的柔顺装置。

· 基于力传感器的柔顺装置。使用力传感器的柔顺装置的目的，一方面是有效控制力的变化范围，另一方面是通过力传感器反馈信息来感知位置信息，进行位置控制。力传感器分为关节力传感器、腕力传感器和指力传感器。关节力/力矩传感器使用应变片进行力反馈，由于力反馈是直接加在被控制关节上的，且所有的硬件用模拟电路实现，因此避开了复杂计算难题，响应速度快。腕力传感器安装于机器人与末端执行器的连接处，它能够获得机器人实现操作时的大部分的力信息，精度高，可靠性好，使用方便；常用的结构包括十字梁式、轴架式和非径向三梁式，其中十字梁结构应用最为广泛。指力传感器一般通过应变片测量而产生多维力信号，常用于小范围作业，精度高，可靠性好，但多指协调复杂。

· 基于视觉传感器的柔顺装置。基于视觉传感器的主动适从位置调整方法是通过建立以注视点为中心的相对坐标系，对装配件之间的相对位置关系进行测量，测量结果具有相对的稳定性，其精度与摄像机的位置相关。螺纹装配时采用力传感器和视觉传感器，建立一个虚拟的内部模型，该模型根据环境的变化对规划的机器人运动轨迹进行修正；轴孔装配时用二维位置敏感元件（PSD）传感器来实施检测孔的中心位置及其所在平面的倾斜角度，PSD 上的成像中心极为检测孔的中心。当孔倾斜时，PSD 上所成的像为椭圆，通过与正常没有倾斜的孔所成图像的比较就可获得被检测孔所在平面的倾斜度。

· 基于接近觉传感器的柔顺装置。装配作业需要检测机器人末端执行器与环境的位姿，多采用光电接近觉传感器。光电接近觉传感器具有测量速度快、抗干扰能力强、测量点小和适用范围广等优点。用一个光电传感器不能同时测量距离和方位的信息，往往需要用两个以上的传感器来完成机器人装配作业的位姿检测。

b. 电涡流位姿检测传感系统。

电涡流位姿检测传感系统是通过确定由传感器构成的测量坐标系和测量体坐标系之间的相对坐标变换关系来确定位姿的。当测量体安装在机器人末端执行器上时，通过比较测量体的相对位姿参数的变化量，可完成对机器人的重复位姿精度检测。图 3-106 为位姿检测传感器系统框图。检测信号经过滤波、放大、A/D 变换送入计算机进行数据处理，计算出位姿参数。

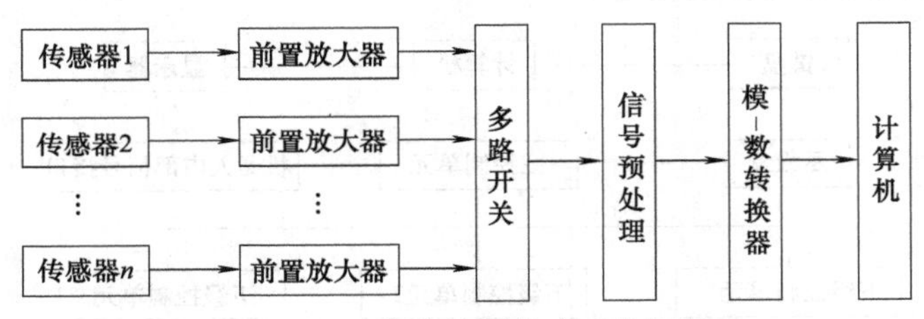

图 3-106　位姿检测传感系统框图

为了能用测量信息计算出相对位姿，由 6 个电涡流传感器组成的特定空间结构来提供位姿和测量数据。传感器的测量空间结构如图 3-107 所示，6 个传感器构成三维测量坐标系，其中传感器 1、2、3 对应测量坐标系，传感器 4、5 对应测量面 xoz，传感器 6 对应测量面 yoz。每个传感器在坐标系中的位置固定，这 6 个传感器所标定的测量范围就是测量系统的测量范围。当测量体相对测量坐标系发生位姿变化时，电涡流传感器的输出信号会随测量距离成比例地变化。

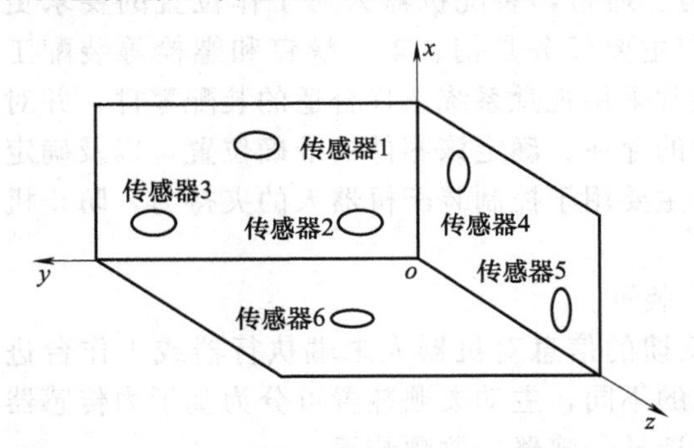

图 3-107　传感器的测量空间结构

② 柔性腕力传感器　装配机器人在作业过程中需要与周围环境接触，在接触的过程中往往存在力和速度的不连续的问题。腕力传感器安装在机器人手臂和末端执行器之间，更接近力的作用点，受其他附加因素的影响较小，可以准确地检测末端执行器所受外力/力矩的大小和方向，为机器人提供力感信息，有效地扩展了机器人的

作业能力。

装配机器人中大量使用柔顺腕力传感器。柔性手腕能在机器人的末端操作器与环境接触时发生变形，并且能够吸收机器人的定位错误。机器人柔性腕力传感器将柔性手腕与腕力传感器有机地结合在一起，不但可以为机器人提供力/力矩信息，并且本身又是柔顺机构，可以产生被动柔顺，吸收机器人产生的定位误差，保护机器人、末端操作器和作业对象，提供机器人的作业能力。

柔性腕力传感器一般由固定体、移动体和连接两者的弹性体组成。固定体和机器人的手腕连接，移动体和末端执行器连接，弹性体采用矩形截面的弹簧，其柔顺功能由能产生弹性变形的弹簧完成。柔性腕力传感器利用测量弹性体在力/力矩的作用下产生的变形量来计算力/力矩。

柔性腕力传感器的工作原理如图 3-108 所示，柔性腕力传感器的内环相对于外环的位置和姿态的测量采用非接触式测量。传感元件由 6 个均布在内环上的红外发光二极管（LED）和 6 个均布在外环上的线型位置敏感元件（PSD）构成。PSD 通过输出模拟电流信号来反映照射在其敏感面上光点的位置，具有分辨率高、信号检测电路简单、响应速度快等优点。

为了保证 LED 发出的红外光形成一个光平面，在每一个 LED 的前方安装了一个狭缝，狭缝按照垂直和水平方式间隔放置，与之对应的线型 PSD 则按照与狭缝相垂直的方式放置。6 个 LED 所发出的红外光通过其前端的狭缝形成 6 个光平面 O_i（$i=1$、2、…、6），与 6 个相应的线型 PSD L_i（$i=1$、2、…、6）形成 6 个交点，当内环相对于外环移动时，6 个交点在 PSD 上的位置发生变化引起 PSD 的输出变化。根据 PSD 输出信号的变化，可以求得内环相对于外环的位置和姿态。内环的运动将引起连接弹簧的相应变形，考虑到弹簧的作用力和形变的线性关系，可以通过内环相对于外环的位置和姿态关系解算出内环上所受到的力和力矩的大小，从而完成柔性腕力传感器的位姿和力/力矩的同时测量。

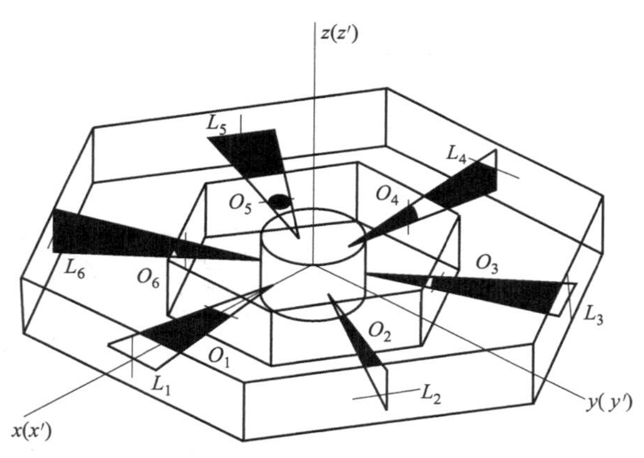

图 3-108　柔性腕力传感器的工作原理

③ 工件识别传感器　工件识别（测量）的方法有接触识别、采样式测量、邻近探测、距离测量、机械视觉识别等。

a. 接触识别。在一点或几点上接触以测量力，这种测量一般精度不高。

b. 采样式测量。在一定范围内连续测量，比如测量某一目标的位置、方向和形状。在装配过程中的力和扭矩的测量都可以采用这种方法，这些物理量的测量与装配过程非常重要。

c. 邻近探测。邻近探测属非接触测量，用以测量附近的范围内是否有目标存在。一般将装置安装在机器人的抓钳内侧，探测被抓的目标是否存在以及方向、位置是否正确。测量原理可以是气动的、声学的、电磁的和光学的。

d. 距离测量。距离测量也属非接触测量，用以测量某一目标到某一基准点的距离。例如，一只在抓钳内装的超声波传感器就可以进行这种测量。

e. 机械视觉识别。机械视觉识别方法可以测量某一目标相对于一基准点的位置方向和距离。

图 3-109 所示为机械视觉识别，图 3-109（a）所示为使用探针矩阵对工件进行粗略识别，图 3-109（b）所示为使用直线性测量传感器对工件进行边缘轮廓识别，图 3-109（c）所示为使

用点传感技术对工件进行特定形状识别。

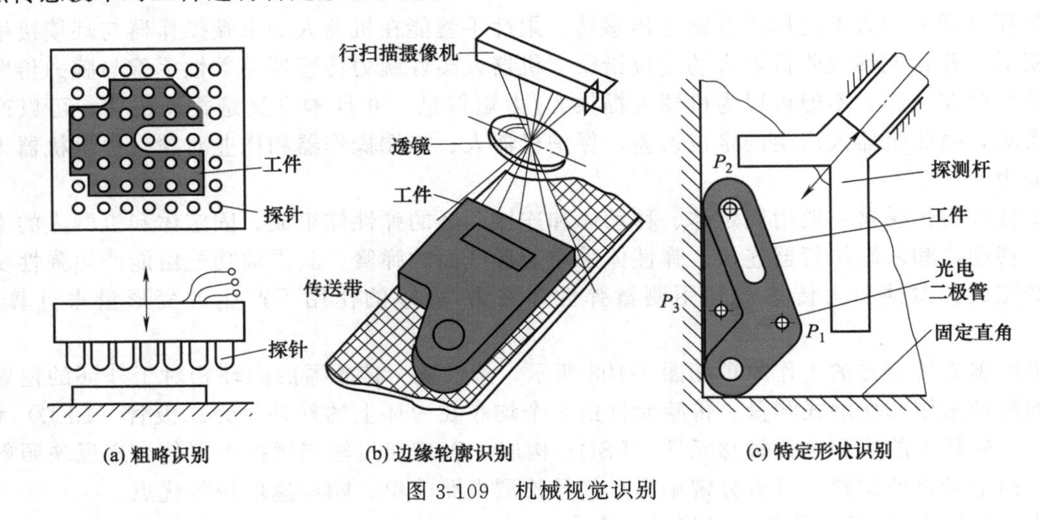

图 3-109 机械视觉识别

(4) 自主移动装配机器人

图 3-110 所示为多传感器信息融合自主移动装配机器人。

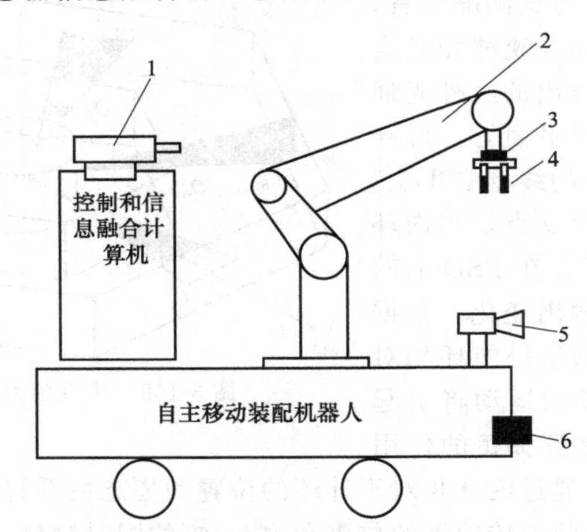

图 3-110 多传感器信息融合自主移动装配机器人

1—激光测距传感器；2—装配机械手；3—力觉传感器；

4—触觉传感器；5—视觉传感器；6—超声波传感器

3.5 典型工业机器人传感系统简介

以焊接机器人传感系统为例来介绍典型工业机器人的传感系统。焊接机器人包括点焊机器人和弧焊机器人两类。这两类机器人都需要用位置传感器和速度传感器进行控制。位置传感器主要是采用光电式增量码盘，也可以采用精密的电位器。根据现在的制造水平，光电式增量码盘具有较高的检测精度和较高的可靠性，但价格昂贵。速度传感器目前主要采用测速发电机，其中交流测速发电机的线性度比较高，且正向与反向输出特性比较对称，比直流测速发电机更适合弧焊机器人使用。为了检测点焊机器人与待焊工件的接近情况，控制点焊机器人的运动速度，点焊机器人还需要装备接近觉传感器。如前所述，弧焊机器人对传感器有一个特殊要求，需要采用传感器使焊枪沿焊缝自动定位，并自动跟踪焊缝，目前完成这一功能的常见传感器有触觉传感器、位置传感器和视觉传感器。

焊接机器人用传感器必须精确地检测出焊缝（坡口）的位置和形状信息，然后传送给控制器进行处理。随着大规模集成电路、半导体技术、光纤及激光等的迅速发展，促进了焊接技术向自动化、智能化方向发展，并出现了多种用于焊缝跟踪的传感器，它们主要是检测电磁、机械等各物理量的传感器。在电弧焊接的过程中，存在着强烈的弧光、电磁干扰以及高温辐射、烟尘、飞溅等，焊接过程伴随着传热传质和物理化学冶金反应，工件会产生热变形，因此，用于电弧焊接的传感器必须具有很强的抗干扰能力。

弧焊用传感器可分为直接电弧式、接触式和非接触式三大类；按工作原理可分为机械式、机电式、电磁式、电容式、射流式、超声波式、红外式、光电式、激光式、视觉式、电弧式、光谱式及光纤式等；按用途分有用于跟踪焊缝的、用于控制焊接条件（焊宽、熔深、熔透、成形面积、焊速、冷却速度和干伸长）的及其他如用于检测温度分布的、用于检测等离子体粒子密度的、用于检测熔池行为的等。据日本焊接学会所做的调查显示，在日本、欧洲及其他发达国家，用于焊接过程的传感器有 80％是用于跟踪焊缝的。目前我国用得较多的是电弧式、机械式和光电式弧焊用传感器。

3.5.1 电弧传感系统

（1）摆动电弧传感器

电弧传感器是从焊接电弧自身直接提取焊缝位置偏差信号，实时性好，不需要在焊枪上附加任何装置，焊接运动的灵活性和可达性最好，尤其符合焊接过程低成本自动化的要求。电弧传感器的基本工作原理是：当电弧位置变化时，电弧自身电参数相应发生变化，从中反映出焊枪导电嘴至工件坡口表面距离的变化量，根据电弧的摆动形式及焊枪与工件的相对位置关系，推导出焊枪与焊缝间的相对位置偏差量。电参数的静态变化和动态变化都可以作为特征信号提取出来，以实现高低及水平两个方向的跟踪控制。

目前广泛采用测量焊接电流 I、电弧电压 U 和送丝速度 v 的方法来计算工件与焊丝之间的距离 $H=f\ (I,\ U,\ v)$，并应用模糊控制技术实现焊接跟踪。电弧传感结构简单，响应速度快，主要适用于对称侧壁的坡口（如 V 形坡口），而对于那些无对称侧壁或根本就无侧壁的接头形式，如搭接接头、不开坡口的对接接头等形式，现有的电弧传感器则不能识别。

（2）旋转电弧传感器

摆动电弧传感器的摆动频率一般只能达到 5Hz，限制了电弧传感器在高速和薄板搭接接头焊接中的应用。与摆动电弧传感器相比，旋转电弧传感器的高速旋转增加了焊枪位置偏差的检测灵敏度，极大地改善了跟踪的精度。

高速旋转扫描电弧传感器结构如图 3-111 所示，采用空心轴电机直接驱动，在空心轴上通过同轴安装的同心轴承支撑导电杆。在空心轴的下端偏心安装调心轴承，导电杆安装于该轴承内孔中，偏心量由滑块来调节。当电机转动时，下调心轴承将拨动导电杆的上端。电弧扫描测位传感器为递进式光电码盘，利用分度脉冲进行电机转速闭环控制。

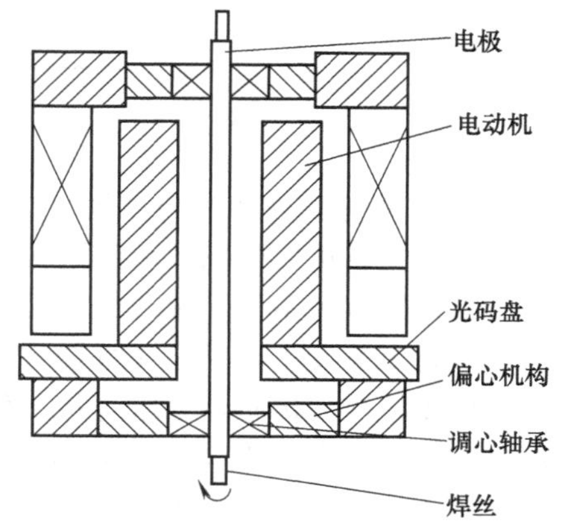

图 3-111　高速旋转扫描弧传感器结构

在弧焊接机器人的第六个关节上，安装一个焊炬夹持件，将原来的焊炬卸下，把高速旋转扫描电弧传感器安装在焊炬夹持件上。焊缝纠偏系统如图 3-112 所示，高速旋转扫描电弧传感器的安装姿态与原来的焊炬姿态一样，即焊丝端点的参考点的位置及角度保持不变。

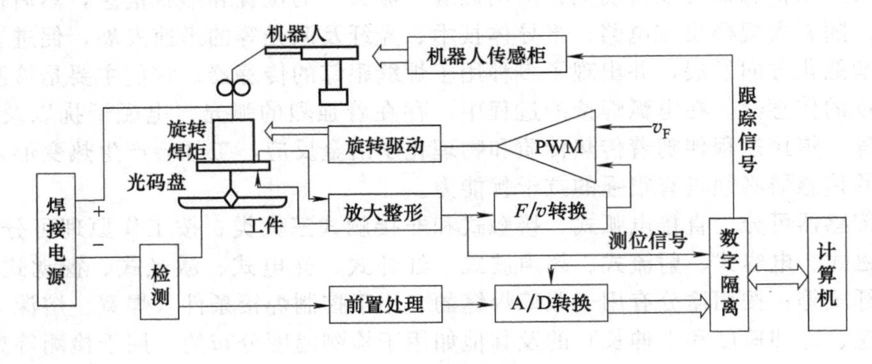

图 3-112 焊缝纠偏系统

（3）电弧传感器的信号处理

电弧传感器的信号处理主要采用极值比较法和积分差值法。在比较理想的条件下可得到满意的结果，但在非 V 形坡口及非射流过渡焊时，坡口识别能力差，信噪比低，应用遇到很大困难。为进一步扩大电弧传感器的应用范围，提高其可靠性，在建立传感器物理数学模型的基础上，利用数值仿真技术，采用空间变换，用特征谐波的向量作为偏差量的大小及方向的判据。

3.5.2 超声传感跟踪系统

超声传感跟踪系统中使用的超声波传感器分两种类型：接触式超声波传感器和非接触式超声波传感器。

（1）接触式超声波传感器

接触式超声波传感器跟踪系统原理如图 3-113 所示，两个超声波探头置于焊缝两侧，距焊缝相等距离。两个超声波传感器同时发出具有相同性质的超声波，根据接收超声波的声程来控制焊接熔深；比较两个超声波的回波信号，确定焊缝偏离方向和大小。

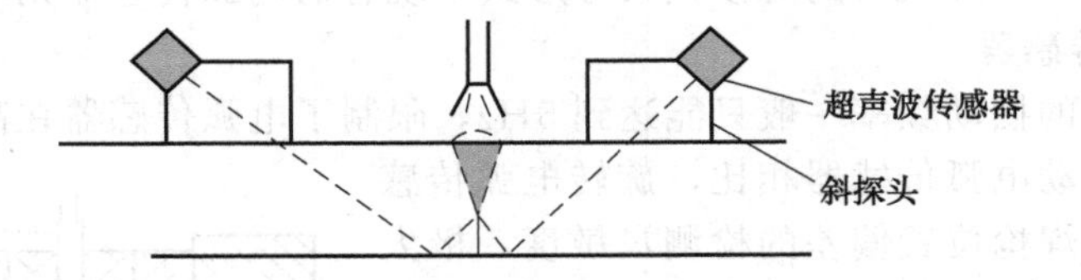

图 3-113 接触式超声波传感器跟踪系统原理

（2）非接触式超声波传感器

非接触式超声波传感器跟踪系统中使用的超声波传感器分为聚焦式和非聚焦式，两种传感器的焊缝识别方法不同。聚焦超声波传感器是在焊缝上方采用左右扫描的方式来检测焊缝的，而非聚焦超声波发生器是在焊枪前方检测焊缝的。

非聚焦超声波传感器要求焊接工件能在 45°方向反射回波信号，焊缝的偏差在超声波声束的覆盖范围内，适用于 V 形坡口焊缝和搭接接头焊缝。图 3-114 所示为 P-50 机器人焊缝跟踪装置，超声波传感器位于焊枪前方的焊缝上面，沿垂直于焊缝的轴线旋转，超声波传感器始终与工件成 45°角，旋转轴的中心线与超声波束中心线交于工件表面。

3.5.3 视觉传感跟踪系统

在弧焊过程中，由于存在弧光、电弧热、飞溅以及烟雾等多种强烈的干扰，这是使用这种视觉传感方法首先需要解决的问题。在弧焊机器人中，根据使用的照明光的不同，可以把视觉方法分为被动视觉和主动视觉两种。被动视觉指利用弧光或普通光源和摄像机组成的系统，而主动视觉一般指使用具有特定结构的光源与摄像机组成的视觉传感器系统。

（1）被动视觉

在大部分被动视觉方法中电弧本身就是检测位置，所以没有因热变形等因素所引起的超前检测误差，并且能够获取接头和熔池的大量信息，这对于焊接质量自适应控制非常有利。但是，直接观测法容易受到电弧的严重干扰，信息的真实性和准确性有待提高。它较难获得接头的三维信息，也不能用于埋弧焊。

（2）主动视觉

为了获取接头的三维轮廓，人们研究了基于三角测量原理的主动视觉方法。由于采用的光源的能量大都比电弧的能量小，因此一般把这种传感器放在焊枪前面以避开弧光直射的干扰。主动光源一般为单光面或多光面的激光或扫描的激光束。为简单起见，分别称为结构方法和激光扫描法。由于光源是可控的，所获取的图像受环境的干扰可滤掉，真实性好，因此低层处理稳定、简单，实时性好。

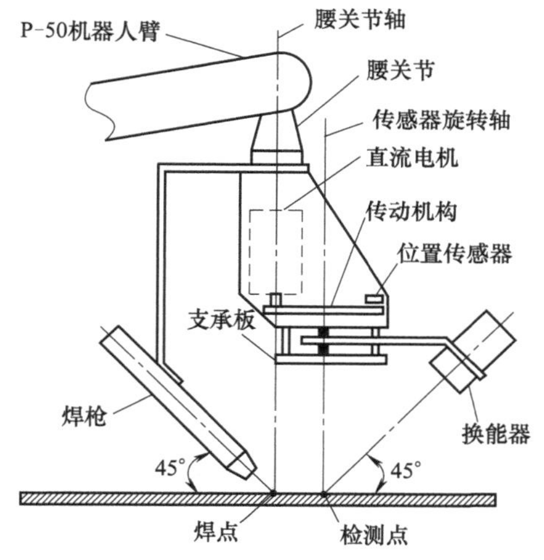

图 3-114 P-50 机器人焊缝跟踪装置

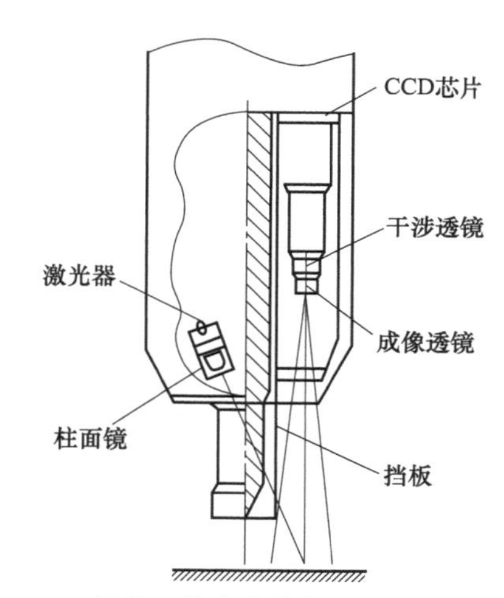

图 3-115 焊枪一体式的结构光视觉传感器结构

（3）结构光视觉传感器

图 3-115 所示为焊枪一体式的结构光视觉传感器结构。激光束经过柱面镜形成单条纹结构光。由于 CCD 摄像机与焊枪存在合适的位置关系，避开了电弧光直射的干扰。由于结构光法中的敏感器都是面型的，因此实际应用中所遇到的困难主要是：当结构光照射在经过钢丝刷去除氧化膜或磨削过的铝板或其他金属板表面时，会产生强烈的二次反射，这些光也成像在敏感器上，往往会使后续的处理失败。另一个问题是投射光纹的光强分布不均匀，由于获取的图像质量需要经过较为复杂的后续处理，因此精度也会降低。

（4）激光扫描视觉传感器

同结构光方法相比，激光扫描方法中光束集中于一点，因而信噪比要大得多。目前用于激光扫描三角测量的敏感器主要有二维面型 PSD、线型 PSD 和 CCD。图 3-116 所示为面型 PSD 位置传感器与激光扫描组成的接头跟踪传感器的结构原理。典型的采用激光扫描和 CCD 器件接收的视觉传感器结构原理如图 3-117 所示。它采用转镜进行扫描，扫描速度较高。通过测量电机的转角，增加了一维信息。它可以测量出轮廓尺寸。在焊接自动化领域中，视觉传感器已成为获取信息的重要手段。在获取与焊接池有关的状态信息时，一般多采用单摄像机，这时图像信息是二维的。在检测接头位置和尺寸等三维信息时，一般采用激光扫描或结构光视觉方法，而激光扫描方法与现代 CCD 技术的结合代表了高性能主动视觉传感器的发展方向。

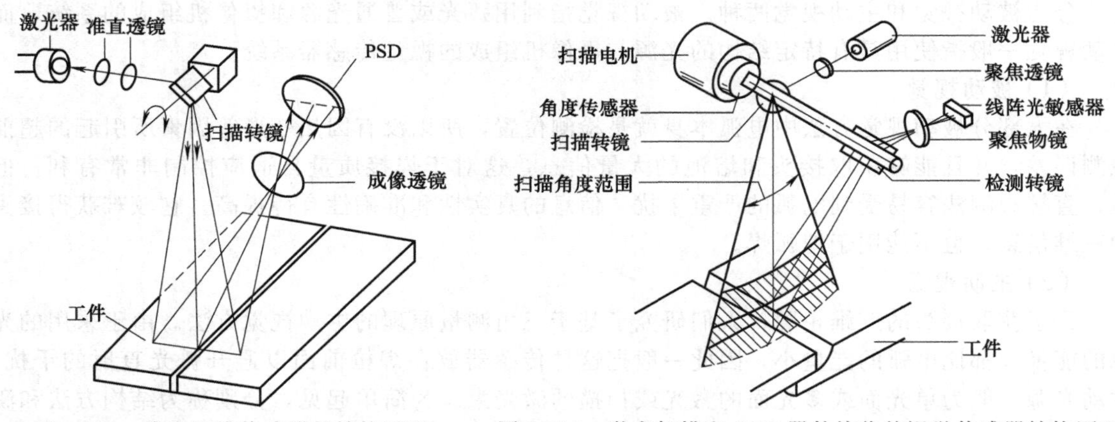

图 3-116　接头跟踪传感器的结构原理　　图 3-117　激光扫描和 CCD 器件接收的视觉传感器结构原理

第4章

工业机器人的传动系统与驱动系统

4.1 工业机器人的传动系统

工业机器人传动系统要求结构紧凑、重量轻、转动惯量和体积小，要求消除传动间隙，提高其运动和位置精度。工业机器人传动装置除齿轮传动、蜗杆传动、链传动和行星齿轮传动外，还常用滚珠丝杠、谐波齿轮、钢带、同步齿形带进行传动。工业机器人常用传动方式的比较与分析如表4-1所示。

表4-1 工业机器人常用传动方式的比较与分析

传动方式	特点	运动形式	传动距离	简图	应用部件	实例(机器人型号)
圆柱齿轮	用于为手臂第一转动轴提供大转矩	转转	近		臂部	Unimate FUMA560
锥齿轮	转动轴方向垂直相交	转转	近	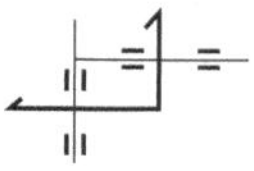	臂部 腕部	Unimate
蜗轮蜗杆	大传动比，质量大，有发热问题	转转	近	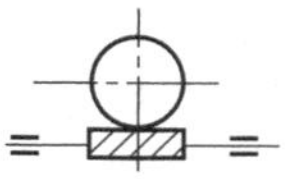	臂部 腕部	FANUC M1
行星传动	大传动比，价格高，质量大	转转	近	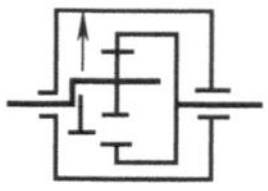	臂部 腕部	Unimate PUMA560
谐波传动	很大的传动比，尺寸小，重量轻	转转	近		臂部 腕部	ASEA
链传动	无间隙，质量大	转转 转移 移转	远	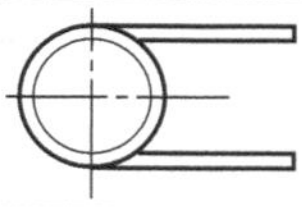	足部 腕部	ASEA IR66
同步齿形带	有间隙和振动，重量轻	转转 转移 移转	远	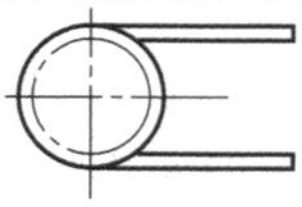	腕部 手部	KUKA
钢丝传动	远距离传动很好，有轴向伸长问题	转转 转移 移转	远		腕部 手部	S. Hirose
四杆传动	远距离传动力性能很好	转转	远	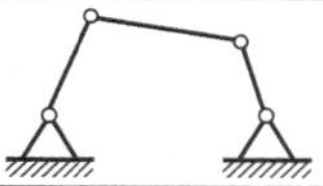	臂部 手部	Unimate 2000

续表

传动方式	特点	运动形式	传动距离	简图	应用部件	实例(机器人型号)
曲柄滑块机构	特殊应用场合	转移 移转	远		腕部 手部 臂部	大量的手爪将油(气)缸的运动转化为手指摆动
丝杠螺母	高传动比,有摩擦与润滑问题	转移	远		腕部 手部	精工 PT300H
滚珠丝杠螺母	很大的传动比,高精度,高可靠性,昂贵	转移	远		臂部 腕部	Motorman L10
齿轮齿条	精度高,价格低	转移 移转	远		腕部 手部 臂部	Unimate 2000
液压 气压	液压和气动的各种变形形式	转移	远		腕部 手部 臂部	Unimate 2

4.1.1 带传动和链传动

带传动和链传动用于传递平行轴之间的回转运动，或把回转运动转换成直线运动。机器人中的带传动和链传动分别通过带轮或链轮传递回转运动，有时还用来驱动平行轴之间的小齿轮。

(1) 多联 V 形带

多联 V 形带又称复合 V 形带（图 4-1），有双联式和三联式两种，每种都有 3 种不同的截面，横断面呈楔形，如图 4-2 所示，楔角为 40°。

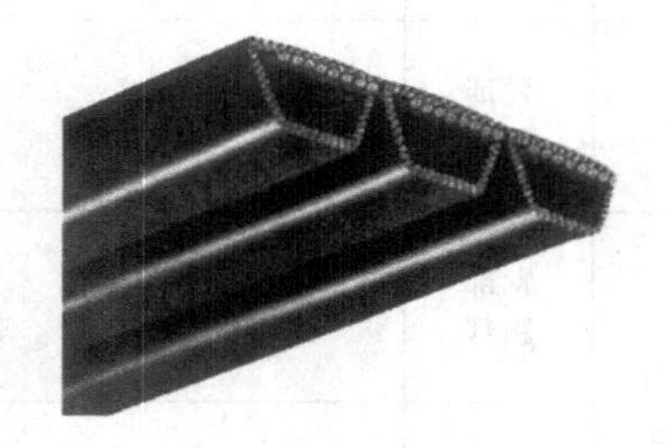

图 4-1　多联 V 形带实物图

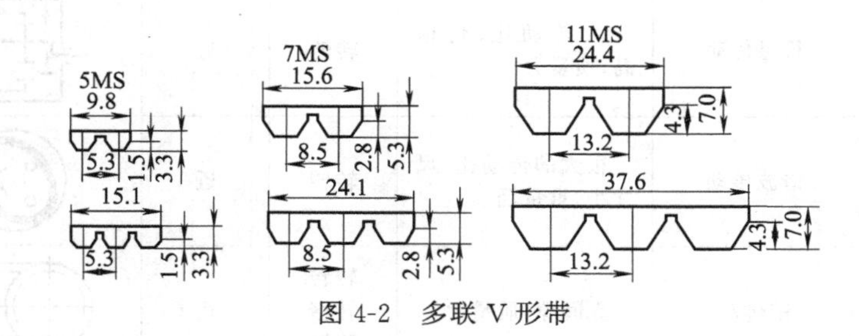

图 4-2　多联 V 形带

(2) 多楔带

如图 4-3 所示，多楔带综合了 V 形带和平皮带的优点。多楔带有 H 型、J 型、K 型、L 型、M 型等型号，数控机床上常用的多楔带有 J 型齿距为 2.4mm，L 型齿距为 4.8mm，M 型齿距为 9.5mm 三种规格。

(3) 齿形带

齿形带又称为同步齿形带，根据齿形不同又分为梯形同步齿带和圆弧齿同步带，如图 4-4 所示。同步齿形带的规格是以相邻两齿的节距来表示的（与齿轮的模数相似），主轴功率为3～10kW 的加工中心多采用节距为 5mm 或 8mm 的圆弧齿形带，型号为 5M 或 8M。

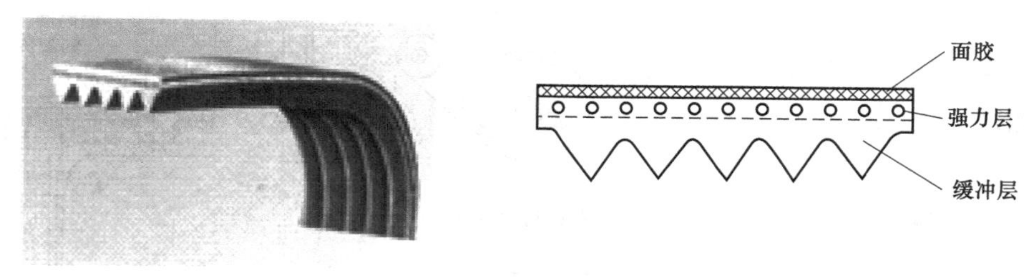

图 4-3　多楔带的结构

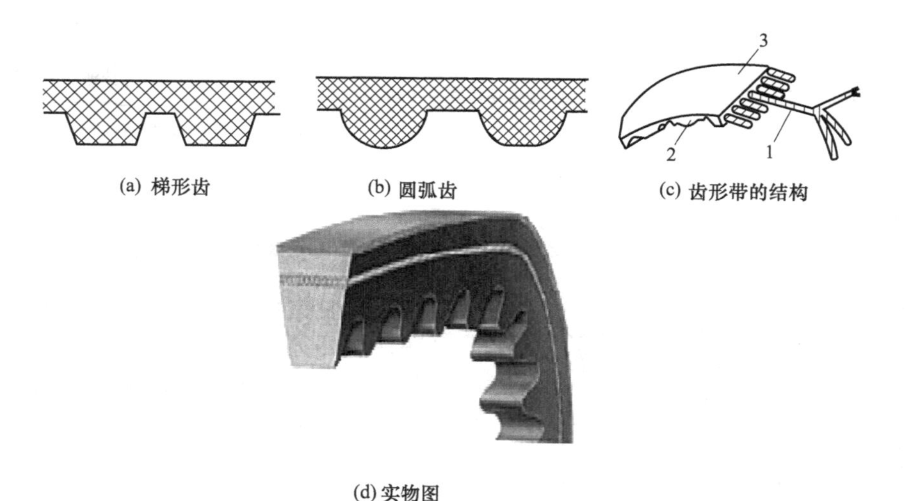

图 4-4　同步齿形带

1—强力层；2—带齿；3—带背

（4）滚子链传动

滚子链传动属于比较完善的传动机构，由于噪声小，效率高，因此得到了广泛的应用。但是，高速运动时滚子与链轮之间的碰撞会产生较大的噪声和振动，只有在低速时才能得到满意的效果，即滚子链传动适用于低惯性负载的关节传动。链轮齿数少，摩擦力会增加，要得到平稳的运动，链轮的齿数应大于 17，并尽量采用奇数齿。

（5）绳传动

绳传动广泛应用于机器人的手爪开合传动，特别适用于有限行程的运动传递。绳传动的主要优点是：钢丝绳强度大，各方向上的柔软性好，尺寸小，预载后有可能消除传动间隙。绳传动的主要缺点是：不加预载时存在传动间隙；因为绳索的蠕变和索夹的松弛而使传动不稳定；多层缠绕后，在内层绳索及支承中损耗能量；效率低；易积尘垢。

（6）钢带传动

钢带传动的优点是传动比精确，传动件质量小，惯量小，传动参数稳定，柔性好，不需要润滑，强度高。如图 4-5 所示为钢带传动。钢带末端紧固在驱动轮和被驱动轮上，因此，摩擦力不是传动的重要因素。钢带传动适用于有限行程的传动。图 4-5（a）所示为等传动比传动；图 4-5（c）所示为适合于变化的传动比的回转传动；图 4-5（b）、（d）所示为两种直线传动，而图 4-5（a）、（c）所示为两种回转传动。

钢带传动已成功应用在 ADEPT 机器人上，其以 1∶1 速比的直接驱动在立轴和小臂关节轴之间进行远距离传动，如图 4-6 所示。

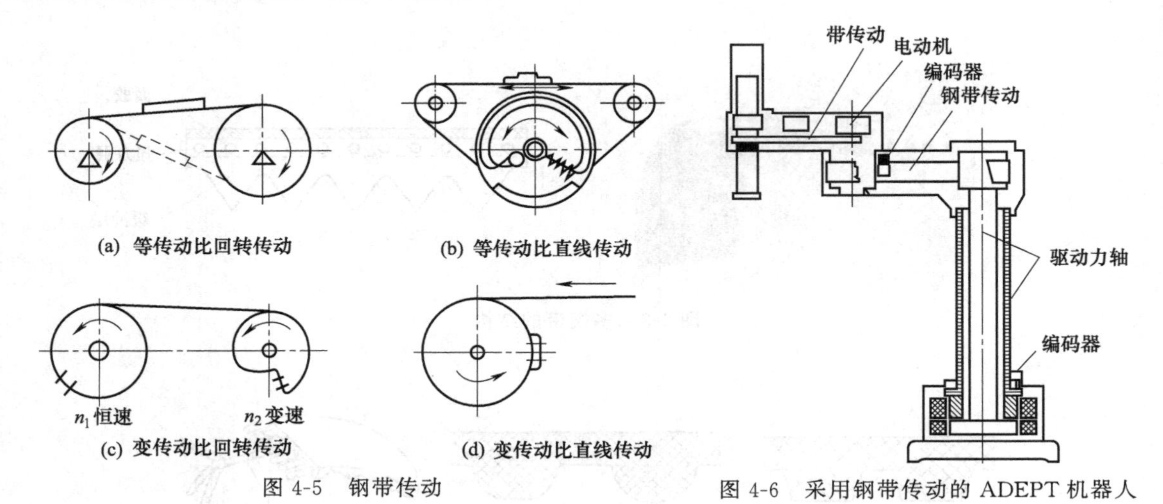

(a) 等传动比回转传动　(b) 等传动比直线传动

(c) 变传动比回转传动　(d) 变传动比直线传动

图 4-5　钢带传动

图 4-6　采用钢带传动的 ADEPT 机器人

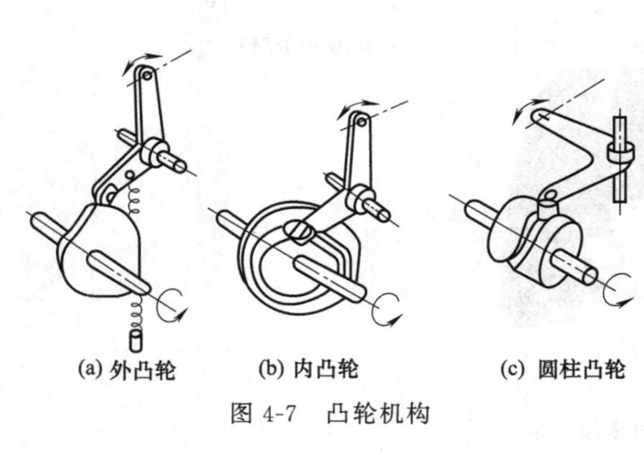

(a) 外凸轮　(b) 内凸轮　(c) 圆柱凸轮

图 4-7　凸轮机构

4.1.2 连杆与凸轮传动

重复完成简单动作的搬运机器人（固定程序机器人）中广泛采用杆、连杆与凸轮机构（图 4-7、图 4-8）。例如，从某位置抓取物体放在另一位置上的作业。连杆机构的特点是用简单的机构可得到较大的位移，而凸轮机构具有设计灵活、可靠性高和形式多样等特点。外凸轮机构是最常见的机构，它借助于弹簧可得到较好的高速性能。内凸轮驱动时要求有一定的间隙，其高速性能劣于前者。圆柱凸轮用于驱动摆杆，而摆杆在与凸轮回转方向平行的面内摆动。

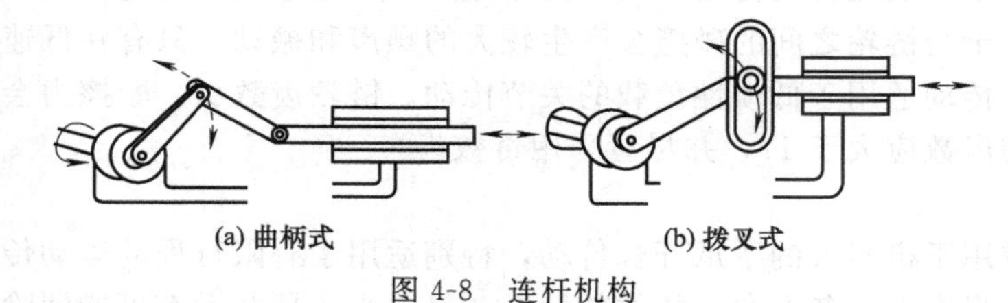

(a) 曲柄式　(b) 拨叉式

图 4-8　连杆机构

4.1.3 丝杠传动

（1）普通丝杠

普通丝杠驱动是由一个旋转的精密丝杠驱动一个螺母沿丝杠轴向移动。由于普通丝杠的摩擦力较大、效率低、惯性大、在低速时容易产生爬行现象，而且精度低，回差大，因此在机器人上很少采用。图 4-9 所示为普通丝杠传动的几种形式。

（2）滚珠丝杠螺母副

现在数控机床上常用滚珠丝杠螺母副作为传动元件。滚珠丝杠螺母副是一种在丝杠和螺母间装有滚珠作为中间元件的丝杠副，其结构原理如图 4-10 所示。在丝杠 3 和螺母 1 上都有半圆弧形的螺旋槽，当它们套装在一起时便形成了滚珠的螺旋滚道。螺母上有滚珠回路管道 4，将几圈螺旋滚道的两端连接起来构成封闭的循环滚道，并在滚道内装满滚珠 2。当丝杠 3 旋转时，滚珠 2 在滚道内沿滚道循环转动即自转，迫使螺母（或丝杠）轴向移动。

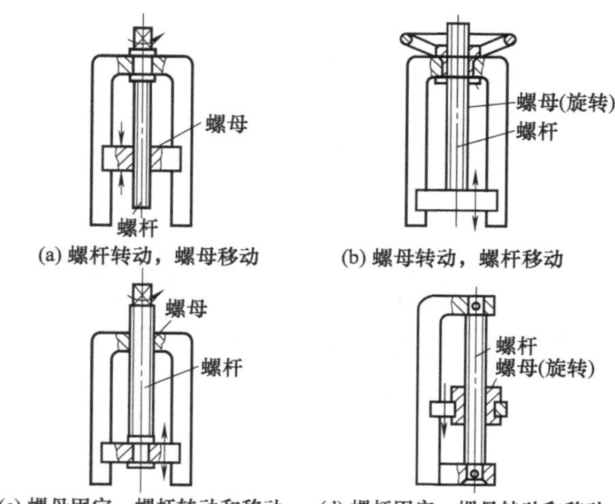

图 4-9　普通丝杠的传动形式

① 滚珠丝杠螺母副的种类　滚珠丝杠副从问世至今，其结构有十几种之多，通过多年的改进，现国际上基本流行的结构有如图 4-11 所示的四种。不同的循环方式也有不同的类型，比如外循环方式，从结构上看有以下三种形式。

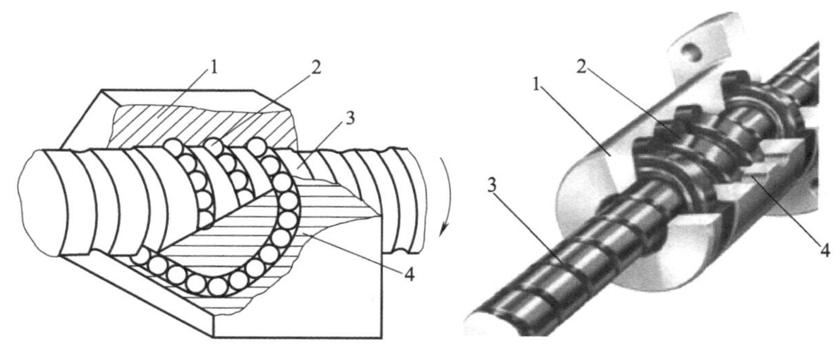

图 4-10　滚珠丝杠螺母副的结构原理

1—螺母；2—滚珠；3—丝杠；4—滚珠回路管道

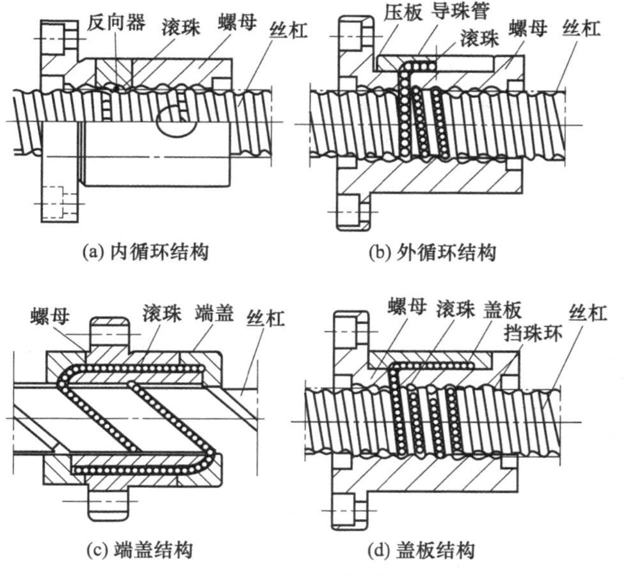

图 4-11　滚珠丝杠的结构

a. 螺旋槽式。如图 4-12 所示，在螺母 2 的外圆表面上铣出螺纹凹槽，槽的两端钻出两个与螺纹滚道相切的通孔，螺纹滚道内装入两个挡珠器 4 引导滚珠 3 通过这两个孔，用套筒 1 盖住凹槽，构成滚珠的循环回路。这种结构的特点是工艺简单、径向尺寸小、易于制造，但是挡珠器刚度差、易磨损。

b. 插管式。如图 4-13 所示，用一弯管 1 代替螺纹凹槽，弯管的两端插入与螺纹滚道 5 相切的两个内孔，用弯管的端部引导滚珠 4 进入弯管，构成滚珠的循环回路。再用压板 2 和螺钉将弯管固定。插管式结构简单、容易制造，但是径向尺寸较大，弯管端部用作挡珠器比较容易磨损。

c. 端盖式。如图 4-14 所示，在螺母 1 上钻出纵向孔作为滚子回程滚道，螺母两端装有两块扇形盖板（或套筒）2，滚珠的回程道口就在盖板上。滚道半径为滚珠直径的 1.4～1.6 倍。这种方式结构简单、工艺性好，但因滚道吻接和弯曲处圆角不易准确制作而影响其性能，故应用较少；常以单螺母形式用于升降传动机构。

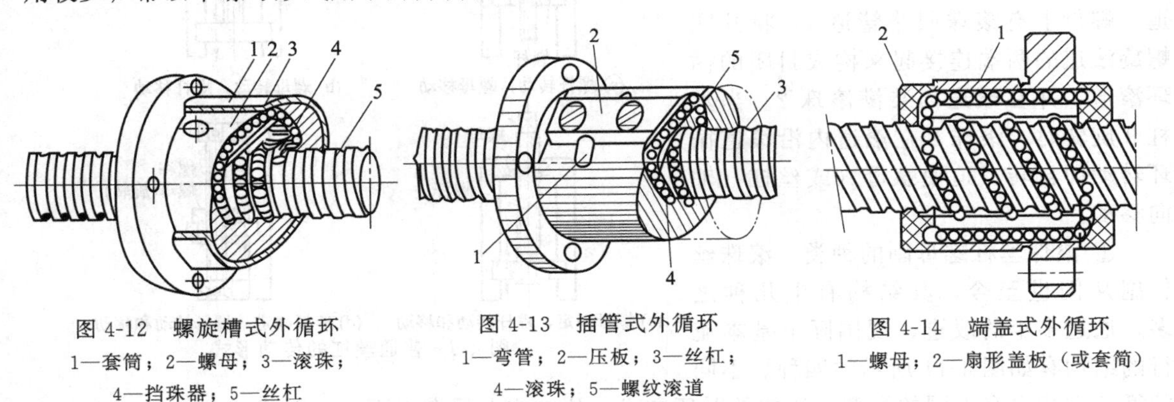

图 4-12 螺旋槽式外循环
1—套筒；2—螺母；3—滚珠；4—挡珠器；5—丝杠

图 4-13 插管式外循环
1—弯管；2—压板；3—丝杠；4—滚珠；5—螺纹滚道

图 4-14 端盖式外循环
1—螺母；2—扇形盖板（或套筒）

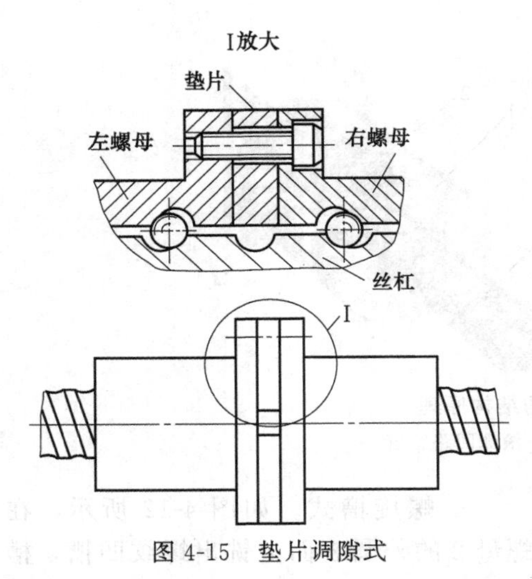

图 4-15 垫片调隙式

② 滚珠丝杠螺母副间隙的调整 为了保证滚珠丝杠反向传动精度和轴向刚度，必须消除滚珠丝杠螺母副轴向间隙。消除间隙的方法常采用双螺母结构，利用两个螺母的相对轴向位移，使两个滚珠螺母中的滚珠分别贴紧在螺旋滚道的两个相反的侧面上，用这种方法预紧消除轴向间隙时，应注意预紧力不宜过大（小于 1/3 最大轴向载荷），预紧力过大会使空载力矩增加，从而降低传动效率，缩短使用寿命。

a. 双螺母消隙。常用的双螺母丝杠消除间隙方法有以下几种：

· 垫片调隙式。如图 4-15 所示，调整垫片厚度使左右两螺母产生轴向位移，即可消除间隙和产生预紧力。这种方法结构简单，刚性好，但不便于调整，滚道有磨损时不能随时消除间隙和进行预紧。

· 螺纹调整式。如图 4-16 所示，螺母 1 的一端有凸缘，螺母 7 外端制有螺纹，调整时只要旋动圆螺母 6，即可消除轴向间隙并可达到产生预紧力的目的。

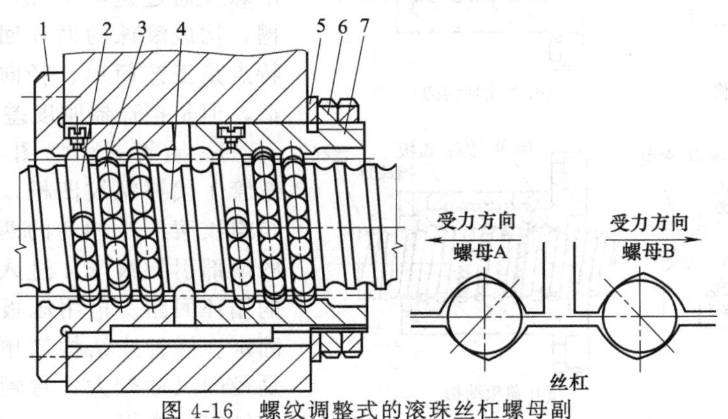

图 4-16 螺纹调整式的滚珠丝杠螺母副
1,7—螺母；2—反向器；3—钢球；4—螺杆；5—垫圈；6—圆螺母

· 齿差调隙式。如图 4-17 所示，在两个螺母的凸缘上各制有圆柱外齿轮，分别与固紧在套筒两端的内齿圈相啮合，其齿数分别为 z_1 和 z_2，并相差一个齿。调整时，先取下内齿圈，让两个螺母相对于套筒同方向都转动一个齿，然后再插入内齿圈，则两个螺母便产生相对角位移，其轴向位移量 $S=(1/z_1-1/z_2)\ P_n$。例如，$z_1=80$，$z_2=81$，滚珠丝杠的导程为 $P_n=6\text{mm}$ 时，$S=6/6480\approx0.001\text{mm}$，这种调整方法能精确调整预紧量，调整方便、可靠，但结构尺寸较大，多用于高精度的传动。

· 弹簧式自动预紧调整式。如图 4-18 所示，双螺母中一个活动另一个固定，用弹簧使其间始终有产生轴向位移的推动力，从而获得预紧力。其特点是能消除使用过程中因磨损或弹性变形产生的间隙，但其结构复杂、轴向刚度低，通常用于轻载场合。

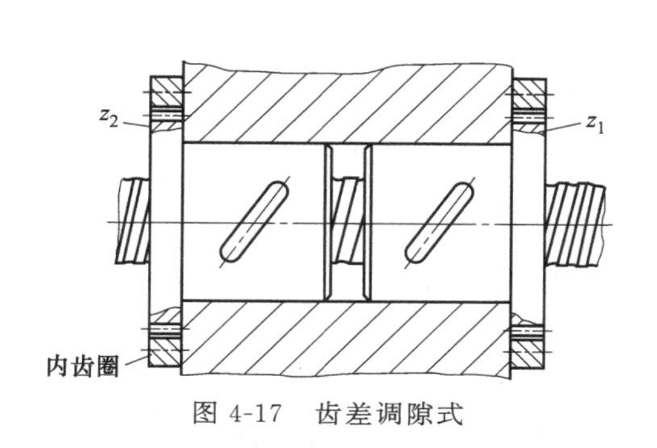

图 4-17　齿差调隙式

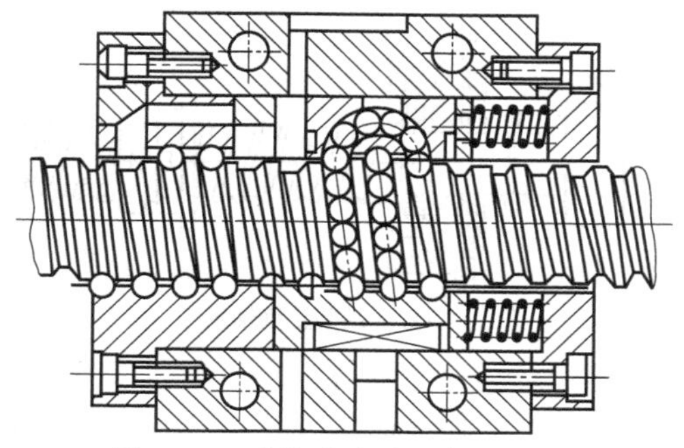

图 4-18　弹簧式自动预紧调整式

b. 单螺母消隙。

· 单螺母变位螺距预加负荷。如图 4-19 所示，它是在滚珠螺母体内的两列循环珠链之间，使内螺母滚道在轴向产生一个 ΔL_0 的螺距突变量，从而使两列滚珠在轴向错位实现预紧。这种调隙方法结构简单，但负荷量需预先设定且不能改变。

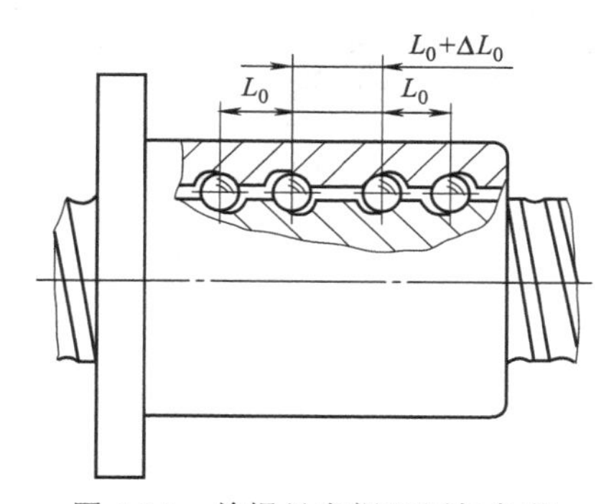

图 4-19　单螺母变螺距预加负荷

· 单螺母螺钉预紧。如图 4-20 所示，螺母的专业生产工作完成精磨之后，沿径向开一薄槽，通过内六角调整螺钉实现间隙的调整和预紧。该专利技术成功地获得了开槽后滚珠在螺母中良好的通过性。单螺母结构不仅具有很好的性能价格比，而且间隙的调整和预紧极为方便。

· 单螺母增大滚珠直径预紧方式。该方式采用单螺母加大滚珠直径产生预紧，磨损后不可恢复，如图 4-21 所示。

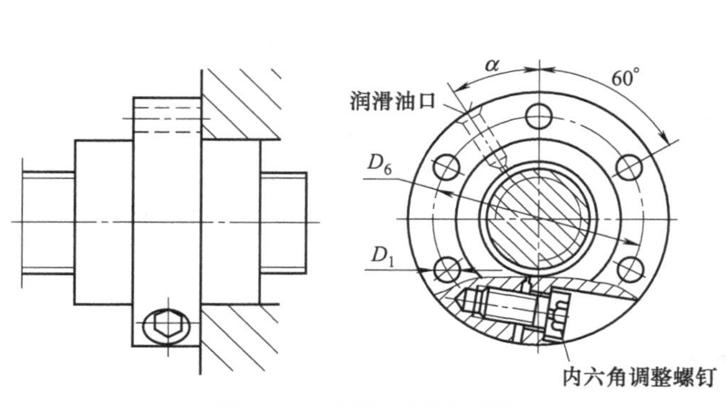

图 4-20　单螺母螺钉预紧

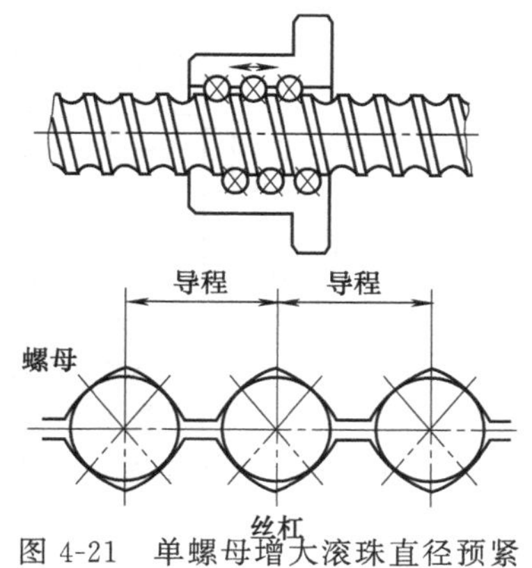

图 4-21　单螺母增大滚珠直径预紧

③ 滚珠丝杠的支承　滚珠丝杠常采用推力轴承支座，以提高轴向刚度（当滚珠丝杠的轴向负载很小时，也可采用角接触球轴承支座），滚珠丝杠在机床上的安装支承方式有图 4-22 所示的几种。近年来出现了一种滚珠丝杠专用轴承，其结构如图 4-23 所示。这是一种能够承受很大轴向力的特殊角接触球轴承，与一般角接触球轴承相比，接触角增大到 60°，增加了滚珠的数目并相应减小了滚珠的直径。产品成对出售，而且在出厂时已经选配好内外环的厚度，装配调试时只要用螺母和端盖将内环和外环压紧，就能获得出厂时已经调整好的预紧力，使用极为方便。

如图 4-24 所示为采用丝杠螺母传动的手臂升降机构。由电动机 1 带动蜗杆 2 使蜗轮 5 回转，依靠蜗轮内孔的螺纹带动丝杠 4 作升降运动。为了防止丝杠的转动，在丝杠上端铣有花键，与固定在箱体 6 上的花键套 7 组成导向装置。

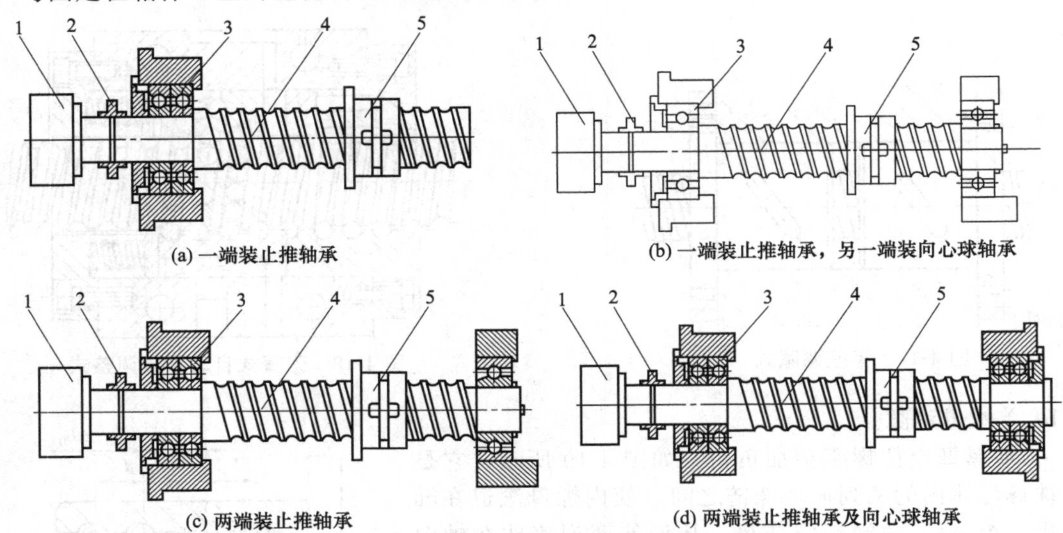

图 4-22　滚珠丝杠在机床上的支承方式

1—电动机；2—弹性联轴器；3—轴承；4—滚珠丝杠；5—滚珠丝杠螺母

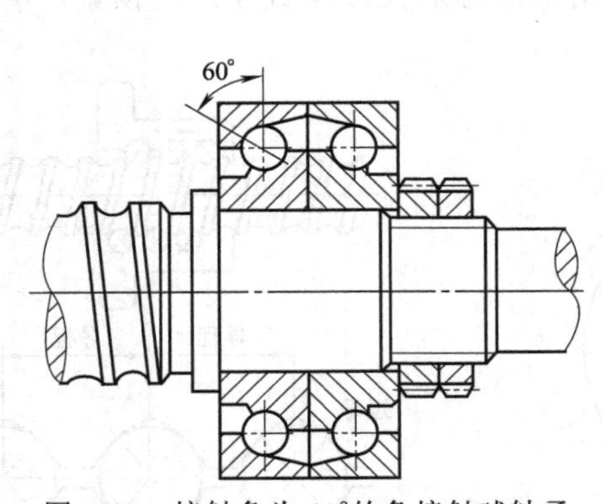

图 4-23　接触角为 60°的角接触球轴承

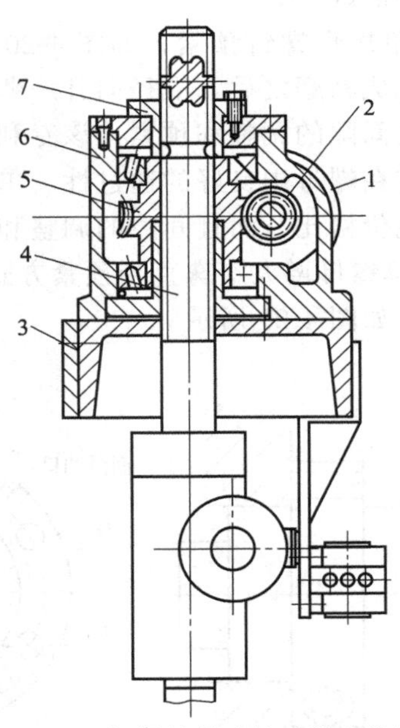

图 4-24　丝杠螺母传动的手臂升降机构

1—电动机；2—蜗杆；3—臂架；4—丝杠；5—蜗轮；6—箱体；7—花键套

4.1.4 流体传动

流体传动分为液压传动和气压传动。液压传动由液压泵、液压马达或液压缸组成，可得到高转矩-惯性比。气压传动比其他传动运动精度差，但由于容易达到高速，多数用在完成简易作业的搬运机器人上。液压、气压传动中，模块化和小型化的机构较易得到应用。例如，驱动机器人端部手爪上由多个伸缩动作气缸集成的内装式移动模块；气缸与基座或滑台采用一体化设计，并由滚动导轨引导移动支承在转动部分的基座和滑台内的后置式模块等。

如图 4-25 所示为手臂作回转运动的结构。活塞缸两腔分别进压力油，推动齿条活塞作往复移动，而与齿条啮合的齿轮即作往复回转。由于齿轮与手臂固连，从而实现手臂的回转运动。在手臂的伸缩运动中，为了使手臂移动的距离和速度有定值地增加，可以采用齿轮齿条传动的增倍机构。

如图 4-26 所示为气压传动的齿轮齿条增倍手臂机构。活塞杆 3 左移时，与活塞杆 3 相连接的齿轮 2 也左移，并使运动齿条 1 一起左移。由于齿轮 2 与固定齿条相啮合，因而齿轮 2 在移动的同时，又迫使其在固定齿条上滚动，并将此运动传给运动齿条 1，从而使运动齿条 1 又向左移动一段距离。因手臂固连于运动齿条 1 上，所以手臂的行程和速度均为活塞杆 3 的两倍。

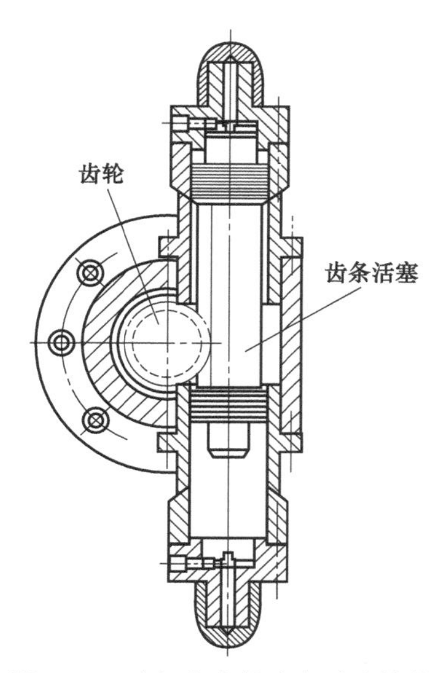

图 4-25　油缸和齿轮齿条手臂结构

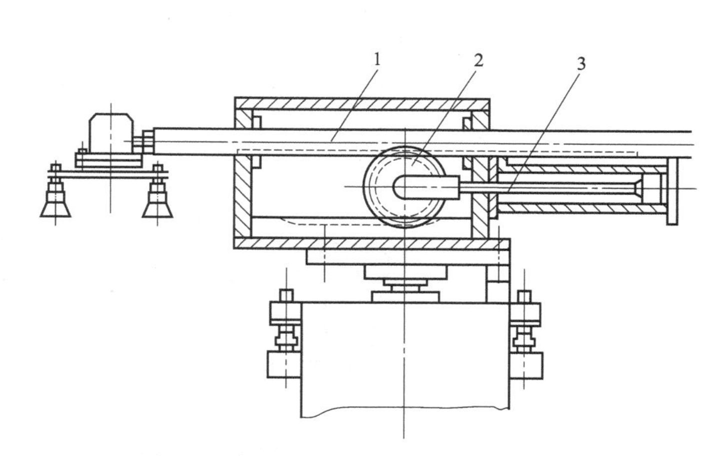

图 4-26　气压传动的齿轮齿条增倍手臂机构
1—运动齿条；2—齿轮；3—活塞杆

4.1.5 导轨传动

（1）塑料导轨

① 贴塑导轨　贴塑导轨摩擦因数低（摩擦因数为 0.03～0.05），且耐磨性、减振性、工艺性均好，广泛应用于中小型数控机床，如图 4-27 所示。

② 注塑导轨　注塑导轨又称为涂塑导轨。其抗磨涂层是环氧型耐磨导轨涂层，其材料是以环氧树脂和二硫化钼为基体，加入增塑剂，混合成膏状为一组分，固化剂为一组分的双组分塑料涂层。这种导轨有良好的可加工性，有良好的摩擦特性和耐磨性，其抗压强度比聚四氟乙

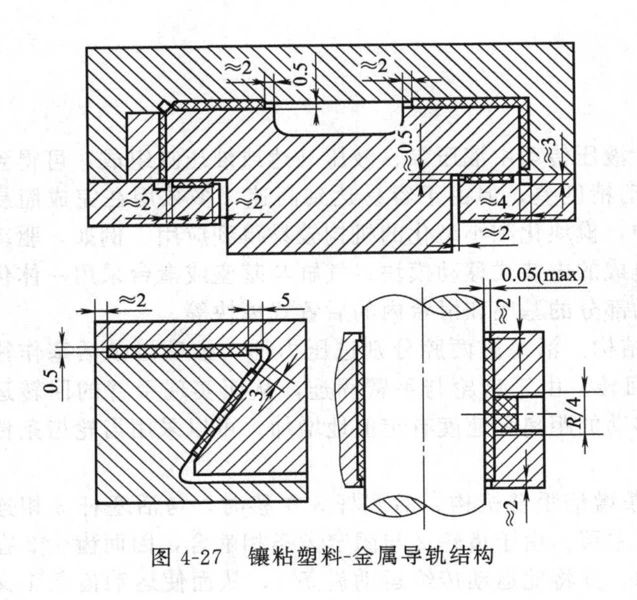

图 4-27 镶粘塑料-金属导轨结构

烯导轨软带要高，特别是可在调整好固定导轨和运动导轨间的相对位置精度后注入塑料，可节省很多工时，适用于大型和重型机床。

（2）滚动导轨

滚动导轨分为直线滚动导轨、圆弧滚动导轨、圆形滚动导轨。直线滚动导轨品种很多，有整体型和分离型之分。整体型滚动导轨常用的有滚动导轨块，如图 4-28 所示，滚动体为滚柱或滚针，其有单列和双列之分。图 4-29 所示为直线滚动导轨副，图 4-29（a）所示滚动体为滚珠，图 4-29（b）所示滚动体为滚柱。为提高抗震性，有时装有抗振阻尼滑座，如图 4-30 所示。

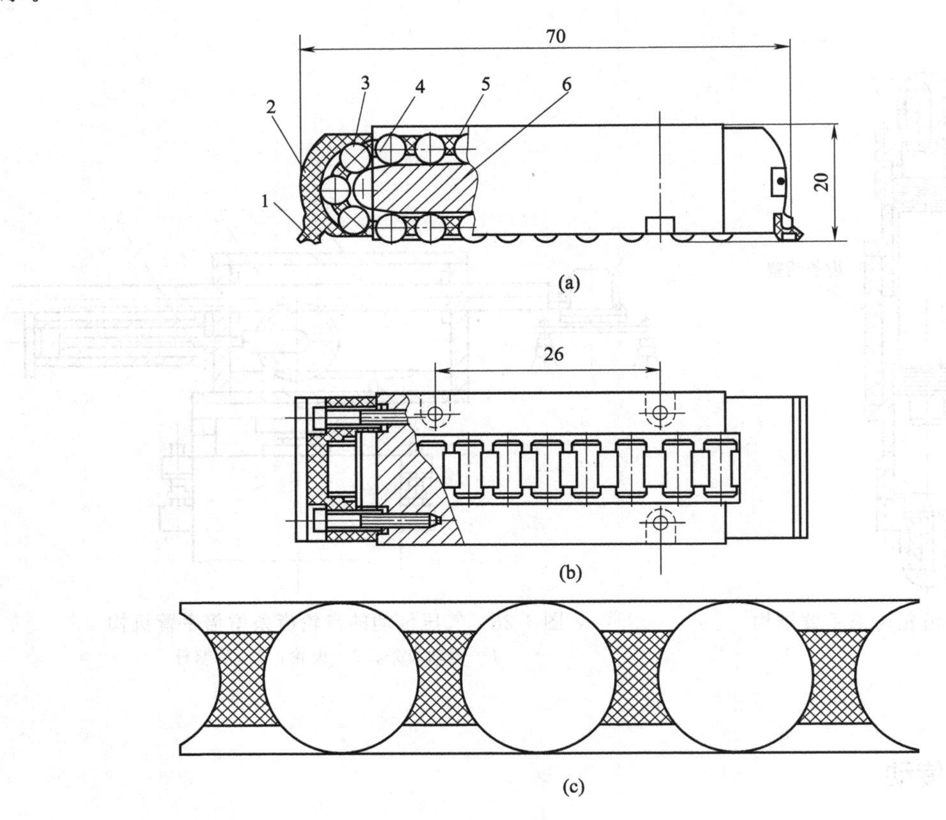

图 4-28 滚动导轨块

1—防护板；2—端盖；3—滚柱；4—导向片；5—保持器；6—本体

传感器也常常安装在导轨上，如图 4-31 所示。磁尺由磁性标尺、磁头和检测电路三部分组成。磁性标尺是在非导磁材料的基体上，覆盖上一层 10～30μm 厚的高导磁材料，形成一层均匀有规则的磁性膜，再用录磁磁头在尺上记录相等节距的周期性磁化信号。

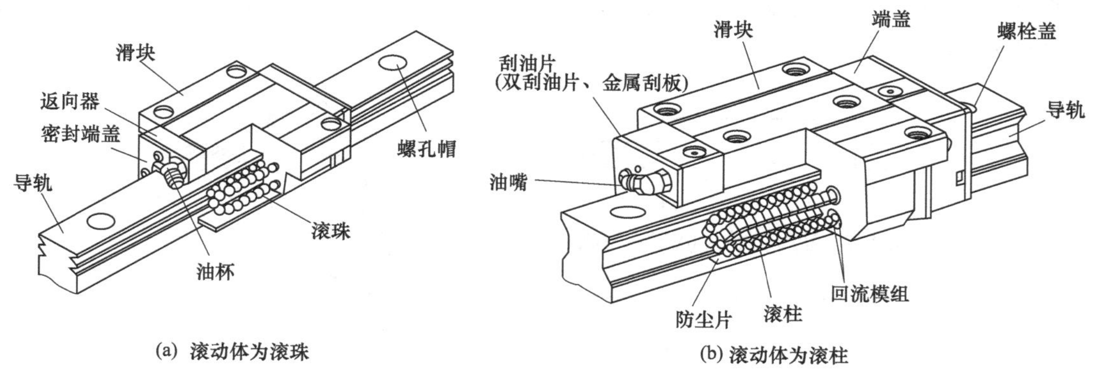

图 4-29　直线滚动导轨

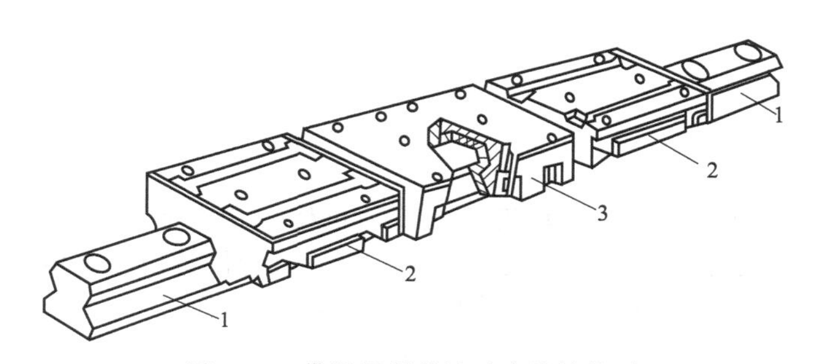

图 4-30　带阻尼器的滚动直线导轨副

1—导轨条；2—循环滚柱滑座；3—抗振阻尼滑座

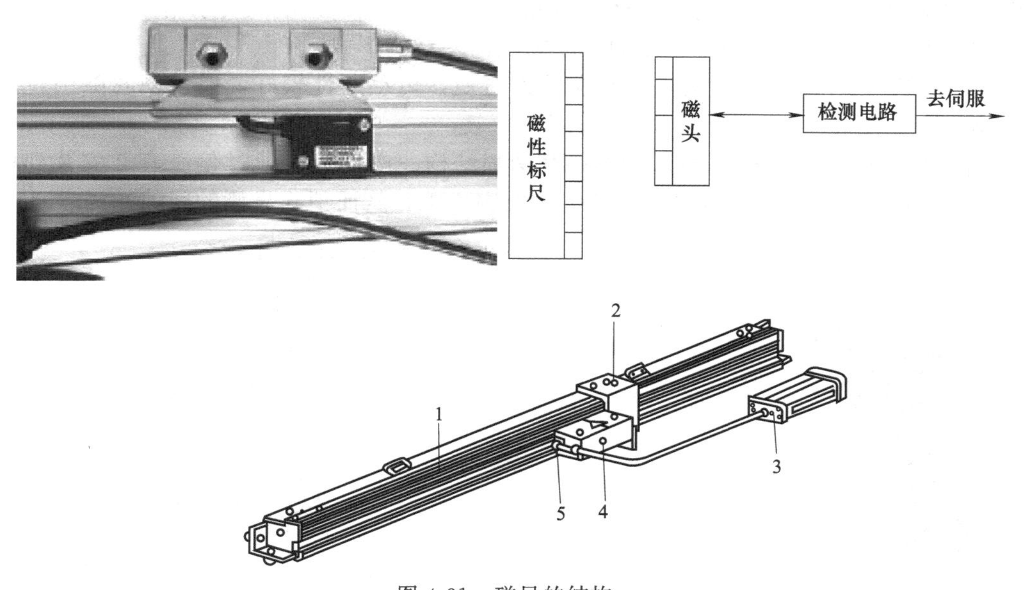

图 4-31　磁尺的结构

1—安装导轨；2—滑块；3—磁头放大器；4—磁头架；5—可拆插头

4.1.6　齿轮传动机构

通常齿条是固定不动的。当齿轮转动时，齿轮轴连同拖板沿齿条方向作直线运动。这样，齿轮的旋转运动就转换成为拖板的直线运动，如图 4-32 所示。拖板是由导杆或导轨支撑的。该装置的回差较大。

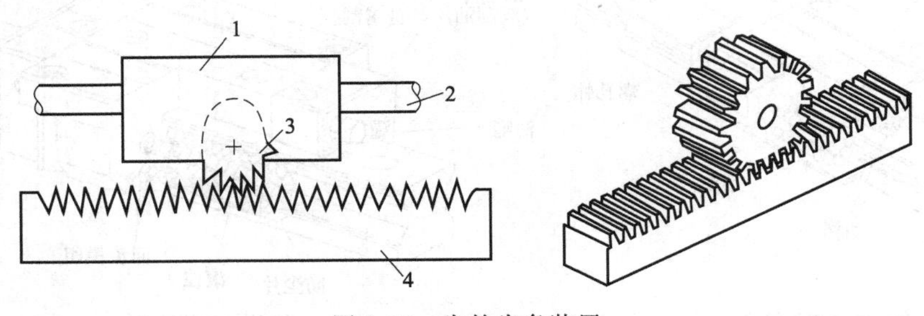

图 4-32 齿轮齿条装置

1—拖板；2—导向杆；3—齿轮；4—齿条

4.1.7 齿轮传动

（1）一般齿轮传动

齿轮链是由两个或两个以上的齿轮组成的传动机构。它不但可以传递运动角位移和角速度，而且可以传递力和力矩。现以具有两个齿轮的齿轮链为例，说明其传动转换关系。其中一个齿轮装在输入轴上，另一个齿轮装在输出轴上，如图 4-33 所示。

（2）消除间隙的齿轮传动结构

在工业机器人的进给驱动系统中，考虑到惯量、转矩的要求，有时要在电动机和丝杠之间加入齿轮传动副，而齿轮等传动副存在的间隙，会使进给运动反向滞后于指令信号，造成反向死区而影响其传动精度和系统的稳定性。因此，为了提高进给系统的传动精度，必须消除齿轮副的间隙。下面介绍几种实践中常用的齿轮间隙消除结构形式。

① 刚性调整法 刚性调整法，能传递较大扭矩，传动刚性较好，但齿侧间隙调整后不能自动补偿。

a. 偏心套调整法。图 4-34 所示为偏心套消隙结构。电动机 1 通过偏心套 2 安装到机床壳体上，通过转动偏心套 2，就可以调整两齿轮的中心距，从而消除齿侧的间隙。

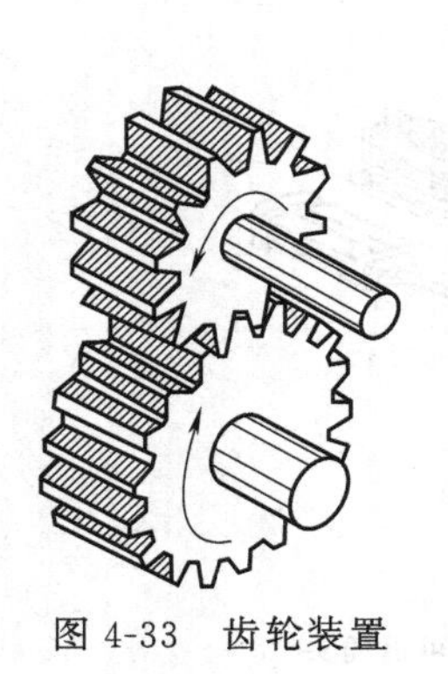

图 4-33 齿轮装置

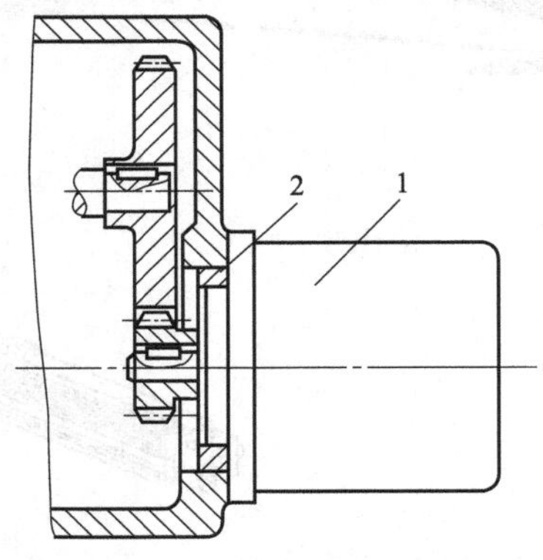

图 4-34 偏心套式消除间隙结构

1—电动机；2—偏心套

b. 锥度齿轮调整法。图 4-35 所示为采用带有锥度的齿轮来消除间隙的结构。在加工齿轮 1 和 2 时，将假想的分度圆柱面改变为带有小锥度的圆锥面，使其齿厚在齿轮的轴向稍有变化。调整时，只要改变垫片 3 的厚度就能调整两个齿轮的轴向相对位置，从而消除齿侧间隙。

c. 斜齿圆柱齿轮轴向垫片调整法。图 4-36 所示为斜齿轮垫片调整法，其原理与错齿调整法相同。斜齿 1 和 2 的齿形拼装在一起加工，装配时在两薄片齿轮间装入已知厚度为 t 的垫片 3，这样它的螺旋便错开了，使两薄片齿轮分别与宽齿轮 4 的左、右齿面贴紧，消除了间隙。垫片 3 的厚度 t 与齿侧间隙 Δ 的关系可用下式表示。

$$t=\Delta\cot\beta$$

式中　β——螺旋角。

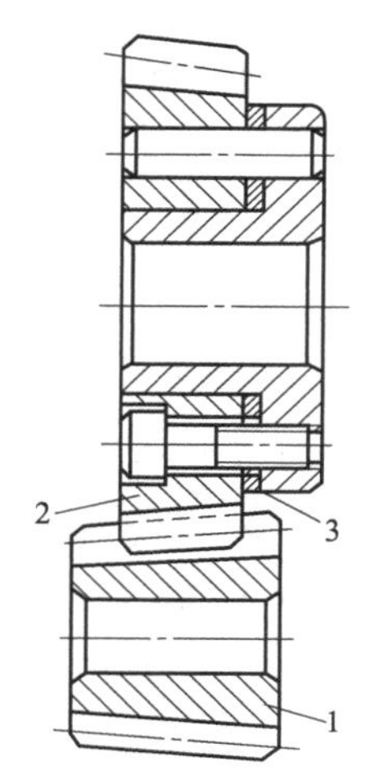

图 4-35　锥度齿轮的消除间隙结构
1,2—齿轮；3—垫片

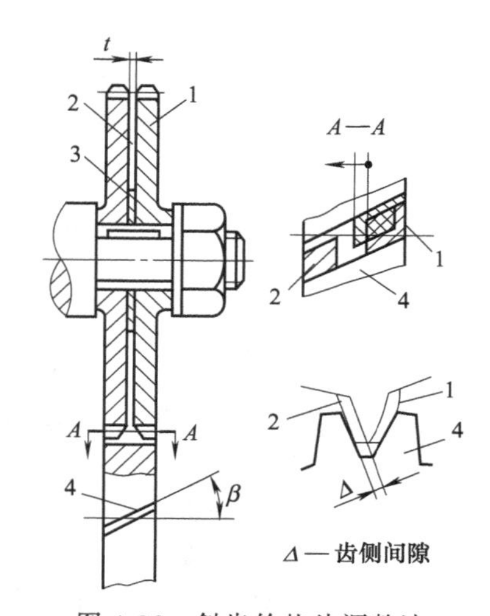

图 4-36　斜齿轮垫片调整法
1,2—薄片齿轮；3—垫片；4—宽齿轮

垫片厚度一般由测试法确定，往往要经几次修磨才能调整好。这种结构的齿轮承载能力较小，且不能自动补偿消除间隙。

② 柔性消隙结构　这种结构装配好后齿侧间隙自动消除（补偿），可始终保持无间隙啮合，是一种常用的无间隙齿轮传动结构。

a. 柔性齿轮消隙。如图 4-37（a）所示为一种钟罩形状的具有弹性的柔性齿轮，在装配时对它稍许加些预载，就能引起轮壳的变形，从而导致每个轮齿的双侧齿廓都能啮合，消除了侧隙。如图 4-37（b）所示为采用了上述同样的原理却用不同设计形式的径向柔性齿轮，其轮壳和齿圈是刚性的，但与齿轮圈连接处具有弹性。对于给定同样的转矩载荷，为了保证无侧隙啮合，径向柔性齿轮所需要的预载力比钟罩状柔性齿轮的要小得多。

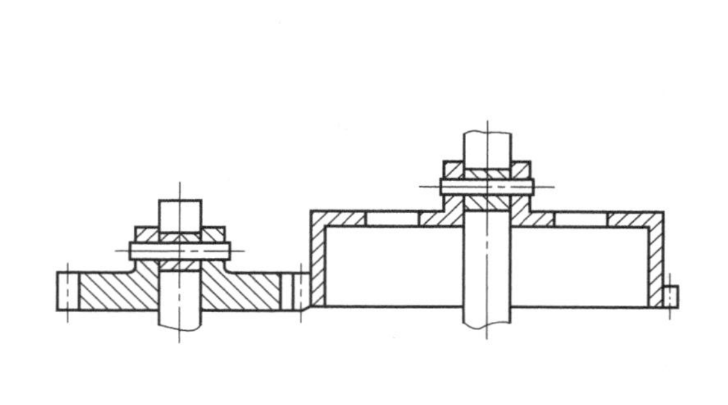

(a) 钟罩状柔性齿轮

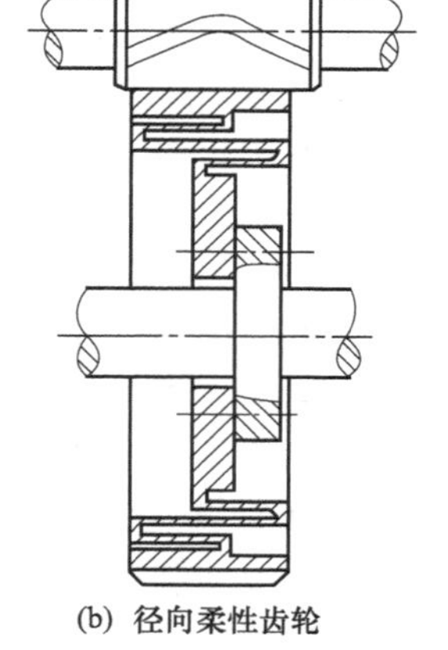

(b) 径向柔性齿轮

图 4-37　柔性齿轮消隙

b. 齿廓弹性覆层消隙。此种消隙方法是指齿廓表面覆有薄薄一层弹性很好的橡胶层或层压材料，相啮合的一对齿轮加以预载，可以完全消除啮合侧隙。齿轮几何学上的齿面相对滑动，在橡胶层内部发生剪切弹性流动时被吸收，因此，像铝合金甚至石墨纤维增强塑料这种非常轻而不具备良好接触和滑动品质的材料可用来作为传动齿轮的材料，大大地减轻了重量和减小了转动惯量。

c. 双片齿轮错齿调整法。图 4-38（a）所示是双片齿轮周向可调弹簧错齿消隙结构。两个相同齿数的薄片齿轮 1 和 2 与另一个宽齿轮啮合，两薄片齿轮可相对回转。在两个薄片齿轮 1 和 2 的端面均匀分布着四个螺孔，分别装上凸耳 3 和 8。齿轮 1 的端面还有另外四个通孔，凸耳 8 可以在其中穿过，弹簧 4 的两端分别钩在凸耳 3 和调节螺钉 7 上。通过螺母 5 调节弹簧 4 的拉力，调节完后用螺母 6 锁紧。弹簧的拉力使薄片齿轮错位，即两个薄片齿轮的左右齿面分别贴在宽齿轮齿槽的左右齿面上，从而消除了齿侧间隙。

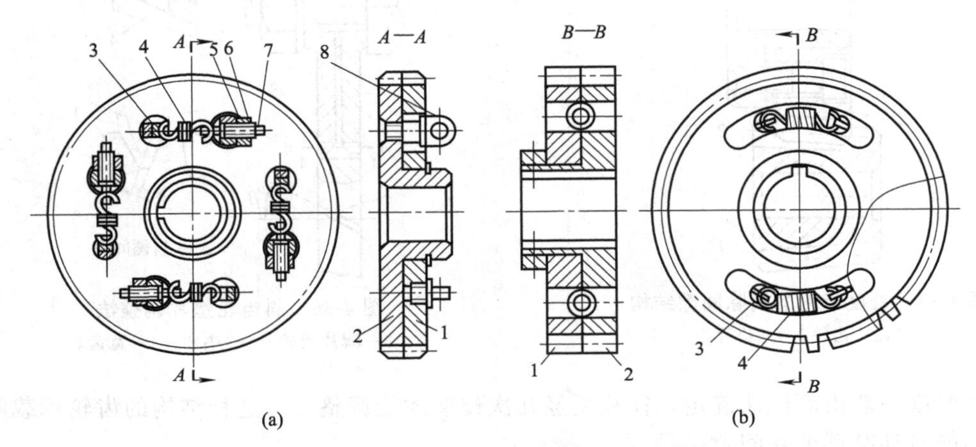

图 4-38 双片齿轮周向弹簧错齿消隙结构

1，2—薄齿轮；3，8—凸耳或短柱；4—弹簧；5，6—螺母；7—螺钉

图 4-38（b）所示是另一种双片齿轮周向弹簧错齿消隙结构，两片薄齿轮 1 和 2 套装在一起，每片齿轮各开有两条周向通槽，在齿轮的端面上装有短柱 3，用来安装弹簧 4。装配时使弹簧 4 具有足够的拉力，使两个薄齿轮的左右面分别与宽齿轮的左右面贴紧，以消除齿侧间隙。

采用双片齿轮错齿法调整间隙，在齿轮传动时，由于正向和反向旋转分别只有一片齿轮承受转矩，因此承载能力受到限制，并且弹簧的拉力要足以克服最大转矩，否则起不到消隙作用。这种方法适用于负荷不大的传动装置中。

d. 斜齿轮轴向压簧调整法。图 4-39 所示是斜齿轮轴向压簧错齿消隙结构。该结构的消隙原理与轴向垫片调整法相似，所不同的是该结构利用齿轮 2 右面的弹簧压力使两个薄片齿轮的左右齿面分别与宽齿轮的左右齿面贴紧，以消除齿侧间隙。图 4-39（a）所示结构采用的是压簧，图 4-39（b）所示结构采用的是碟形弹簧。

弹簧 3 的压力可利用螺母 5 来调整，压力的大小要调整合适，压力过大会加快齿轮磨损，压力过小则达不到消隙作用。采用这种结构齿轮间隙能自动消除，始终保持无间隙的啮合，但它只适用于载负较小的场合；并且这种结构轴向尺寸较大。

e. 锥齿轮轴向压簧调整法。图 4-40 所示为轴向压簧调整法。两个啮合着的锥齿轮 1 和 2，其中在装锥齿轮 1 的传动轴 5 上装有压簧 3，锥齿轮 1 在弹簧力的作用下可稍作轴向移动，从而消除间隙。弹簧力的大小由螺母 4 调节。

f. 锥齿轮周向弹簧调整法。图 4-41 所示为周向弹簧调整法。将一对啮合锥齿轮中的一个

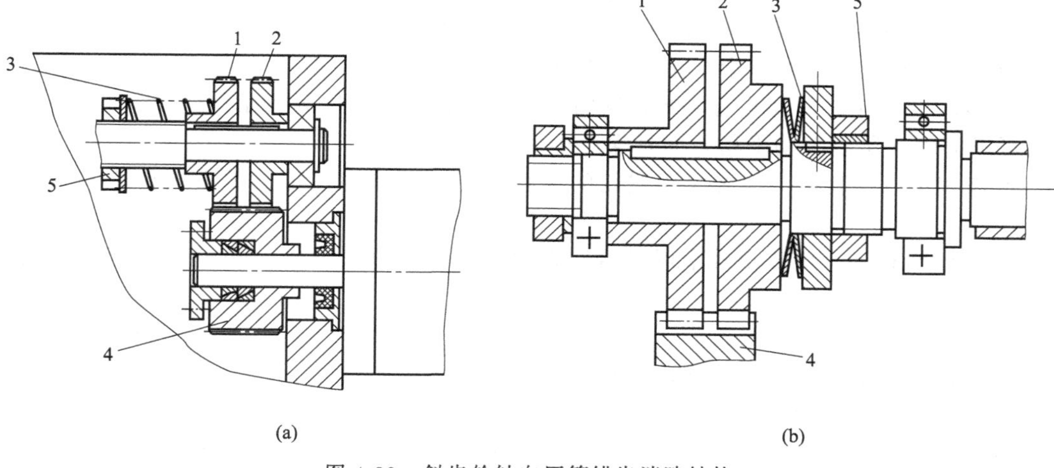

图 4-39　斜齿轮轴向压簧错齿消隙结构

1,2—薄片斜齿轮；3—弹簧；4—宽齿轮；5—螺母

齿轮做成大小两片 1 和 2，在大片上制有三个圆弧槽，而在小片的端面上制有三个凸爪 6，凸爪 6 伸入大片的圆弧槽中。弹簧 4 一端顶在凸爪 6 上，而另一端顶在镶块 3 上，为了安装的方便，用螺钉 5 将大小片齿圈相对固定，安装完毕之后将螺钉卸去，利用弹簧力使大小片锥齿轮稍微错开，从而达到消除间隙的目的。

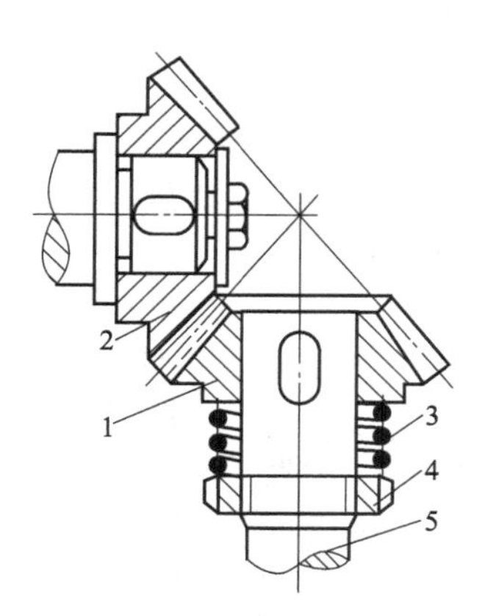

图 4-40　锥齿轮轴向压簧调整法

1,2—锥齿；3—压簧；4—螺母；5—传动轴

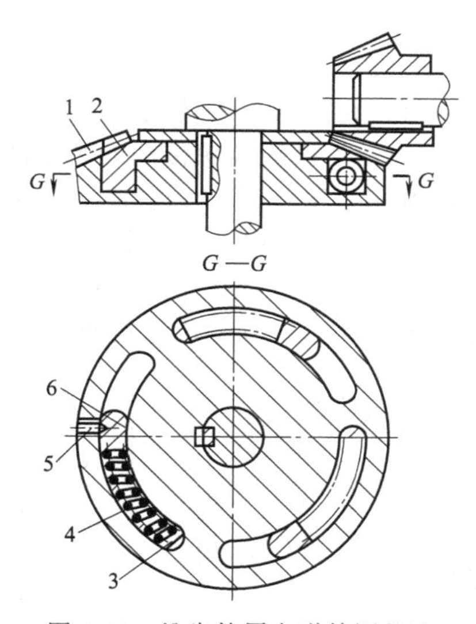

图 4-41　锥齿轮周向弹簧调整法

1,2—锥齿轮；3—镶块；4—弹簧；5—螺钉；6—凸爪

4.1.8　摆线针轮行星传动

(1) 概述

摆线针轮行星传动也是一种 K-H-V 型轮系（K 代表中心轮，H 代表系杆，V 代表等角速比输出机构）。摆线针轮行星传动属于一齿差行星传动，它的行星轮齿是“摆线齿”，而内齿的齿轮是“针齿”。

① 摆线针轮传动的优点　这种减速器与少齿差渐开线行星传动一样，具有结构紧凑、体

积小、重量轻等优点。摆线针轮行星传动与少齿差渐开线行星传动相比较，具有如下优点：

a. 转臂轴承载荷只有渐开线的60%左右，即寿命延长5倍左右。因为转臂轴承是一齿差行星传动的薄弱环节，这是一个很重要的优点。

b. 摆线轮和针轮之间几乎有半数齿同时接触（指在制造精度高的情况下），而且摆线齿与针齿都可以磨削，所以传动平稳，而且噪声小。

c. 针齿销可以加套筒，使之与摆线轮的接触成为滚动摩擦，延长了摆线轮这一重要部件的寿命。

d. 传动效率高，一级传动效率可以达到90%～95%，而渐开线一齿差行星传动的效率只能达到85%～90%。

② 摆线针轮传动的缺点

a. 制造精度要求比较高，否则达不到多齿接触。

b. 摆线齿的磨削需要有专用机床。

图4-42是摆线针轮的示意图，图中所示摆线轮1和针轮2是固定的内齿轮，且由带有销轴套的销轴组合起来，构成了一个齿轮，所以也称为针齿轮。

行星轮就是摆线轮1，它的齿廓曲线是变形外摆线的等距曲线。它的输出机构V采用偏心轮销孔结构。系杆H是有一个偏心量为e的偏心轴，它是主动件，行星轮1是从动件。

行星轮的变形外摆线等距曲线齿廓与固定针齿轮的圆弧齿廓是一对共轭齿廓，构成了瞬时传动比为定值的内齿啮合。由啮合条件决定，针齿轮的齿数（就是圆柱销的个数）z_2与行星轮的齿数z_1只能相差一个齿，即$z_2-z_1=1$，所以摆线行星传动也是一齿差行星传动，传动比为：

$$i_{H1}=\frac{\omega_H}{\omega_1}=\frac{-z_1}{z_2-z_1}=-z_1$$

因此，可以得到很大的传动比。

图4-43为一个摆线针轮传动的装配图。图中所示的输入轴就是一个偏心量为e的偏心轴，这个偏心轴就相当于转臂H，它带动着摆线轮旋转；而这个摆线轮作为外齿，与内齿相啮合；这个内齿环就是由针齿销（外带针齿套）所组成的一个内齿；这些针齿销固定在外圈上。在摆线轮的上面有好几个销轴孔，这些销轴孔中插入输出盘的销轴（外带有销轴套），由摆线轮的旋转引起销轴联动，带动输出盘旋转，而输出盘又带动输出轴旋转。

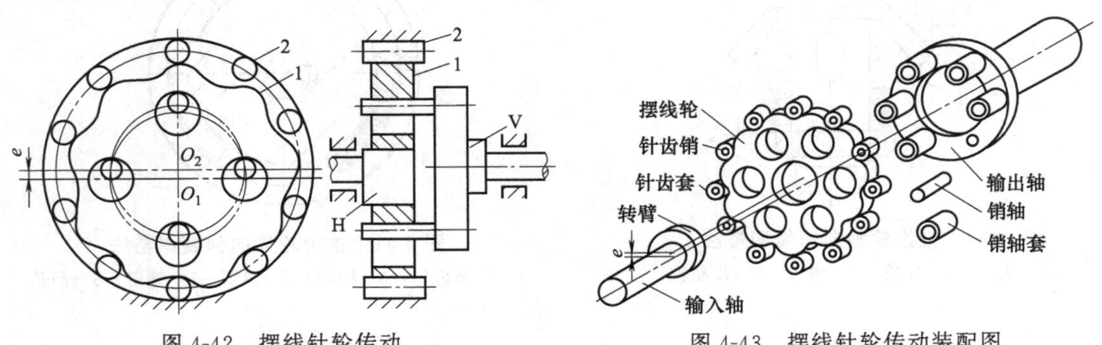

图4-42 摆线针轮传动
1—摆线轮；2—针轮

图4-43 摆线针轮传动装配图

（2）行星齿轮传动机构

图4-44为行星齿轮传动的结构简图。行星齿轮传动尺寸小，惯量小，一级传动比大，结构紧凑；载荷分布在若干个行星齿轮上，内齿轮也具有较高的承载能力。

（3）行星齿轮减速器的整体结构分析

图4-45所示是一个行星齿轮减速器的整体结构。

齿轮联轴器在行星齿轮传动中广泛使用，是为了保证浮动件在受力不平衡时产生位移，以使各个行星轮的载荷分布均匀。中心齿轮是输入轴的齿轮，输入轴旋转，经齿轮联轴器把旋转传递过来，中心轮旋转，带动行星轮旋转。行星齿轮的齿宽与直径之比为 0.5～0.7，行星轮内孔配合直径应加工方便，切齿简单，这样才可以保证制造精度。行星轮内最好不要有台肩之类的结构。

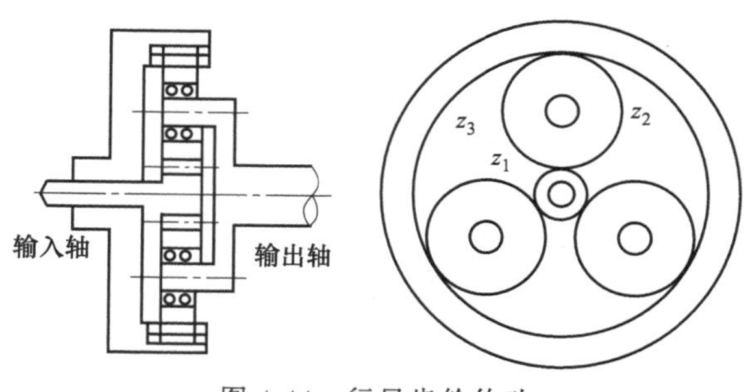

图 4-44　行星齿轮传动

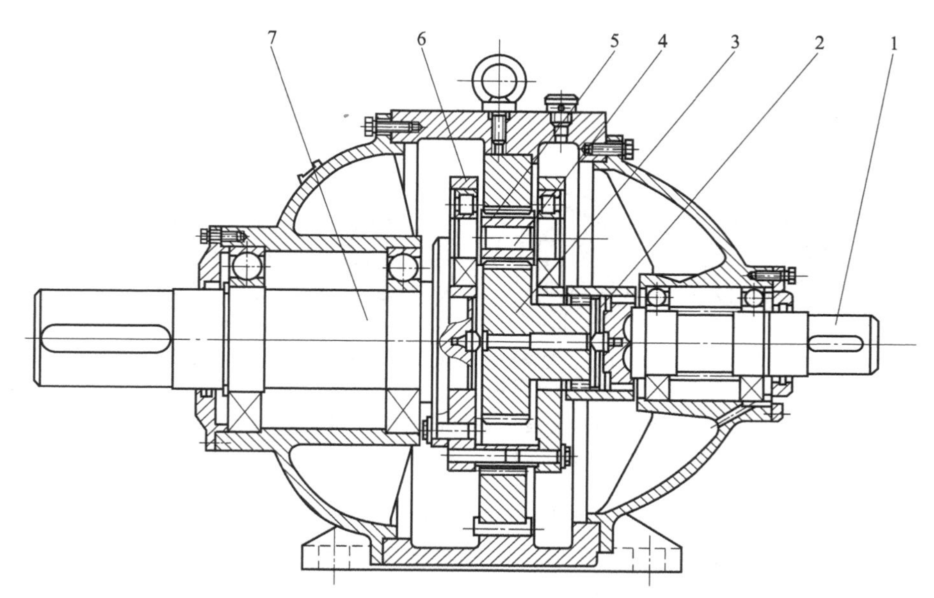

图 4-45　太阳轮浮动的 NGW 型单级行星减速器（$i_{AX}^{B}=2.8\sim4.5$）

1—输入轴；2—齿轮联轴器；3—中心齿轮；4—行星轮销轴；5—行星齿轮；6—双臂整体式行星架；7—输出轴

行星轮安装情况如图 4-46 所示。为了使结构紧凑简单、便于安装，将轴承安装到行星轮中去，将弹簧挡圈安装在轴承外侧。由于两个轴承距离很近，如果两个轴承的原始径向间隙不同，就会引起轴承的较大的倾斜，从而导致齿轮载荷集中。当载荷较大时，采用滚柱轴承较为合适，本例中采用的就是滚柱轴承。

行星架是为了把几个行星轮固定成一个整体。行星架（图 4-47）可以采用整体结构（可以铸造、焊接制造），也可以采用可拆式结构（称为双壁分开式结构）。这种行星架的主要特点是受载后变形较小，刚性好。这样有利于行星轮上载荷沿齿宽方向均匀分布，减小振动和噪声，保证了刚度，通常取壁厚 $S=(0.16\sim0.28)a$。当传动的扭矩较大时，可选用铸钢材料，如 ZG45、ZG55；传动的扭矩较小时，可采用铸铁，如 HT20-40、QT60-2。铸造后均需热处理，以消除内应力。

4.1.9　谐波传动机构

（1）谐波传动机构概述

如图 4-48 所示，谐波传动机构由谐波发生器 1、柔轮 2 和刚轮 3 三个基本部分组成。

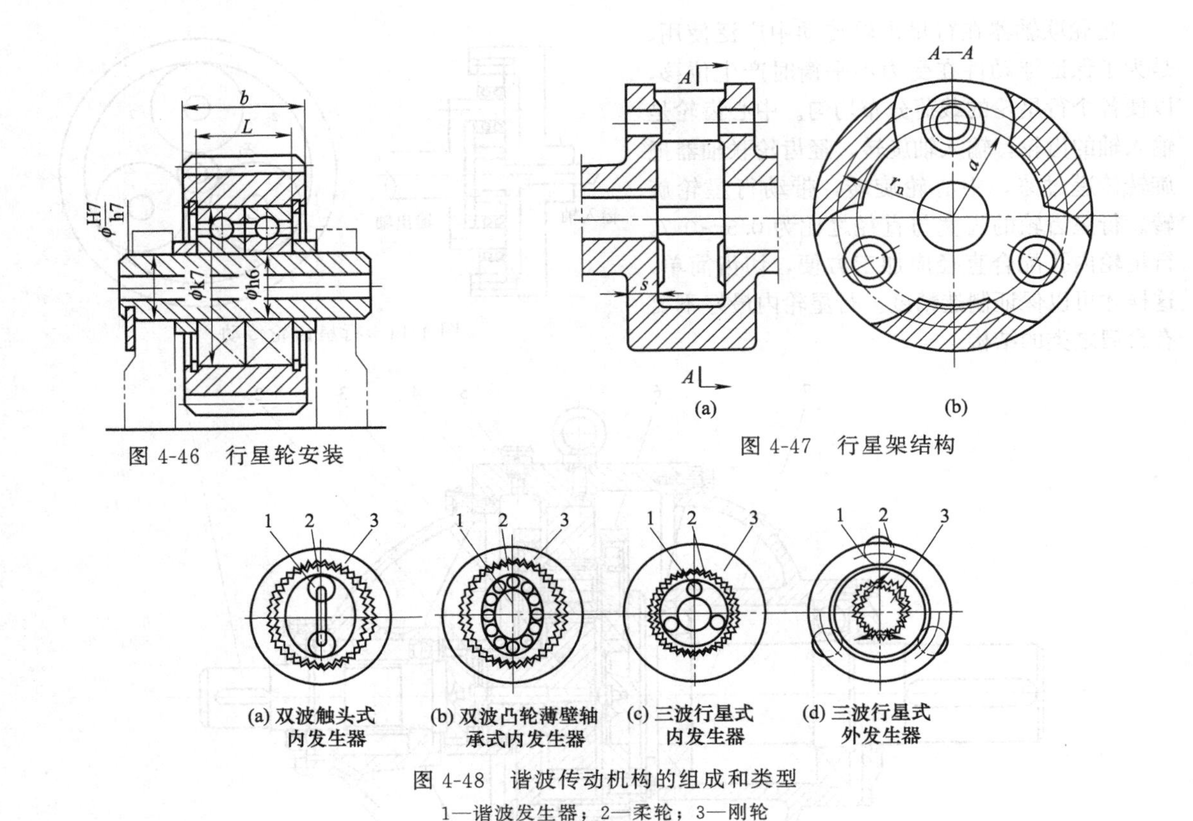

图 4-46　行星轮安装

图 4-47　行星架结构

图 4-48　谐波传动机构的组成和类型

1—谐波发生器；2—柔轮；3—刚轮

① 谐波发生器　谐波发生器是在椭圆型凸轮的外周嵌入薄壁轴承制成的部件。轴承内圈固定在凸轮上，外圈靠钢球发生弹性变形，一般与输入轴相连。

② 柔轮　柔轮是杯状薄壁金属弹性体，杯口外圆切有齿，底部称柔轮底，用来与输出轴相连。

③ 刚轮　刚轮内圆有很多齿，齿数比柔轮多两个，一般固定在壳体。谐波发生器通常采用凸轮或偏心安装的轴承构成。刚轮为刚性齿轮，柔轮为能产生弹性形变的齿轮。当谐波发生器连续旋转时，产生的机械力使柔轮变形的过程形成了一条基本对称的和谐曲线。发生器波数表示发生器转一周时，柔轮某一点变形的循环次数。其工作原理是：当谐波发生器在柔轮内旋转时，迫使柔轮发生变形，同时进入或退出刚轮的齿间。在发生器的短轴方向，刚轮与柔轮的齿间处于啮入或啮出的过程，伴随着发生器的连续转动，齿间的啮合状态依次发生变化，即“啮入—啮合—啮出—脱开—啮入”的变化过程。这种错齿运动把输入运动变为输出的减速运动。

谐波传动速比的计算与行星传动速比计算一样。如果刚轮固定，谐波发生器 ω_1 为输入，柔轮 ω_2 为输出，则速比 $i_{12}=\dfrac{\omega_1}{\omega_2}=-\dfrac{z_r}{z_g-z_r}$；如果柔轮静止，谐波发生器 ω_1 为输入，刚轮 ω_3 为输出，则速比 $i_{13}=\dfrac{\omega_1}{\omega_3}=-\dfrac{z_g}{z_g-z_r}$。式中，$z_r$ 为柔轮齿数；z_g 为刚轮齿数。

柔轮与刚轮的轮齿周节相等，齿数不等，一般取双波发生器的齿数差为 2，三波发生器齿数差为 3。双波发生器在柔轮变形时所产生的应力小，容易获得较大的传动比。三波发生器在柔轮变形所需要的径向力大，传动时偏心程度变小，适用于精密分度。通常推荐谐波传动最小齿数在齿数差为 2 时，$z_{\min}=150$；齿数差为 3 时，$z_{\min}=225$。

谐波传动的特点是结构简单、体积小、重量轻、传动精度高、承载能力强、传动比大，且具有高阻尼特性；但柔轮易疲劳，扭转刚度小，且易产生振动。

此外，也有采用液压静压波发生器和电磁波发生器的谐波传动机构。图 4-49 为采用液压静压波发生器的谐波传动示意图。凸轮 1 和柔轮 2 之间不直接接触，在凸轮 1 上的小孔 3 与柔轮内表面有大约 0.1mm 的间隙。高压油从小孔 3 喷出，使柔轮产生变形波，从而产生减速驱动谐波传动，因为油具有很好的冷却作用，所以能提高传动速度。

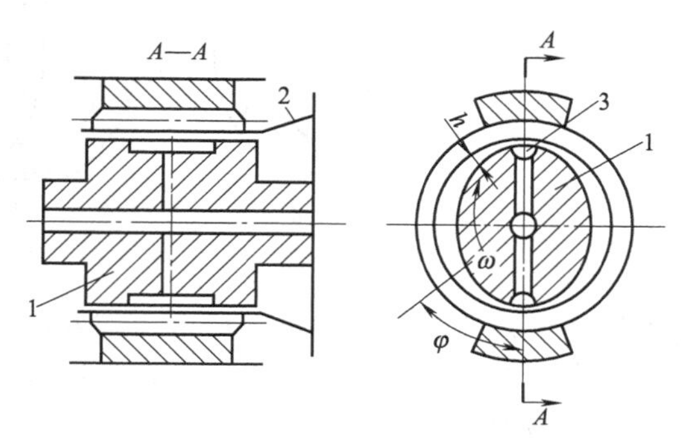

图 4-49　液压静压波发生器谐波传动

1—凸轮；2—柔轮；3—小孔

谐波传动机构在机器人领域已得到广泛应用。美国送到月球上的机器人，前苏联送上月球的移动式机器人“登月者”，德国大众汽车公司研制的 Rohren、GerotR30 型机器人和法国雷诺公司研制的 Vertica180 型机器人等都采用了谐波传动机构。

（2）谐波齿轮减速器的工作原理

谐波齿轮减速器是利用谐波齿轮传动的原理，与少齿差行星齿轮传动相似。它是依靠柔性轮产生的可空变形波引起齿间的相对错齿来传递动力和运动的。图 4-50 为双波传动谐波齿轮减速器的原理图。该减速器由波形发生器 3（系杆或行星架 H）、柔轮 2 和刚轮 1（图 4-51）组成。柔轮是一个薄壁外齿轮，刚轮为内齿轮，刚轮与柔轮的齿数差为 2，波形发生器将柔轮撑成椭圆形，当波形发生器为主动件时，柔轮长轴处的 A、B 轮齿刚好与刚性齿轮啮合，而 C、D 处的轮齿脱开啮合，其他区域齿轮处于过渡状态。当波形发生器旋转 1 周时，与柔轮相对固定的刚轮逆时针转过 2 齿，这样一来就把波形发生器的快速转动变为了柔轮的慢速转动，从而获得非常大的减速比。由于谐波齿轮采用了部分柔性件（柔轮），传动时有许多齿同时参与啮合传动，因而传递的载荷较大，承载能力大。又因轮齿的相对位移不大，而且主要发生在载荷小的区域，故齿轮啮合时摩擦磨损小。

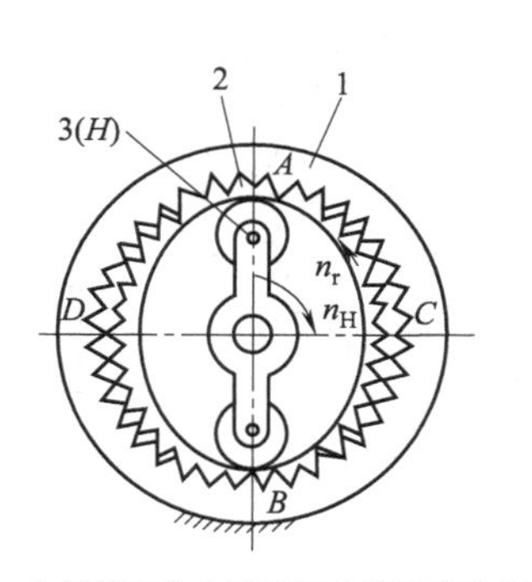

(a) 由一个转臂和几个辊子组成的波形发生器

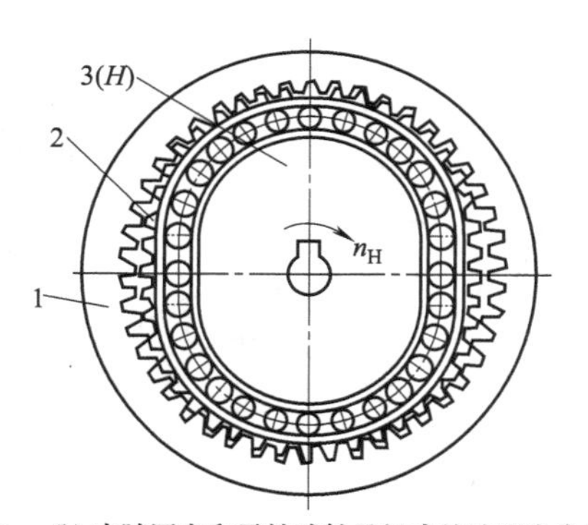

(b) 由随圆盘和柔性球轴承组成的波形发生器

图 4-50　双波传动谐波齿轮减速器的原理图

1—刚轮；2—柔轮；3—波形发生器

参看图 4-52 来分析啮合过程。波发生器装入柔轮内圆之后，使柔轮产生弹性变形。这时长轴已促使柔轮的齿插入到刚轮的齿槽中去。在这个区域最中心处的齿与槽已处在完全啮合状态。而短轴处柔轮的齿已经完全脱开了刚轮的齿槽，言外之意就是柔轮齿已从槽中出来，还有一定的间隙。这时对应的柔轮齿的中心线是否与齿槽中心线相对？这不一定。关键是由于柔轮

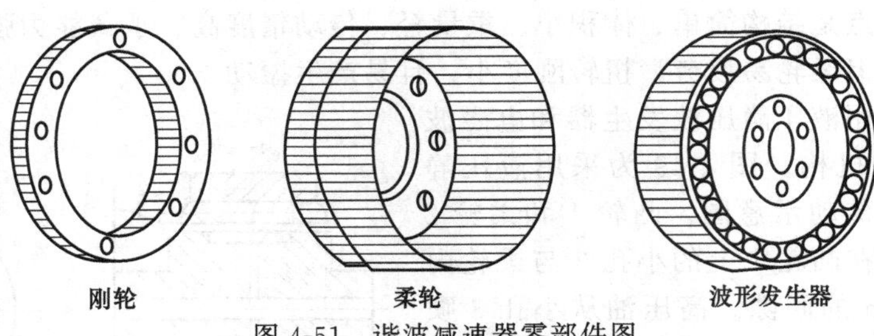

图 4-51 谐波减速器零部件图

的弹性变形，使柔轮上的齿向后走，随着短轴的旋转，它向相反方向运动。

长轴向下压齿的过程如下：长轴是把自己前进方向上的一个柔轮来啮合的齿拉过来，压在刚轮的齿槽中。这个过程在图 4-52 中表示①的位置时，柔轮的齿可能处于短轴区域，由于波发生器逆时针旋转，长轴一点一点地把这个柔轮齿拉过来，由①的位置到了⑤的位置，到最后完全啮合，波发生器的滚轮中心正好完全压合为止，这个过程就是啮入状态。长轴继续逆时针旋转，又有新的齿拉入，然后也进入啮入状态，而刚才啮合的齿进入脱离啮合状态，一点一点地进入短轴区域，而达到完全脱离状态。这样由啮入、到啮合、到啮出、到脱开，不断地各自改变工作状态，这就是错齿运动。

通过上面的叙述可以看出，这个运动的完成要伴随着柔轮的变形才可能实现。另外通过啮合过程的分析，可以看出波发生器的旋转方向与柔轮的旋转方向是相反的。

（3）谐波减速器的基本构成

谐波减速器就是少齿差行星减速器，但是它又与一般的少齿差行星减速器不同。这也是把这一节放在少齿差行星减速器之后来介绍的原因。谐波减速器通常是由刚性圆柱内齿轮 G、柔性圆柱齿轮 R、波发生器 H 和柔性轴承等零部件所构成的。柔性圆柱齿轮和刚性圆柱内齿轮的齿形分为直线三角齿形和渐开线齿形两种，而渐开线齿形应用得较多。在图 4-53 中可以看出谐波减速器的基本组成。

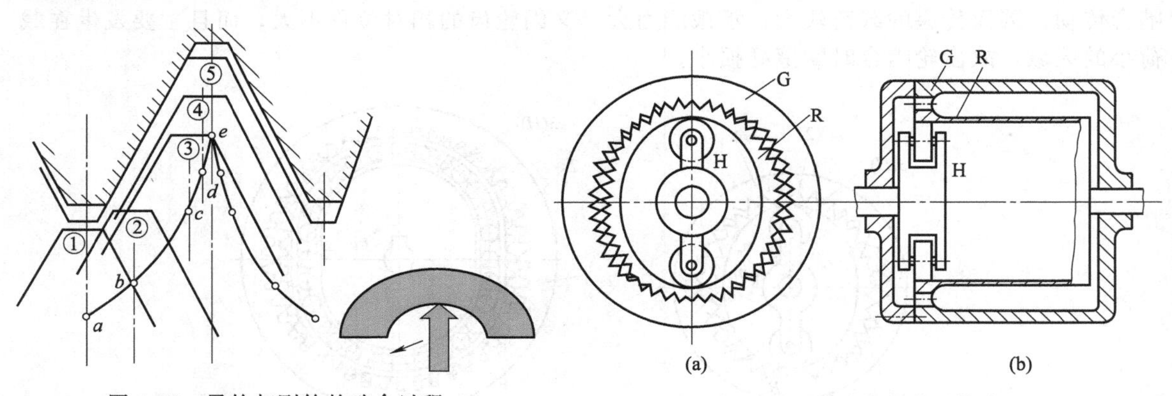

图 4-52 柔轮与刚轮的啮合过程

图 4-53 谐波减速器的构成

柔轮、刚轮与波发生器三者任何一个均可以固定，其余两个就可以作为主动轮和从动轮。这种结构传动比特别大，而且外形尺寸比较小，传动紧凑，零件数目少，传动的效率也较高，可达到 92%～96%，单级的传动比可达到 50～4000；承载能力也较高，这是由于柔轮与刚轮之间属于面接触，而且同时接触到的齿数也较多，这样一来，相对的滑动速度就比较小，齿面磨损得也均匀。多齿同时啮合的程度决定于波发生器的设计。柔轮和刚轮的齿侧间隙是可调节的，当柔轮的扭转刚度较高时，可实现无侧隙的高精度啮合。谐波齿轮传动可用来由密封空间向外部或由外部向密封空间传递运动。

(4) 谐波齿轮减速器减速比的计算

谐波齿轮传动中的波形发生器是行星架 H（系杆），柔轮（R）相当于行星轮，刚轮（G）相当于中心轮。故谐波齿轮减速器的减速比可以按照行星轮系的传动比计算方法进行计算。有两种基本情况。

一种是刚轮固定，波形发生器输入，柔轮输出，传动比为：$i_{HG}=\dfrac{z_R}{z_R-z_G}$。

另一种是柔轮固定，波形发生器输入，刚轮输出，传动比为：$i_{HG}=\dfrac{z_R}{z_G-z_R}$。若传动比计算出现“－”号，则表明输入与输出转向相反；出现“＋”号则表示相同。

(5) 谐波齿轮减速器的选用

谐波齿轮减速器自行设计的较少，多数选择应用现成产品，设计者亦可根据实际情况参考工程设计手册相关内容章节自行设计。谐波齿轮减速器在中国已经有系列化产品生产与提供，并已有国家标准《谐波传动减速器》(GB/T 14118—1993)。

① 技术条件

a. 精密级和普通级的传动误差和空程分别小于 2′和 6′。

b. 额定载荷下输出轴的扭转变形角不超过 15′。

c. 传动比为 63～125、效率大于 80%～90%和传动比大于 125、效率为 70%～80%。

d. 额定转速和额定载荷下使用寿命为 1×10^4h。

e. 噪声不大于 60dB。

② 特点

a. 传动比大。单级谐波齿轮传动比为 50～500，多级和复式传动的传动比更大，可能达到 30000 以上。

b. 承载能力大。传递额定输出转矩时，谐波齿轮传动同时接触的齿数可达总对数的 30%～40%以上。

c. 传动精度高。在同样制造条件下，谐波齿轮传动精度比一般齿轮的传动精度至少高一级。齿侧间隙可调整到最小，以减少传动误差。

d. 传动平稳。基本上无冲击振动。

e. 传动效率高。单级传动的效率为 65%～90%。

f. 结构简单、体积小、重量轻。在传动比和承载力相同的条件下，谐波齿轮减速器比一般齿轮减速器的体积和重量减少 1/3～1/2。

g. 成本较高。柔性材料性能要求较高，制造困难，精度高，因而成本比一般齿轮传动要高。

(6) 谐波减速器的典型结构

图 4-54 所示是谐波齿轮减速器。这是一个小的双波单级谐波齿轮减速器。减速比为 $i=290/(292-290)=145$，输入电动机为 4 极交流异步电动机，约为 1450r/min，那么输出转速为 10r/min。输入电动机的功率为 1kW，输入扭矩约为 6.5N·m，即 6.86N·m。而输出扭矩为 0.7×145＝9.8 (N·m)。这是双波传动，是由两个滚珠轴承制成的滚轮。在滚轮与柔轮之间有一个抗弯环，柔轮采用筒形花键连接，柔轮的内齿部分与输出轮外齿相啮合，然后这个输出轮与输出轴连在一起，由输出轴输出扭矩。在输出轴上没有轴承，这主要是因为转速很慢，没必要安装，在结构上也很难有地方安装这个轴承。

(7) 谐波减速器的消隙

① 对称传动消隙　一个传动系统设置两个对称的分支传动，并且其中必有一个是具有“回弹”能力的。如图 4-55 所示为双谐波传动消隙方法。电动机置于关节中间，电动机双向输

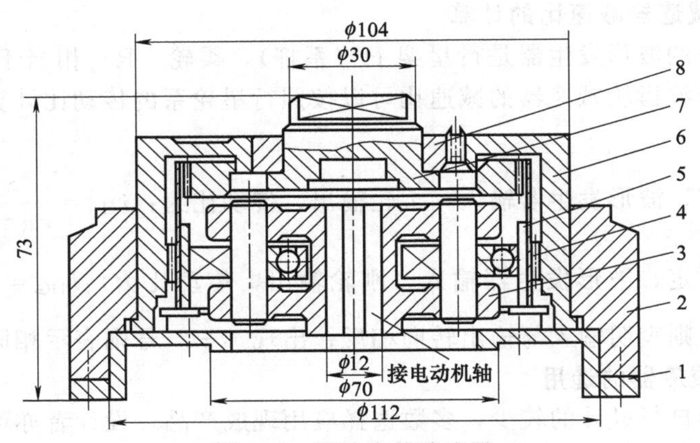

图 4-54　谐波齿轮减速器

1—端盖；2—壳体；3—双滚轮式波发生器；4—柔轮（$z_R=290$）；5—抗弯环；6—刚轮（$z_G=292$）；7—输出轴；8—轴衬

出轴传动完全相同的两个谐波减速器驱动一个手臂的运动。谐波传动中的柔轮弹性很好。

② 偏心机构消隙　如图 4-56 所示的偏心机构实际上是中心距调整机构。特别是齿轮磨损等原因造成传动间隙增加时，最简单的方法是调整中心距，这是在 PUMA 机器人腰转关节上应用的又一实例。如图 4-56 所示，中心距 OO'是固定的；一对齿轮中的一个齿轮装在 O'轴上，另一个齿轮装在 A 轴上；A 轴的轴承偏心地装在可调的支架 1 上。应用调整螺钉转动支架 1 时，就可以改变一对齿轮啮合的中心距 AO'的大小，达到消除间隙的目的。

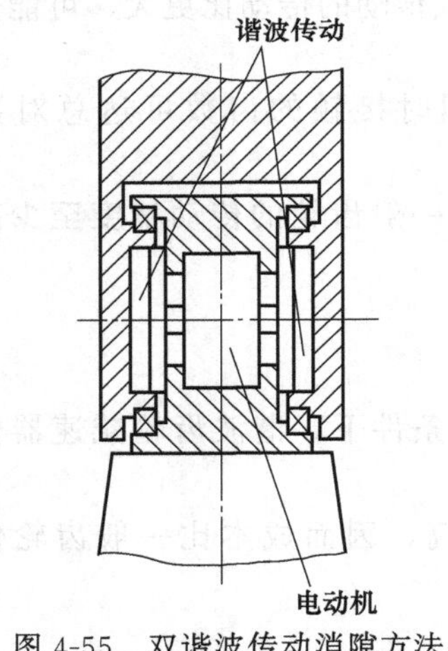

图 4-55　双谐波传动消隙方法

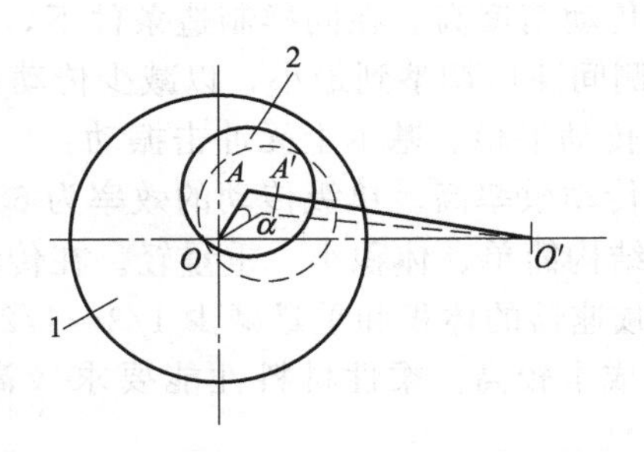

图 4-56　偏心消隙机构

1—支架；2—齿轮

4.1.10 RV 减速器

（1）概述

RV 减速器是本章的重点内容，前面四节的理论都是为引出 RV 减速器做准备，现在机器人中大量使用 RV 减速器。RV 减速器是 1986 年日本帝人公司首先研制成功并获得日本专利的一种减速器，RV 是 Rotary Vector 的缩写，也就是旋转矢量的意思。日本帝人公司是以制造人造丝喷嘴而驰名于世的，是擅长于精细加工的公司，而 RV 减速器恰恰是一台加工极其精细的减速器。可以肯定地说，该公司的实力不是一般公司可以比拟的，特别是摆线轮齿轮的齿廓部分。虽然在工厂里大量使用了这种减速器，但对这种减速器的结构和原理还是不清楚的。一台正在好好运行的设备，不可能无缘无故地拆下来测绘一番，因此，对RV减速器的了解也仅仅是外表的，或者从它的输入口看一下、输出孔看一下，到底里面是什么构造并不清楚。

网上关于RV减速器的资料有限，现根据中国农业大学的硕士论文“RV减速器虚拟样机的建造研究”进行分析。RV减速器是采用渐开线行星传动和摆线针轮传动相结合的一种行星传动，其特点是结构紧凑、速比大而且刚性大，所以应用范围非常广泛。RV减速器是在摆线针轮传动结构的基础上发展起来的一种新型的传动方式。它具有体积小、重量轻、传动比范围大、传动效率高等优点。它比摆线针轮传动结构体积更小，且具有较大的过载能力，在机器人的传动机构中，已在很大程度上逐渐取代了单纯摆线针轮传动和谐波齿轮传动。RV减速器作为新型传动，从结构上看，基本特点可概括如下：

① 传动比大。通过改变第一级减速装置中齿轮的齿数 z_1 和 z_2，就可以方便地获得范围较大的传动比，其常用的传动比范围为 $i=157\sim192$。

② 结构紧凑。传动机构置于行星架的两个支承主轴承的内侧，可使传动的轴向尺寸大大缩小。

③ 使用寿命长。采用两级减速机构，低速级的针摆传动公转速度减小，传动更加平稳，转臂轴承个数增多，且内外环相对转速下降，可延长其使用寿命。

④ 刚性大，抗冲击性能好。输出机构采用两端支承结构，比一般摆线减速机的输出机构（悬臂梁结构）刚性大，抗冲击性能高。

⑤ 传动效率高。因为除了针轮齿销支承部件外，其余部件均为滚动轴承进行支承，所以传动效率很高。

⑥ 只要设计中考虑周到，就可以获得很高的传动精度。

（2）RV减速器结构介绍

本结构介绍参考了用在120kg点焊机器人上的RV-6AⅡ减速器。它的额定输入转速为1500r/min，负载为58N·m。它主要包括齿轮轴、曲柄轴、转臂轴承、摆线轮、针轮、刚性盘及输出盘等零部件。零部件的介绍如图4-57所示。

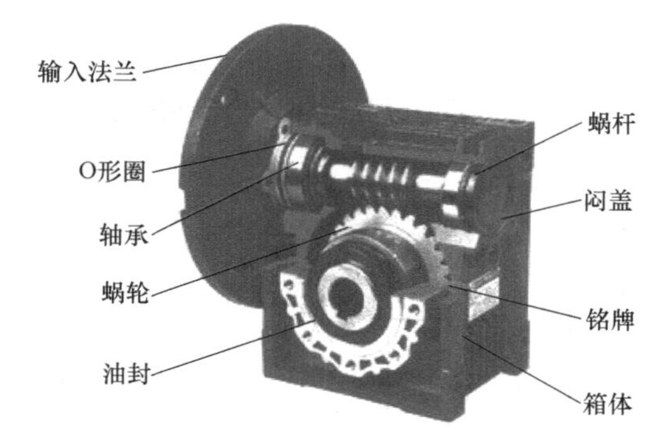

图4-57　RV减速器图

① 齿轮轴。齿轮轴是一根输入轴，它的一端与电动机相接，另一端是带一个齿轮，就是一个中心轮，它负责输入功率。它所带的齿轮与所啮合的齿轮是渐开线行星轮。

② 行星轮。它与转臂（曲柄轴）固连，两个行星轮均匀地分布在一个圆周上，起到功率分流作用，即将输入功率分成两路传递给摆线针轮行星机构。

③ 转臂（曲柄轴）H。转臂是摆线轮的旋转轴。它的一端与行星轮相连接，另一端与支承圆盘相连，它可以带动摆线轮产生公转，同时也支承着摆线轮产生自转。

④ 摆线轮（RV齿轮）。为了实现径向力的平衡，在该传动机构中，一般应采用两个完全

相同的摆线轮，分别安装在曲柄轴上，且两摆线轮的偏心位置相互成 180°对称。

⑤ 针轮。针轮与机架固定在一起，而成为一个针轮壳体，在针轮上安装有 30 个齿。

⑥ 刚性盘与输出盘。输出盘是 RV 传动机构与外界从动工作机相互连接的构件，输出盘与刚性盘相互连接成为一个整体而输出运动或动力。在刚性盘上均匀分布着两个转臂的轴承孔，而转臂的输出端借助于轴承安装在这个刚性盘上。

（3）传动原理

对图 4-58 中的 RV 传动简图予以说明，该传动结构是由渐开线圆柱齿轮的行星减速机构与摆线针轮行星减速机构两部分构成的。渐开线行星齿轮 2 与曲柄轴 3 连成一体，作为摆线针轮的传动部分的输入。如果渐开线中心齿轮 1 顺时针方向旋转，那么渐开线行星齿轮在公转的同时还要逆时针方向自转，并通过曲柄带动着摆线轮作偏心运动。此时摆线轮在其轴线公转的同时还将在齿针的作用下反向自转，即产生顺时针转动。同时，通过曲柄轴将摆线轮的转动等速度地传给输出机构。

4.1.11 工业机器人的制动器

许多机器人的机械臂都需要在各关节处安装制动器，其作用是在机器人停止工作时，保持机械臂的位置不变，在电源发生故障时，保护机械臂和它周围的物体不发生碰撞。假如齿轮链、谐波齿轮机构和滚珠丝杠等元件的质量较高，一般其摩擦力都很小，在驱动器停止工作的时候，它们是不能承受负载的。如果不采用某种外部固定装置，如制动器、夹紧器或止挡装置等，一旦电源关闭，机器人的各个部件就会在重力的作用下滑落。因此，机器人制动装置是十分重要的。

制动器通常是按失效抱闸方式工作的，即要放松制动器就必须接通电源，否则，各关节不能产生相对运动。它的主要目的是在电源出现故障时起保护作用。其缺点是在工作期间要不断消耗电能使制动器放松。假如需要的话也可以采用一种省电的方法，其原理是：需要各关节运动时，先接通电源，松开制动器，然后接通另一电源，驱动一个挡销将制动器锁在放松状态。这样所需要的电力仅仅是把挡销放到位所消耗的电能。

为了使关节定位准确，制动器必须有足够的定位精度。制动器应当尽可能地放在系统的驱动输入端，这样利用传动链速比，能够减小制动器的轻微滑动所引起的系统移动，保证在承载

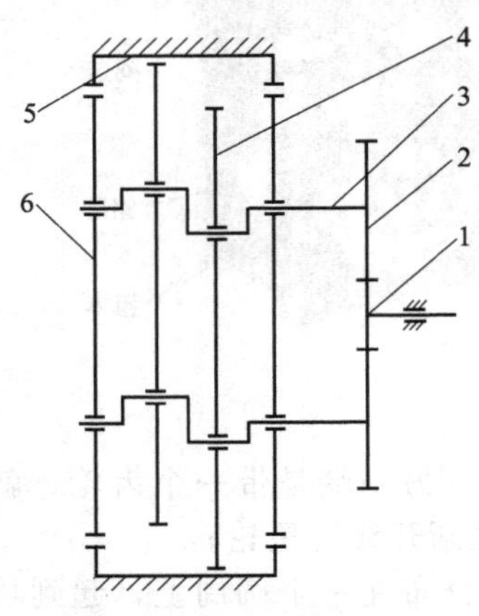

图 4-58 RV 传动简图

1—渐开线中心齿轮；2—渐开线行星齿轮；3—曲柄轴；4—摆线轮；5—针齿壳（机架）；6—输出盘

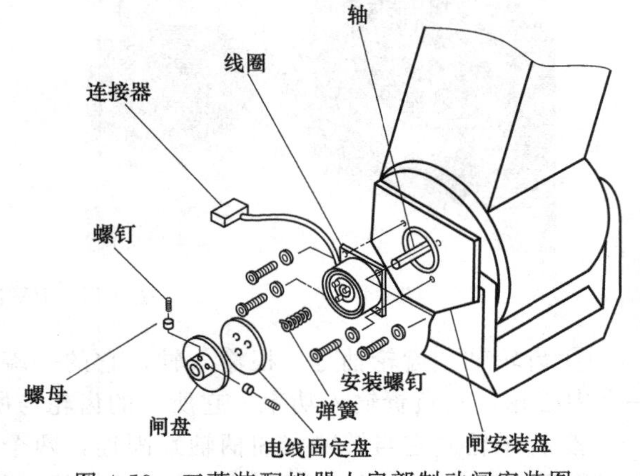

图 4-59 三菱装配机器人肩部制动闸安装图

条件下仍具有较高的定位精度。在许多实际应用中机器人都采用了制动器。

图 4-59 为三菱装配机器人 Movemaster EX RV-M1 的肩部制动闸安装图。

4.1.12 传动件的定位

工业机器人的重复定位精度要求较高，设计时应根据具体要求选择适当的定位方法。目前，常用的定位方法有电气开关定位、机械挡块定位和伺服定位。

（1）电气开关定位

电气开关定位是利用电气开关（有触点或无触点）做行程检测元件，当机械手运行到定位点时，行程开关发出信号，切断动力源或接通制动器，从而使机械手获得定位。液压驱动的机械手运行至定位点时，行程开关发出信号，电控系统利用电磁换向阀关闭油路而实现定位。电动机驱动的机械手需要定位时，行程开关发出信号，电气系统激励电磁制动器进行制动而定位。使用电气开关定位的机械手，其结构简单、工作可靠、维修方便，但由于受惯性力、油温波动和电控系统误差等因素的影响，重复定位精度比较低，一般为±(3～5)mm。

（2）机械挡块定位

机械挡块定位是在行程终点设置机械挡块，当机械手减速运动到终点时，紧靠挡块而定位。若定位前缓冲较好，定位时驱动压力未撤除，则在驱动压力下将运动件压在机械挡块上或将活塞压靠在缸盖上，就能达到较高的定位精度，最高可达±0.02mm。若定位时关闭驱动油路、去掉驱动压力，则机械手运动件不能紧靠在机械挡块上，定位精度就会降低，其降低的程度与定位前的缓冲效果和机械手的结构刚性等因素有关。

如图 4-60 所示是利用插销定位的结构。机械手运行到定位点前，由行程节流阀实现减速，达到定位点时，定位液压缸将插销推入圆盘的定位孔中实现定位。这种方法的定位精度相当高。

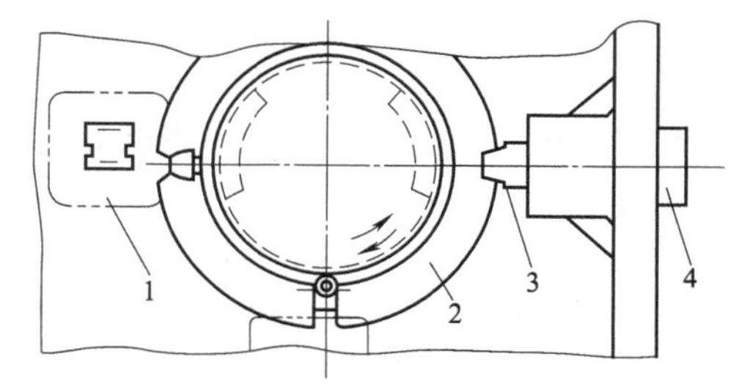

图 4-60 利用插销定位的结构

1—行程节流阀；2—定位圆盘；3—插销；4—定位液压缸

（3）伺服定位系统

电气开关定位与机械挡块定位只适用于两点或多点定位，而在任意点定位时，应使用伺服定位系统。伺服系统可以输入指令控制位移的变化，从而获得良好的运动特性。它不仅适用于点位控制，而且适用于连续轨迹控制。

开环伺服定位系统没有行程检测及反馈，是一种直接用脉冲频率变化和脉冲数控制机器人速度和位移的定位方式。这种定位方式抗干扰能力差，定位精度较低。如果需要较高的定位精度（如±0.2mm），则一定要降低机器人关节轴的平均速度。

闭环伺服定位系统具有反馈环节，其抗干扰能力强、反应速度快、容易实现任意点定位。

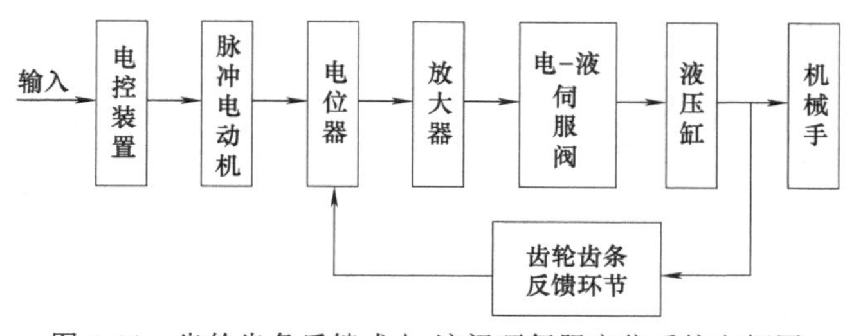

图 4-61 齿轮齿条反馈式电-液闭环伺服定位系统方框图

图 4-61 是齿轮齿条反馈式电-液闭环伺服定位系统方框图。齿轮齿条将位移量反馈到电位器上，达到给定脉冲时，电动机及电位器触头停止运转，机械手获得准确定位。

4.1.13 机器人的传动

如图 4-62 所示的工业机器人具有移动关节（关节 1、3）和转动关节（关节 2、4、5）两种关节，一共有 5 个自由度。驱动源通过传动部件来驱动这些关节，从而实现机身、手臂和手腕的运动。因此，传动部件是构成工业机器人的重要部件。用户要求机器人速度快、加速度（减速度）特性好、运动平稳、精度高、承载能力大，这在很大程度上取决于传动部件设计的合理性。所以，关节传动部件的设计是工业机器人设计的关键之一。

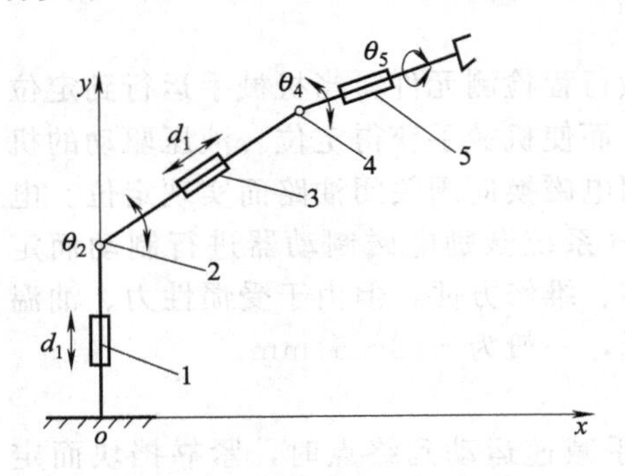

图 4-62 具有移动关节和转动关节的工业机器人

1，3—移动关节；2，4，5—转动关节

（1）移动关节和转动关节

① 移动关节导轨 移动关节导轨的目的是在运动过程中保证位置精度和导向。对机器人移动关节导轨有以下几点要求：

a. 间隙小或能消除间隙。

b. 在垂直于运动方向上的刚度大。

c. 摩擦因数小，但不随速度变化。

d. 阻尼大。

e. 移动关节导轨和其辅助元件尺寸小，惯量小。

移动关节导轨有 5 种：普通滑动导轨、液压动压滑动导轨、液压静压滑动导轨、气浮导轨和滚动导轨。前两种具有结构简单、成本低的优点，但是它必须留有间隙以便润滑，而机器人载荷的大小和方向变化很快，间隙的存在又将会引起坐标位置的变化和有效载荷的变化；另外，这种导轨的摩擦系数又随着速度的变化而变化，在低速时容易产生爬行现象（速度时快时慢）。第三种静压导轨结构能产生预载荷，能完全消除间隙，具有刚度大、摩擦小、阻尼大等优点，但是它需要单独的液压系统和回收润滑油的机构。最近，有人在静压润滑系统中采用了高黏度的润滑剂（如油脂），并已用到机器人的机械系统中。第四种气浮导轨是不需回收润滑油的，但是它的刚度和阻尼较小，并且对制造精度和环境的空气条件（过滤和干燥）要求较高，不过由于其摩擦系数小（大约为 0.0001），估计将来是会采用的。而目前，第五种滚动导

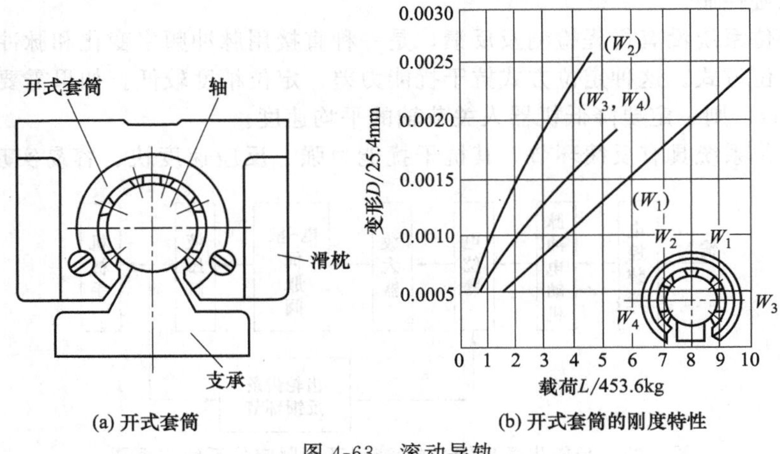

图 4-63 滚动导轨

轨在工业机器人中应用最为广泛，因为它具有很多优点：摩擦小，特别是不随速度变化；尺寸小；刚度大，承载能力大；精度和精度保持性高；润滑简单；容易制造成标准件；容易加预载、消除间隙、增大刚度。但是，滚动导轨也存在着缺点：阻尼小、对脏物比较敏感。

图 4-63（a）所示为包容式滚动导轨的结构，用支承座支承，可以方便地与任何平面相连。这种情况下，套筒必须是开式的，嵌入在滑枕中，既增强刚度，也方便了与其他元件的连接。由于滑枕的影响，套筒各个方向的刚度是不一样的，如图 4-63（b）所示。

另一种工业机器人经常采用的滚动导轨如图 4-64 所示。如图 4-64（a）所示，滚子安装在定轴上，移动件 3 沿垂直立柱 5 移动，固定轴双滚动体 2 和 4 支承在移动件的两个凸台上，移动件沿与垂直立柱 5 相连的轨道 1 移动。如图 4-64（b）所示，导轨上的三个滚动体 7 沿移动体 6 滚动，移动体 6 的转动是由滚动体 8 限制的。

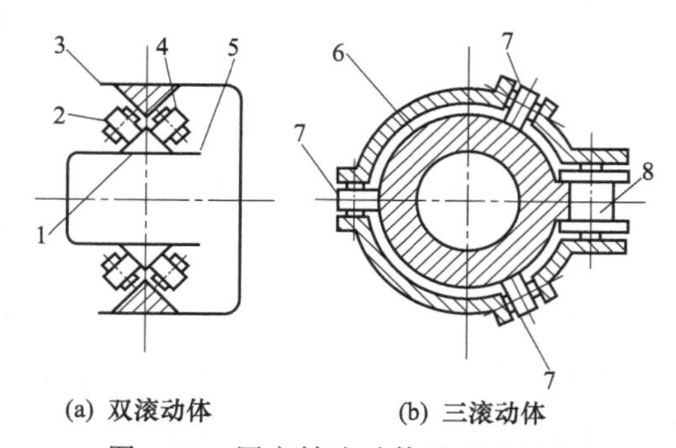

图 4-64　固定轴滚动体的滚动导轨

1—轨道；2,4—固定轴双滚动体；3—移动件；5—垂直立柱；6—移动体；7—三个滚动体；8—滚动体

② 转动关节　转动关节就是在机器人中简称为关节的连接部分，它既连接各机构，又传递各机构间的回转运动（或摆动），用于基座与臂部、臂部之间、臂部和手部等连接部位。关节由回转轴、轴承和驱动机构组成。

关节与驱动机构的连接方式有多种，因此转动关节也有多种形式，如图 4-65 所示。

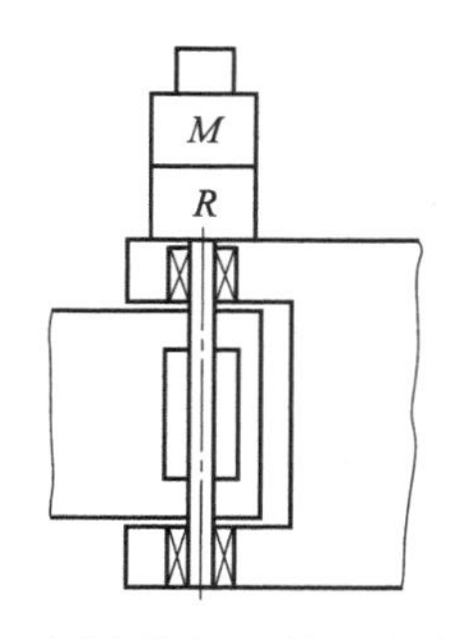

(a) 驱动机构和回转轴同轴式

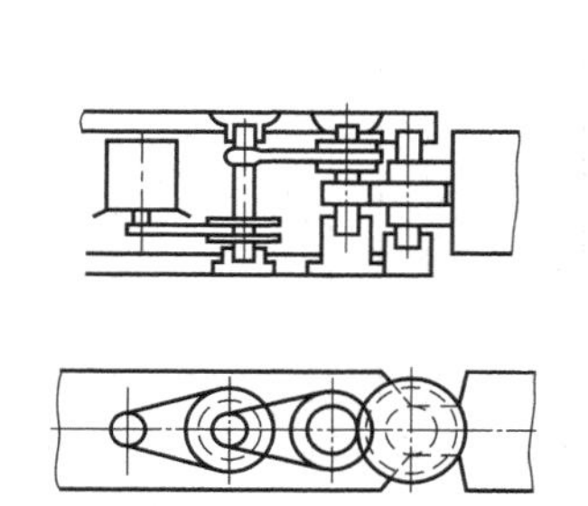

(b) 驱动机构与回转轴正交式

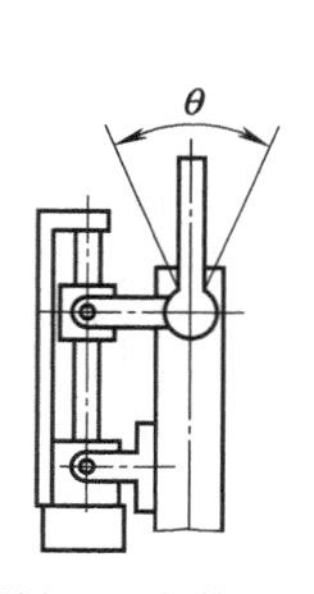

(c) 外部驱动机构驱动臂部的形式

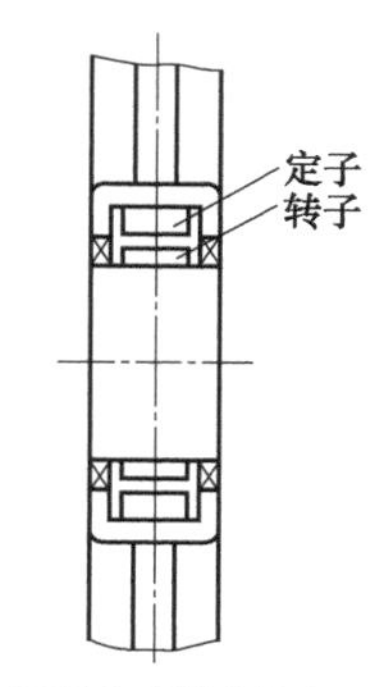

(d) 驱动电动机安装在关节内部的形式

图 4-65　转动关节的形式

③ 转动关节轴承　球轴承是机器人和机械手结构中最常用的轴承。它能承受径向和轴向载荷，摩擦较小，对轴和轴承座的刚度不敏感。如图 4-66（a）所示为普通深沟球轴承，如图 4-66（b）所示为角接触球轴承。这两种轴承的每个球和滚道之间只有两点接触（一点与内滚道接触，另一点与外滚道接触）。为了预载，此种轴承必须成对使用。如图 4-66（c）所示为四点接触球轴承。该轴承的滚道的形状是尖拱式半圆，球与每个滚道两点接触，该轴承通过两内滚道之间适当的过盈量实现预紧。因此，此种轴承的优点是无间隙，能承受双向轴向载荷，尺寸小，承载能力和刚度比同样大小的一般球轴承大 1.5 倍；缺点是价格较高。

采用四点接触式设计以及高精度加工工艺的机器人专用轴承已经问世，这种轴承比同等轴径的常规中系列四点接触球轴承轻 25 倍。机器人专用轴承的结构尺寸和质量如图 4-67 所示，适合于 ϕ76.2～355.6mm 的轴径，质量只有 0.07～2.79kg。

减轻轴承重量的另一种方法是采用特殊材料。目前，关于采用氮化硅陶瓷材料制成球和滚道的研究正在进行之中。陶瓷球的弹性模量比钢球约大 50%，但重量比钢球轻很多。

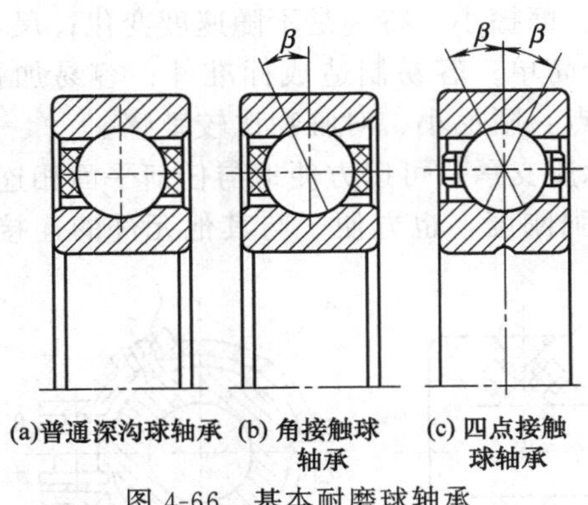

图 4-66 基本耐磨球轴承

（2）直接驱动方式

直接驱动方式是使驱动器的输出轴和机器人手臂的关节轴直接相连的方式。直接驱动方式的驱动器和关节之间的机械系统较少，因而能够减少摩擦等非线性因素的影响，控制性能比较好。然而，为了直接驱动手臂的关节，驱动器的输出转矩必须很大。此外，由于不能忽略动力学对手臂运动的影响，因此控制系统还必须考虑到手臂的动力学问题。

高输出转矩的驱动器有油缸式液压装置，另外还有力矩电动机（直驱马达）等，其中液压装置在结构和摩擦等方面的非线性因素很强，所以很难体现出直接驱动的优点。因此，在 20 世纪 80 年代所开发的力矩电动机，采用了非线性的轴承机械系统，得到了优良的逆向驱动能力（以关节一侧带动驱动器的输出轴）。如图 4-68 所示为采用力矩电动机的直接驱动方式的关节机构实例。

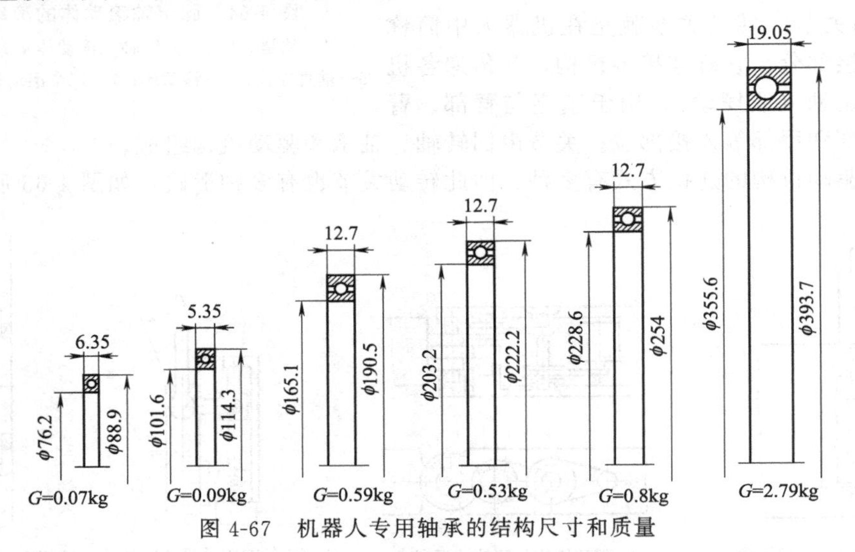

图 4-67 机器人专用轴承的结构尺寸和质量

采用这样的直接驱动方式的机器人，通常称为 DD 机器人（direct drive robot），简称 DDR。DD 机器人驱动电动机通过机械接口直接与关节连接，驱动电动机和关节之间没有速度和转矩的转换。

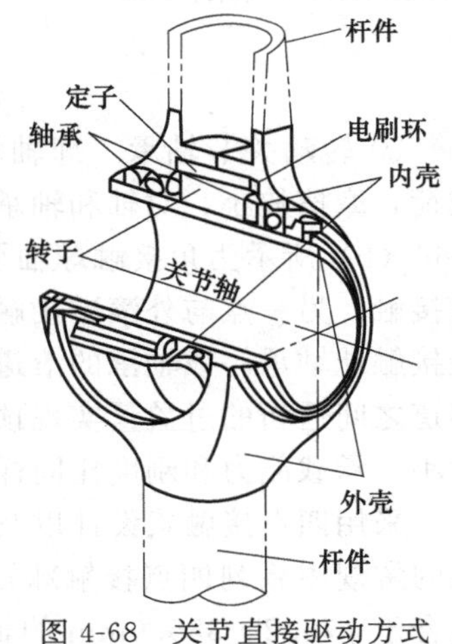

图 4-68 关节直接驱动方式

日本、美国等工业发达国家已经开发出性能优异的 DD 机器人。美国 Adept 公司研制出带有视觉功能的四自由度平面关节型 DD 机器人。日本大日机工公司研制成功了五自由度关节型 DD-600V 机器人，其性能指标为：最大工作范围为 1.2m，可搬质量为 5kg，最大运动速度为 8.2m/s，重复定位精度为 0.05mm。

DD 机器人的其他优点包括：机械传动精度高；振动小，结构刚度大；机械传动损耗小；结构紧凑，可靠性高；电动机峰值转矩大，电气时间常数小，短时间内可以产生很大转矩，响应速度快，调速范围宽；控制性能较好。DD 机器人目前主要存在的问题有：载荷变化、耦合转矩及非线性转矩对驱动及控制影响显著，使控制系统设计困难和复杂；对位置、速度的传感元件提出了相当高的要求；需开发小型实用的 DD 电动机；电动机成本高。

4.1.14　传动方式的应用举例

（1）Movemaster EX RV-M1 的驱动传动

图 4-69 为机器人 Movemaster EX RV-M1 的驱动传动简图。该机器人采用电动方式驱动，有 5 个自由度，分别为腰部旋转、肩部旋转、肘部的转动、手腕的俯仰与翻转。各关节均由直流伺服电机驱动，其中，腰部旋转部分与腕关节的翻转为直接驱动。为了减小惯性矩，肩关节、肘关节和腕关节的俯仰都采用同步带传动。实验室常用的末端操作器（在零件装配时有开闭动作）采用直流电机驱动。

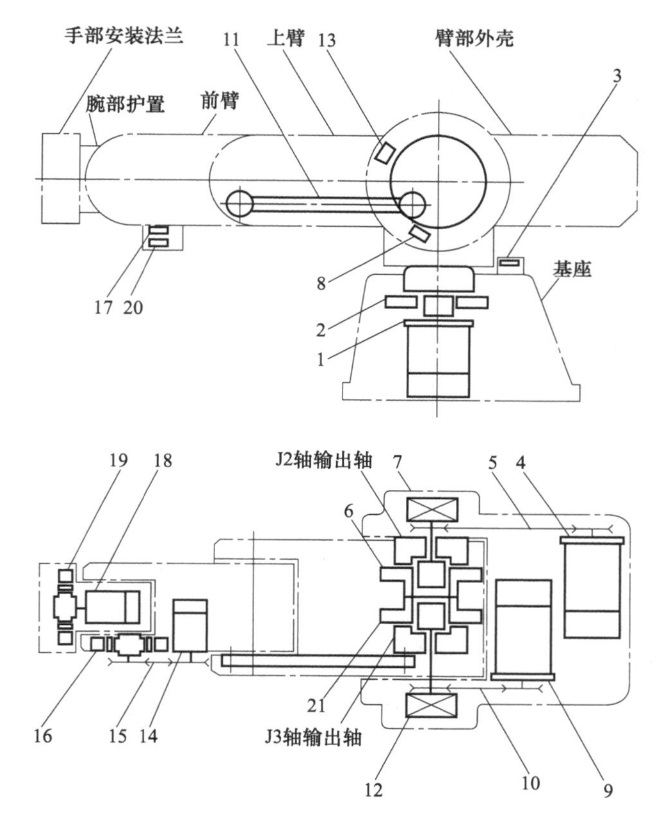

图 4-69　机器人驱动传动内部结构简图

1—J1 轴电机；2—J1 轴谐波减速器；3—J1 轴极限开关；4—J2 轴电机；5—J2 轴同步带；6—J2 轴谐波减速器；7—J2 轴制动闸；8—J2 轴极限开关；9—J3 轴电机；10—J3 轴同步带；11—J3 轴驱动杆；12—J3 轴制动闸；13—J3 轴极限开关；14—J4 轴电机；15—J4 轴同步带；16—J4 轴谐波减速器；17—J4 轴极限开关；18—J5 轴电机；19—J5 轴谐波减速器；20—J5 轴极限开关；21—J3 轴谐波减速器

① 腰部转动（J1 轴）

a. 腰部（J1 轴）由基座内的电机和调谐齿轮驱动。

b. J1 轴限位开关安装在基座顶部。

② 肩部（J2 轴）旋转

a. 肩部（J2 轴）由肩关节处的调谐齿轮驱动，由连接在 J2 轴电机上的同步带带动旋转。

b. 电磁制动闸安装在调谐齿轮的输入轴上，防止断电时肩部由于自重而下转。

c. J2 轴限位开关安装在肩壳内上臂处。

③ 肘部伸展（J3 轴）

a. J3 轴电机的转动由同步带传送至调谐齿轮。

b. 调谐齿轮上 J3 轴输出轴的转动由 J3 轴的驱动连杆传送至肘部的轴上，从而带动前臂伸展。

c. 电磁制动闸安装在调谐齿轮的输入轴上。

d. J3 轴限位开关安装在肩壳内上臂处。

④ 腕部俯仰（J4 轴）

a. J4 轴的电动机安装在前臂内。J4 轴同步带将该电机的转动传送到调谐齿轮上，从而带动腕壳旋转。

b. J4 轴的限位开关安装在前臂下侧。

⑤ 腕部转动（J5 轴）

a. J5 轴电动机和 J5 轴调谐齿轮安装在腕壳内的同一轴上，由它们带动手爪安装法兰旋转。

b. J5 轴的限位开关安装在前臂下。

（2）PUMA 562 机器人传动

该机器人有六个自由度，其传动方式如图 4-70 所示。

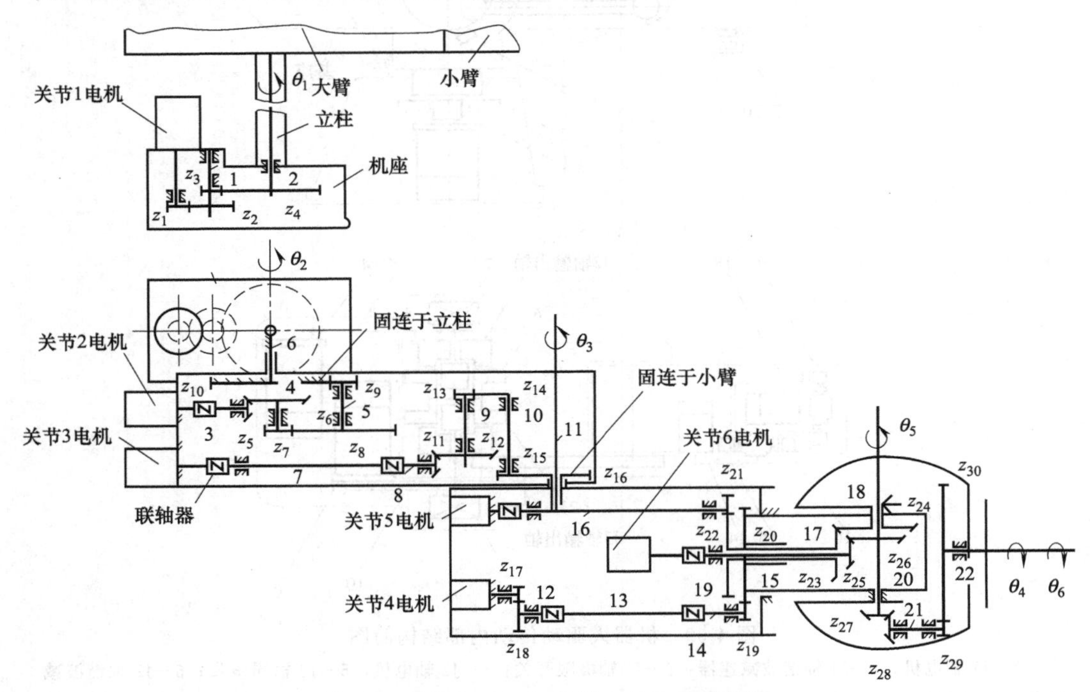

图 4-70　PUMA 562 机器人的传动示意图

由图 4-70 可看出：

关节 1 电机通过两对齿轮传动带动立柱回转。

关节 2 电机通过联轴器、一对圆锥齿轮和一对圆柱齿轮带动齿轮 z_9，齿轮 z_9 绕与立柱固连的齿轮 z_{10} 转动，于是形成了大臂相对于立柱的回转。

关节 3 电机通过两个联轴器和一对圆锥齿轮、两对圆柱齿轮（z_{16} 固连于小臂上）驱动小臂相对于大臂回转。

关节 4 电机先通过一对圆柱齿轮、两个联轴器和另一对圆柱齿轮（z_{20} 固连于手腕的套筒上）驱动手腕相对于小臂回转。

关节5电机通过联轴器、一对圆柱齿轮、一对圆锥齿轮（z_{24}固连于手腕的球壳上）驱动手腕相对于小臂（亦即相对于手腕的套筒）摆动。

关节6电机通过联轴器、两对圆锥齿轮和一对圆柱齿轮驱动机器人的机械接口（法兰盘）相对于手腕的球壳回转。

总之，6个电机通过一系列的联轴器和齿轮副，形成了6条传动链，得到了6个转动自由度，从而形成了一定的工作空间并使工具有各式各样的运动姿势。

4.2 工业机器人的驱动系统

4.2.1 工业机器人驱动系统的特点

工业机器人驱动系统，按动力源分为液压驱动、气动驱动和电动驱动三种基本驱动类型。根据需要也可采用由这三种基本驱动类型组合成的复合式驱动系统。这三种基本驱动系统的主要特点见表4-2。

表4-2 工业机器人三种基本驱动系统的主要特点

内容	驱动方式		
	液压驱动	气动驱动	电动驱动
输出功率	很大，压力范围为500～14000kPa	大，压力范围为400～600kPa，最大可达1000kPa	较大
控制性能	控制精度较高，输出功率大。可无级调速，反应灵敏，可实现连续轨迹控制	气体压缩性大，精度低，阻尼效果差，低速不易控制，难以实现伺服控制	控制精度高，功率较大，能精确定位，反应灵敏。可实现高速、高精度的连续轨迹控制，伺服特性好，控制系统复杂
响应速度	很高	较高	很高
结构性能及体积	结构适当，执行机构可标准化、模块化，易实现直接驱动。功率/质量比大，体积小，结构紧凑，密封问题较大	结构适当，执行机构可标准化、模块化，易实现直接驱动。功率/质量比较大，体积小，结构紧凑，密封问题较小	伺服电动机易于标准化。结构性能好，噪声小。电动机一般配置减速装置，除DD电动机外难以进行直接驱动，结构紧凑，无密封问题
安全性	防爆性能较好，用液压油作传动介质，在一定条件下有火灾危险	防爆性能好，压力高于1000kPa（10个大气压）时应注意设备的抗压性	设备本身无爆炸和火灾危险。直流有刷电动机换向有火花，对环境的防爆性能差
对环境的影响	液压系统易漏油	排气时有噪声	无
在工业机器人中的应用范围	适用于重载，低速驱动；电液伺服系统适用于喷漆机器人，重载点焊机器人和搬运机器人	适用于中小负载，快速驱动精度要求较低的有限点位程序控制机器人，如冲压机器人、机器人本体的气动平衡及装配机器人气动夹具	适用于中小负载，要求具有较高的位置控制精度和轨迹控制精度，速度较高的机器人，如AC伺服喷涂机器人、点焊机器人、弧焊机器人、装配机器人等
成本	液压元件成本较高	成本低	成本高
维修及使用	方便，但液压油对环境温度有一定要求	方便	较复杂

4.2.2 电液伺服驱动系统

电液伺服驱动控制系统是由电气信号处理单元与液压功率输出单元组成的闭环控制系统。

它综合了电气和液压控制两方面的优点，具有控制精度高、响应速度快、信号处理灵活、输出功率大、结构紧凑、功率/质量比大等特点，在机器人中得到了较为广泛的应用。采用电液伺服系统的工业机器人，具有点位控制和连续轨迹控制功能，并具有防爆能力。

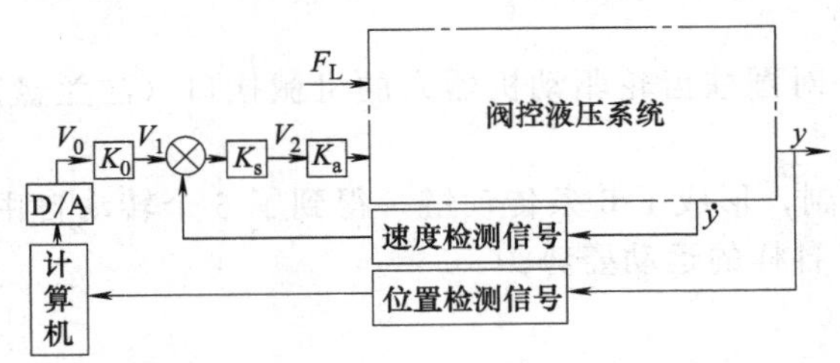

图 4-71 机器人单轴电液伺服系统原理框图

F_L—静力负载；K_0—伺服放大器的输出电压到伺服阀力矩电动机输出电流之间的导纳；K_s—伺服放大器的增益；K_a—输出放大器增益

电液伺服驱动的工业机器人所采用的电液转换和功率放大元件有电液伺服阀、电液比例阀等。以上伺服阀、比例阀与其他液压动力机构可组成电液伺服电动机、电液伺服液压缸、电液步进电动机、电液步进液压缸、液压回转伺服执行器（RSA，Rotary Servo Actuator）等各种电液伺服动力机构。根据工业机器人的结构设计要求，电液伺服电动机和电液伺服液压缸可以是分离式的，也可以组合成一体。

在工业机器人的电液伺服驱动系统中，常用的电液伺服动力机构是电液伺服液压缸和电液伺服摆动电动机。回转执行器（RSA）是一种由伺服电动机、步进电动机或比例电磁铁驱动的，安装在摆动电动机或连续回转电动机转子内的一个回转滑阀，通过机械反馈，驱动转子运动的一种电液伺服机构。它可以安装在机器人手臂和手腕的关节上，实现直接驱动。它既是关节机构，又是动力元件。

对于采用电液伺服驱动系统的工业机器人，人们所关心的是如何按给定的运动规律实现机器人手臂运动的位置和姿态以及运动速度的控制。图 4-71 为机器人常用的阀控电液伺服驱动系统的单轴的电液伺服系统框图。

因伺服阀的频率响应高达 50～200Hz，而机器人的液压固有频率较低，一般为几赫兹至几十赫兹。因此，在设计机器人电液伺服驱动系统时，伺服阀的传递函数不必按二阶环节计算，可按惯性环节或比例环节计算。伺服系统中具有速度及位置检测传感器，以形成闭环回路。反馈信号一般为模拟量，其检测元件为旋转变压器或光电码盘，f/v 变换得电压信号。位置传感器多采用光电码盘、旋转变压器或线性度较高的电位器（一般线性度为±0.1%）。图 4-72 为一种电液伺服喷涂机器人的电液伺服原理图。

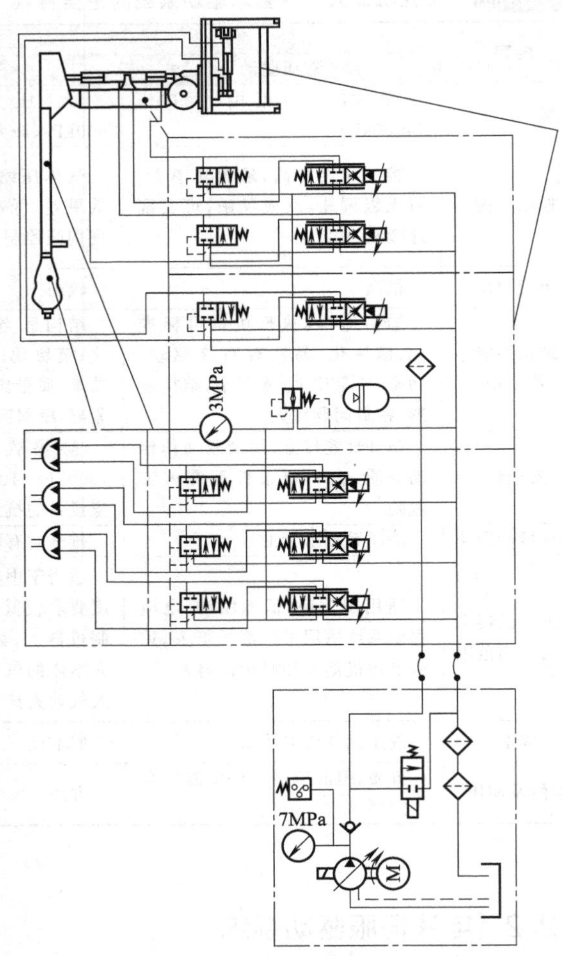

图 4-72 一种电液伺服喷涂机器人的电液伺服原理图

在采用电液伺服驱动的工业机器人系统设计中，伺服阀的布置应使伺服阀与其相连接的驱动器之间的管线距离最短，按照承载能力设计要求，使驱动器体积达到最小。通过上述两种方法来改变动态响应，尤其是阀与驱动器之间的连接件，应采用硬壁管而不用柔性软管，以增加系统工作压力，可使用较小的驱动器。然而由于大多数工业机器人液压驱动器的负载小，且小型液压驱动器的损失较大，所以动力源压力以适中［6829.5～13729kPa（100～200psi）］为宜，允许使用较大的驱动器。

采用电液伺服驱动的工业机器人在低负载、高关节速率的情况下，大量能量转换成为热量，被液压油带走，回油管及油冷却器必须按一定的尺寸制造，以允许热量散发，不致使泵进油口处的温升过高，以防止液压油分解，并防止损坏回路上的部件，特别是损坏液压伺服阀。

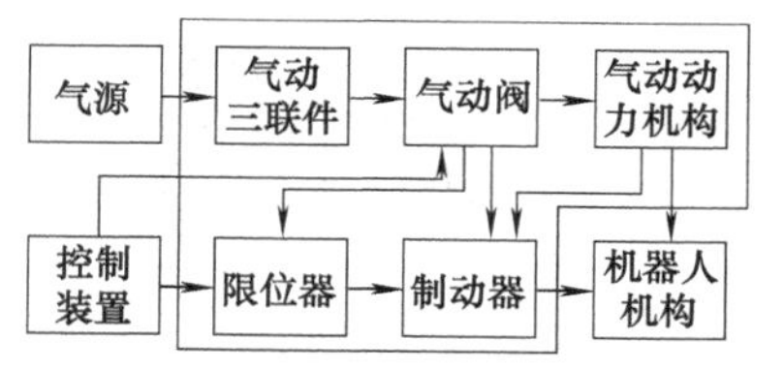

图 4-73　机器人气动驱动结构框图

4.2.3　气动驱动系统

气动驱动系统多应用于两位式或有限点位控制的工业机器人（如冲压机器人）中。或作为装配机器人的气动夹具及应用于点焊等较大型通用机器人的气动平衡中。图 4-73 为其组成结构框图。

机器人气动驱动系统常用的气动元件组成见表 4-3。

表 4-3　常用的气动元件组成

元件名称	组　　成
气源	包括空气压缩机、储气罐、气水分离器、调压器、过滤器等
气动三联件	由分水滤气器、调压器和油雾器组成
气动阀	包括电磁气阀、节流调速阀和减速压阀等
气动动力机构	多采用直线气缸和摆动气缸

图 4-74 为 ZHS-R002 机器人气动系统简图。SMART 和 KUKA 机器人的气动平衡原理如图 4-75 所示。

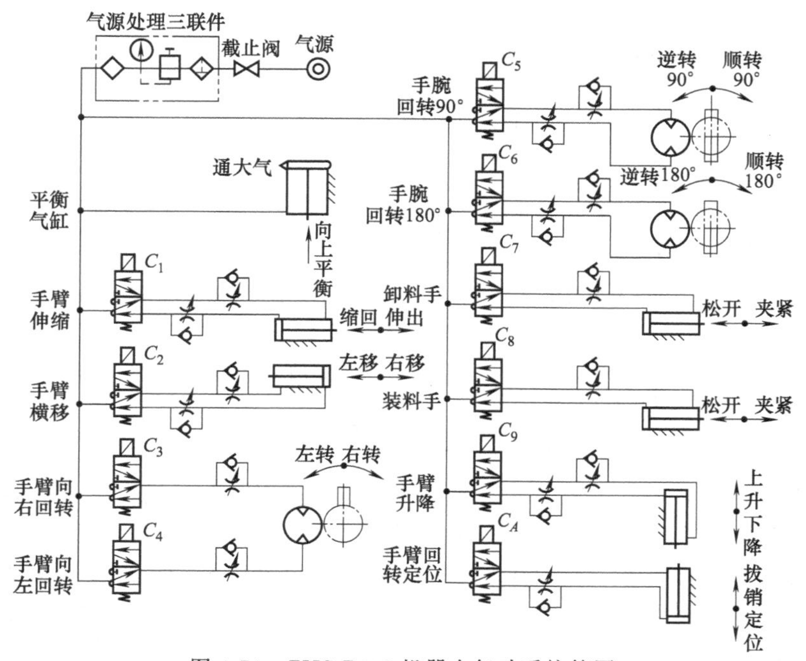

图 4-74　ZHS-R002 机器人气动系统简图

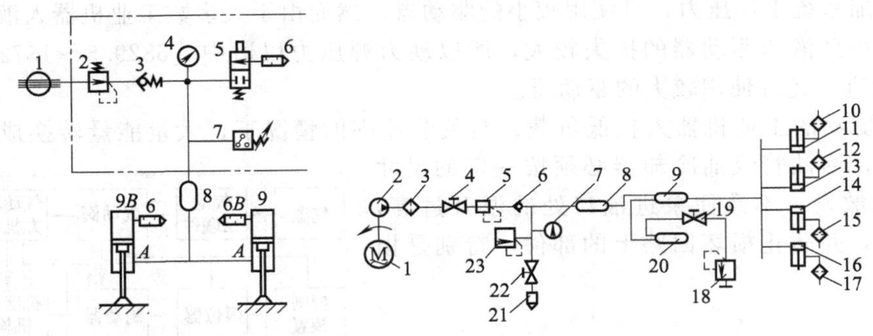

(a) SMART机器人气动平衡原理图

1—压缩气入口；2—压力开关；3—单向阀；4—压力表；5—手动排气阀；6—消音器；7—控制开关；8—储气罐；9—平衡气缸

(b) KUKA机器人平衡系统气压回路

1—交流电动机；2—空气压缩机；3—压缩空气过滤器；4—压缩空气入口开关；5—压力调节阀；6—单向阀；7—接点压力计；8，9，20—压缩空气储存罐；10,12,15,17—空气过滤器；11,13,14,16—气缸；18—外控溢流阀；19—压缩空气出口开关；21—消音器；22—压缩空气释气开关；23—安全阀

图 4-75 气动平衡装置

4.2.4 电动驱动系统

机器人电伺服驱动系统是利用各种电动机产生的力矩和力直接或间接地由机械传动机构去驱动机器人本体的执行机构，以获得机器人的各种运动。

适合于工业机器人的关节驱动电动机，应包括需要的最大功率/质量比、力矩/惯量比、高启动力矩、低惯量和较宽广且平滑的调速范围。特别是像机器人末端执行器（手爪）应采用体积、质量尽可能小的电动机，尤其是要求快速响应时，伺服电动机必须具有较高的可靠性和稳定性，并具有大的短时过载能力。这是伺服电动机在工业机器人中应用的先决条件。机器人对关节驱动电动机的主要要求见表 4-4。

表 4-4 机器人对关节驱动电动机的主要要求

特性	说明
快速性	电动机从获得指令信号到完成指令所要求的工作状态的时间短。响应指令信号的时间越短，电伺服系统的灵敏性越高，快速响应性能越好，一般以伺服电动机机电常数的大小来说明伺服电动机快速响应的性能
启动力矩/惯量比大	在驱动负载的情况下，要求机器人伺服电动机的启动力矩高，转动惯量小；启动力矩/惯量比是衡量伺服电动机动态特性的一个重要指标
控制特性的连续性和直线性	随着控制信号的变化，电动机的转速能连续变化，有时还需转速与控制信号成正比或近似成正比
轻巧性	体积小，质量小，轴向尺寸短
载荷瞬时性	能经受得起苛刻的运行条件。可进行十分频繁的正反转和加减速运行，并能在短时间内承受过载
高可靠性	可在恶劣环境下使用
调速范围宽	能使用于(1∶1000)～(1∶10000)的调速范围内

目前，由于高启动力矩、大转矩、低惯量的交、直流伺服电动机在工业机器人中得到了广泛应用，因此一般负载在 1000N 以下的工业机器人大多采用电伺服驱动系统。所采用的关节驱动电动机主要是 DC 伺服电动机、AC 伺服电动机和步进电动机。其中：直流伺服电动机、交流伺服电动机、直接驱动电动机（DD）均采用位置闭环控制，一般应用于高精度、高速度的机器人驱动系统中。步进电动机驱动多适用于精度、速度要求不高的小型简易机器人开环系统中。交流伺服电动机由于采用电子换向、无换向火花，在易燃易爆环境（如喷涂）中得到了

较为广泛的使用。机器人关节驱动电动机的功率范围一般为 0.1～10kW。工业机器人驱动系统中所采用的电动机的种类见表 4-5。

表 4-5　工业机器人采用的电动机的种类

种类	说　　明
直流伺服电动机	包括小惯量永磁直流伺服电动机、无刷绕组直流伺服电动机、大惯量永磁直流伺服电动机、空心环电枢直流伺服电动机等，大惯量永磁直流伺服电动机一般仅用于大中型工业机器人腰部回转驱动
交流伺服电动机	包括同步型交流伺服电动机及反应式步进电动机等
步进电动机	分为变磁阻式（VR 型，也称为反应式）、永磁式（PM 型）和混合式（HB 型）步进电动机
直接驱动电动机（DD）	包括变磁阻型直接驱动电动机及变磁阻混合型直接驱动电动机等

速度传感器多采用测速发电机和旋转变压器；位置传感器多采用光电码盘和旋转变压器。伺服电动机可与测速发电机、光电码盘（或旋转变压器）、制动器、减速机构相结合，以形成伺服电动机驱动单元。

直接驱动 DD 电动机作为一种新型的伺服电动机，由于具有极高的精度和运行速度、无减速装置，已广泛地应用于要求高速、高精度的装配机器人中，特别适用于洁净度高达 10 级以上的环境中。

电动机的固有特性是转矩/质量比较小，但它能以高速运动作补偿，一般需要通过减速机构以增加转矩，来适应机器人关节驱动的需要。采用减速机构又带来了系统的动态响应和动力损耗，以及减速机构的顺应性和间隙问题。通常，减速机构的顺应性降低了动态响应，间隙导致系统的不稳定，一般采用重力加载方式来消除正常运行过程中的间隙。在电气系统设计中，主要考虑系统的动态响应，转矩/质量比值应当在满足动态响应特性要求的前提下取最大值。机器人驱动系统要求传动系统间隙小、刚度大、输出转矩大以及减速比大，常用的减速机构有：①谐波减速机构；②摆线针轮减速机构；③齿轮减速机构；④蜗轮减速机构；⑤在紧凑、轻便、无间隙、低顺应性装置中，常采用高减速比的滚珠丝杠传动及金属带/齿形带传动。

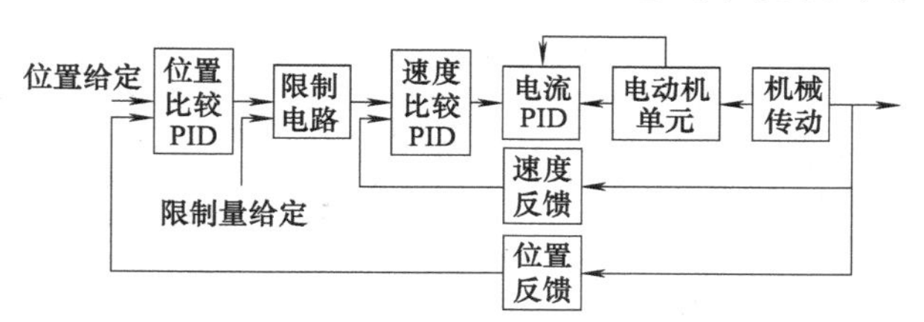

图 4-76　工业机器人电动机驱动原理图

图 4-76 为工业机器人电动机驱动原理框图。

工业机器人电伺服系统的一般结构为三个闭环控制，即电枢电流闭环、速度闭环和位置闭环。为了满足三环伺服控制反馈信号，要求系统采用多种传感器。电流传感器一般采用取样电阻、霍耳集成电路传感器。在工业机器人电伺服系统中，速度闭环和电流闭环一般采用模拟控制系统，位置闭环则采用数字控制系统。工业机器人常用关节驱动电动机的特点及使用范围见表 4-6。表 4-7 给出了适于工业机器人各关节驱动用的伺服电动机的示例。

表 4-6　工业机器人常用关节驱动电动机的特点及使用范围

名称	主要特点及性能	结构特点	用途及使用范围	适用驱动器
小惯量直流永磁伺服电动机	转子直径较小，因此电动机的惯量小，理论加速度大，快速反应性好。由于没有齿槽，低速性能好，因此一般调速比可以达到 1∶10^4 的程度。但由于转子较细，因此低速输出力矩不够大，而且负载惯量的改变会对整个系统产生很大的影响。又由于转子细长，不利散热，因此转向器也较易损坏	其转子多为细长形，这是因为其直径小且转动惯量小；而要保证输出功率则需要加长转子长度；为消除齿槽效应多将转子绕组直接粘在电枢表面	适用于对快速性能要求严格而负载力矩不大的场合	直流 PWM 伺服驱动器，晶体管变压驱动器

续表

名称	主要特点及性能	结构特点	用途及使用范围	适用驱动器
无刷绕组直流永磁伺服电动机(盘式电动机)	其转动惯量小,快速响应性能好;转子无铁损,效率高,换向性能好;寿命长;负载变化时转速变化率小,输出力矩平稳	具有特殊的转子结构。转子由薄片形绕组叠装而成,各层绕组按一定连接方式接成闭环,整个转子无铁芯,具有轴向平面气隙	可以频繁启制动、正反转工作,响应迅速。由于轴向尺寸小,能够紧密地连接到负载机构上,可以构成一个抗扭力矩的结构体系,适用于机器人、数控等机电一体化产品	直流 PWM 伺服驱动器,晶体管变压驱动器
大惯量直流永磁伺服电动机(力矩电动机)	输出力矩大,转矩波动小,硬度大,可以长期工作在堵转条件下	与小惯量电动机相比,其转子明显加粗	适用于要求驱动力矩较大的场合,由于力矩较大可以不用齿轮变速而直接驱动负载,解决了齿轮变速系统的齿轮间隙问题 在制造上不需采用特殊的工艺,故比较经济,对负载惯性匹配问题不明显	直流 PWM 伺服驱动器,晶体管变压驱动器
反应式步进电动机	可以将电脉冲信号直接变换为转角,其转角的大小与输入脉冲数成正比,而其旋转方向则取决于输入脉冲的顺序,步进电动机伺服系统多用于开环控制系统。其输出力矩也比较大	其转子无绕组,由永磁体构成转子磁极,其定子绕组按其分布形式有集中绕组和分散绕组两种	主要用于在数字系统中作为执行元件,如各类数控机床、机器人、自动传送机械等	直流 PWM 伺服驱动器,晶体管变压驱动器
同步式步进电动机	其转速与定子绕组所建立的旋转磁场严格同步,从低速到高速,只要在永久磁体不退磁的范围内,定子绕组都可以通过大的电流,所以启动、制动转矩不会降低,可以频繁启动、制动	其转子由永磁体做成,定子由三相绕组组成。为减小转子的转动惯量,转子直径往往做得很细	主要用于小容量的伺服驱动系统中,如数控、机器人等伺服系统中	交流 PWM 变频调速器
DD 驱动电动机	DD 电动机输出转矩大,转矩波动小,功率/质量比大,精度极高;低速平稳,检测精度高	DD 电动机具有两种结构形式:双定子结构和中央定子结构	适用于需高精度、高速运行的工业机器人中,并适用于洁净度在 10 级以上的环境,如装配机器人等	交流 SPWM 驱动器

4.2.5 工业机器人驱动系统选用原则

工业机器人驱动系统的选用,应根据工业机器人的性能要求、控制功能、运行的功耗、应用环境及作业要求、性能价格比以及其他因素综合加以考虑。在充分考虑各种驱动系统特点的基础上,在保证工业机器人性能规范、可行性和可靠性的前提下,做出决定。一般情况下,各种机器人驱动系统的设计选用原则大致如下。

(1) 控制方式

物料搬运(包括上、下料)、冲压用的有限点位控制的程序控制机器人,低速重负载的可选用液压驱动系统;中等负载的可选用电动驱动系统;轻负载、高速的可选用气动驱动系统。冲压机器人多选用气动驱动系统。

用于点焊、弧焊及喷涂作业的工业机器人,只要求有任意点位和连续轨迹控制功能,需采用伺服驱动系统,例如电液伺服和电动伺服驱动系统。对于要求控制精度较高的机器人如点焊、弧焊等工业机器人，多采用电动伺服驱动系统。重负载的搬运机器人及需防爆的喷涂机器人可采用电液伺服控制。

表 4-7　伺服电动机示例

伺服电动机的种类	机器人的动作特性	伺服电动机的功率/W	伺服电动机的特性
驱体连续回转 腕部上、下、左、右驱动 直角坐标驱动 肩臂连续旋转驱动 肩臂旋转步进驱动 顶端上、下连续驱动 顶端连续旋转驱动			
直流伺服电动机：印制绕组电动机、线绕盘式电动机	①低、中、高速驱动 ②中、高精度 ③低、中、高速响应 ④连续路径控制 ⑤可作步进驱动 ⑥点位-点位驱动 ⑦反转制动简易 ⑧控制性能好 ⑨稳定的同步 ⑩伺服特性 ⑪效率高	标准型印制绕组电动机 50～500	①偏平型电动机无铁芯盘型电枢 ②低噪声、低振动、低力矩脉动 ③电感很小 ④无火花的换向特性 ⑤额定转速 3000～4000r/min
杯形转子电动机		A 系列杯形转子电机 400～3700 高性能 A 系列杯形转子电机 600～3000 高性能 G 系列杯形转子电机 250～2900	①无铁芯杯形电枢 ②低噪声、低驱动、低力矩脉动 ③杯形转子电动机额定转速 1750r/min ④高性能杯形转子电动机额定转速 1000r/min
RM系列小惯量电动机		RM 系列小惯量电机 600～3000	①电枢铁芯有齿槽的高性能电动机 ②细长型电动机 ③体积小、质量小 ④额定转速 300r/min ⑤与印制绕组电动机相比力矩脉动稍差
交流伺服电动机	①低、中、高速驱动 ②中精度 ③低、中速响应 ④连续路径控制 ⑤可作步进驱动 ⑥点位-点位驱动 ⑦中等效率	100～3000	①环境适应性好 ②功率大 ③过载能力强 ④没有电刷 ⑤装配简易
步进电动机	①低速驱动 ②中低级精度 ③低级响应 ④步进驱动 ⑤效率低	大约 10	①开环控制 ②没有电刷
直线电动机	①低、中、高速驱动 ②中级精度 ③低、中、高速响应 ④连续路径控制 ⑤可作步进驱动 ⑥点位-点位驱动 ⑦低、中级效率		①直线驱动（水平动作） ②没有电刷

（2）作业环境

对于从事喷涂作业的工业机器人，由于工作环境需要防爆，考虑到其防爆性能，多采用电液伺服驱动系统和具有本质安全型防爆的交流电动伺服驱动系统。对于水下机器人、核工业专用机器人、空间机器人，以及在腐蚀性、易燃易爆气体、放射性物质环境下工作的移动机器人，一般采用交流伺服驱动系统。如要求在洁净环境中使用，则多要求采用直接驱动（Diret Drive，DD）电动机驱动系统。

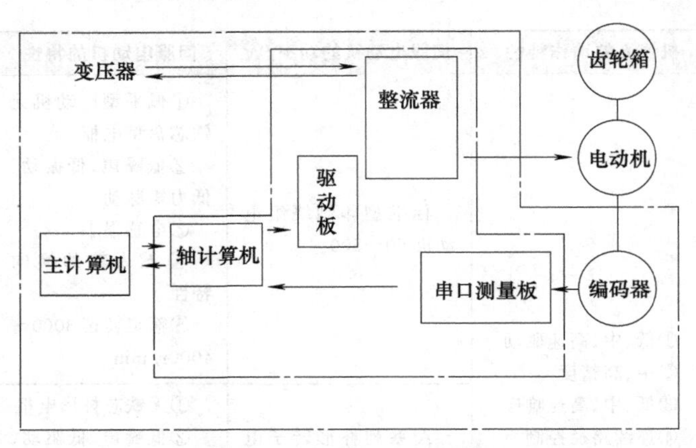

图 4-77　ABB 驱动伺服系统

（3）操作运行速度

对于装配机器人，由于要求其具有很高的点位重复精度和较高的运行速度，因此通常在运行速度相对较低（≤4.5m/s）的情况下，可采用 AC、DC 或步进电动机伺服驱动系统；在速度、精度要求均很高的条件下，多采用直接驱动（DD）电动机驱动系统。

图 4-77 和图 4-78 所示分别为 ABB 机器人驱动伺服系统和 KUKA 机器人伺服驱动系统。

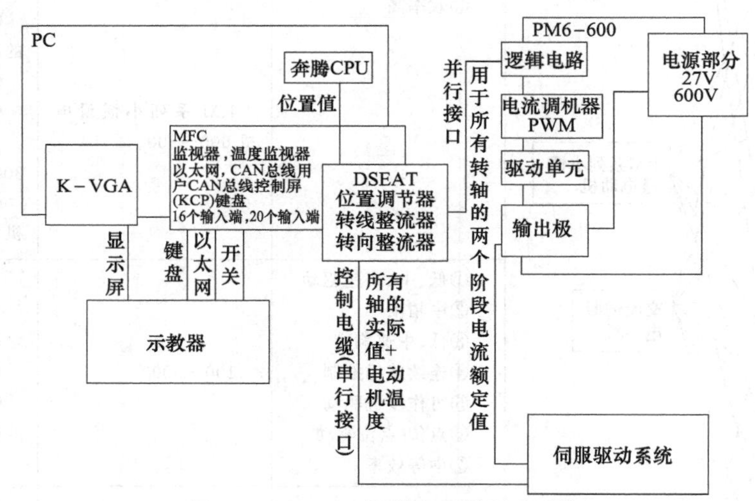

图 4-78　KUKA 机器人伺服驱动系统

4.2.6　新型驱动器

随着机器人技术的不断发展，出现了一些利用新的工作原理的新型驱动器，如压电驱动器、静电驱动器、人工肌肉驱动器、形状记忆合金驱动器、磁致伸缩驱动器、超声波电动机、光驱动器等。

（1）压电驱动器

压电效应的原理是：如果对压电材料施加压力，它便会产生电位差（称之为正压电效应）；反之，施加电压，则产生机械应力（称为逆压电效应）。

压电驱动器是利用逆压电效应，将电能转变为机械能或机械运动，实现微量位移的执行装置。压电材料具有易于微型化、控制方便、低压驱动、对环境影响小以及无电磁干扰等很多优点。

压电双晶片是在金属片的两面粘贴两个极性相反的压电薄膜或薄片，由于压电体的逆压电效应，当单向电压加在其厚度方向时，压电双晶片中的一片收缩、一片伸长，从而引起压电双晶片的定向弯曲而产生微位移。

图 4-79 所示是一种典型的应用于微型管道机器人的足式压电微执行器。它由一个压电双晶薄片及其上两侧分别贴置的两片类鳍型弹性体足构成。压电双晶片在电压信号作用下产生周期性的定向弯曲，将使弹性体与管道两侧接触处的动态摩擦力不同，从而推动执行器向前运动。

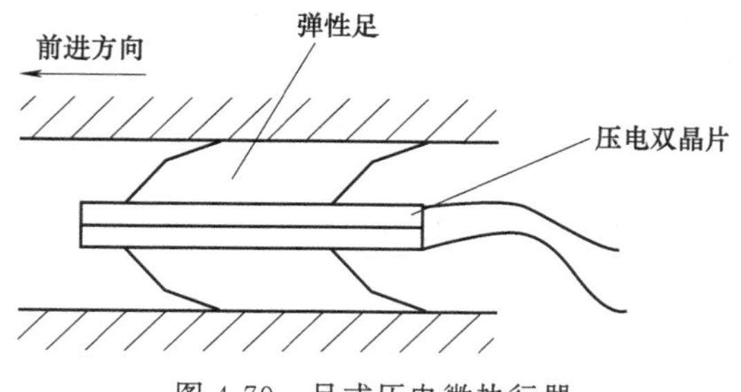

图 4-79 足式压电微执行器

压电双晶片驱动器的优点是位移量比叠层式的驱动器位移量大。因此机器人的运动速度比较快，但受到双晶片尺寸的限制，直径一般在 20mm 以上，所以不适合在直径特别小的管道中运动。

(2) 形状记忆合金驱动器

① 形状记忆合金的定义及特点　形状记忆合金是一种特殊的合金，一旦使它记忆了任何形状，即使产生变形，只要加热到某一适当温度，它就能恢复到变形前的形状。利用这种合金制造驱动器的技术即为形状记忆合金驱动技术。形状记忆合金有以下 3 个特点：

a. 变形量大。

b. 变位方向自由度大。

c. 变位可急剧发生。

因此，它具有位移较大、功率/重量比大、变位迅速、方向自由的特点；特别适用于小负载高速度、高精度的机器人装配作业、显微镜内样品移动装置、反应堆驱动装置、医用内窥镜、人工心脏、探测器、保护器等产品上。

② 形状记忆合金驱动器的特点　形状记忆合金驱动器除具有高的功率/重量比这一特点外，它还具有结构简单、无污染、无噪声、具有传感功能、便于控制等特点。

a. 形状记忆合金驱动器的优点。

· 由于形状记忆合金是利用合金的相变（热弹性马氏体相变）来进行能量转换的，它可直接实现各种直线运动或曲线运动轨迹，而不需任何机械传动装置，因此，形状记忆合金驱动器可做成非常简单的形式。这对微型化来说无疑是非常有利的。另外，结构简单也有利于降低成本，提高系统的可靠性。

· 形状记忆合金驱动器在工作时不存在外摩擦，因此工作时无任何噪声，不会产生磨粒，没有任何污染。这对微型化也是非常有利的，因为在微观领域，一个小尘埃的作用可能会相当于宏观领域中的一块石头。

· 形状记忆合金驱动器一般采用电流来进行驱动，而导线可采用非常细的丝材，这种丝材不会妨碍微机器人的运动。因此，用形状记忆合金制作的驱动器便于实现独立控制。

· 形状记忆合金的电阻与其相变过程之间存在一定的对应关系，因此形状记忆合金的电阻值可用来确定驱动器的位移量及作用在驱动器上的力。也就是说，它具有传感功能。这一特点也使形状记忆合金驱动器的控制系统变得非常简单。

· 最适于制造微机器人驱动器的形状记忆合金是 TiNi 合金。TiNi 合金的电导率与 NiCr 合金几乎一样。因此，给形状记忆合金加热时所需的电源电压要比使用压电元件等所需的电源电压低得多，一般可以使用 5V 或 12V 这样的常用电源电压。这样就可使形状记忆合金加热用的电源与控制电路用的电源一致起来，以简化系统。

b. 形状记忆合金驱动器的缺点。形状记忆合金驱动器在使用中主要存在两个问题，即效率较低、疲劳寿命较短。

· 形状记忆合金驱动器的效率从理论上来说，不能超过 10%。实际形状记忆合金驱动器的效率常低于 1%。但由于微机器人总的能量消耗很少，因此效率高低对微驱动器来说并无太大的影响。

· 形状记忆合金驱动器的疲劳寿命一般较短。其疲劳寿命除和所用材质有关外，还和工作应力范围有很大的关系。工作应力范围越大，疲劳寿命越短。例如，如果希望疲劳寿命大于 10 次，则工作应力范围必须小于 1%。

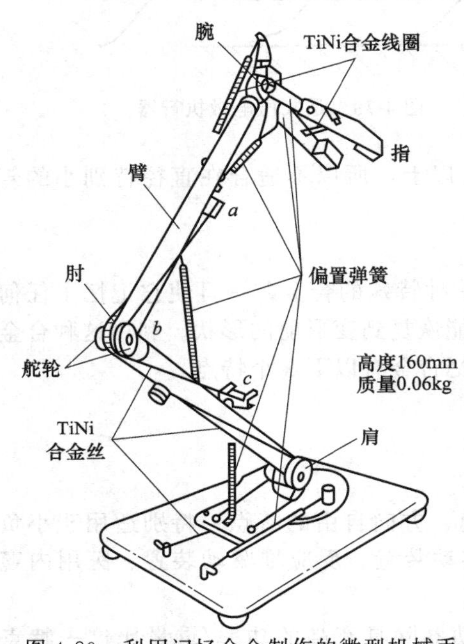

图 4-80 利用记忆合金制作的微型机械手

图 4-80 为具有相当于肩、肘、臂、腕、指 5 个自由度的微型机器人的结构示意图。手指和手腕靠 SMA（NiTi 合金）线圈的伸缩，肘和肩靠直线状 SMA 丝的伸缩，分别实现开闭和屈伸动作。每个元件由微型计算机控制，通过由脉冲宽度控制的电流调节位置和动作速度。由于 SMA 丝很细（0.2mm），因而动作很快。

记忆合金在机器人上的另一应用是行走。它由两根记忆合金丝和相应的偏置弹簧组成，利用记忆合金的伸长与收缩而达到行走的目的。加热时，记忆合金伸长，使前爪向前伸出（后爪不能后退），与此同时，重心移到前爪上；冷却时，记忆合金收缩，将后爪向前移动一步。这种装置像昆虫那样有 6 条腿，步行中能够 4 条腿着地，增加了稳定性。将合金的受热和冷却与计算机结合起来，可以精确地控制行走的步幅。

形状记忆合金的功能和生物手脚的筋的功能很相似。生物筋是含蛋白质的生物高分子纤维，它靠机械、化学反应来动作，通过体液的 pH 值进行收缩、膨胀来活动手脚。与此类似，形状记忆合金可以通过热-机械反应作为人工筋应用。日本日立公司用形状记忆合金制作的机械手有 12 个自由度，动作形如人手，能仿真地取出一个鸡蛋。现正在研制像尺蠖虫那样大小的机械昆虫和如人手一样灵巧的微型机械手，可做复杂的动作，因而可在医学上应用。

（3）磁致伸缩驱动

铁磁材料和亚铁磁材料由于磁化状态的改变，其长度和体积都要发生微小的变化，这种现象称为磁致伸缩。研究发现，$TbFe_2$、$SmFe_2$、$DyFe_2$、$HoFe_2$、$TbDyFe_2$（铽铁、钐铁、镝铁、钬铁、铽镝铁）等稀土-铁系化合物不仅磁致伸缩值高，而且居里点高于室温，室温磁致伸缩值为 $1000\times10^{-6}\sim2500\times10^{-6}$，是传统磁致伸缩材料如铁、镍等的 10～100 倍，这类材料被称为稀土超磁致伸缩材料（Rear Earth Giant Magnetostrictive Materials，缩写为 RE-GMSM）。这一研究结果已被用于制造具有微英寸量级位移能力的直线电机。为使这种驱动器工作，要将被磁性线圈覆盖的磁致伸缩小棒的两端固定在两个架子上。当磁场改变时，会导致小棒收缩或伸展，这样其中一个架子就会相对于另一个架子产生运动。图 4-81 为超磁致伸缩驱动器的结构简图。

（4）超声波电动机

① 超声波电动机的定义和特点 超声波电动机（Ultrasonic Motor，USM）是20世纪80年代中期发展起来的一种全新概念的新型驱动装置，它利用压电材料的逆压电效应，将电能转换为弹性体的超声振动，并将摩擦传动转换成运动体的回转或直线运动。该种电动机具有转速低、转矩大、结构紧凑、体积小、噪声小等优点，它与传统电磁式电动机最显著的差别是无磁且不受磁场的影响。

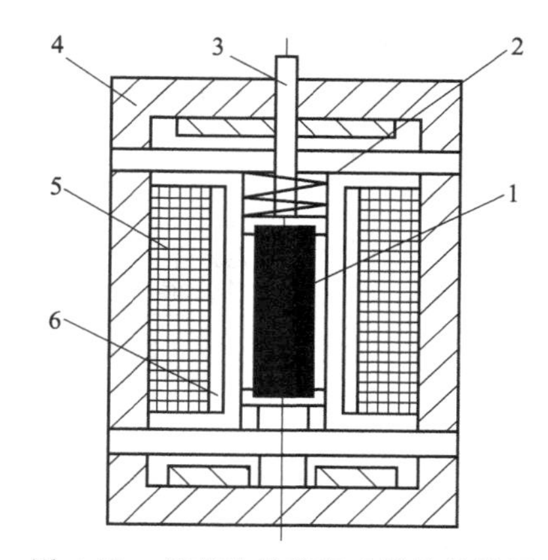

图4-81 超磁致伸缩驱动器结构简图

1—超磁致伸缩材料；2—预压弹簧；3—输出杆；4—压盖；5—激励线圈；6—铜管

与传统电磁式电动机相比，超声波电动机具有以下特点：

a. 转矩/重量比大，结构简单、紧凑。

b. 低速大转矩，无需齿轮减速机构，可实现直接驱动。

c. 动作响应快（毫秒级），控制性能好。

d. 断电自锁。

e. 不产生磁场，也不受外界磁场干扰。

f. 运行噪声小。

g. 摩擦损耗大，效率低，只有10%～40%。

h. 输出功率小，目前实际应用的只有10W左右。

i. 寿命短，只有1000～5000h，不适合连续工作。

② 超声波电动机的分类

a. 按自身形状和结构可分为圆盘或环形、棒状或杆状和平板形。

b. 按功能分可分为旋转型、直线移动型和球形。

c. 按动作方式分为行波型和驻波型。

图4-82～图4-84分别为环形行波型USM的定子和转子图、环形USM装配图和行波型超声波电动机驱动电路框图。

超声波电动机通常由定子（振动体）和转子（移动体）两部分组成。但电动机中既没有线圈，也没有永磁体。其定子由弹性体和压电陶瓷构成，转子为一个金属板。定子和转子在压力作用下紧密接触，为了减少定子和转子之间相对运动产生的磨损，一般在两者之间（转子上面）加一层摩擦材料。

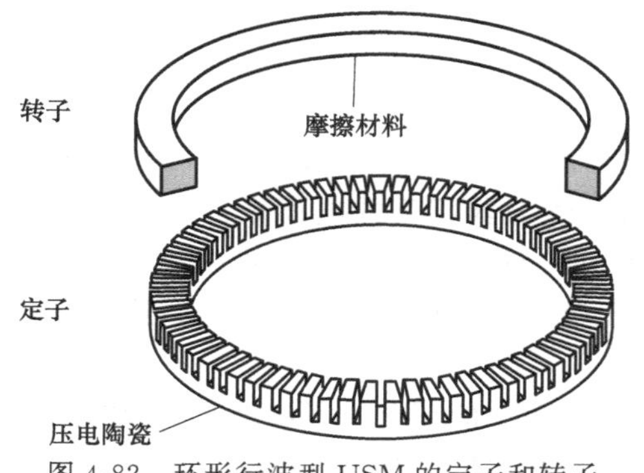

图4-82 环形行波型USM的定子和转子

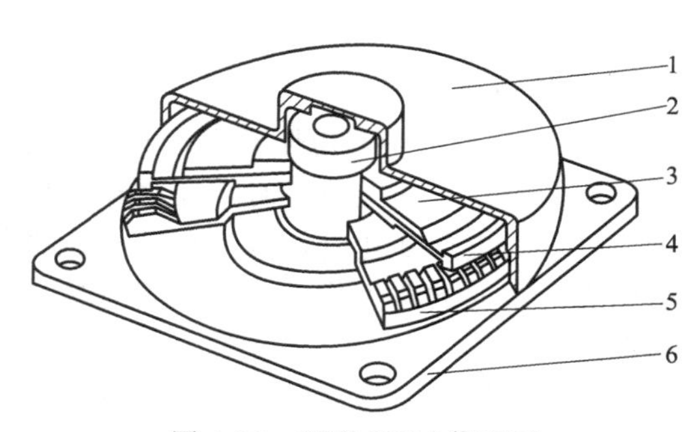

图4-83 环形USM装配图

1—上端盖；2—轴承；3—碟簧；4—转子；5—定子；6—下端盖

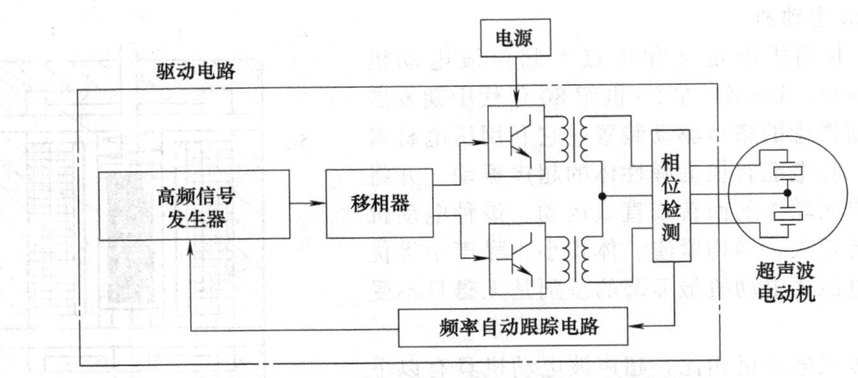

图 4-84 行波型超声波电动机驱动电路框图

③ 超声波电动机的基本原理 超声波驱动器即超声波电机是通过超声波使压电体振动，在定子表面产生行波，驱动与它接触的转子转动，从而得到力矩的电机。这种电机不需要减速机构就能够得到大的转矩，在电源关断的状态下也有保持力，响应速度快，能够进行高精度的速度控制和位置控制，无噪声，无磁场产生，体积小，重量轻。

对极化后的压电陶瓷元件施加一定的高频交变电压，压电陶瓷随着高频电压的幅值变化而膨胀或收缩，从而在定子弹性体内激发出超声波振动，这种振动传递给与定子紧密接触的摩擦材料，从而驱动转子旋转。

如图 4-85 所示，超声波电机是由与压电体连接的定子和与定子表面加压接触的转子构成的。如图 4-86 所示，施加与压电体相位不同的频率大于 20kHz 的交流电压，产生超声波的振动；与压电体连接的金属是弹性体，它随着超声波的振动而变形。这种变形是弹性体表面的起伏向一个方向连续地行进，使弹性体的表面形成行波。在弹性体表面形成的行波的各顶点与转子接触的同时按椭圆曲线运动。转子随着椭圆形的运动，向与定子表面产生的行波的反方向转动。

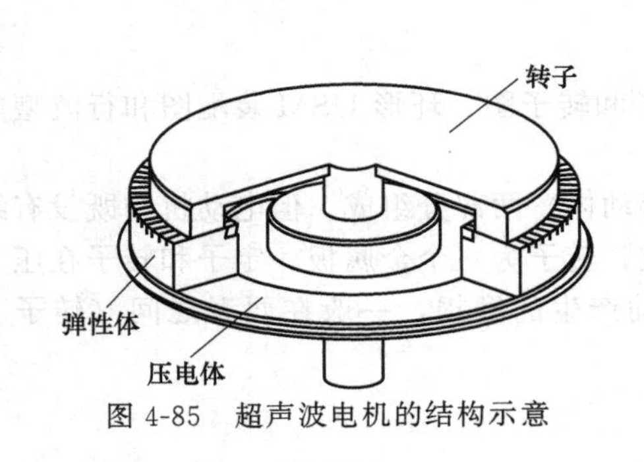

图 4-85 超声波电机的结构示意

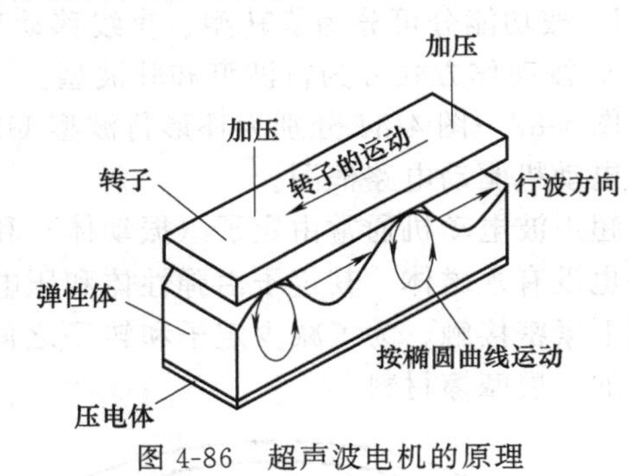

图 4-86 超声波电机的原理

（5）静电驱动器

图 4-87 是一个带有电阻器移动子的三相静电驱动器的工作原理图。图 4-87（b）示出了当把电压施加到定子的电极上时，在移动子中会感应出极性与其相反的电荷来；如图 4-87（c）所示，当外加电压变化时，因为移动子上的电荷不能立即变化，所以由于电极的作用，移动子会受到右上方向的合力作用，驱动其向右方移动。反复进行上述操作，移动子就会连续地向右方移动。

这种驱动器因为移动子中没有电极，所以不必确定与定子的相对位置，定子电极的间距可以非常小；因为驱动时会产生浮力，所以摩擦力小，在停止时由于存在着吸引力和摩擦力，因此可以获得比较大的保持力；因为构造简单，可以实现以薄膜为基础的大面积多层化结构，所以把这种驱动器作为实现模拟人工筋肉的一种方法，受到了人们的关注。

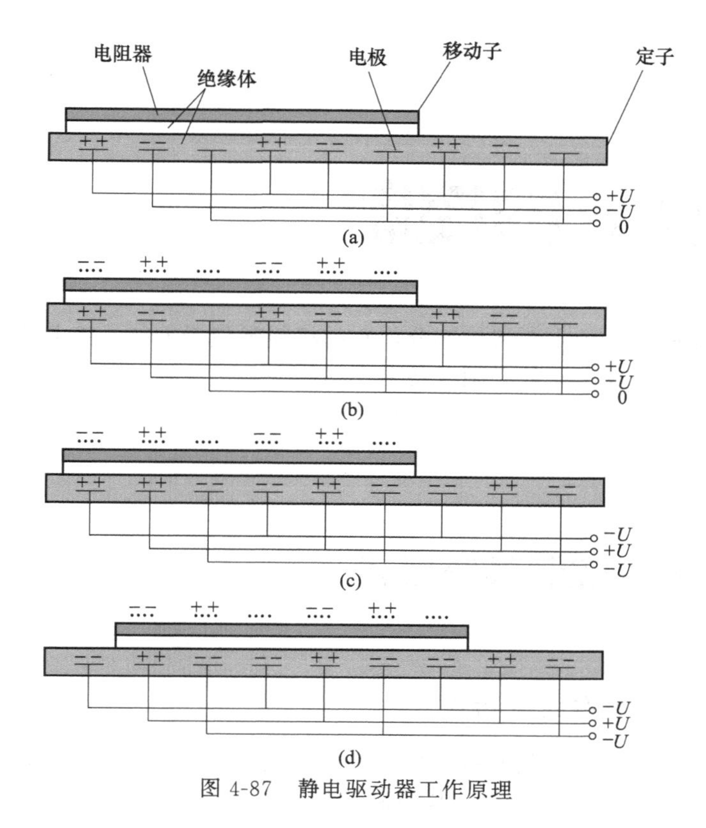

图 4-87　静电驱动器工作原理

（6）人工肌肉驱动器

随着机器人技术的发展，驱动器从传统的电动机、减速器的机械运动方式，发展为骨架、腱、肌肉的生物运动方式。为了使机器人手臂能完成比较柔顺的作业任务，实现骨骼、肌肉的部分功能而研制的驱动装置称为人工肌肉驱动器。

现在已经研制出了多种不同类型的人工肌肉，例如利用机械化学物质的高分子凝胶、形状记忆合金（SMA）制作的人工肌肉。应用最多的还是气动人工肌肉（Pneumatic Muscle Actuators，PMA）。

PMA 是一种拉伸型气动执行元件，当通入压缩空气时，能像人类的肌肉那样，产生很强的收缩力，所以称为气动人工肌肉。其结构简单、紧凑，在小型、轻质的机械手开发中具有突出的优势；它的高度柔性使其在机器人柔顺性方面很有应用潜力；它安装简便、不需要复杂的机构及精度要求，甚至可以沿弯角安装；它无滑动部件，动作平滑，响应快，可实现极慢速的、更接近于自然生物的运动；同时，它还具备价格低廉、输出力/自重比大、节能、自缓冲、自阻尼、防尘、抗污染等优点，所以在灵巧手的设计中采用PMA 驱动的方式。

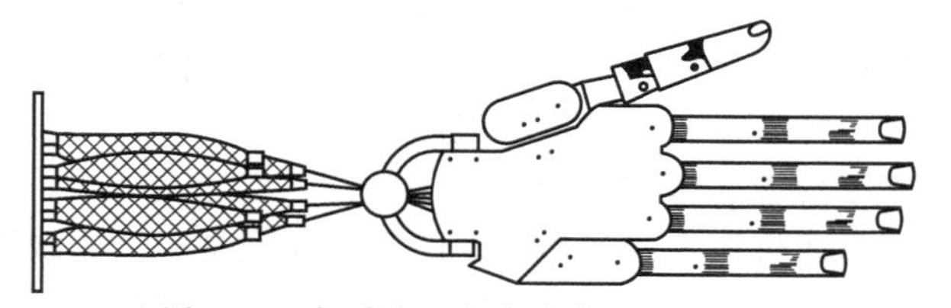
图 4-88　气动人工肌肉安装位置示意图

在机器人的实际应用中一般使用成对的 PMA 构成各种形式的驱动关节，其驱动力靠相互抗衡的一对 PMA 的压力差产生，不用减速机构，可以直接驱动；也可以将其中的一只 PMA 用弹簧代替。

图 4-88 为英国 Shadow 公司的 Mckibben 型气动人工肌肉安装位置示意图，其传动方式采用人工腱传动。所有手指均由柔索驱动，而人工肌肉则固定于前臂上，柔索穿过手掌与人工肌肉相连，驱动手腕动作的人工肌肉固定于大臂上。

第5章
工业机器人的控制

控制系统是工业机器人的主要组成部分，它的机能类似于人脑。工业机器人要与外围设备协调动作，共同完成作业任务，就必须具备一个功能完善、灵敏可靠的控制系统。工业机器人的控制系统可分为两大部分：一部分是对其自身运动的控制，另一部分是对工业机器人与周边设备的协调控制。

5.1 工业机器人控制系统概述

5.1.1 工业机器人控制系统的特点

多数机器人的结构是一个空间开链机构，其各个关节的运动是独立的，为了实现末端点的运动，需要多关节的协调运动。因此，其控制系统与普通的控制系统相比要复杂得多，具体如下：

(1) 运动描述复杂

机器人的控制与机构运动学及动力学密切相关。机器人手足的状态可以在各种坐标下进行描述，应当根据需要，选择不同的参考坐标系，并作适当的坐标变换。经常要求正向运动学和反向运动学的解，除此之外还要考虑惯性力、外力（包括重力）及哥氏力、向心力的影响。

(2) 自由度多

一个简单的机器人也至少有3～5个自由度，比较复杂的机器人有十几个甚至几十个自由度。每个自由度一般包含一个伺服机构，它们必须协调起来，组成一个多变量控制系统。

(3) 计算机控制

把多个独立的伺服系统有机地协调起来，使其按照人的意志行动，甚至赋予机器人一定的“智能”，这个任务只能由计算机来完成。因此，机器人控制系统必须是一个计算机控制系统。同时，计算机软件担负着艰巨的任务。

(4) 数学模型复杂

描述机器人状态和运动的数学模型是一个非线性模型，随着状态的不同和外力的变化，其参数也在变化，各变量之间还存在耦合。因此，仅仅利用位置闭环是不够的，还要利用速度甚至加速度闭环。系统中经常使用重力补偿、前馈、解耦或自适应控制等方法。

(5) 信息运算量大

机器人的动作往往可以通过不同的方式和路径来完成，因此存在一个“最优”的问题。较高级的机器人可以用人工智能的方法，用计算机建立起庞大的信息库，借助信息库进行控制、决策、管理和操作。根据传感器和模式识别的方法获得对象及环境的工况，按照给定的指标要求，自动选择最佳的控制规律。

总而言之，机器人控制系统是一个与运动学和动力学原理密切相关的、有耦合的、非线性的多变量控制系统。由于它的特殊性，经典控制理论和现代控制理论都不能照搬，因此到目前为止，机器人控制理论还不完整、不系统。相信随着机器人技术的发展，机器人控制理论必将日趋成熟。

5.1.2　工业机器人控制系统的主要功能

工业机器人控制系统的主要任务是控制工业机器人在工作空间中的运动位置、姿态和轨迹、操作顺序及动作的时间等，工业机器人控制系统的主要功能有如下两点：

（1）示教再现功能

示教再现控制是指控制系统可以通过示教盒或手把手进行示教，将动作顺序、运动速度、位置等信息用一定的方法预先教给工业机器人，由工业机器人的记忆装置将所教的操作过程自动地记录在存储器中，当需要再现操作时，重放存储器中存储的内容即可。如需更改操作内容时，只需重新示教一遍即可。

目前，大多数工业机器人都具有采用示教方式来编程的功能。示教编程一般可分为手把手示教编程和示教盒示教编程两种方式。

① 手把手示教编程　手把手示教编程方式主要用于喷漆、弧焊等要求实现连续轨迹控制的工业机器人示教编程中。具体的方法是人工利用示教手柄引导末端执行器经过所要求的位置，同时由传感器检测出工业机器人各关节处的坐标值，并由控制系统记录、存储下这些数据信息。实际工作当中，工业机器人的控制系统重复再现示教过的轨迹和操作技能。

手把手示教编程能实现点到点（PTP）控制，与连续轨迹（CP）控制不同的是它只记录各轨迹程序移动的两端点位置，轨迹的运动速度则按各轨迹程序段对应的功能数据输入。

② 示教盒示教编程　示教盒示教编程方式是人工利用示教盒上所具有的各种功能的按钮来驱动工业机器人的各关节轴，按作业所需要的顺序单轴运动或多关节协调运动，从而完成位置和功能的示教编程。

示教盒通常是一个带有微处理器的方式、可随意移动的小键盘，内部ROM中固化有键盘扫描和分析程序。其功能键一般具有回零方式、示教方式、自动方式和参数方式等。

示教编程控制由于其编程方便、装置简单等优点，在工业机器人的初期得到较多的应用。同时，又由于其编程精度不高、程序修改困难、示教人员要熟练等缺点的限制，促使人们又开发了许多新的控制方式和装置，以使工业机器人能更好更快地完成作业任务。目前随着计算机技术与制造技术的发展，示教盒的功能更加丰富。图5-1所示为三菱装配机器人的示教盒。它有很多功能，如坐标系设定（直角、关节等）、方式切换（示教、再现）、信息显示（当前位置，程序行数）、编程功能（递增、递减、光标控制）、电源开关、急停、复位等功能。

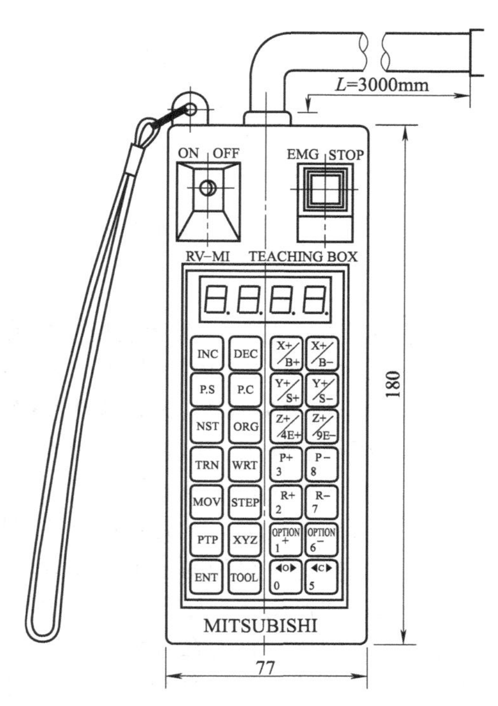

图5-1　三菱装配机器人的示教盒

（2）运动控制功能

运动控制功能是指对工业机器人末端操作器的位姿、速度、加速度等项的控制。

工业机器人的运动控制是指在工业机器人的末

端执行器从一点移动到另一点的过程中，对其位置、速度和加速度的控制。由于工业机器人末端操作器的位置和姿态是由各关节的运动引起的，因此，对其运动的控制实际上是通过控制关节运动实现的。

工业机器人关节的运动控制一般可分为两步进行。第一步是关节运动伺服指令的生成，即指将末端执行器在工作空间的位置和姿态的运动转化为由关节变量表示的时间序列或表示为关节变量随时间变化的函数，这一步一般可离线完成。第二步是关节运动的伺服控制，即跟踪执行第一步所生成的关节变量伺服指令，这一步是在线完成的。

5.1.3 机器人的控制方式

工业机器人控制方式的分类没有统一的标准。按运动坐标控制的方式来分，可分为关节空间运动控制、直角坐标空间运动控制；按控制系统对工作环境变化的适应程度来分，可分为程序控制系统、适应性控制系统、人工智能控制系统；按同时控制机器人数目的多少来分，可分为单控系统、群控系统。除此以外，通常还按运动控制方式的不同，将机器人控制分为位置控制、速度控制、力控制（包括位置/力混合控制）三类。下面按最后一种分类方法，对工业机器人控制方式做具体分析。

（1）位置控制方式

工业机器人位置控制又分为点位控制和连续轨迹控制两类，如图 5-2 所示。

① 点位控制　这类控制的特点是仅控制离散点上工业机器人手爪或工具的位姿轨迹，要求尽快而无超调地实现相邻点之间的运动，但对相邻点之间的运动轨迹一般不做具体规定。例如在印制电路板上安插元件以及点焊、搬运和上下料等工作都属于点位式工作方式。

点位控制的主要技术指标是定位精度和完成运动所需的时间。一般来说，这种方式比较简单，但是要达到 2～3μm 的定位精度也是相当困难的。

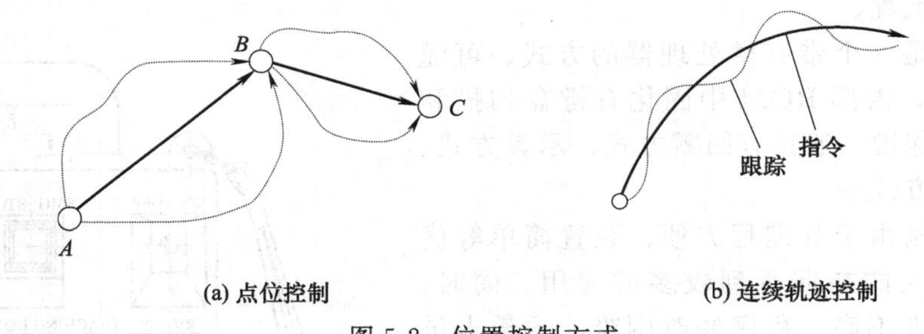

图 5-2　位置控制方式

② 连续轨迹控制　这类运动控制的特点是连续控制工业机器人手爪（或工具）的位姿轨迹。在弧焊、喷漆、切割等工作中，要求机器人末端执行器按照示教的轨迹运动。其控制方式类似于控制原理中的跟踪系统，称为轨迹伺服控制。轨迹控制的技术指标是轨迹精度和平稳性。例如在弧焊、喷漆、切割等场所的工业机器人控制均属于这一类。

关节空间法首先在直角坐标空间（工具空间）中期望的路径点，用逆运动学计算将路径点转换成关节矢量角度值，然后对每个关节拟合一个光滑函数，从初始点依次通过所有路径点到达目标点，并使每一路径的各个关节运动时间均相同。关节轨迹同时要满足一组约束条件，如位姿、速度、加速度与连续性等。在满足约束条件的情况下，可选取不同类型的关节插值函数。这种方法确定的轨迹在直角坐标空间（工具空间）中可以保证经过路径点，但是在路径点之间的轨迹形状则可能很复杂。这种规划轨迹方法计算比较简单，各个关节函数之间相互独立，且不会产生机构的奇异性问题。在关节空间中常用的规划方法有三次多项式函数插值法、高阶多项式插值法以及抛物线连接的线性函数插值法等。

目前，工业机器人所采用的代表性控制方法是通过直线插补来进行轨迹控制。如图 5-3 (a) 所示，当给定了起始点 P_1 与目标点 P_2 时，让机械手沿着连接这两点的直线进行移动。为此，首先要确定机械手沿直线运动的速度模型，一般是采用图 5-3 (b) 所示的台形速度模型。由于工业机器人是通过采样周期来驱动的，图中采样周期为 T，因此速度模型的横轴必定是丁的整数倍 nT，而且台形面积必须与 P_1 与 P_2 间的距离相等。

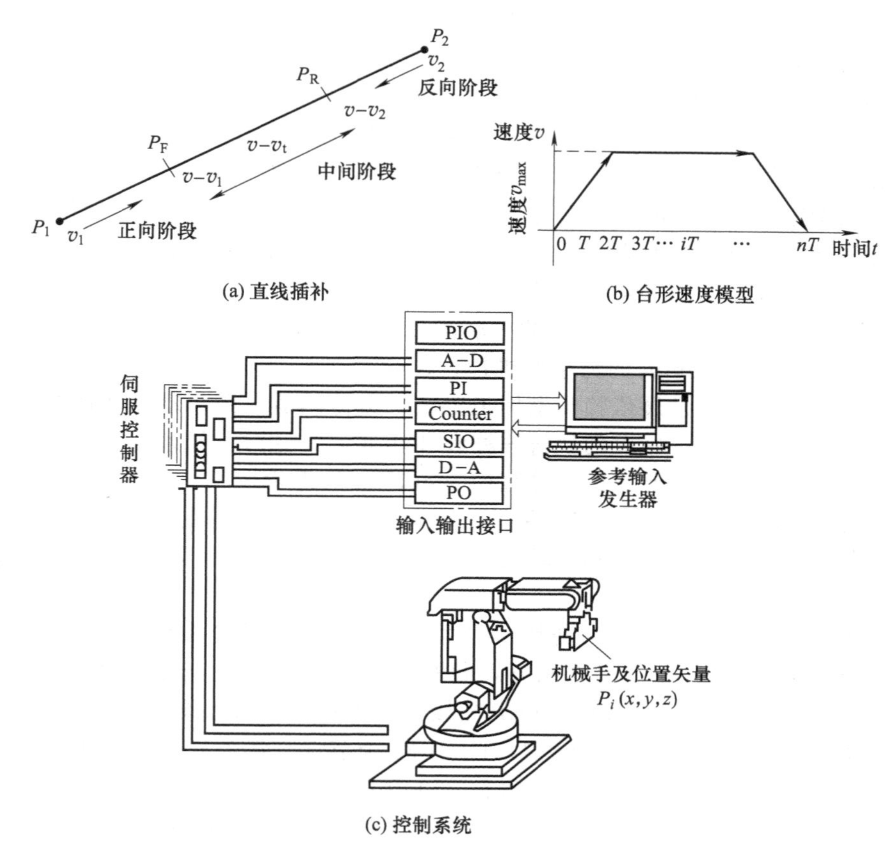

图 5-3　直线插补与轨迹控制

(2) 速度控制方式

对工业机器人的运动控制来说，在位置控制的同时，有时还要进行速度控制。例如在连续轨迹控制方式的情况下，工业机器人按预定的指令，控制运动部件的速度和实行加、减速，以满足运动平稳、定位准确的要求。为了实现这一要求，机器人的行程要遵循一定的速度变化曲线，如图 5-4 所示。由于工业机器人是一种工作情况（行程负载）多变、惯性负载大的运动机械，要处理好快速与平稳的矛盾，必须控制启动加速和停止前的减速这两个过渡运动区段。

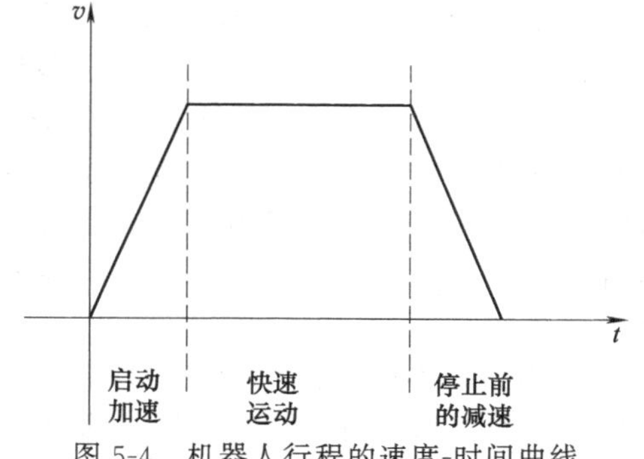

图 5-4　机器人行程的速度-时间曲线

(3) 力(力矩)控制方式

在完成装配、抓放物体等工作时，除了要准确定位之外，还要求使用适度的力或力矩进行工作，这时就要利用力（力矩）伺服方式来进行控制。这种方式的控制原理与位置伺服控制原理基本相同，只不过输入量和反馈量不是位置信号，而是力（力矩）信号，因此系统中必须有力（力矩）传感器。有时也利用接近、滑动等传感功能进行自适应式控制。

（4）机器人智能控制

① 机器人智能控制的分类　机器人的智能经历了从无到有、从低级到高级的过程，并随着科学技术的进步而不断深入发展。随着计算机技术、网络技术、人工智能、新材料和MEMS技术的发展，机器人的智能化、网络化、微型化的发展趋势凸显出来。新出现的各种智能机器人主要有以下几类。

a. 网络机器人。网络技术的发展拓宽了智能机器人的应用范围。利用网络和通信技术，可以对机器人进行远程控制和操作，代替人在遥远的地方工作。利用网络机器人，外科专家可以在异地为患者实施疑难手术。2000年，身在美国纽约的外科医生雅克·马雷斯科成功地用机器人为躺在法国东北部城市的一位女患者做了胆囊摘除手术，这就是一个网络机器人成功应用的范例。在我国，北京航空航天大学、清华大学和海军总医院共同开发的通控操作远程医用机器人系统，可以在异地为患者实施开颅手术。

b. 微型机器人。日本东京工业大学的一名教授对微型和超微型机构的尺寸作了一个基本的定义：机构尺寸在1～100mm的为小型机构，10μm～1mm的为微型机构，10μm以下的为超微型机构。微型机器人的发展依赖于微加工工艺、微传感器、微驱动器和微结构四个支柱。现已研制出直径20μm、长150μm的铰链连杆和200μm×200μm的滑块结构以及微型的齿轮、曲柄、弹簧等。贝尔实验室已开发出一种直径为400μm的齿轮。

美国IBM公司瑞士苏黎世实验室与瑞士巴塞尔大学的科学家正在研究利用DNA（脱氧核糖核酸）的结构特性为微型机器人提供动力的新方法。利用这一方法，科学家可能制造出不用电池的新一代微型机器人。

c. 高智能机器人。美国著名的科普作家阿西莫夫曾设想机器人具有这样的数学天赋："能像小学生背乘法口诀一样来心算三重积分，做张量分析题如同吃点心一样轻巧。"1997年，IBM公司开发的名为"深蓝"的RS/6000sP超级计算机打败了国际象棋之王——卡斯帕罗夫，显示了大型计算机的威力。"深蓝"重达1.4t，有32个节点，每个节点有8块专门为进行国际象棋对弈设计的处理器，平均运算速度为每秒200万步。机器人需要处理和存储的信息量大，要求计算机的实时处理速度快。如果将"深蓝"这样的计算机体积缩小到相当小，就可以直接放人机器人的脑袋里。有了硬件支持以及人工智能的突破，更高智能的机器人一定会出现。

d. 变结构机器人。智能机器人工作环境千变万化，科学家梦想着机器人能像人和动物一样运动，例如像蛇一样爬行，像人一样用两条腿行走。日本在仿人形机器人领域取得了很大的突破，但是机器人的行走速度慢，对地面的要求很高，要真正达到像人一样行走的水平，道路仍然漫长。

② 机器人智能控制的特点及控制系统的基本结构　智能机器人的控制技术包含智能控制技术、电子电路技术、计算机技术、多传感器信息融合技术、先进制造技术、网络技术等技术，是一个相当广泛的多学科交叉的研究领域。人类生活对高度智能化机器人的需求，使得基于经典优化方法的控制策略已经远远不能满足智能机器人技术发展的需要。寻找具有柔顺性和智能性的控制策略，已成为智能机器人研究中最迫切的问题之一。实际上，机器人系统一般是由若干子系统和反馈回路组成的复杂多变量非线性系统，其系统模型是非常复杂的，具体可概括为三个方面。

a. 模型的不确定性。传统的控制是基于模型的控制。这里所说的模型既包括控制对象也包括干扰的模型。对于传统控制，通常认为模型是已知的，或者是经过辨识可以得到的。而智能控制的研究对象通常存在严重的不确定性。

b. 系统的高度非线性。在传统的控制理论中，线性控制理论比较成熟。对于具有高度非线性的控制对象，虽然也有一些非线性的控制方法可利用，但是总的说来，非线性控制理论还是很不成熟的，而且有些方法也过于复杂。机器人是一个典型的非线性对象，机器人的控制是一个比较复杂和困难的问题，智能控制方法可能是一种解决这个问题的出路。

c. 控制任务的复杂性。在传统的控制系统中，控制的任务或者要求输出量为定值（调节系统），或者要求输出量跟随期望的运动轨迹（跟随系统），因此控制任务的要求比较单一。对于智能控制系统，其任务要求往往比较复杂。例如在智能机器人系统中，它要求系统对一个复杂的任务具有自行规划和决策的能力、有自动躲避障碍运动到期望目标位置的能力等。对于这些复杂的任务要求，就不能只依靠常规的控制方法来解决。

智能机器控制系统的典型结构如图 5-5 所示。在该系统中，广义对象包括通常意义下的控制对象和所处的外部环境。对于智能机器人系统，机器人手臂、被操作物体及其所处环境统称为广义对象。传感器则包括关节位置传感器、力传感器，或者还可能包括触觉传感器、滑觉传感器或视觉传感器等。感知信息处理系统将传感器得到的原始信息加以处理，例如视觉信息需要经过很复杂的处理后才能获得有用的信息。认知部分主要用来接收和储存各种信息、知识、经验和数据，并对它们进行分析、解释，做出行动的决策，送给规划和控制部分。通信接口除建立人机之间的联系外，也建立系统中各模块之间的联系。规划和控制是整个系统的核心，它根据给定的任务要求、反馈的信息以及经验知识，进行自动搜索、推理决策、动作规划，最终产生具体的控制作用，经执行部件作用于控制对象。对于不同用途的智能控制系统，以上各部分的形式和功能可能存在较大的差异。

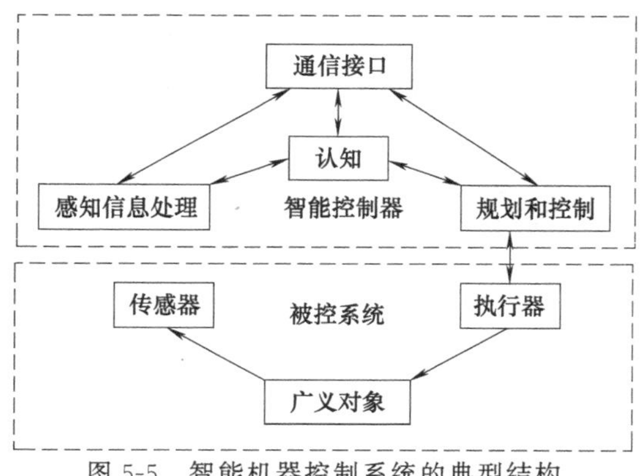

图 5-5　智能机器控制系统的典型结构

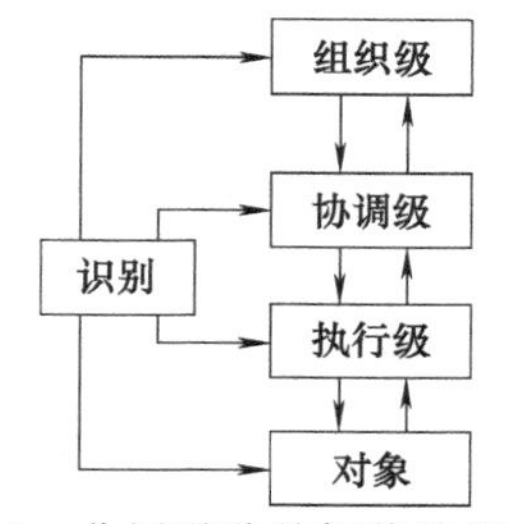

图 5-6　分层递阶的智能控制结构

G. N. 萨里迪斯提出了智能控制系统的分层递阶的智能控制结构形式，如图 5-6 所示。其中，执行级一般需要比较准确的模型，以实现具有一定精度要求的控制任务；协调级用来协调执行级的动作，它不需要精确的模型，但需要具有学习功能，以便在再现的控制环境中改善性能，并能接受上一级的模糊指令和符号语句；组织级将操作员的自然语言翻译成机器语言，组织决策、规定任务，并直接干涉低层的操作。在执行级中，识别的功能在于获得不确定的参数值或监督系统参数的变化；在协调级中，识别的功能在于根据执行级送来的测量数据和组织级送来的指令产生出合适的协调作用；在组织级中，识别的功能在于翻译定性的命令和其他的输入。该分层递阶的智能控制系统具有两个明显的特点：

- 对控制来讲，自上而下控制的精度越来越高。
- 对识别来讲，自下而上的信息回馈越来越粗略，相应的智能程度越来越高。

这种分层递阶的结构形式已成功地应用于机器人的智能控制。

5.2 工业机器人控制系统的基本组成

图 5-7 所示是一个完整的工业机器人控制系统的基本组成。从图中可以看出，工业机器人控制系统应包括以下部分：

① 控制计算机。它是控制系统的调度指挥机构，一般为微处理器（有 32 位的、64 位的等），如奔腾系列 CPU 以及其他类型 CPU。也有的机器人采用可编程控制器。

② 示教盒。它用来示教机器人的工作轨迹和参数设定，以及一些人机交互操作，拥有自己独立的 CPU 以及存储单元，与主计算机之间以串行通信方式或并行通信方式实现信息交互。

③ 操作面板。它由各种操作按键、状态指示灯构成，只完成基本功能操作。

④ 硬盘和软盘存储器、存储机器人工作程序的外部存储器。

⑤ 数字和模拟量的输入或输出，各种状态和控制命令的输入或输出。

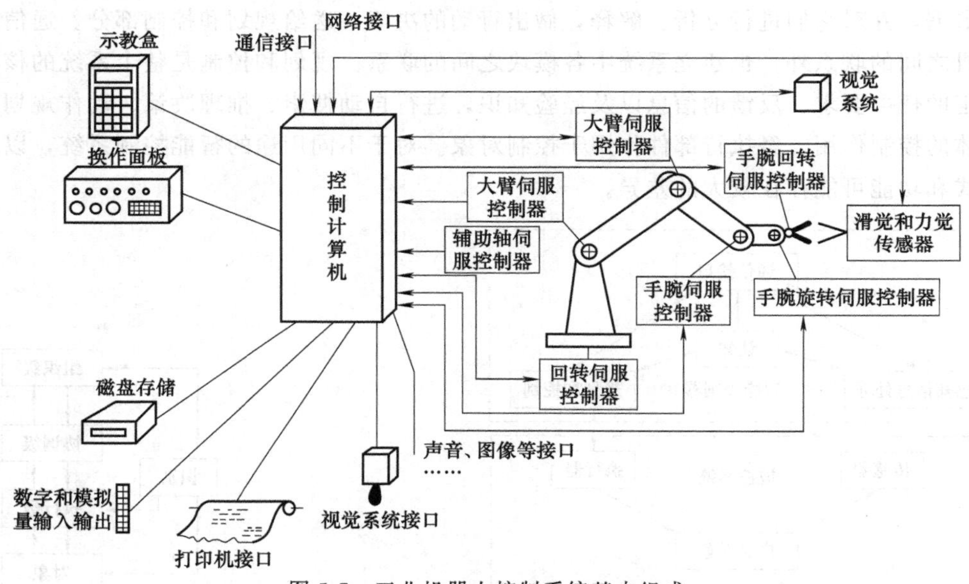

图 5-7 工业机器人控制系统基本组成

⑥ 打印机接口。它用来记录需要输出的各种信息。

⑦ 传感器接口。它用于信息的自动检测，实现机器人柔顺控制，一般为力觉、触觉和视觉传感器。

⑧ 轴控制器。它包括各关节的伺服控制器，用来完成机器人各关节位置、速度和加速度控制。

⑨ 辅助设备控制。它用于和机器人配合的辅助设备控制，如手爪变位器等。

⑩ 通信接口。它用于实现机器人和其他设备的信息交换，一般有串行接口、并行接口等。

5.2.1 对机器人控制系统的一般要求与体系结构

机器人的控制器是执行机器人控制功能的一种集合，由硬件和软件两部分构成，用于实现对操作机的控制，以完成特定的工作任务。其基本功能见表 5-1。

表 5-1　机器人控制系统功能

功　能	说　明
记忆功能	记忆作业顺序、运动路径、运动方式、运动速度、与生产工艺有关的信息
示教功能	离线编程，在线示教。在线示教包括示教盒示教和导引示教两种
与外围设备联系功能	输入、输出接口，通信接口，网络接口，同步接口
坐标设置功能	关节、绝对、工具三个坐标系
人机接口	显示屏、操作面板、示教盒等
传感器接口	位置检测，视觉、触觉、力觉等
位置伺服功能	机器人多轴联动，运动控制，速度、加速度控制，动态补偿等
故障诊断安全保护功能	运动时系统状态监视，故障状态下的安全保护和故障诊断

由于机器人系统的复杂性，控制体系结构是进行控制系统设计的首要问题。1971 年，付京孙正式提出智能控制（Intelligent Control）概念。它推动了人工智能和自动控制的结合。美国学者 Saridis 提出了智能控制系统必然是分层递阶结构。分层原则是：随着控制精度的增加而智能能力减少，把智能控制系统分为三级，即组织级（Organization Level）、协调级（Coordination Level）和控制级［Control Level，也称执行级（Execution Level）］。

组织级接受任务命令、解释命令，并根据系统其他部分的反馈信息，确定任务，表达任务，把任务分解成系统可以执行的若干子任务。因此，组织级应具有对任务的表达、规划、决策和学习的功能。它是智能控制系统中智能能力最强、控制精度最低的一级。

协调级接受组织级的指令和子任务执行过程的反馈信息，来协调下一层的执行，确定执行的序列和条件。这一级要有决策、调度的功能，也要具有学习的功能。

控制级的功能是执行确定的运动和提供明确的信息，同时要满足协调层提出的终止条件和行为评价标准。最佳控制或者近似最佳控制理论会在这一层发挥作用。这一级是智能控制系统中控制精度最高、智能最低的一级。

Saridis 设计了一个机器人的控制系统（图 5-8）。这是具有视觉反馈和语音命令输入功能的多关节机器人。该系统还引入了熵（Entropy）的概念，作为每一层能力的评价标准，熵越小越好。试图使智能控制系统以数学形式理论化。

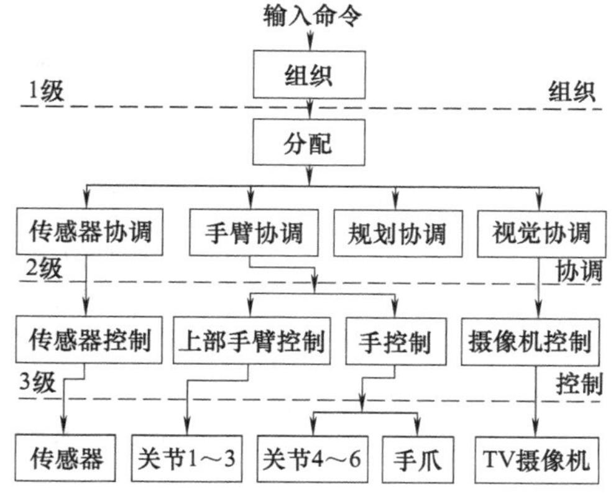

图 5-8　机器人的三级智能控制结构

美国航天航空局（NASA）和美国国家标准局（NBS）提出的 NASREM 分层控制系统结构，其出发点是考虑到一个航天机器人，或一个水下机器人，或者一个移动机器人上可能有作业手、通信、声呐等多个被控制的分系统，机器人可能由多个组成一组，相互协调工作。这样的组又可能由多个相互协同来完成一个使命。体系结构的设计要满足这样的发展要求，甚至可以和具有计算机集成制造系统（CIMS）的工厂的系统结构相兼容。已有的单元技术和正在研究的技术可用到这一系统中来，包括现代控制方面的技术和人工智能领域的技术等。

整个系统分成信息处理、环境建模和任务分解三列，分为坐标变换与伺服控制、动力学计算、基本运动、单体任务、成组任务和总任务六层，所有模块共享一个数据库。任务分解列是整个体系结构的主导列。它接收由整个系统完成的总命令（Mission Command），发出直接控制执行器件动作的电信号；通过若干个执行器件时间和空间动作上的总合来完成总命令。它负责对总命令进行时间和空间上的分解，最后分解成若干控制执行器动作的信号串。

环境建模列主要有五项功能：①依据信息处理列提供的信息，更新、修改数据库的内容；②向信息处理列提供周围环境的预测值，供信息处理列用来与传感器测得的数据进行比较、分析，做出判断；③向任务分解列提供相关的环境模型数据和被控体的状态数据，任务分解列各模块以这些数据为基础进行任务分解、规划等工作；④对任务分解列模块的规划结果进行“仿真”，判断出按照分解列模块给出的各子目标执行的可能结果；⑤评价分解列模块的分解（规划）结果。体系结构六层的功能见表 5-2。

表 5-2 六层机器人结构体系的功能分配

层次	功能描述
第一层	坐标变换和伺服控制层把上层送来的执行器要达到的几何坐标，分解变换成各关节的坐标，并对执行器进行伺服控制
第二层	动力学计算层工作于载体（单体）坐标系或世界（绝对）坐标系。它的作用是给出一个平滑的运动轨迹，并把轨迹上各点的几何坐标位置、速度、方向，定时地向第一层发送
第三层	基本运动层工作在几何空间内或符号空间内。其结果是给出被控体运动的各关键点的坐标
第四层	单体任务层是面对任务的。把整个单体的任务分解成若干子任务串，分配给该单体上的各分系统
第五层	成组任务层的任务是把任务分解成若干子任务串，分配给组内不同的机器人单体
第六层	总任务层把总任务分解成子任务，分配给各个机器人组

5.2.2 机器人控制系统分类

机器人控制系统分类见表 5-3。

表 5-3 机器人控制系统分类

分类方式	类别	说明
控制方式	顺序控制系统	按预定的顺序进行一连串的控制动作。采用开关信号，执行元件多数是继电器和电磁阀。用于工作条件完全确定和不变的情况，目前很少采用
	程序控制系统	给每一自由度传动系统施加一定规律的控制作用，机器人就可实现要求的空间轨迹
	适应控制系统	当外界条件变化时，为保证所要求的品质或为了随着经验的积累而自行改善控制品质，控制系统的结构和参数应能随时间自动改变
	人工智能系统	事先无法编制运动程序，而是要求在运动过程中根据所获得的周围状态信息实时确定控制作用
运动方式	点位式	要求机器人准确控制末端执行器的位姿，而与路径无关
	轨迹式	要求机器人按示教的轨迹和速度运动
控制总线	国际标准总线控制系统	采用国际标准总线作为控制系统的控制总线，如 VME、MULTI-Bus、STD-Bus、PC-Bus 等
	自定义总线控制系统	由生产厂家自行定义使用的总线作为控制系统总线
编程方式	物理设置编程系统	由操作者设置固定的限位开关、停止等编程，只能用于简单的拾起和放置作业
	在线编程	通过人的示教来完成操作信息的记忆过程编程方式，包括手把手示教、模拟示教和示教盒示教
	离线编程	机器人作业的信息记忆与作业对象不发生直接关系，通过使用高级机器人编程语言，远程或离线生成机器人作业轨迹

5.2.3 机器人控制系统的基本结构

一个典型的机器人运动控制系统，主要由上位计算机、运动控制器、驱动器、电动机、执行机构和反馈装置构成，如图 5-9 所示。

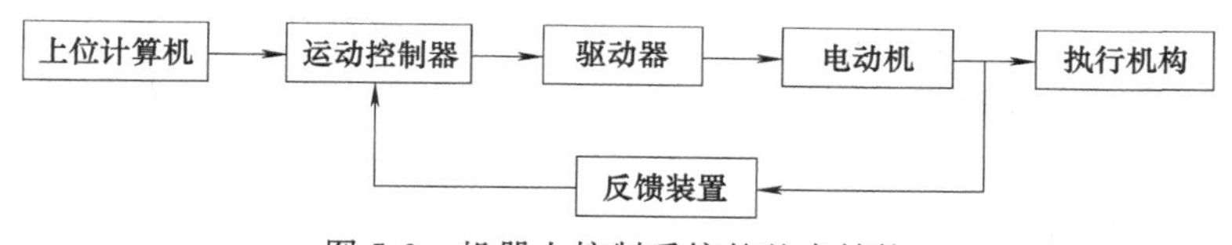

图 5-9 机器人控制系统的基本结构

一般地，工业机器人控制系统基本结构的构成方案有三种：基于 PLC 的运动控制、基于 PC 和运动控制卡的运动控制、纯 PC 控制。

（1）基于 PLC 的运动控制

基于 PLC 的运动控制方式有两种，如图 5-10 所示。

① 利用 PLC 的某些输出端口使用脉冲输出指令来产生脉冲驱动电动机；同时使用通用 I/O 或者计数部件来实现电动机的闭环位置控制。

② 使用 PLC 外部扩展的位置模块来进行电动机的闭环位置控制。

PLC	驱动器
PLC通用输出口 →	脉冲输入
PLC通用输出口 →	方向输入
PLC通用输出口 →	正交脉冲输出
PLC通用输出口 →	正交脉冲输出

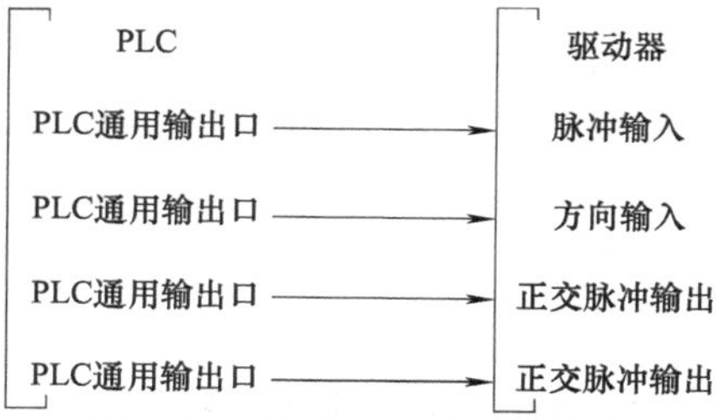

图 5-10 基于 PLC 的运动控制

（2）基于 PC 和运动控制卡的运动控制

运动控制器以运动控制卡为主，工控 PC 只提供插补运算和运动指令，运动控制卡完成速度控制和位置控制，如图 5-11 所示。

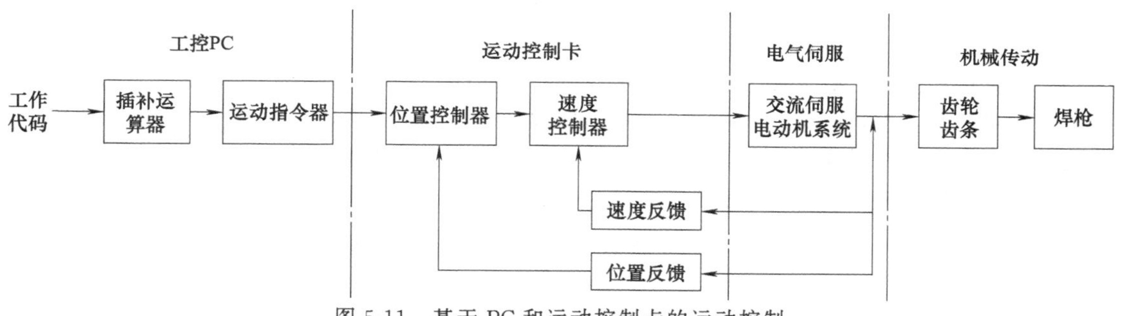

图 5-11 基于 PC 和运动控制卡的运动控制

（3）纯 PC 控制

图 5-12 所示为完全采用 PC 的全软件形式的机器人系统。在高性能工业 PC 和嵌入式 PC（配备专为工业应用而开发的主板）的硬件平台上，可通过软件程序实现 PLC 和运动控制等功能，实现机器人需要的逻辑控制和运动控制。

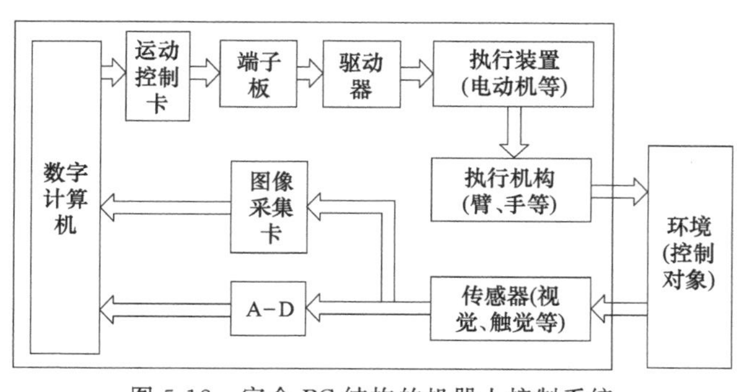

图 5-12 完全 PC 结构的机器人控制系统

通过高速的工业总线进行 PC 与驱动器的实时通信，能显著地提高机器人的生产效率和灵活性。不过，在提供灵活的应用平台的同时，也大大提高了开发难度和延长了开发周期。由于其结构的先进性，这种结构代表了未来机器人控制结构的发展方向。

随着芯片集成技术和计算机总线技术的发展，专用运动控制芯片和运动控制卡越来越多地作为机器人的运动控制器。这两种形式的伺服运动控制器控制方便灵活，成本低，都以通用 PC 为平台，借助 PC 的强大功能来实现机器人的运动控制。前者利用专用运动控制芯片与 PC 总线组成简单的电路来实现控制；后者直接做成专用的运动控制卡。这两种形式的运动控制器内部都集成了机器人运动控制所需的许多功能，有专用的开发指令，所有的控制参数都可由程序设定，使机器人的控制变得简单、易实现。

运动控制器都从主机（PC）接受控制命令，从位置传感器接受位置信息，向伺服电动机功率驱动电路输出运动命令。对于伺服电动机位置闭环系统来说，运动控制器主要完成了位置环的作用，可称为数字伺服运动控制器，适用于包括机器人和数控机床在内的一切交、直流和步进电动机伺服控制系统。

专用运动控制器的使用使得原来由主机完成的大部分计算工作由运动控制器内的芯片来完成，使控制系统硬件设计变得简单，与主机之间的数据通信量减少，解决了通信中的瓶颈问题，提高了系统效率。

5.2.4 机器人控制系统的结构

机器人控制系统按其控制方式可分为三类。

（1）集中控制方式

集中控制方式用一台计算机实现全部控制功能，结构简单、成本低，但实时性差、难以扩展。在早期的机器人中常采用这种结构。图 5-13 为其构成框图。基于计算机的集中控制系统里，充分利用了计算机资源开放性的特点，可以实现很好的开放性，多种控制卡、传感器设备等都可以通过标准 PCI 插槽或通过标准串口、并口集成到控制系统中。集中式控制系统的优点是：硬件成本较低，便于信息的采集和分析，易于实现系统的最优控制，整体性与协调性较好。其缺点也显而易见：系统控制缺乏灵活性，控制危险容易集中，一旦出现故障，其影响面广，后果严重；由于工业机器人的实时性要求很高，当系统进行大量数据计算时，会降低系统实时性，系统对多任务的响应能力也会与系统的实时性相冲突；此外，系统连线复杂，会降低系统的可靠性。

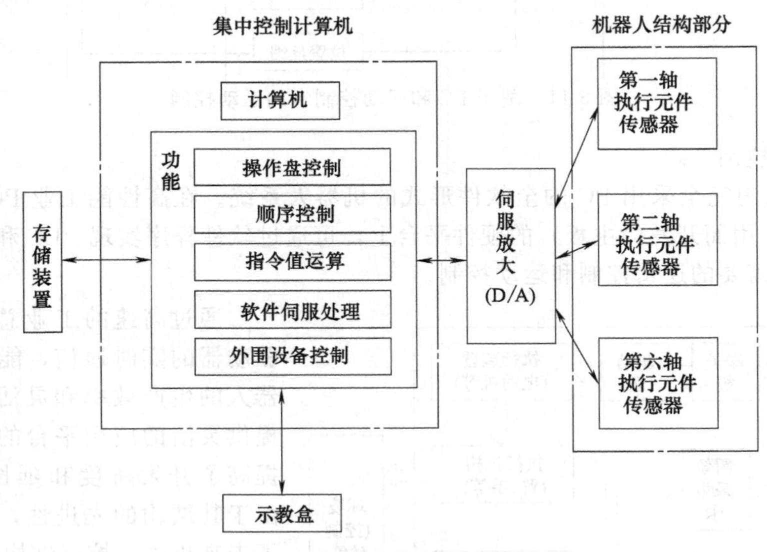

图 5-13　集中控制方式框图

（2）主从控制方式

主从控制方式采用主、从两级处理器实现系统的全部控制功能。主 CPU 实现管理、坐标变换、轨迹生成和系统自诊断等；从 CPU 实现所有关节的动作控制。图 5-14 为其构成框图。主从控制方式系统实时性较好，适于高精度、高速度控制，但其系统扩展性较差，维修困难。

（3）分布控制方式

分布控制方式按系统的性质和方式将系统控制分成几个模块，每一个模块各有不同的控制任务和控制策略，各模式之间可以是主从关系，也可以是平等关系。这种方式实时性好，易于实现高速、高精度控制，易于扩展，可实现智能控制，是目前流行的方式。图 5-15 为其控制框图。其主要思想是“分散控制，集中管理”，即系统对其总体目标和任务可以进行综合协调和分配，并通过子系统的协调工作来完成控制任务。整个系统在功能、逻辑和物理等方面都是分散的，所以 DCS 系统又称为集散控制系统或分散控制系统。这种结构中，子系统由控制器和不同被控对象或设备构成，各个子系统之间通过网络等相互通信。分布式控制结构提供了一个开放、实时、精确的机器人控制系统。分布式系统中常采用两级控制方式。

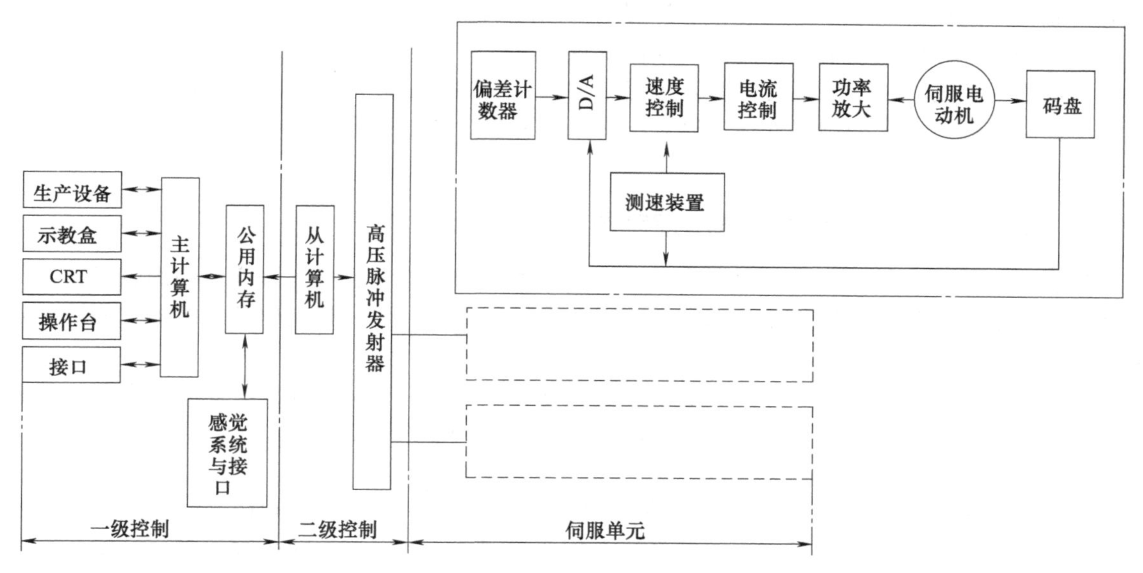

图 5-14　主从控制方式框图

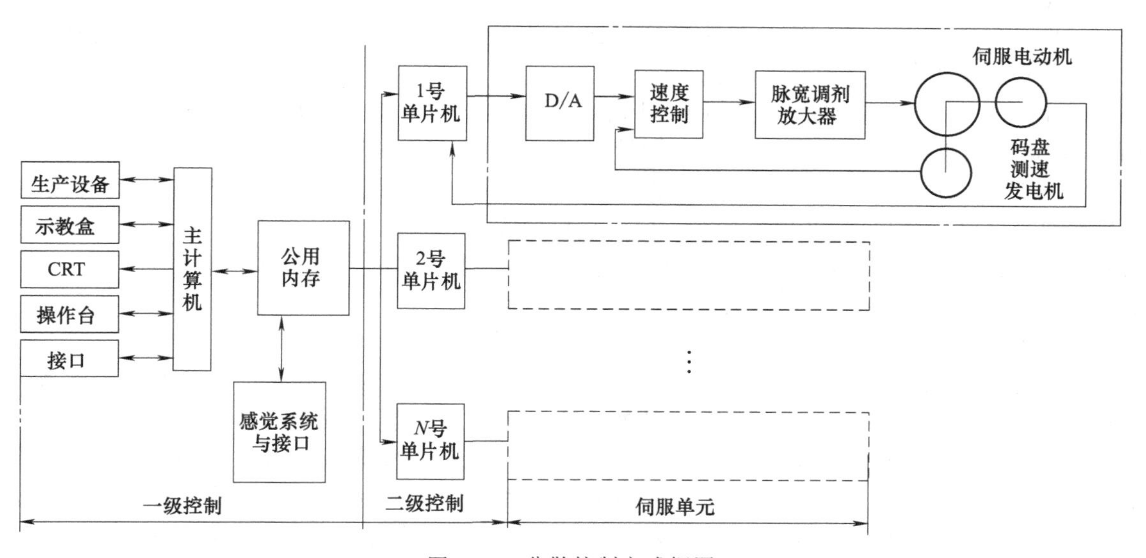

图 5-15　分散控制方式框图

两级分布式控制系统，通常由上位机、下位机和网络组成。上位机可以进行不同的轨迹规划和算法控制，下位机可以进行插补细分、控制优化等。上位机和下位机通过通信总线相互协调工作。这里的通信总线可以是RS-232、RS-485、EEE-488以及USB总线等形式。现在，以太网和现场总线技术的发展为机器人提供了更快速、稳定、有效的通信服务。尤其是现场总线，它应用于生产现场，在微机化测量控制设备之间实现双向多结点数字通信，从而形成了新型的网络集成式全分布控制系统——现场总线控制系统（Fieldbus Control System，FCS）。在工厂生产网络中，将可以通过现场总线连接的设备统称为“现场设备/仪表”。从系统论的角度来说，工业机器人作为工厂的生产设备之一，也可以归纳为现场设备。在机器人系统中引入现场总线技术后，更有利于机器人在工业生产环境中的集成。

分布式控制系统的优点在于：系统灵活性好，控制系统的危险性降低，采用多处理器的分散控制，有利于系统功能的并行执行，提高系统的处理效率，缩短响应时间。对于具有多自由度的工业机器人而言，集中控制对各个控制轴之间的耦合关系处理得很好，可以很简单地进行补偿。但是，当轴的数量增加到使控制算法变得很复杂时，其控制性能会恶化。而且，当系统中轴的数量或控制算法变得很复杂时，可能会导致系统的重新设计。与之相比，分布式结构的每一个运动轴都由一个控制器处理，这意味着系统有较少的轴间耦合和较高的系统重构性。

5.2.5 机器人决策控制系统常用控制器

控制器是机器人的核心，它深层次地影响着机器人的性能，也极大程度地制约着机器人的发展。控制器根据外部传感器采集的数据，对数据进行处理，然后控制驱动执行器，完成规定的动作。

机器人控制器主要包括单片机、数字信号处理器（Digital Signal Processor，DSP）、可编程逻辑控制器（Programmable Logic Controller，PLC）和计算机等。

（1）单片机

单片机全称为单片微型计算机，是典型的微处理器单元（Microcontroller Unit，MCU）。单片机是一种超大规模集成芯片，主要集成有中央处理器（CPU）、随机存储器（RAM）、只读存储器（ROM）、多种输入输出口（I/O）、定时器/计数器还有中断系统，功能较多的单片机可能还有数字模拟电路（D/A）、模拟数字电路（A/D）等。单片机不是一个简单的逻辑芯片，它是一个最小的微机系统。和计算机相比它只是少了一些外围元件，但是它却拥有体积小、重量轻、成本低和易于开发的众多特点。

单片机的发展速度很快。最开始Intel设计出8080的单片机，当时的单片机主要是8位和4位的，运算能力比较差。后来Intel又设计出了8051核心的单片机，获得了很大的成功。在8051的基础上又设计出了MCS51系列单片机，运算能力强、可靠性好，获得了广泛的应用。到目前为止已经发展出了32位单片机，使单片机的应用越来越广泛。Intel公司后来将单片机的核心授权给了很多公司，使现在单片机的种类很多，生产的厂家也很多，主要的厂家有Atmel、STC、MICROCHIP、PHLIPIS等。

（2）DSP

DSP是专门的数字信号处理芯片，是伴随着微电子学、数字信号处理技术和计算机技术而产生的高效专用芯片。DSP在数字信号处理之前把输入的模拟信号转换为数字信号，处理之后又把数字信号变成模拟信号输出。DSP芯片的体积小、成本低、可靠性高、性能好、易于产品化和扩展，还可方便地实现多机分布并行处理。DSP芯片不仅在机器人控制系统中有广泛的应用，在航空航天、工业控制、医疗设备、通信和计算机领域中也有着大量的应用。

随着处理速度和控制技术要求越来越高，现在的DSP芯片正朝着低功耗、高速度、多功能和小尺寸的方向发展，DSP 的尺寸和工艺得到了很大的改善。此外，越来越多的 DSP 厂商选择将几个 DSP 芯核、MPU 芯核、专用的处理单元、外围模块和存储模块集成在一块芯片上，形成一个强大的高性能处理芯片，以适应更多重要的场合。一些实时精准测量系统，需要高性能、高可靠性、小尺寸的处理芯片，以达到快速测量和实时控制的目的，如以 DSP 为核心的可编程控制器。未来 DSP 的内核结构会得到快速的发展。多通道结构、超长指令结构、多处理、多线程和可并行操作的超级哈佛总线结构将会不断出现，这样处理器的运算性能和处理速度就会越来越快。

（3）PLC

PLC 是一种专门应用于工业环境的控制设备。PLC 采用可以编程的程序存储器，内部高效的处理器具有专门的逻辑运算、顺序运算、计数和算术运算等操作的指令，通过数字量和模拟量的输入输出控制相应的机械设备和生产设备。

PLC 在工业生产线和机床加工领域应用很广，如工业机器人机械手一般都是由 PLC 控制的。目前的 PLC 种类繁多，但主要是中小型的 PLC。

5.2.6　控制系统选择方法

控制系统选择方法见表 5-4。

表 5-4　控制系统选择方法

方式	说　明	特　点
整机构成方式	采用现有计算机构成控制系统	硬、软件资源丰富，可用高级语言编程，可用现有的操作系统，开发周期短，结构庞大，成本较高
微处理器构成法	从选择微处理器入手，配以适量的存储器和接口部件构成	器件最少，结构简单，造价低，设计调试任务重，周期长，只用于特定场合，难以扩展，后续生产工作量大
总线式模板构成	以一种国际标准总线的功能模块为基础构成系统	可靠性高，速度快，支撑　环境好，易于扩展，质量容易保证，兼容性好，维修方便，系统较复杂，保密性差
多处理器方式	由多处理器构成复杂的控制系统	各处理器分散功能，提高了系统的可靠性，简化管理程序（操作系统），调试方便，价格较高，系统复杂

5.3　控制系统的软、硬件

一般计算机系统的软、硬件任务分配明确，而对于工业机器人控制系统，由于安全及运行过程的需要，控制系统必须具有实时控制功能。因此，工业机器人控制系统除了有明确的软、硬件分工外，更重要的是应具有实时操作系统。另外，工业机器人的许多任务既可用硬件完成，也可用软件完成。这些任务的实现手段（采用硬件还是软件完成）主要取决于执行速度、精度要求及实现方式的难易程度（结构、成本及维护等）。

一般工业机器人控制系统的软、硬件任务分配如下：速度平滑控制、自动加减速控制及防振控制采用专用软件方式处理；硬件系统应配合其他软件完成以下模块功能。

① 系统控制。

② 示教操作、编程与 CRT 显示。

③ 多轴位置、速度协调控制（再现）。

④ I/O 通信与接口控制。

⑤ 各种安全与联锁控制。

工业机器人控制系统的典型硬件结构如图 5-16 所示。

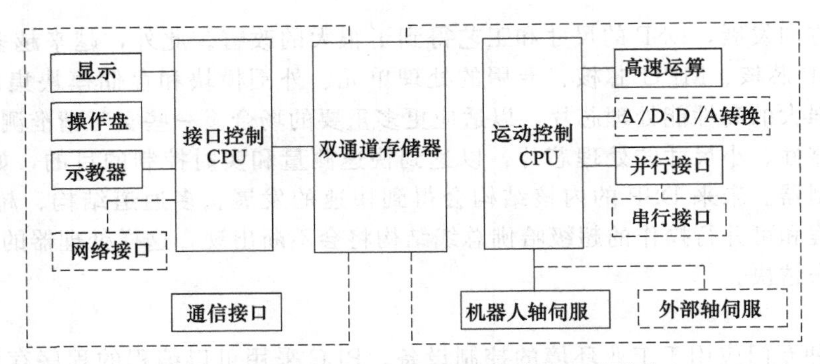

图 5-16　工业机器人控制系统的典型硬件结构

5.3.1　控制系统硬件构成

机器人控制系统的控制器多采用工业控制计算机、PLC、单片机或单板机等，近年来正逐渐向开放数控系统发展。

图 5-17 示出了通用功能的接口方式。它的优点是可以灵活地应对不同数量的传感器，实现各种电路板卡的通用化。

接口串行化能简化设备之间的连接，将接口的物理条件或协议标准化，那么接口的利用价值就会大幅度提高。目前，基本上仅采用 LAN 方式，如图 5-18 所示，借助于存储器进行 LAN 之间的信息交换，能方便地实现不同方式的 LAN 之间的连接（所谓的智能连接器）。

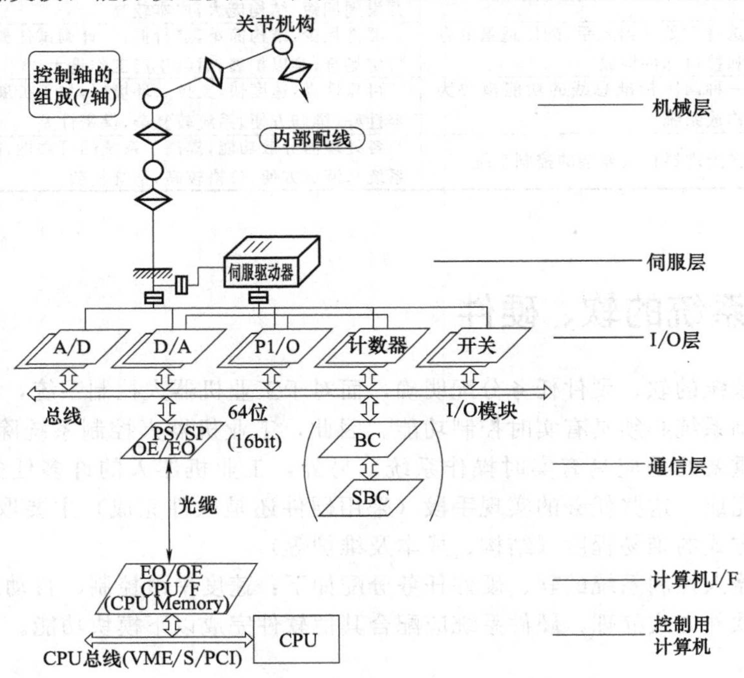

图 5-17　智能机器人系统的分层递阶结构

设计 PC 控制器接口要特别注意通信速度的问题，应该在各个 PC 机所能确保的控制周期内大幅度缩短通信时间。当前，PC 控制器设计时应该注意以下几点：

① 选择专用伺服驱动器和专用接口。

② 在传感器接口（包括传感器 I/O 系统、专用接口驱动器）方面，一般优先考虑通信速

度较快的并行连接。

③ 在实时性较差的上位控制系统 PC 机中，使用通用 PC 网络可以减少软件开发对人力资源的需求。

④ 压缩接口用的数据。

图 5-19 所示为一台采用 PC 控制器的机器人，它的全套轴采用一个集成的伺服驱动器，由 ARCnet 构成驱动器接口，可以附加专用运动控制板卡（进行高速计算）。

下面以 PUMA-560 为例，介绍其控制系统硬件结构。图 5-20 为 PUMA-560 控制系统结构框图。

图 5-21 为 PUMA-560 控制系统原理框图。PUMA-560 硬件配置与作用见表5-5。PUMA-560 系统功能和通信见表 5-6。

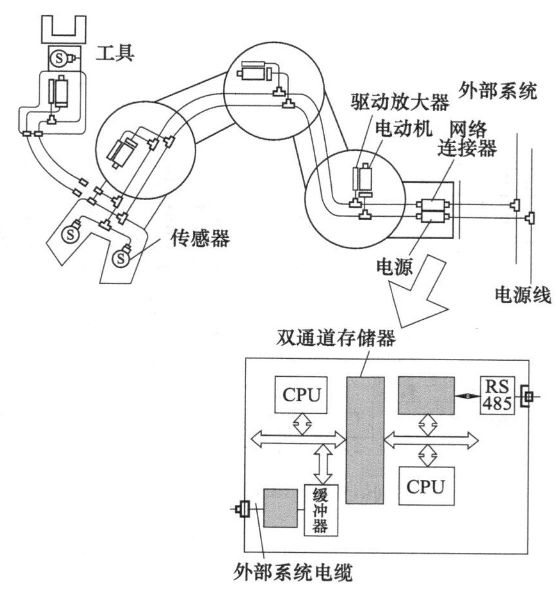

图 5-18　机械手的开放式 I/O 接口与配线

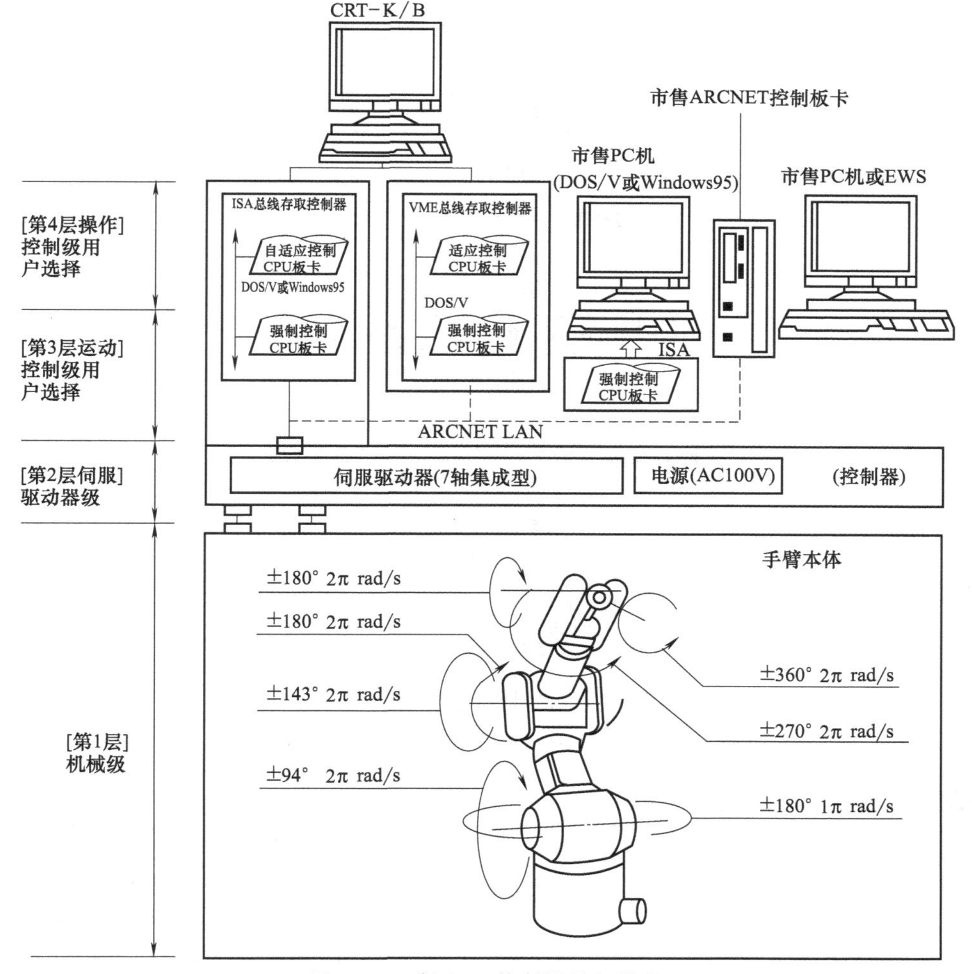

图 5-19　采用 PC 控制器的机器人

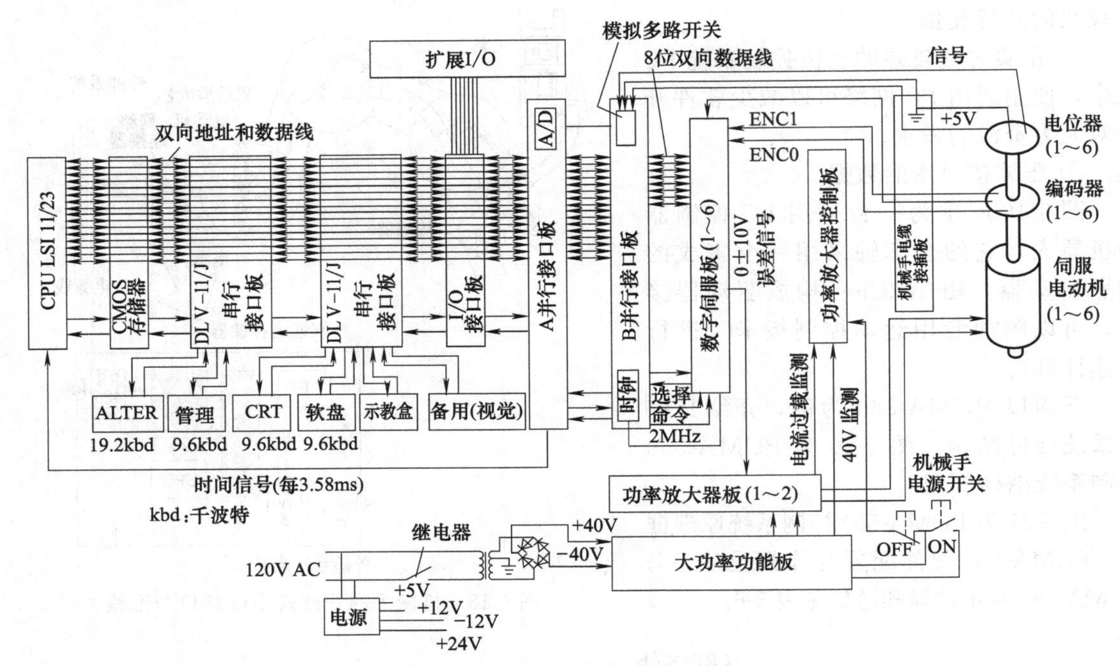

图 5-20 PUMA-560 控制系统结构框图

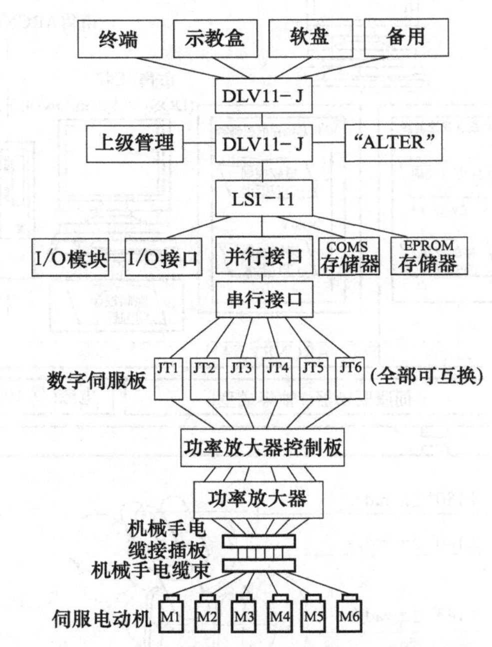

图 5-21 PUMA-560 控制系统原理框图

表 5-5 PUMA-560 硬件配置与作用表

硬件配置	部件	说明
控制器	DEC LSI-11 计算机	标准 DEC 系统，包括处理器、存储器和通信板。系统软件和用户程序存储在 CMOS 存储器中。VAL Ⅰ需 64KB，而 VAL、VAL-Plus 分别需 32KB 和 48KB
	DLV-11 串行接口板	4 个异步串行通信接口。其中三个分别用作处理器终端、示教盒和高密磁盘的通信，另一个备用或与上级计算机连接。对于 VAL-Plus 需 1 块，对于 VALⅡ需两块

续表

硬件配置	部　件	说　明
控制器	A 并行接口板 B 并行接口板	VAL 语言的引导程序存储器(EPROM),B 并行板带有时钟。LSI-11 通过 A 并行接口板把命令和数据传送到 B 并行接口板,这些信息再由 B 板传送给控制系统的伺服驱动模块。一旦命令和数据接受并运行,就以相反顺序传送给 LSI-11
	数字伺服板(六块)	通过每一块板上的 6503 处理器对关节进行控制。LSI-11 每隔 28ms 向各数字伺服板送一次位置信息。微处理器把这些数字信号送到数模转换器生成驱动直流伺服电动机的模拟信号,伺服板使用中断服务程序把回答信息送到 LSI-11
	功率放大板及控制板	数字伺服板输出的直流模拟信号经功率放大板放大后,由电缆插件送到各个关节的伺服电动机。控制板主要用来监测功率板工作,指示热警报、关节电流过载情况,并设有过载保护后重新启动按钮
	非标准接口板	可配置四个 I/O 模块,提供 32 入/32 出
	机械手电缆板	测量关节位置的码盘和电位器与控制器之间的信息交换通过这块板进行。板上还装有零线接收器和信号噪声抑制器
外围设备	终端	可配两种终端,屏幕显示终端(CRT)和打印终端(TTY)。通过 RS-232C 接口与系统进行通信,用户通过屏幕终端编辑用户程序,进行示教及与系统交换信息。运行程序时可与系统断开
	示教盒	有四种示教方式:关节(JOINT)方式、自由(FREE)方式、绝对坐标(WORLD)方式和工具坐标(TOOL)方式。"RECORD"按键用以设置、调节手动控制时机器人手爪的运动速度;"CLAMP"按键控制手爪开闭;字母数字显示器显示当前的工作状态和系统发出的错误信息
	软盘驱动器	5in(1in=0.0254m)高密双面软磁盘,标准 RS-232C 串行接口将其和主机连在一起;波特率为 9600 或 2400,存储内容为 VAL Ⅱ操作系统及用户程序和数据

表 5-6　PUMA-560 系统功能和通信

系统功能	说　明
系统初始化	当启动系统时,LSI-11 首先在运行 VAL Ⅱ语言中,把所有外围设备接口都设置成启动状态(RESET),把 VAL Ⅱ语言内部需要的数据字和标志位都赋上初始值,给关节控制板上的微处理器 6503 的部分内存赋上初值
标定机器人的初始位置	系统启动后,用户必须首先用 CALL-BRATE 命令标定机器人的初始位置,然后才能进行操作。系统响应后,驱动各个关节旋转一个很小角度,使关节编码器中的读数正对码盘的零线。这时通过测量电位器读出对应关节角度,经过适当的精度修正,转换为编码器的计数值,赋予编码器,标定过程结束
系统保护	VAL Ⅱ包括许多保护程序用来保护设备的安全运行。例如当 VAL Ⅱ发现某个关节超出了软件允许的运动范围时,就会数立即停止机器人运动并输出错误信息"* Fatal out of range * Ji(n)"
关节控制器功能	每 28ms 关节微处理器接收一次来自 LSI-11 的位置信息,并检测、确认这一信息。然后对关节位置的新值和当前值进行轨迹段内插值计算。将其运动角度 32 等分,于是轨迹段每一小间隔时间为 0.875ms。微处理器每隔 0.875ms 还从码盘寄存器中读出关节的当前位置值,以便于下一小时间间隔的插补计算用

5.3.2 控制系统软件构成

(1) 控制系统软件的功能

工业机器人的基本动作与软件功能如图 5-22 所示。工业机器人的柔性体现在其运动轨迹、作业条件和作业顺序能自由变更，变更的灵活程度取决于其软件的功能水平。工业机器人按照操作人员的示教动作及要求进行作业，操作人员可以根据作业结果或条件进行修正，直到满足要求为止。因此，软件系统应具有以下基本功能：

① 示教信息输入。

② 对机器人及外部设备动作的控制。

③ 运行轨迹在线修正。

④ 实时安全监测。

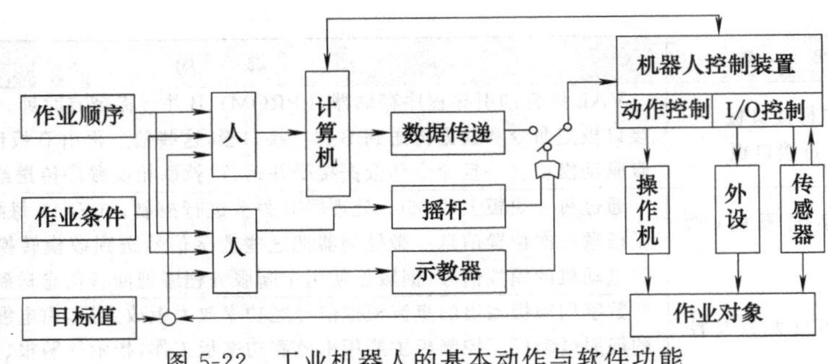

图 5-22 工业机器人的基本动作与软件功能

(2)软件构成

控制系统软件由下述三部分构成。

① 操作系统 操作系统是与硬件系统相关的程序集合，用于协调控制器内部任务，也提供同外部通信的媒介。其任务同计算机操作系统相类似，包括主存储器处理、接收和发送数据、输入输出单元、外围设备、传感器输入设备及对其他通信要求的响应。机器人操作系统应快速响应实时产生的信号，可以扩展服务于更复杂的用户要求；对于规模较小的控制系统则采用监控系统。

② 机器人专用程序模块 机器人专用程序模块包括坐标变换，为操作机传递应用的特殊命令，提供轨迹生成、运动学和动力学的限制条件，处理力反馈、速度控制、视觉输入和其他传感器输入，处理输出数据和面向机器级的I/O错误。为提供这样可维护、自生成文件和结构化的程序，常常用PASCAL、C语言或其他适合实时应用场合的商用高级结构语言。汇编语言常用于编写一些实时性强而其他语言又无法处理的场合。

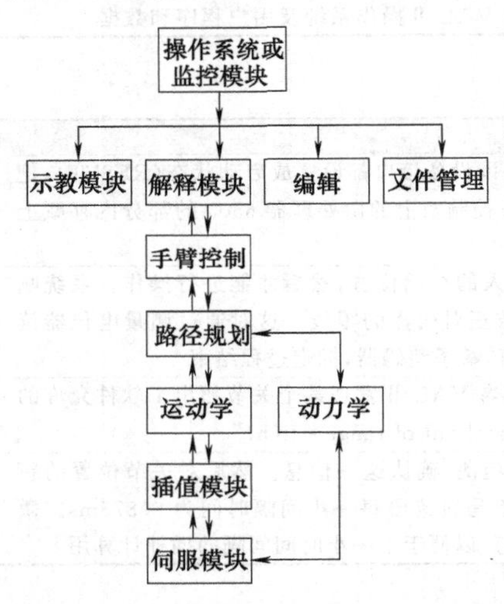

图 5-23 机器人控制系统的软件功能

③ 机器人语言 机器人语言是软件接口，编程者通过它可直接操纵机器人执行需要的动作。这种语言应具有与用户友好的界面，提供简单的编辑功能，可使用宏指令或子程序解决应用的具体任务。

(3)软件功能

机器人控制系统软件功能是由机器人的应用过程决定的。控制系统软件一般由实时操作系统进行调度管理。简单的控制系统软件则在监控程序下运行。对于一般的机器人控制系统，其软件功能如图 5-23 所示，各功能模块的作用见表 5-7。

表 5-7 机器人控制系统软件功能模块的作用

功能模块	作用
操作系统或监控模块	协调系统中各模块的工作。此模块通过启动文件中的指令激活
编辑模块	允许用户通过终端、键盘建立和修改文件
解释模块	将源程序命令翻译成机器码。这个模块在系统工作时起作用
示教模块	允许操作员通过示教盒人工控制机器人手臂，同时支持有限的按键编程能力
手臂控制	用来监控手臂的控制功能，它接受内部机器码形式的指令，并能调用其他手臂控制程序
路径规划	它由手臂控制模块启动，从解释模块取出产生的运动描述，将其转换成具有确切时间、位置、速度和加速度的运动详细说明书
动力学模块	用来处理力矩控制的有关计算。它与路径规划同时进行
运动学模块	将末端执行器端点所得的位置方向的笛卡儿坐标转换成各运动副的关节变量
插值模块	从路径规划模块或运动学模块取出输出点的集合，为各关节计算驱动命令

下面以电动机器人控制系统软件为例来说明其软件功能。图 5-24 为其控制系统软件功能框图。各部分功能概述见表 5-8。机器人控制软件流程图实例见图 5-25。

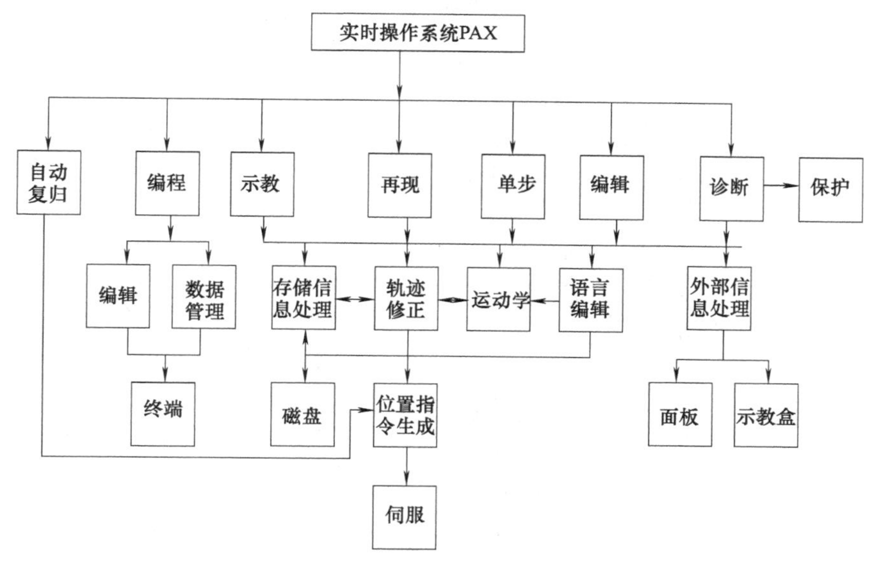

图 5-24　电动机器人控制系统软件功能框图

表 5-8　电动机器人控制系统软件各部分功能概述

PAX 系统初始化	在 PAX 系统初始化过程中，首先将初始化任务投入运行，在系统任务中首先要完成用户实时中断矢量、PAX 实时中断矢量的设置以及串行通信口的初始化，创建示教任务、再现任务、监控任务、单步任务、诊断任务、编辑任务、编程任务	
主控任务	主控任务完成与示教盒或面板的通信，根据控制命令进行各应用任务的启动与挂起。另外进行通信队列的创建与管理、特殊命令的处理	
示教任务	PTP 示教	操作者通过示教盒控制机器人在直角坐标系或者工具坐标系或关节坐标系内运动，只采样轨迹的起止点。在直角坐标系和关节坐标系中可进行位置的调整，在工具坐标系和关节坐标系中可进行姿态的调整。在运动过程中步长可任意调整。PTP 示教是机器人运动学的实际应用，它包括机器人手臂端部的轨迹规划和腕部的姿态规划
	CP 示教	完成示教者手把手示教机器人时的连续轨迹记录，每 50ms 采样一次，并将结果记录下来，同时记录末端执行器的状态
再现	PTP 示教	PTP 再现要根据机器人语言程序中轨迹的规划进行实时运动学计算。机器人语言程序在编程任务中的全屏幕编辑环境下编制，规划的轨迹运动方式有直线运动、圆弧运动、关节运动。在运动过程中还包括两条轨迹交接处的平滑计算及机构的解耦计算。对各关节的运动控制由数字伺服单元来完成，它提供了一个程序库，用户只要使用它提供的函数，就可进行采样、定位、运动等操作
	CP 示教	CP 再现根据 CP 示教的记录数据进行均值插补，每两点之间是定时插补。每 10ms 发送一点，为保证位置同步，在两点之间插四个点
单步任务与编辑任务	单步功能是为检验 PTP 示教数据的正确性，通过手动控制按三种轨迹方式运动：直线、圆弧、关节。在单步测试过程中，如发现某点位置不适应则进行编辑任务，对原来示教的位置数据进行编辑修改，功能有：通过示教盒把机器人运动到指定位置，进行插点和删点操作	
编程任务	编程任务是机器人语言的编辑环境，有全屏幕编辑功能，可进行各种文件操作	
故障诊断任务	对控制系统的故障进行实时监测，可进行电动机运行状态的诊断、串行口的诊断和开关口的诊断等	

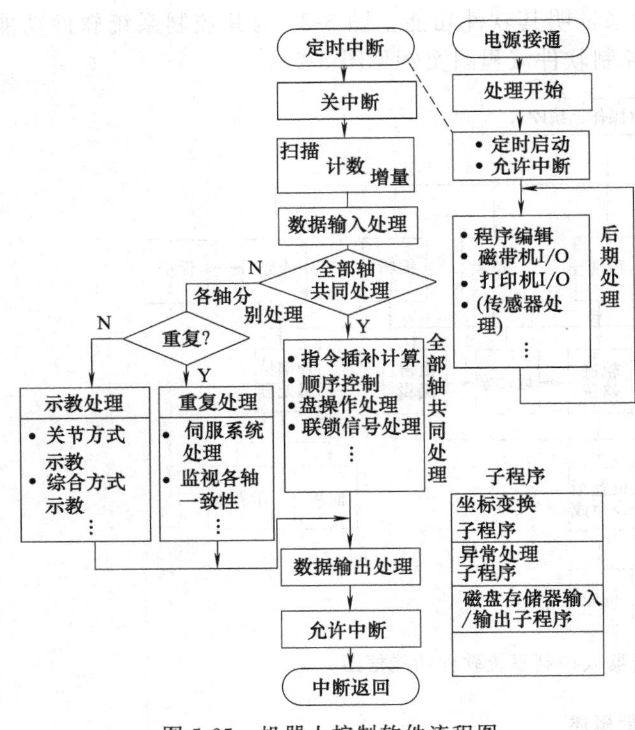

图 5-25 机器人控制软件流程图

从微机接入电源开始，程序启动。以后每隔一定间隔产生一次定时中断，在中断之前，程序在允许中断状态下进行后台处理。进入中断后，立即停止后台处理，从定时中断处开始，程序开始执行。首先扫描计数器（关节数）加“1”，然后将与该轴相对应的输入数据全部读入。其次，如果扫描计数器为“0”时，则执行全部轴共同处理程序；如果不为0时，则执行各轴分别处理程序，各个处理程序执行完成后，则输出相应数据，在允许状态下，执行“中断返回”指令。这时因中断而停止的后台处理又继续进行。

5.3.3 工业机器人操作控制

工业机器人主要通过计算机实现操作控制（操作机械臂及机械手的伸出、缩回、前进、后退、上移、下移等）。本章以实际的工业机器人为对象，对基于视频反馈和实时仿真的工业机器人操作控制进行阐述。首先介绍操作控制系统的硬件构成，包括用户操作终端的介绍和选择因素；其次讨论B/S架构和C/S架构两种主要的实现方式，说明选择C/S架构作为实现方式的原因；最后对其工作原理和整体架构及各个模块进行说明。

（1）工业机器人操作控制的硬件构成

工业机器人操作控制系统的设计是基于客户机/服务器（Client/Server，C/S）模式完成的，其硬件配置如下：

① 工业机器人操作端。

② 客户机主机。

③ 工业机器人操作臂。

④ 服务器主机。

⑤ 连接于服务器，用于采集工业机器人视频的摄像头设备。

⑥ 客户机到服务器端的网络连接。

（2）工业机器人操作端

在工业机器人操作控制系统中，手柄操作端是主要的人机接口设备。主要负责驱动工业机器人和仿真模型的关节旋转，以及工业机器人的伸出、缩回、前进、后退、上移和下移这6个动作。工业机器人的人机接口操作端设计方案一般包括专门设计的特定用途操作端、数据手套操作、普通的鼠标键盘操作、通用的手柄控制器（比如游戏操纵杆）等几种方式。选择操作终端要考虑的因素主要包括设计难度、研发成本、使用便利性以及设备通用性等几个方面，上述几种设计方案的优、缺点如下：

① 专门设计的特定用途操作端。方案包括针对特定工业机器人操作端各操作关节进行建模、确定各个关节尺寸、关节加工、装配以及配套软件的设计等几个方面。因为是为工业机器人操作“量身定做”的，所以操作者的体验是最好的，但是也存在研发较难、操作端的通用性

不佳等问题。

② 数据手套操作。数据手套是一种重要的人机交互工具，主要通过集成在手套中的传感器检测手部各个关节的动作，将人手的手势信息传递给计算机而完成交互。数据手套一般配有专门的开发软件，研发难度适中且使用也较方便，但缺点是价格非常昂贵。

③ 普通的鼠标键盘操作。通过鼠标键盘对工业机器人进行操作，因其设计难度和研发成本较小而成为很多工业机器人操作控制首选的控制方式，但因鼠标和键盘不是为物体在三维空间中运动而设计的，所以便利性不如其他三种方案。

④ 通用的手柄控制器（游戏操作杆）。使用游戏手柄对工业机器人进行操作是一种较新的方案，由于游戏手柄设计时一般都需要考虑控制游戏中的物体进行包括三维移动在内的各种运动，这与工业机器人的移动操作体验类似，因此，相对于工业机器人操作者来说具有较好的体验效果。而且游戏操作杆容易获得，价格低廉，各种游戏操作杆都可以使用统一的接口进行编程，因此是一种较好的方案。

上述 4 种操作端的设计方案如表 5-9 所示。

表 5-9　4 种操作端设计方案比较

设计方案	设计难度	使用成本	用户体验	设备通用性
特定操作端方式	较大	较大	较好	较差
数据手套方式	适中	很大	适中	适中
鼠标键盘方式	适中	适中	较差	较好
游戏操作杆方式	适中	适中	较好	较好

综合考察以上各种方案后，本章采用市面上流行的力反馈手控制器（北通 BTPC033 可编程游戏手柄）作为输入装置。通过 USB 接口和客户端主机进行连接，操作控制系统采用 Microsoft DirectInput 接口对手柄控制进行编程。

（3）工业机器人实例

工业机器人实例为一台 RBT-6T/S01S 桌面型串联关节式工业机器人，如图 5-26 所示。该工业机器人共有 6 个关节，按照从下到上、从左到右的顺序，各轴名称依次为：关节 Ⅰ 与回转 Ⅰ 轴、关节 Ⅱ 与回转 Ⅱ 轴、关节 Ⅲ 与回转 Ⅲ 轴、关节 Ⅳ 与回转 Ⅳ 轴、关节 Ⅴ 与回转 Ⅴ 轴、关节 Ⅵ 与回转 Ⅵ 轴。工业机器人的各个关节通过限位开关控制其转动角度。各个关节转动角度的具体限制如表 5-10 所示。

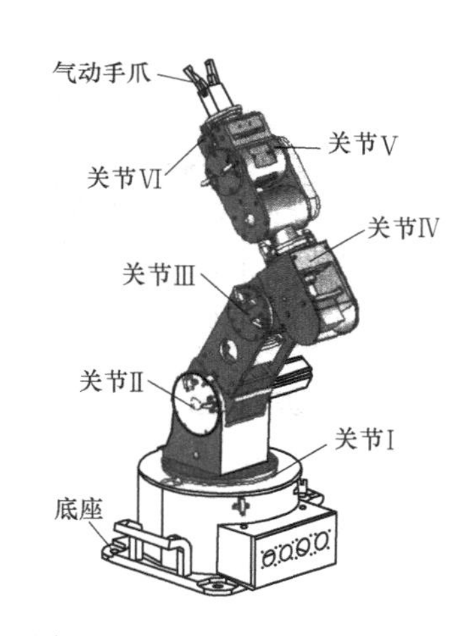

图 5-26　RBT-6T/S01S 桌面型串联关节式工业机器人主体

表 5-10　RBT-6T 工业机器人各个关节的转动参数　　(°)

关节序号	初始度数	最大度数	最小度数	关节序号	初始度数	最大度数	最小度数
Ⅰ	0	150	−150	Ⅳ	0	90	−90
Ⅱ	−90	45	−135	Ⅴ	0	90	−90
Ⅲ	0	50	−70	Ⅵ	90	180	−180

工业机器人除自身安装了底座之外，还配备了电控柜集成一体的试验平台用于对工业机器人进行操作控制和提供编程接口，操作者可以通过编程接口对工业机器人发出各种操作指令，以便使它完成各种作业和试验。

5.4 网络机器人

工业机器人网络控制原理如图 5-27 所示。由于要在客户端做比较复杂的实时三维仿真，所以采用基于 C/S 控制模式。在通信协议的选择上采用 TCP 和 UDP 相结合的模式，远程控制端传给服务器端的控制命令采用 TCP 协议，而服务器端返回远程控制端的视频图像采用 UDP 协议进行传输，并采用 WinSocket 进行通信。利用 3DSMAX 强大的建模能力以及 OpenGL 强大的交互能力相结合来实现三维仿真；在运动建模方面则采用 D-H 坐标系法来建立工业机器人的链杆坐标系。网络控制系统采用接口层、数据层和传输层的三层架构，使逻辑结构层次非常清晰。在功能设计方面，客户端和服务器端既有自己独立的功能，又可通过建立网络通信连接实现远程控制的功能；系统还通过状态反馈、安全检测以及模式切换来增强系统的实时性和安全性。在多机协调方面，因为协调控制的工业机器人只有两台，所以采用集中控制结构；最后还对网络时延进行了测试，并通过不同分类方法对远程工业机器人控制进行了分组试验，证明了系统设计的有效性和正确性。

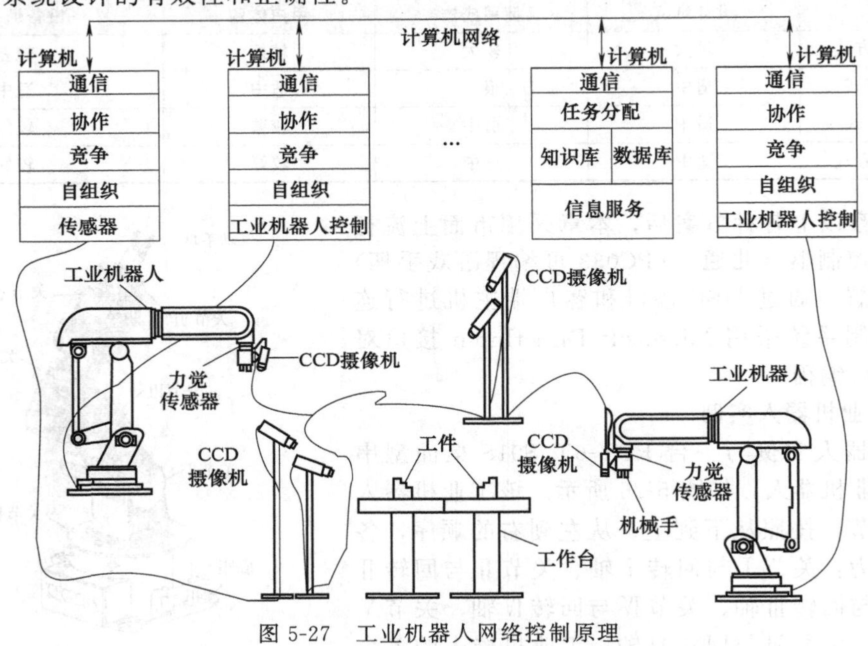

图 5-27　工业机器人网络控制原理

5.4.1 网络机器人的组成与特点

把标准通信协议和标准人机接口作为基本设施，再将它们与有实际观测操作技术的机器人融合在一起，即可实现无论何时何地、无论是谁都能使用的远程环境观测操作系统，即网络机器人。随着远程控制与自主机器人的结合，基于网络的自主机器人在未知的、危险的、非结构化的环境中具有了更为广阔的应用。

基于 Web 服务器的网络机器人技术以 Internet 为构架，将机器人与 Internet 连接起来，采用客户端/服务器（C/S）模式，允许用户在远程终端上访问服务器，把高层控制命令通过服务器传送给机器人控制器，同时机器人的图像采集设备把机器人运动的实时图像通过网络服务器反馈给远端用户，从而达到间接控制机器人的目的，实现对机器人的远程监视和控制。

(1)网络机器人的硬件结构

网络机器人系统是一个典型的分布式系统，由四个部分组成，系统结构如图5-28所示。

① 自主机器人 具有多种传感器，如上下2个CCD摄像机、超声波传感器、电机码盘等，可有效感知环境信息，通过MagicLan无线局域网与外部世界通信。此外，自主机器人还可配备声卡、扬声器以及语音识别引擎，加入声音识别与合成功能。机器人采用了嵌入式计算机（相当于Pentium-Ⅲ 500MHz），自身具有计算能力，能融合多传感器信息，具有识别、定位功能，自主导航，完成特定的工作。由于采用了嵌入式计算机，计算能力有限。系统运行在Windows 98平台上。

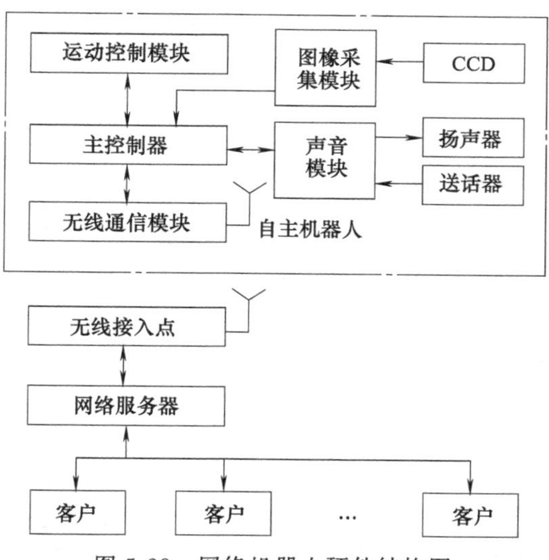

图5-28 网络机器人硬件结构图

② 网络服务器 配备高性能处理器（P-Ⅳ 2GHz，256MB内存，60G硬盘）作为机器人对于Internet的窗口，提供网络服务。系统运行在Windows2000平台上。

③ 客户 主机通过Internet与网络服务器连接，在线远程监控网络机器人。

④ 无线网络系统 利用无线网络代替有线网络，使得对机器人的控制不再受空间和地域的限制。本系统采用了无线局域网（Wireless LAN）有中心的网络拓扑结构，自主网络机器人通过无线接入点（AP）与网络服务器连接，采用802.11b协议，传输速率为11Mbit/s。

(2)网络机器人的软件结构

① 自主机器人 自主机器人的软件结构如图5-29所示。机器人通过自身的传感器感知环境信息，并将视觉反馈给远程用户。机器人本身又具有推理、行为决策能力与定位、识别能力，能执行避障、对路径的自主规划、自主导航以及对多任务的决策。这些都有利于减少网络通信中不可预测延时对机器人控制实时性的影响。当网络通信出现拥塞而导致传输速率下降时，自主机器人暂缓低优先级任务，降低网络通信的负载；如果出现系统暂时的通信中断，远程机器人的自主性与学习机制可避免机器人处于失控状态。此外，通过视觉反馈，用户可以通过远程界面来指导机器人的学习。

② 网络服务器 网络服务器的软件结构如图5-30所示，负责用户登录、多用户协调调度；通过接收来自自主机器人的采集图像和其他传感器数据，建立图像缓冲，根据用户要求向远端用户提供不同质量的图像服务；建立机器人控制命令服务器，对来自客户的命令进行排队、过滤。限于系统硬件资源有限，将用户按优先等级划分，并采用互斥算法避免多用户对于

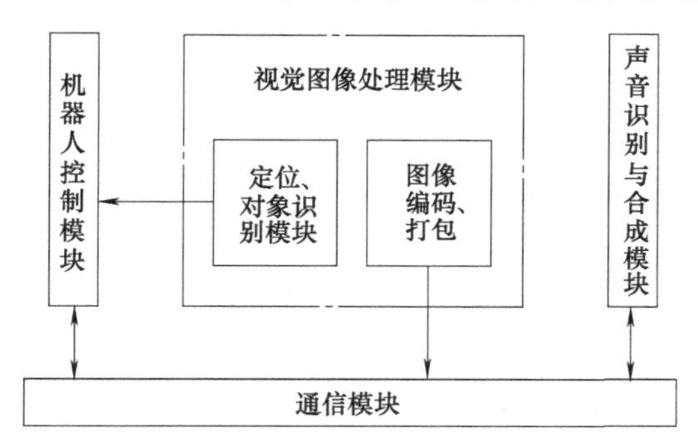

图5-29 基于网络的自主机器人软件结构

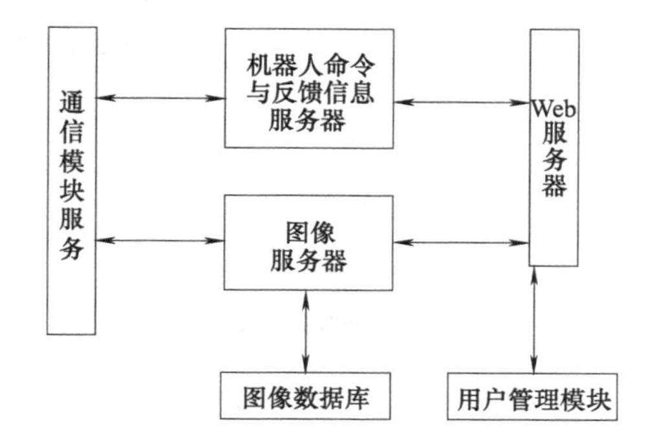

图5-30 网络服务器的软件结构

远程机器人的控制冲突。

③ 客户　客户软件结构如图 5-31 所示。它主要提供友好的用户界面和丰富的人机接口，接收来自网络服务器的各种自主机器人的传感器信息并显示，对图像则需要先进行解码然后再显示；接收用户指令，包括来自键盘鼠标的消息以及语音识别的指令，并发送给网络服务器。

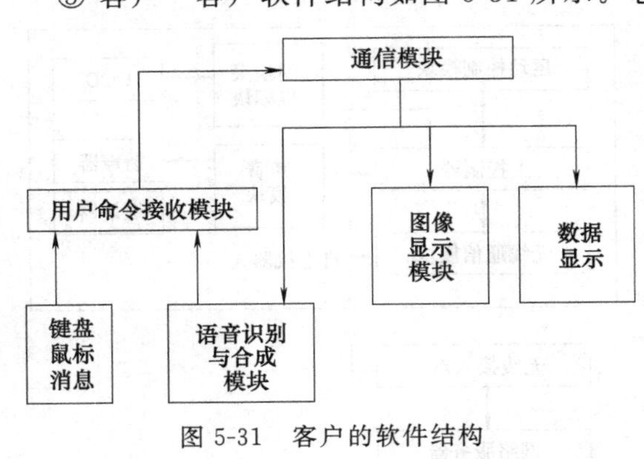

图 5-31　客户的软件结构

(3) 网络机器人的特点

① 基于网络的机器人技术涵盖并有机结合了现代网络技术和机器人控制技术两方面的内容。

② 基于网络的机器人建立在 Internet 的基础上，相应地具有 Internet 特有的一些功能，拥有良好的人机界面，可以实现人机交互功能。

③ 基于网络的机器人以 Internet 作为控制系统的标准通信协议，其系统控制软件具有良好的可移植性和互用性，可以使用一个服务器供不特定的多个用户在网络上任意使用。

④ 由于网络的存在，网络机器人技术使得机器人系统中必需的多数控制软件可以分散配置，机器人的软件开发也可以分散进行，更容易实现。

5.4.2 网络机器人的控制

(1) 网络机器人远程实时控制框架

利用网络机器人可以实现远程实时控制，使机器人在恶劣的环境下工作，如强辐射环境，而操作人员则可以处于较好的工作环境中，获得与现场相同的控制效果。这样，可以充分地发挥操作员和机器人的作用，实现恶劣环境中的精确作业。同时，网络机器人远程实时控制的实现，为多机器人的同步控制提供了基础，对于多机器人协调控制具有十分重要的意义。

图 5-32 所示为网络机器人远程实时控制框架。其最上层为智能与人机交互层，用于进行人机交互、任务规划、与 CAD 系统的连接以及视觉和语音等信号的处理。该层形成了机器人运动所需的空间直线、圆弧的特征参数，其中空间直线只需要起点和终点的位姿参数，空间圆弧只需要起点、终点和一个中间点的位姿参数。其次是运动规划层，根据空间直线、圆弧的特征参数，进行在线运动规划、逆运动学求解、选出控制解等，形成各关节电动机的位置。下一

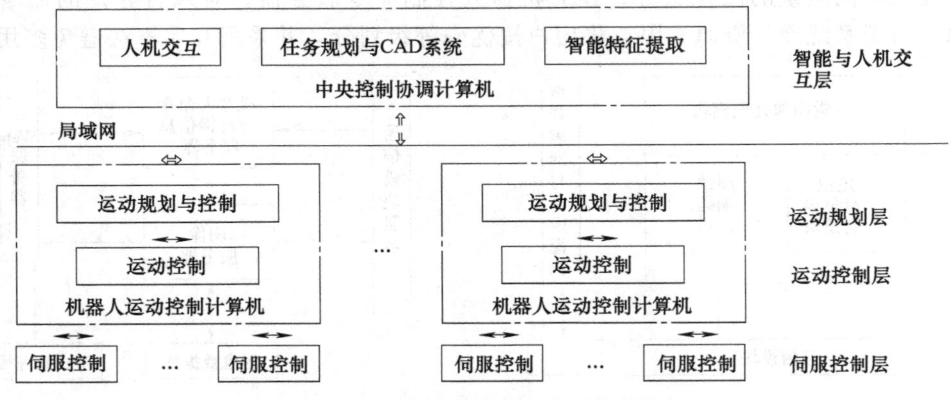

图 5-32　网络机器人远程实时控制框架

层为运动控制层，给定从运动规划层接收到的关节电动机位置，反馈测量到的关节电动机的实际位置，通过插值和D/A转换形成模拟量的速度信号。该层实现了位置闭环控制。最下层为伺服控制层，给定运动控制层的速度信号，反馈以测量到的关节电动机的实际速度，由伺服控制与放大器实现速度伺服控制。

由于智能与人机交互层对实时性的要求相对较低，而对界面的要求较高，所以该层利用Windows操作系统，由一台中央控制协调计算机实现。运动规划层对实时性要求较高，该层利用Linux操作系统进行实时控制。运动控制层采用多轴运动控制器，作为一个功能卡集成到运动规划层的PC中。由运动规划层、运动控制层和伺服控制层构成开放式机器人的本地实时控制器。智能与人机交互层和运动规划层之间通过局域网进行数据交换，从而构成基于网络的跨平台远程实时控制系统。

中央控制协调计算机可以控制多台本地实时控制器，而每台本地实时控制器控制一台工业机器人的运动，工业机器人的状态被实时地反馈给中央控制协调计算机。中央控制协调计算机根据要实现的任务、各台工业机器人的当前状态、操作员输入的命令与参数等外部输入，进行任务规划，形成各台工业机器人运动所需的空间直线、圆弧的特征参数，从而实现多台工业机器人的运动协调控制。由于中央控制协调计算机与各台本地实时控制器的数据交换量很小，利用局域网进行通信的速度又较快，因此图5-32所示系统的远程控制的实时性能够满足实际应用的需要。

（2）网络机器人的控制方式

综合目前的研究成果，实现基于互联网的工业机器人控制所采取的控制方案主要包括直接控制方式、预测显示方式、基于事件的控制、监督控制方式、遥编程方式和波变换方式等。

① 直接控制方式　直接控制方式是一种最基本的控制方式，通过向工业机器人发送基本控制指令和基本参数直接控制工业机器人。这种控制方式的网络性能要求比较高，要求网络传输时延小和波动小。这种控制方式的优点在于操作者能够看到自己操作的直接结果，而没有外部因素的影响，充分发挥人的感知、判断和决策能力，增强系统的适应性。其缺点是操作者需要大量即时信息，在网络存在明显的通信延时的情况下，直接控制将难以实现。

KeepOnTheWeb遥操作机器人就是采用直接控制方式来实现网络远程控制的。该机器人完全不具有智能，比如自主避障等，整个网络控制系统装有两台摄像机，一台装在机器人上用于观察前方的环境，另一台装在天花板上用于监视整个迷宫的环境。机器人控制系统是通过两台摄像机连续地反馈给用户的图像信息为依据来判断机器人的位置的。控制指令有三种：第一种指令控制机器人运动，通过点击控制页上的位置图坐标来发送控制指令引导机器人移动目标点；第二种指令控制外部摄像机的方向和焦距；第三种指令负责开启和关闭摄像机。该机器人网络控制系统的缺点在于控制精度低，机器人完成的工作简单，在网络存在明显延时的情况下，对机器人的控制将存在困难。此外，一些用于科研和教学的移动机器人网络远程控制也采用了直接控制方式。

② 预测显示方式　预测显示方式是用随机预测方式预测环境和机器人状态，并显示在操作者的监视器上。操作者通过模拟仿真环境来观察机器人的运动行为并进行规划，这种方法能保证实际机器人动作的准确性。

Schulz等人在移动机器人的导航中采用了预测显示方式。为了实现机器人动作的快速视觉化显示，建立了环境的三维模型，对机器人传感器的信息进行仿真。三维模型利用对象的特征轮廓表示，每秒可以传送多幅图像。为了达到预测仿真的实时性，还采用了基于环境矩形分块的空间搜索方法。Baldwin等采用卡尔曼滤波法作为机器人运动的预测算法和全方位视觉方法构建了移动机器人网络控制系统。Marin等建立了机器人的机械手及工作环境的三维预测控制模型。该模型可以离线操作，用以对机械手抓取物体的动作进行仿真；也可以在线操作，对要执行的动作指令进行预测显示，然后给机器人指令使其产生动作，从而保证机器人动作的准确性，避免网络时延的影响。

虚拟现实技术（Virtual Reality）是近年来在计算机图形学、仿真技术、人机接口技术、多媒体技术及传感技术基础上发展起来的一门交叉技术。由于虚拟现实技术以计算机软件技术为核心，不仅可以生成逼真的二维和三维虚拟环境，还可以对听觉和触觉等进行生动的模拟，是进行可视化操作及交互的一种全新的方式，因而在机器人领域得到了广泛应用。利用虚拟现实技术生动逼真的造型能力进行仿真建模是实现预测控制的一个重要手段，也是近几年来得到重点关注的研究方向。

③ 基于事件的控制　机器人控制系统有特定的动作参考，其任务和动作是同步的，并且控制是根据给定的动作参考来完成的，如图 5-33 所示。传统上的动作参考量是时间，任务和动作规划用时间来描述。以时间作为动作参考是由于时间量容易获得，并且可以作为系统不同部分的共同参考。然而任意的通信延时会导致以时间为动作参考的机器人系统各部分之间失去同步性，从而导致系统不稳定。由 xi 等人提出的基于事件的控制方式不以时间作为控制器输入、输出信号的参考，而是以某一传感器的输出作为控制系统的参考来智能规划机器人的动作。其特点是可以避免时延因素对以时间为动作参考的控制系统产生的影响，提高控制系统的稳定性。

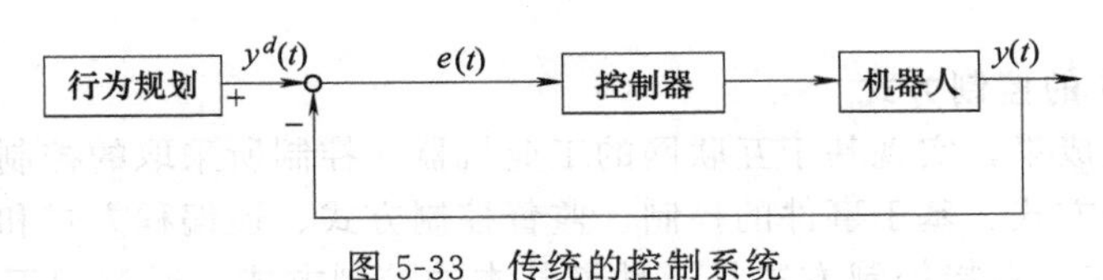

图 5-33　传统的控制系统

Li 等人将基于事件的控制方式用于 6 自由度 Motoman-K3S 机器人的网络远程控制中，如图 5-34 所示。远端机器人在执行控制指令的过程中，以机器人的机械手位置作为输入量和反馈量与本地形成闭环控制。由于控制系统的输入量和反馈量是与时间无关的机器人的机械手位置，而不是与时间相关的速度和加速度，因此网络时延不会对控制系统的稳定性产生影响。在控制中还辅助以预测显示方式，通过仿真环境中机器人的位姿及视频图像发出控制指令，同时仿真环境会根据操作员的输入预测真实机器人的位姿进行仿真，而不必等待远端的反馈信息。综合运用两种方法来保证机器人的运动精度和控制系统的稳定性。

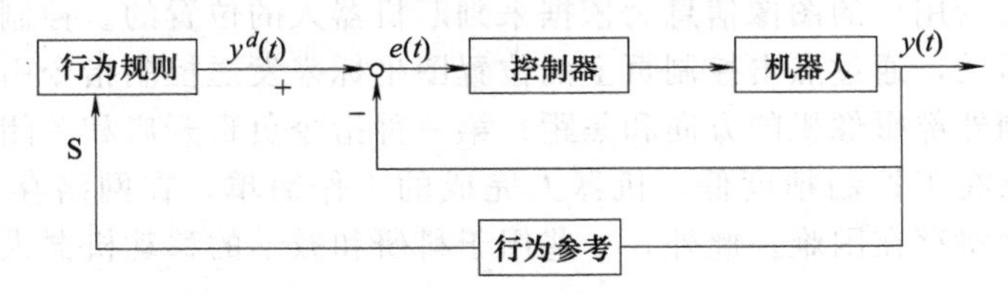

图 5-34　基于事件的控制系统

Elhajj 等人对移动机器人的远程控制方式进行了研究，以机器人的运动速度作为控制输入量，把周围环境对机器人的虚拟作用力作为反馈量构建了基于事件的机器人远程控制系统。其中，虚拟力是机器人与通过传感器检测到的障碍物距离相关的量，当障碍物进入传感器的检测范围时开始产生虚拟力，虚拟力反馈回系统使机器人减速，控制手柄同时感觉到虚拟力的作用。当机器人与障碍物的距离达到限定值时，机器人停止运行。在整个控制过程，时间不作为行为参考，避免了时延对系统的影响。

利用基于事件的控制方式，移动机器人按照操作者规划的独立于时间的路径运行，从而避免了由于时延和障碍物干扰造成的误差对控制的影响，保证了遥操作控制系统的稳定性。例如，当移动机器人在运动路径上遇到障碍物时，机器人会自动停下来，操作者可以辅助远程控制机器人绕开障碍物，然后机器人重新回到原先规划好的路径上。

④ 监督控制方式　监督控制方式是把操作者置于控制系统闭环之外，远程操作者只发送目标任务和相关指令，而具体任务由远程机器人控制回路自主完成，只有当机器人遇到自己无法处理的情况时才进行人工干预。远程机器人系统自身是具有一定自主能力的独立闭环控制系统，时延环节不存在于这个闭环控制系统之内，从而减小时延对整个系统稳定性的影响。由于互联网存在不确定的传输时延，因此将监督控制方式用于任务级的控制是非常必要的。一些现存的构建移动机器人自主智能的知识与经验，如避碰、路径规划、目标识别等都可以用来提高机器人的适应能力。

Luo等人对移动机器人远程控制方式进行了研究，建立了基于监督控制方式的机器人网络控制系统，结合明确规则和模糊规则设计了机器人自主避障和目标跟踪算法，提供给机器人自主能力。用户对机器人的控制是通过用鼠标点击环境地图上目标点的位置实现的。当用户点击地图上某一目标点时，该位置信息被发送到服务器上，服务器把目标位置信息及控制运动指令一起发送给机器人，机器人利用其自主导航能力运动到相应的目标位置。用户可以通过机器人上的摄像机提供的视频图像，观察机器人的运动状况。Luo等人在后来的研究中对机器人本地的智能控制结构进行了改进，采用了行为编程结构，提高了机器人对未知环境的适应能力。Brady等人在其机器人网络控制系统中应用了监督控制方式。在分析网络传输时延与通信通道和带宽的内在关系基础上，采用状态空间模型建立了机器人的动态方程，在动态方程中考虑了时延的因素。Barbera等人应用了基于证据概念的方法来提高监督控制系统的交互性能，使远程控制的移动机器人能够适应半结构化和非结构化环境。

⑤ 遥编程方式　遥编程方式是基于任务级的一种远程控制方式，适合于有大时延的传输媒介，以及难以事先进行仿真和建立准确模型的未知环境。与其他远程控制方式的不同之处在于，操作者通过控制端向远端机器人发送的不是位置或伺服控制指令，而是具有一定抽象程度的符号命令程序段，将通信延迟排除在底层的控制回路之外，从而可以有效地克服大时延的影响。遥编程通过将操作者和机器人本地控制回路分离，降低了通信延迟的影响。操作者在通过控制器进行控制时，能够以类似直接控制的方式进行操作。遥编程控制方式实际上采用了共享控制的策略。

⑥ 波变换方式　波变换方式是把控制信号和传感器信息的传播看做是波的传播和能量的扩散，而不是数据的交换。近年来这一方法被用于基于互联网的具有变化时延的机器人遥操作上。

⑦ 基于C/S的控制模式　C/S模型如图5-35所示。在这种结构中，用户登录客户端软件，通过互联网与服务器端通信，并通过服务器端软件控制服务器端的机器人。它是一种两层

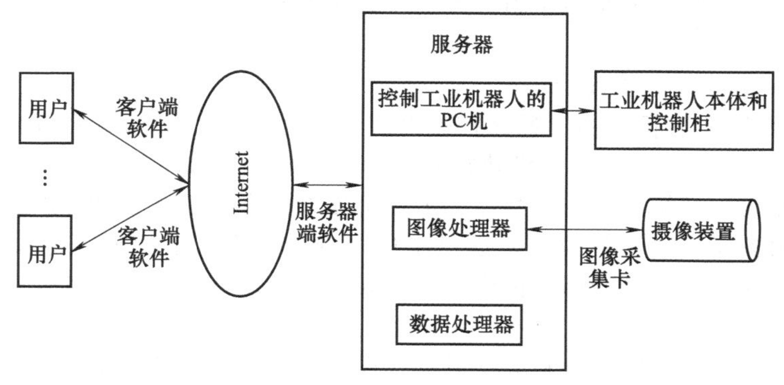

图5-35　C/S控制模式

结构的系统：第一层是在客户机系统上结合了表示和业务逻辑；第二层是通过网络结合了数据库服务器。它将多个复杂的网络应用用户交互界面 GUI、业务应用处理和数据库访问及处理相分离，服务器与客户机之间通过消息传递机制进行对话，由客户机端发出请求给服务器，服务器进行相应的处理后经传递机制送回客户机。这种结构充分地利用客户端软件强大的处理能力，将大部分业务逻辑都集中在客户端实现，减轻了服务器端的工作负荷。

⑧ 基于 B/S 的控制模式　B/S 模型即浏览器和服务器结构模型，如图 5-36 所示。在这种结构下，用户工作界面是通过 WWW 浏览器来实现的，极少部分事务逻辑在前端（Browser）实现，主要事务逻辑在服务器端（Server）实现，形成三层结构。

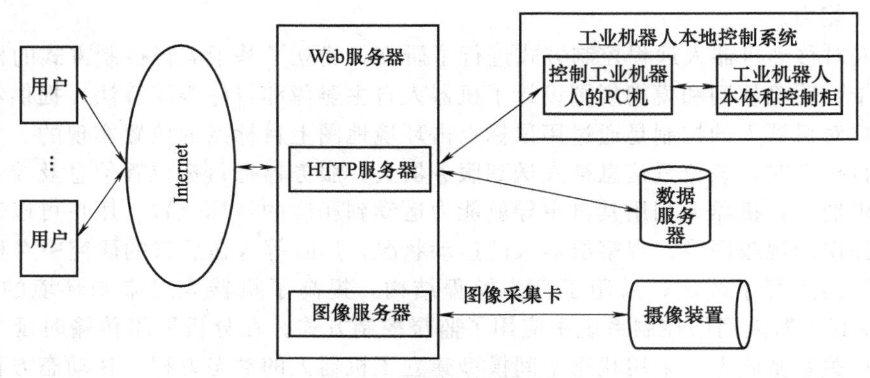

图 5-36　B/S 控制模式

第一层是浏览器。客户通过浏览器访问系统而无需安装任何软件。用户注册、登录、留言等界面可采用 HTML 和 Script 语言结合完成，主控界面可采用 VB、VC 和 JAVA 等语言编写。

第二层是 Web 服务器。该层由 HTTP 服务器和图像服务器组成，作为用户服务和数据服务之间的桥梁。HTTP 服务器主要完成三大任务：一是通过与数据服务器的连接完成对用户的管理，包括注册、登录及身份认证等；二是维持用户队列，负责控制权的分配；三是与工业机器人服务器通信，发送客户指令并返回指令的执行结果。图像服务器可采用现有的服务器，如德国 Ulm 大学开发的 WebVideo 2.0。

第三层是数据源。该层包括数据服务器、工业机器人本地控制系统和由图像采集卡进行处理后获取的图像数据。数据服务器主要储存用户的注册信息、登录及访问情况等数据信息。工业机器人本地控制系统可由作为上位机的工业机器人服务器、DSP 控制器、功率驱动板及机械本体等组成。

网络遥操作机器人是监督控制遥操作机器人的一种特例。在监督控制过程中，一台本地计算机在闭环反馈回路中起着重要的作用。大多数的遥控操作网络机器人都属于第 c 型监督控制系统（图 5-37）。

（3）远程控制系统的总体设计

① 操作控制系统的逻辑结构　操作控制系统分为客户端和服务器端两部分。其中客户端位于上位机，通过 Direct Input 封装模块接收操作者的各种控制命令，并提供人机操作界面。客户端同时用来完成包括控制命令的翻译、工业机器人仿真、运动学计算以及与服务器端的数据交换等功能。服务器端位于下位机，通过串口与 RBT-6T 工业机器人连接，主要负责向工业机器人转发客户端传来经过翻译的操作指令，并将工业机器人的状态和视频数据通过网络传回客户端。

整个操作控制系统采用模块化和分层设计，操作控制系统中的各个主要功能都用单独的模块封装，各个模块又自上而下形成 3 个层次，分别为终端接口层、核心功能层和网络接口层。

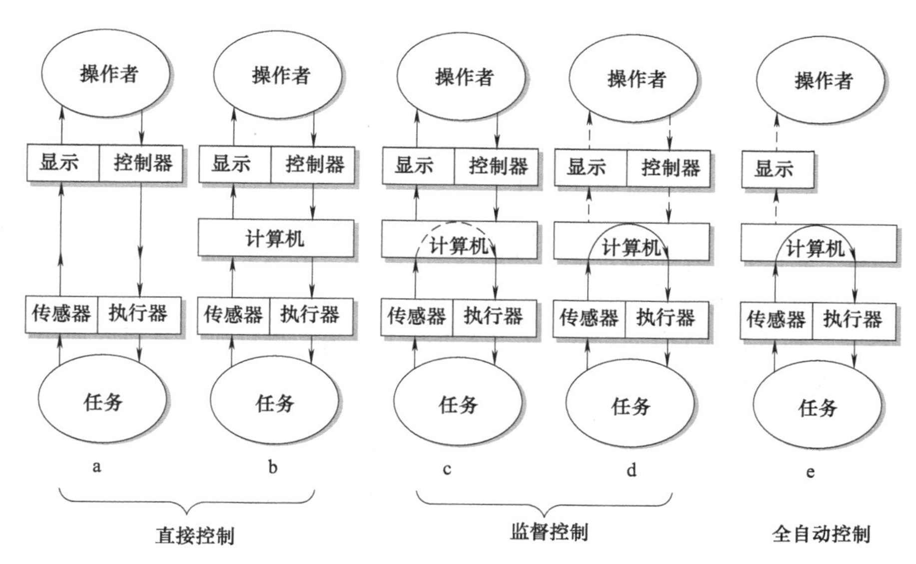

图 5-37　网络遥操作机器人

工业机器人的控制指令和各个关节状态数据通过 WinSock 在客户端和服务器之间传送，视频数据则利用 DirectShow 编程接口直接在客户端和服务器端之间通过网络传递。整个操作控制系统结构如图 5-38 所示，自上而下分为 3 个层次。

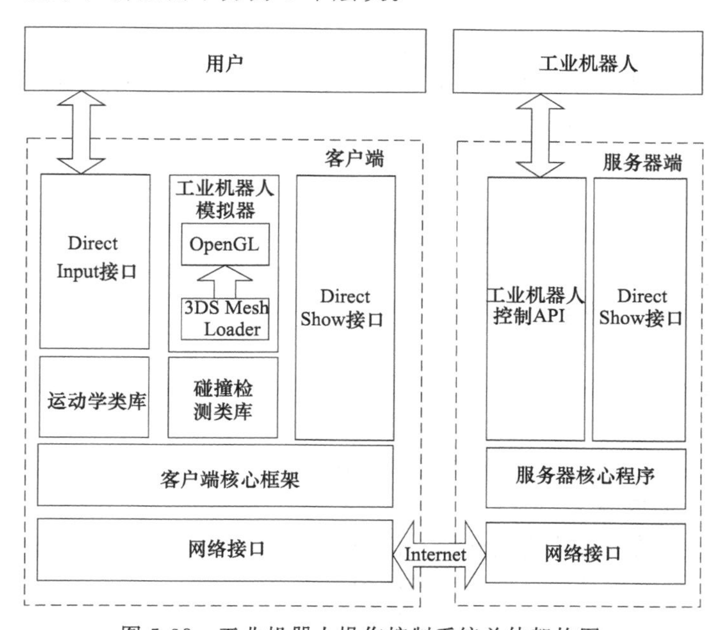

图 5-38　工业机器人操作控制系统总体架构图

② 操作控制系统中的 3 个层次　操作控制系统的各个层次分别介绍如下：

a. 终端接口层。该层用来向客户端的操作者和服务端的 RBT-6T 工业机器人提供人机界面和调用接口。客户端的终端接口层主要包括界面显示、3D 仿真、手柄输入处理等功能；服务器端的终端接口层主要负责服务器端界面显示，以及对工业机器人控制指令进行封装以提供友好的调用接口。

b. 核心功能层。该层用来完成与 RBT-6T 工业机器人有关的各种计算和系统核心功能，比如运动学计算、碰撞检测、各模块之间的协调等功能，是系统的核心部分。

c. 网络接口层。该层用来向客户机和服务器提供网络数据交换调用接口，以及协调客户机和服务器之间的网络通信，包括提供一致的通信协议，以及对 UDP 和 TCP 协议进行轻量级封装。

③ 操作控制系统中的各个模块　操作控制系统中各个独立的功能采用模块化封装，以便于维护和将来的扩展。各个模块分别介绍如下：

a. 仿真模块。用来对实体工业机器人进行精确仿真，并能接收和处理与工业机器人控制模块相似的参数。通过对实体工业机器人进行精确的建模，仿真模块能够处理从服务器端工业机器人控制板中读取的实时状态信息，并同步地在客户端显示出来。

b. 输入模块。输入模块对 DirectInput 类库进行了封装和提供简单易用的调用接口，用来接收用户通过手柄发送过来的控制指令。

c. 视频模块。视频模块用来实现客户机和服务器之间的视频信息传输功能，主要是将连接于服务器端的摄像头采集到的视频信息通过网络实时地传送至客户端。

d. 运动学模块。运动学模块实现了 RBT-6T 工业机器人的正向运动学和逆向运动学计算功能，并向其他模块提供调用接口。

e. 碰撞检测模块。碰撞检测模块用于实现对 Solid 碰撞检测类库的封装，并提供易于调用的接口，以实现系统的碰撞检测功能。

f. 网络通信模块。网络通信模块由客户端和服务器端共用，主要用于实现客户端和服务器端的网络通信和提供一致的通信协议。

g. 工业机器人控制模块。工业机器人控制模块用于对 RBT-6T 工业机器人随机提供的 I/O 控制板调用 API 进行封装，并提供易于使用的调用接口。

④ 操作控制系统的开发环境和运行平台　基于视频反馈和实时仿真的工业机器人远程控制系统软件的开发环境和运行环境如下：

a. 客户端。

- 运行环境：Windows XP。
- 开发环境：Visual Studio. NET 2008（VC9. 0）。
- 附加链接库：OpenGL 库，DirectX 9. 0b SDK（包括 DirectInput 以及 Direct Show 所需要的支撑库），Solid-3. 5. 6 碰撞检测库。

b. 服务器端。

- 运行环境：Windows XP。
- 开发环境：Visual Studio. NET 2008（VC9. 0）。
- 附加链接库：RBT-6T 工业机器人控制链接库。

（4）网络机器人的应用

虽然网络和机器人的结合才刚刚开始，但网络机器人技术在工业、空间、海洋、战场等远程控制方面以及远程教学等领域有着广泛的应用前景。

① 远程制造：应用网络机器人技术，通过网络遥控处于工作现场的工业机器人，实现加工制造过程的自动化、精密化、无人化，对于提高劳动效率、产品质量和减轻工人负担有着显著意义。

② 遥操作：遥操作的应用较多，大到空间飞船、水下探险机器人、远程手术，小到远程的家庭护理、简单的看护等；还可通过遥操作控制处于矿井中的地下采矿设备，人们可以在任何地方操纵这些设备。

③ 娱乐领域：网络机器人连接在 Internet 上，远端的各种声音、图像信号经传感器收集后通过网络传输，可以被网络远端的用户接收，满足用户娱乐的要求；此外，人们还可以从操纵遥控机器人和其他互联网设备中获得乐趣。

④ 远程健康监控：利用网络机器人进行远程健康监控，可以对人们日常生活中的饮、食、起、居等生理活动进行长时间测定，测定的数据通过网络送到远程管理中心进行分析，若发现异常可立即进行诊断和治疗。

5.5 多机器人协作装配

基于多智能体概念实现的多机器人协作装配系统——MRCAS（Multi-Robot Cooperative Assmbly System）由组织级计算机、三台工业机器人和一台全方位移动小车（ODV）组成，采用分层递阶体系结构。利用 MRCAS 系统进行了多机器人协作装配的实验：在 ODV 装配平台上，四台机器人合作装配一个大型桁架式工件。该工件具有多种装配构型，但任何一台机器人都不能独立完成装配。

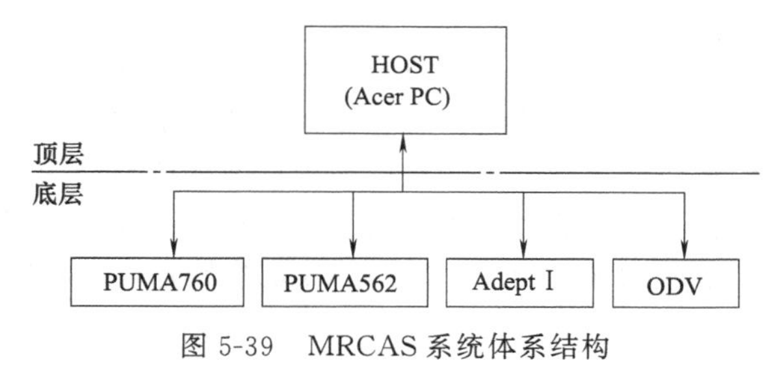

图 5-39 MRCAS 系统体系结构

在建立 MRCAS 系统时，将两种结构进行了结合，以分层递阶体系结构进行组织。图 5-39 是 MRCAS 系统的结构图。它具有两层结构，顶层是合作组织级结构，下层是协调运动级结构。

5.5.1 硬件结构

MRCAS 的合作组织级结构由一个组织智能体——HOST 构成，其硬件是一台 AcerPower PT100PC。该机 CPU 采用 100MHz 奔腾芯片。协调作业级由四台机器人组成：一台 PUMA 562 机器人、一台 PUMA 760 机器人、一台 Adept Ⅰ 机器人和一台全方位移动车（ODV）。底层的体系结构是一个分散式结构，每个机器人由自己的控制器控制。Adept Ⅰ 由 V+系统控制，PUMA 562 由 SVAL 系统控制，PUMA760 和 ODV 分别由 SVAL 系统控制。SVAL 系统是中国科学院机器人学实验室开发的。五个智能体之间的相互通信采用串行通信方式，其中 ODV 控制器与 HOST、Adept Ⅰ 的通信是通过无线串口进行的。

5.5.2 软件系统

对于具有两层的 MRCAS 的系统来说，HOST 是一个中心智能体。它负责整个系统的任务组织、确定机器人间的合作关系以及进行任务的规划与调度等。基于 Windows 平台和 C++语言，开发了 MRCAS 系统合作组织级的软件系统。该系统包括图形用户接口（GUI）、系统模型、装配序列规划器、作业规划器和任务监控器等模块。组织级软件系统结构如图 5-40 所示。

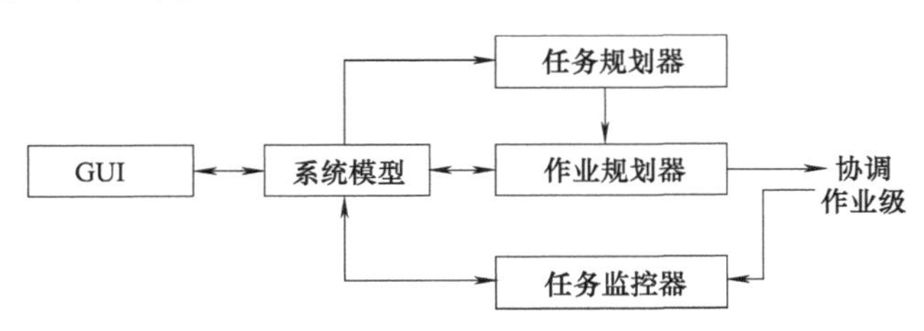

图 5-40 合作组织级软件系统结构框图

其中，图形用户接口 GUI 在 Windows环境下运行，提供了以图形方式代替文字方式对装配任务进行建模的手段。在屏幕上，操作者通过图形的拖放操作可指定工件的最终装配构型。系统模型包括机器人能力及状态模型、环境模型和装配规则等。装配序列规划器用于自动产生装配顺序。值得指出的是，装配序列规划是面向被装配工件，而不是面向机器人的。因此，规划是独立于机器人的。作业规划器根据机器人能力及状态模型将装配序列分解为一系列的命令代码，并将它们送往各个机器人。命令代码不是文本程序，而是一系列内部代码。这样就实现了任务级形式描述的装配作业。通过任务监控器，HOST 实施对装配过程的实时监控，并以图形和文本两种方式显示每个装配步骤的状态。如果发生异常，则 HOST 能迅速停止装配，并检查装配能否继续进行。如果能进行，则 HOST 将重新规划后续的装配序列，并再次启动装配过程。反之，HOST 将在屏幕上显示故障原因。

协调运动级采用分散型的体系结构，每个机器人受自身控制器的控制。协调级的作业编程是面向内部命令代码的。系统工作时，各机器人接收来自顶层 HOST 的装配操作命令代码，然后将命令代码变换为自身语言形式的运动程序。装配操作是并行进行的。当某个机器人不能独立完成一个操作时，将与其他机器人进行通信联系，请求帮助。如果有机器人响应请求，则它们将协调运动。由于底层采用分散式体系结构，因此当系统中机器人数量发生变化时，系统的结构不受影响。此外，由于控制算法是并行运行的，当系统机器人数量增加时整个计算时间不会显著增加，因此，MRCAS 系统具有较大的灵活性。

第6章

工业机器人的安装

6.1 工业机器人的安装

6.1.1 工业机器人的组成

如图 6-1 所示，工业机器人由机械部分（机械手等）、机器人控制系统、手持式编程器、连接电缆、软件及附件等组成。机器人一般采用 6 轴式节臂运动系统设计，机器人的结构部件一般采用铸铁结构，如图 6-2 所示。

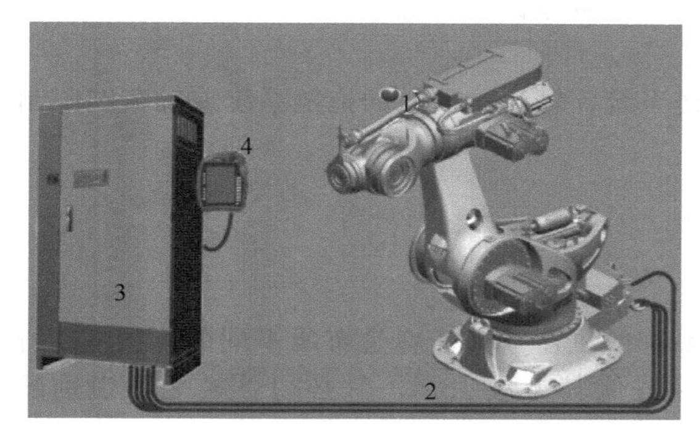

图 6-1 工业机器人示例

1—机械手；2—连接电缆；3—控制柜 KR C4；4—手持式编程器库卡 smartPAD

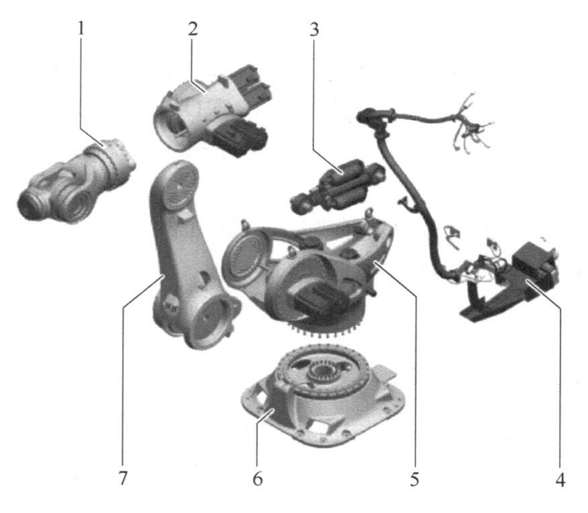

图 6-2 KR 1000 titan 的主要组件

1—机器人腕部；2—小臂；3—平衡配重；4—电气设备；5—转盘；6—底座；7—大臂

（1）机器人腕部

机器人配有一个 3 轴式腕部。腕部包括轴 A4、A5 和 A6，由安装在小臂背部的 3 个电机通过连接轴驱动。机器人腕部有一个连接法兰用于加装工具。腕部的齿轮箱由 3 个隔开的油室供油。

（2）小臂

小臂是机器人腕部和大臂之间的连杆。它用来固定轴 A4、轴 A5 和轴 A6 的手轴电机以及轴 A3 电机。小臂通过轴 A3 的两个电机驱动，这两个电机通过一个前置级驱动小臂和大臂之间的齿轮箱。允许的最大摆角采用机械方式分别由一个正向和负向的挡块加以限制。所属的缓冲器安装在小臂上。

如要运行铸造型机器人，则应使用相应型号的小臂。该小臂由压力调节器加载由压缩空气管路供应的压缩空气。

（3）大臂

大臂是位于转盘和小臂之间的组件。它位于转盘两侧的两个齿轮箱中，由 2 个电机驱动。这两个电机与一个前置齿轮箱啮合，然后通过一个轴驱动两个齿轮箱。

（4）转盘

转盘固定轴 A1 和 A2 的电机。轴 A1 由转盘转动。转盘通过轴 A1 的齿轮箱与底座拧紧固定。在转盘内部装有用于驱动轴 A1 的电机。在背侧有平衡配重的轴承座。

（5）底座

底座是机器人的基座。它用螺栓与地基固定。在底座中装有电气设备和拖链系统（附件）的接口。底座中有两个叉孔可用于叉车运输。

（6）平衡配重

平衡配重属于一套装于转盘与大臂之间的组件，在机器人停止和运动时应尽量减小加在轴 A2 周围的扭矩，因此采用封闭的液压气动系统来实现此目的。该系统包括了 2 个隔膜蓄能器和 1 个配有所属管路、1 个压力表和 1 个安全阀的液压缸。

大臂处于垂直位置时，平衡配重不起作用。沿正向或负向的摆角增大时，液压油被压入两个隔膜蓄能器，从而产生用于平衡力矩的所需反作用力。隔膜蓄能器装有氮气。

（7）电气设备

电气设备包含了用于轴 A1～A6 电机的所有电机电缆和控制电缆。所有接口均采用插头结构，可以用来快速、安全地更换电机。电气设备还包括 RDC 接线盒和三个多功能接线盒 MFG。配有电机电缆插头的 RDC 接线盒和 MFG 安装在机器人底座的支架上。这里通过插头连接来自机器人控制系统的连接电缆。电气设备也包含接地保护系统。

（8）选项

机器人可以配有和运行诸如轴 A1～A3 的拖链系统、轴 A3～A6 的拖链系统或轴范围限制装置等不同的选项。

6.1.2 标牌

机器人上都装有标牌以提示相关人员，不同品牌的机器人其标牌是有所不同的，图 6-3 所示是 KUKA 工业机器人的标牌，不允许将其去除或使其无法识别，且必须更换无法识别的标牌。

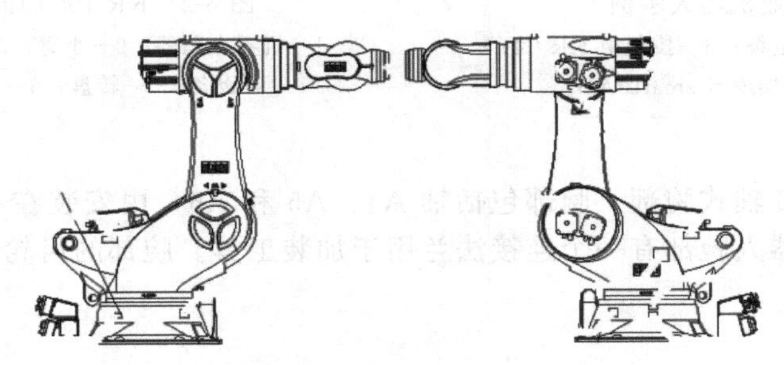

图 6-3 标牌安装位置

① 高电压（图 6-4）：不恰当地处理可能导致触摸带电部件。电击危险！

② 高温表面（图 6-5）：在运行机器人时可能达到可导致烫伤的表面温度。请戴防护手套。

③ 固定轴（图 6-6）：每次更换电机或平衡配重前，通过借助辅助工具/装置防止各个轴意

外移动。轴可能移动，有挤伤危险！

图 6-4　高电压标牌

图 6-5　高温表面标牌

④ 在机器人上作业（图 6-7）：在投入运行、运输或保养前，阅读安装和操作说明书并注意包含在其中的提示！

00-261-052
CAUTION
Before removing the motor or counter-balancing system, secure robot axis to prevent it from moving!
ATTENTION
Avant de retirer le moteur ou le système d'équilibrage,protéger l'axe du robot pour éviter tout mouvement!
VORSICHT
Vor Entfernen des Motors oder des Gewichtsausgleichs, Roboterachse gegen Bewegungen sichern!

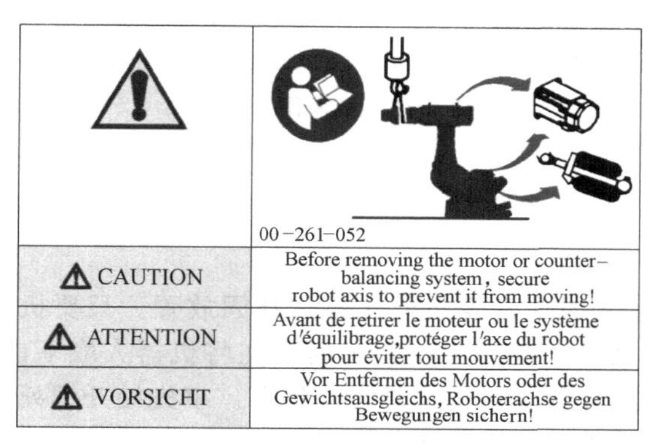

图 6-6　固定轴标牌

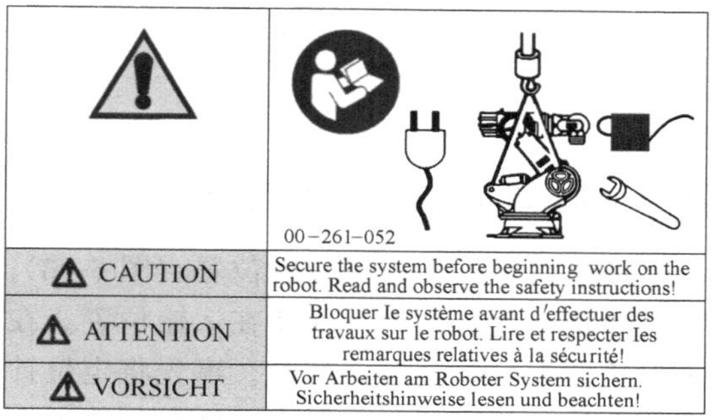

00-261-052
CAUTION
Secure the system before beginning work on the robot. Read and observe the safety instructions!
ATTENTION
Bloquer le système avant d'effectuer des travaux sur le robot. Lire et respecter les remarques relatives à la sécurité!
VORSICHT
Vor Arbeiten am Roboter System sichern. Sicherheitshinweise lesen und beachten!

图 6-7　在机器人上作业标牌

⑤ 运输位置（图 6-8）：在松开地基固定装置的螺栓前，机器人必须位于符号表格的运输位置上。翻倒危险！

⑥ 危险区域（图 6-9）：如果机器人准备就绪或处于运行中，则禁止在该机器人的危险区域中停留。受伤危险！

⑦ 机器人腕部的装配法兰（图 6-10）：在该标牌上注明的数值适用于将工具安装在腕部的装配法兰上并且必须遵守。

00-261-052
A1 A2 A3 A4 A5 A6
0° -130° +130° 0° +90° 0°
CAUTION
Move the robot into its transport position before removing the mounting base!
ATTENTION
Amener le robot en position de transport avant de défaire la fixation aux fondations!
VORSICHT
Roboter vor Lösen der Fundamentbefestigung in Tranportstellung bringen!

图 6-8　运输位置标牌

⑧ 铭牌（图 6-11）：内容符合机器指令。

⑨ 平衡配重（图 6-12）：系统有油压和氮气压力。在平衡配重上作业前，阅读安装和操作说明书并注意包含在其中的提示。有受伤危险！

00-104-232

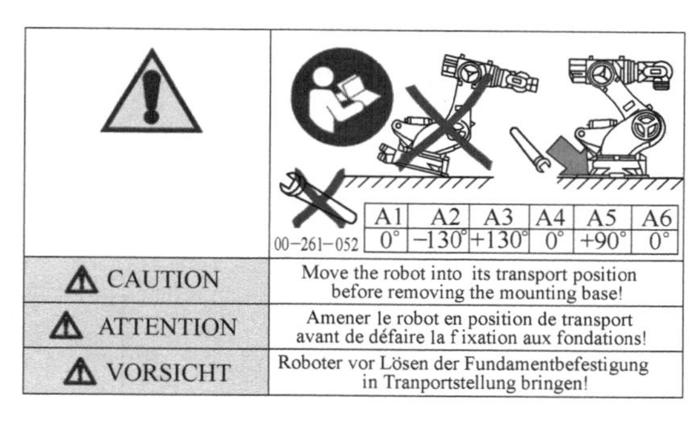

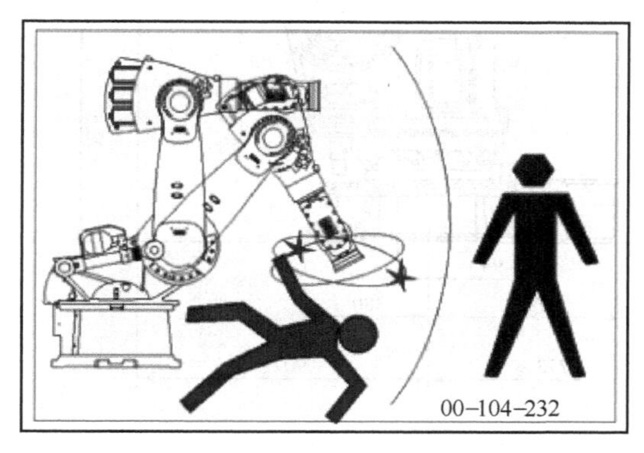

图 6-9　危险区域标牌

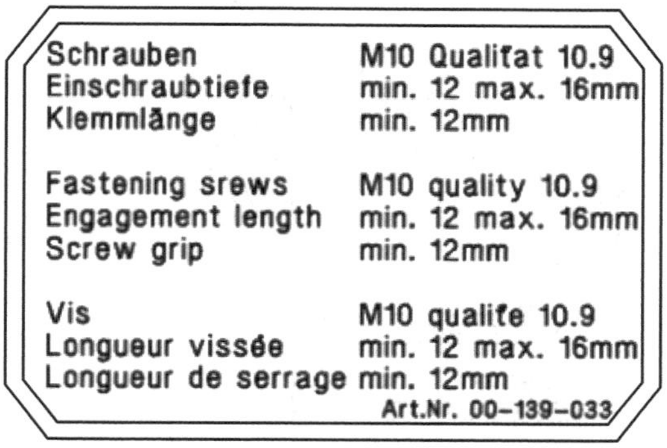

Schrauben M10 Qualität 10.9
Einschraubtiefe min. 12 max. 16mm
Klemmlänge min. 12mm
Fastening srews M10 quality 10.9
Engagement length min. 12 max. 16mm
Screw grip min. 12mm
Vis M10 qualité 10.9
Longueur vissée min. 12 max. 16mm
Longueur de serrage min. 12mm
Art.Nr. 00-139-033

图 6-10　机器人腕部的装配法兰标牌

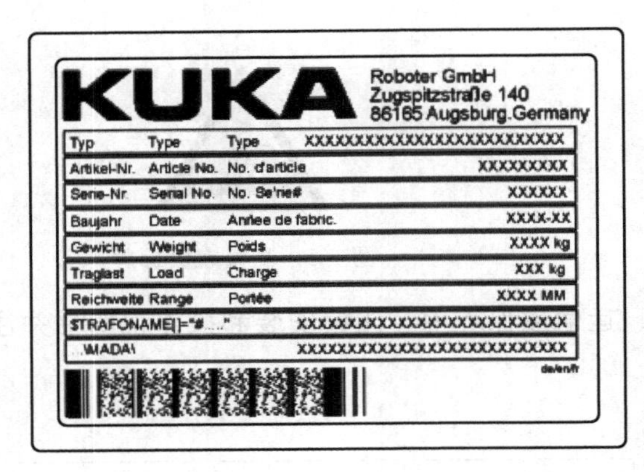

图 6-11 铭牌

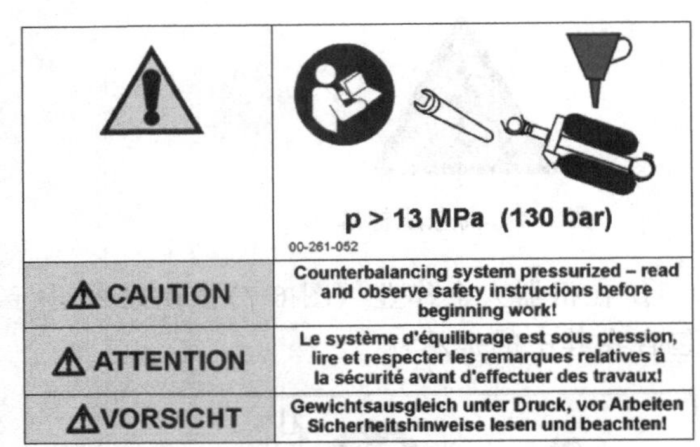

图 6-12 平衡配重标牌

6.1.3 机器人机械系统的运输

运输前将机器人置于运输位置（图 6-13）。运输时应注意机器人是否稳固放置。只要机器人没有固定，就必须将其保持在运输位置。在移动已经使用的机器人时，在将机器人取下前，应确保机器人可以被自由移动。事先将定位针和螺栓等运输固定件全部拆下。事先松开锈死或粘接的部位。如要空运机器人，则必须使平衡配重处于完全无压状态（油侧或氮气侧）。

（1）运输位置

在能够运输机器人前，机器人必须处于运输位置（图 6-13）。表 6-1 所示是某品牌工业机器人的轴位于的位置。图 6-14 所示是某型号工业机器人显示的装运姿态，这也是推荐的运送姿态。

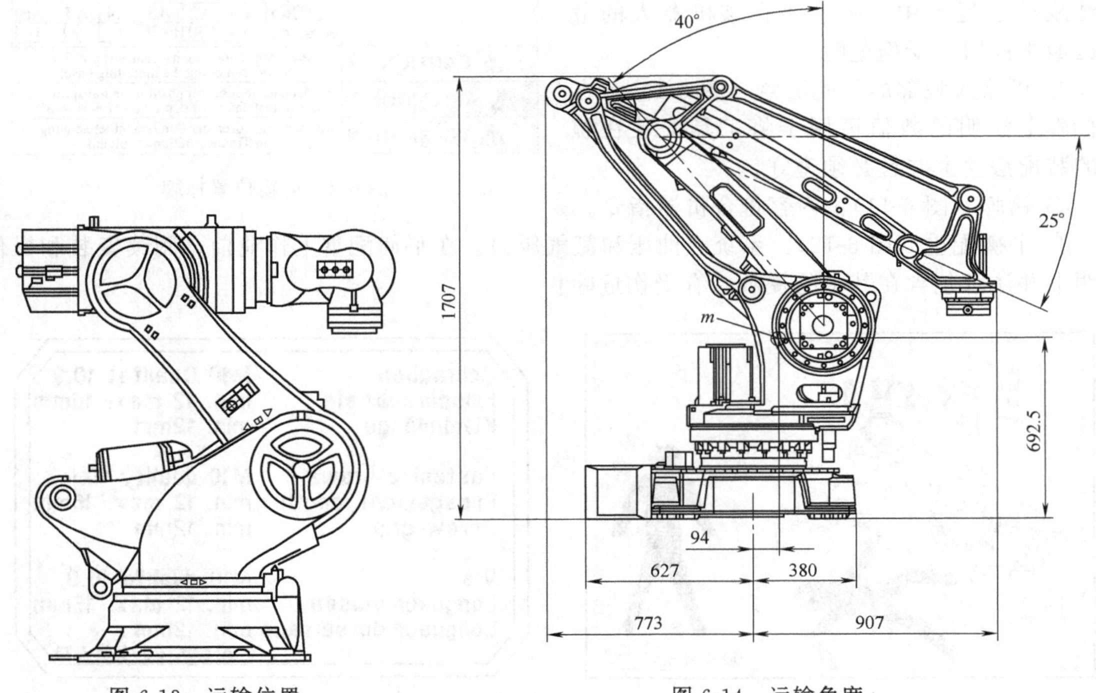

图 6-13 运输位置

图 6-14 运输角度

表 6-1　机器人运输位置

轴	A1	A2	A3	A4	A5	A6
角①	0°	−130°	+130°	0°	+90°	0°
角②	0°	−140°	+140°	0°	+90°	0°

① 机器人的轴 A2 上装有缓冲器。
② 机器人的轴 A2 上没有缓冲器。

（2）运输尺寸

工业机器人的运输尺寸要比实际尺寸略大一些，图 6-15 所示是某种型号工业机器人的运输尺寸。重心位置和重量视轴 A2 的配备和位置而定。给出的尺寸针对没有加装设备的机器人。

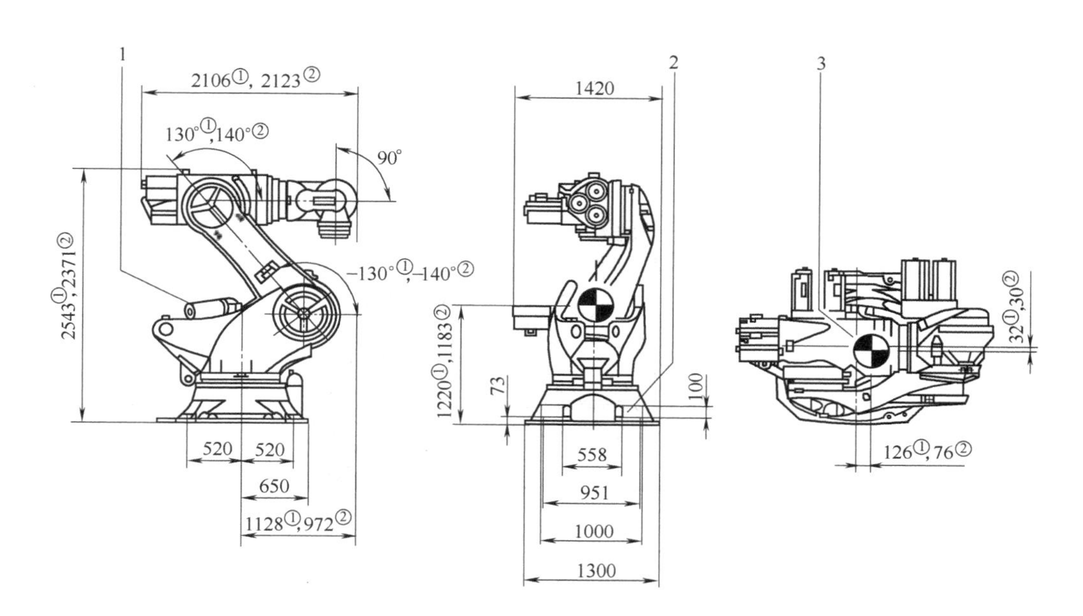

图 6-15　带机器人腕部为 ZH 1000 时的运输尺寸
1—机器人；2—叉孔；3—重心

如图 6-15 所示，上标为①的尺寸针对普通运输，上标为②的尺寸用于轴 A2 的缓冲器在负位被拆下的情况。

（3）运输

机器人可用叉车或者运输吊具运输，使用不合适的运输工具可能会损坏机器人或导致人员受伤，因此只能使用符合规定的具有足够负载能力的运输工具。

① 用叉车运输　有的工业机器人底座中浇铸了两个叉孔。叉车的负载能力必须大于 6t，而有的工业机器人采用叉举设备组与机器人的配合，其方式如图 6-16 所示。如图 6-17 所示，用叉车运输时应避免可液压调节的叉车货叉并拢或分开时造成叉孔过度负荷。

② 用圆形吊带吊升机器人　将机器人姿态固定为运送姿态，如图 6-13 所示，图 6-18 显示了如何将圆形吊带与机器人相连。所有吊索用 G1～G3 标出。

机器人在运输过程中可能会翻倒，有造成人员受伤和财产损失的危险。如果用运输吊具运输机器人，则必须特别注意防止翻倒的安全注意事项，采取额外的安全措施。禁止用起重机以任何其他方式吊起机器人！如果机器人装有外挂式接线盒，则用起重机运输机器人时会有少许的重心偏移。

③ 用运输架运输　如运输时超出在运输位置允许的高度，则可以在其他位置运输机器人。

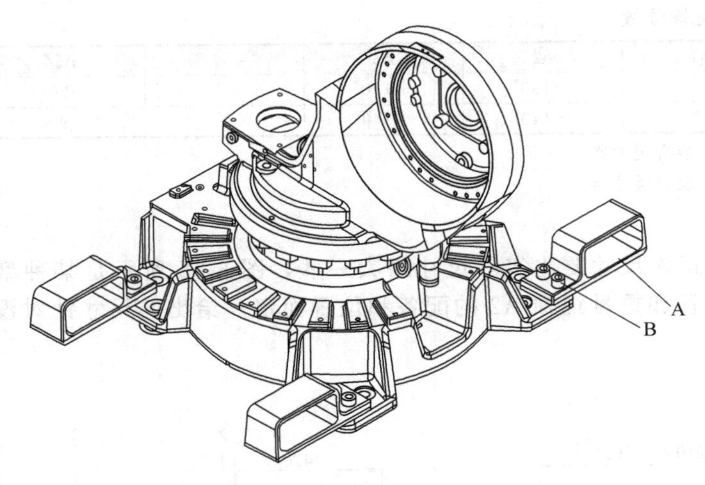

图 6-16 叉举设备组与机器人的配合

A—叉举套；B—连接螺钉、M20×60、质量等级 8.8

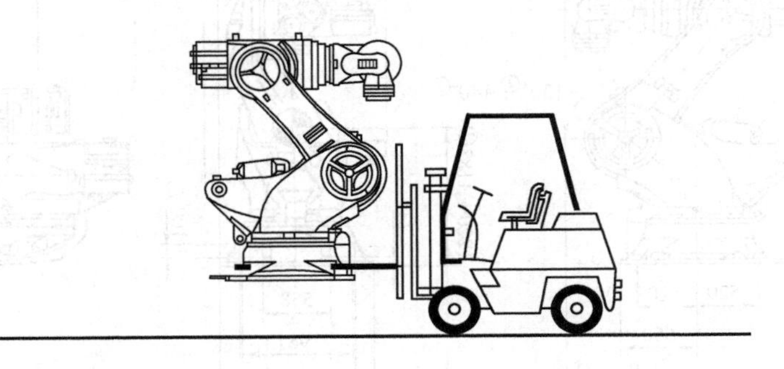

图 6-17 叉车运输

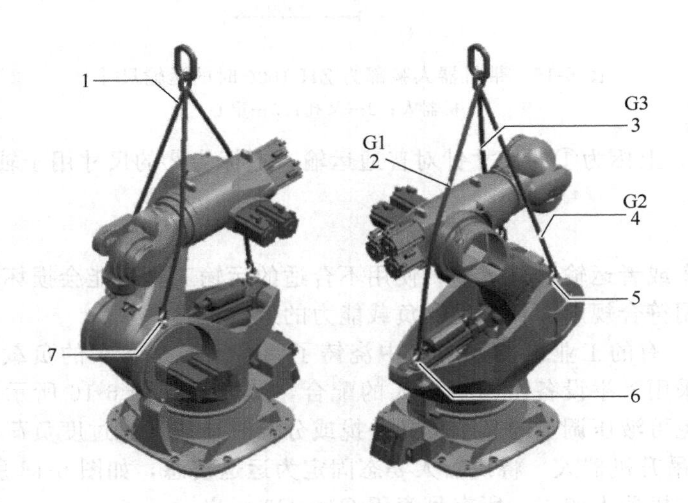

图 6-18 用运输吊具运输

1—整套运输吊具；2—吊索 G1；3—吊索 G3；4—吊索 G2；5—转盘的右侧环首螺栓；
6—转盘的后侧环首螺栓；7—转盘的左侧环首螺栓

因此必须用所有固定螺栓将机器人固定到运输架上。然后可以移动轴 A2 和 A3，从而使总高度低一点。图 6-19 所示是 ZH 1000 型工业机器人在运输架上的情况，在运输架上可以用起重

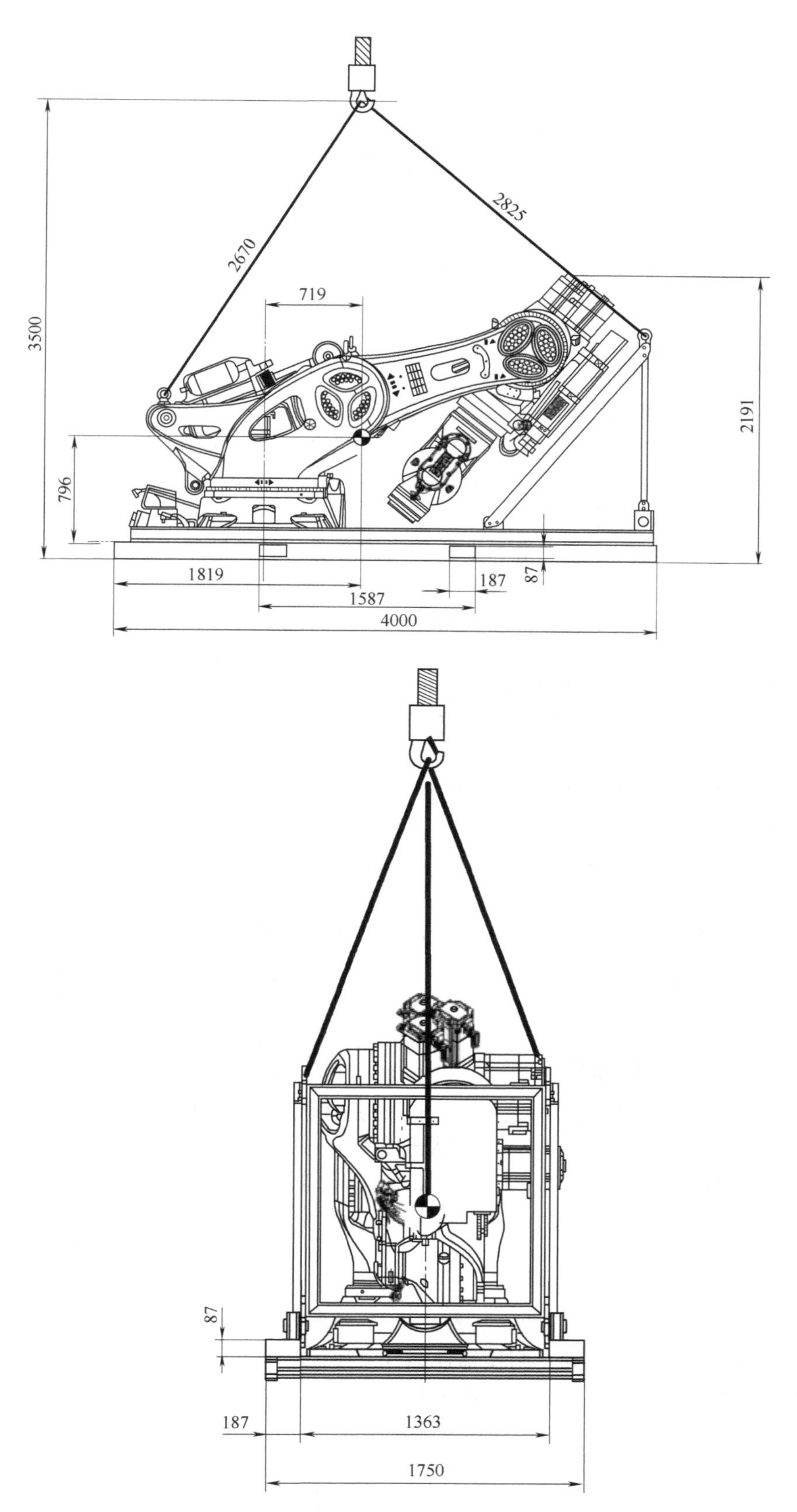

图 6-19　机器人腕部为 ZH 1000 型的运输架

机或叉车运输机器人。在允许用运输架运输该型号机器人之前，机器人的轴必须处于表 6-2 所示位置。

表 6-2 机器人用运输架运输时轴位置

轴	A1	A2	A3	A4	A5	A6
支架	0°	−16°	+145°	0°	0°	−90°
支架①	0°	−16°	+145°	+25°	+120°	−90°

① 机器人腕部为 ZH 750 时的角度。

6.1.4 工业机器人的安装

（1）安装地基固定装置

针对带定中装置的地基固定装置，通过底板和锚栓（化学锚栓）将机器人固定在合适的混凝土地基上。地基固定装置由带固定件的销和剑形销、六角螺栓及碟形垫圈、底板；锚栓、注入式化学锚固剂和动态套件等组成。

如果混凝土地基的表面不够光滑和平整，则用合适的补整砂浆平整。如果使用锚栓（化学锚栓），则只应使用同一个生产商生产的化学锚固剂管和地脚螺栓（螺杆）。钻取锚栓孔时，不得使用金刚石钻头或者底孔钻头；最好使用锚栓生产商生产的钻头。另外还要注意遵守有关使用化学锚栓的生产商说明。

① 前提条件　混凝土地基必须有要求的尺寸和截面；地基表面必须光滑和平整；地基固定组件必须齐全；必须准备好补整砂浆；必须准备好符合负载能力的运输吊具和多个环首螺栓备用。

② 专用工具　包括钻孔机及钻头，符合化学锚栓生产商要求的装配工具。

③ 操作步骤

a. 用叉车或运输吊具（图 6-20）抬起底板。用运输吊具吊起前拧入环首螺栓。

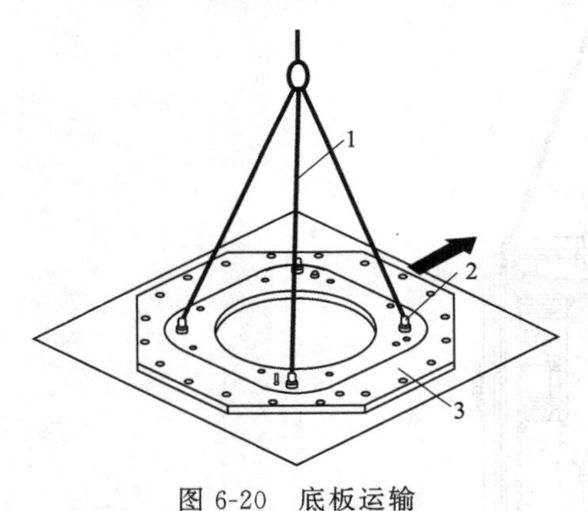

图 6-20　底板运输

1—运输吊具；2—环首螺栓 M30；3—底板

b. 确定底板相对于地基上工作范围的位置。

c. 在安装位置将底板放到地基上。

d. 检查底板的水平位置。允许的偏差必须<3°。

e. 安装后，让补整砂浆硬化约 3h。温度低于 293K（+20℃）时，硬化时间应延长。

f. 拆下 4 个环首螺栓。

g. 通过底板上的孔将 20 个化学锚栓孔（图 6-21）钻入地基中。

h. 清洁化学锚栓孔。

i. 依次装入 20 个化学锚固剂管。

j. 为每个锚栓执行以下工作步骤。

k. 将装配工具与锚栓螺杆一起夹入钻孔机中，然后将锚栓螺杆以不超过 750r/min 的转速拧入化学锚栓孔中。如果化学锚固剂混合充分，并且地基中的化学锚栓孔已完全填满，则使锚栓螺杆就座。

l. 让化学锚固剂硬化。应符合生产商表格或者说明。如下数值是参考值。

- 若温度≥293K（+20℃），则硬化 20min。
- 若 293K（+20℃）≥温度≥283K（+10℃），则硬化 30min。
- 若 283K（+10℃）≥温度≥273K（0℃），则硬化 1h。

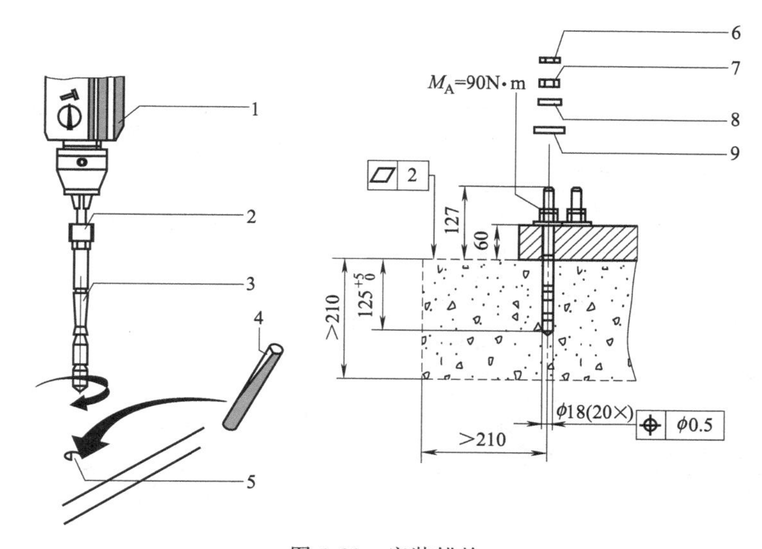

图 6-21　安装锚栓

1—钻孔机；2—装配工具；3—锚栓螺杆；4—化学锚固剂管；5—化学锚栓孔；6—锁紧螺母；7—六角螺母；8—球面垫圈；9—锚栓垫圈

m. 放上锚栓垫圈和球面垫圈。

n. 套上六角螺母，然后用扭矩扳手对角交错拧紧六角螺母；同时应分几次将拧紧扭矩增加至 90N·m。

o. 套上并拧紧锁紧螺母。

p. 将注入式化学锚固剂注入锚栓垫圈上的孔中，直至孔中填满为止。注意并遵守硬化时间。

这时，地基已经准备好用于安装机器人。

注意：

a. 如果底板未完全平放在混凝土地基上，则可能会导致地基受力不均或松动。应用补整砂浆填住缝隙。为此将机器人再次抬起，然后用补整砂浆充分涂抹底板底部。然后将机器人重新放下和校准，清除多余的补整砂浆。

b. 在用于固定机器人的六角螺栓下方区域必须没有补整砂浆。

c. 让补整砂浆硬化约 3h。温度低于 293K（+20℃）时，硬化时间应延长。

（2）安装机架固定装置

固定装置包括带固定件的销栓（图 6-22）、带固定件的剑形销、六角螺栓及碟形垫圈。图 6-23 所示为关于地基固定装置以及所需地基数据的所有信息。

① 前提条件　已经检查好底部结构是否足够安全；机架固定装置组件已经齐全。

② 安装步骤

a. 清洁机器人的支承面。

b. 检查补孔图。

c. 在左后方插入销，并用内六角螺栓 M8×65-8.8 和碟形垫圈固定。

d. 在右后方插入剑形销，并用内六角螺栓 M8×80-8.8 和碟形垫圈固定。

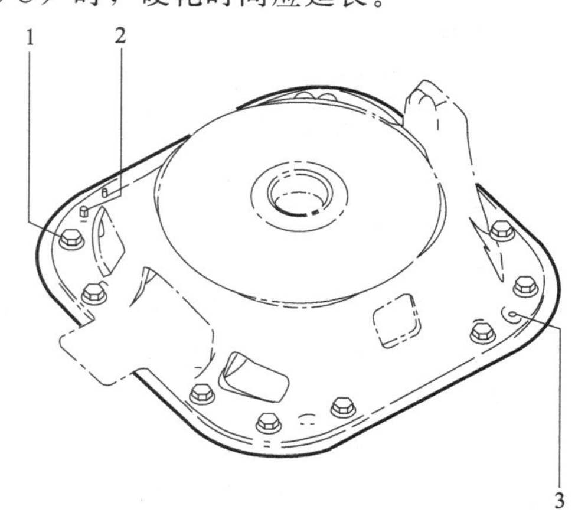

图 6-22　机器支座固紧

1—六角螺栓（12 个）；2—剑形销；3—销

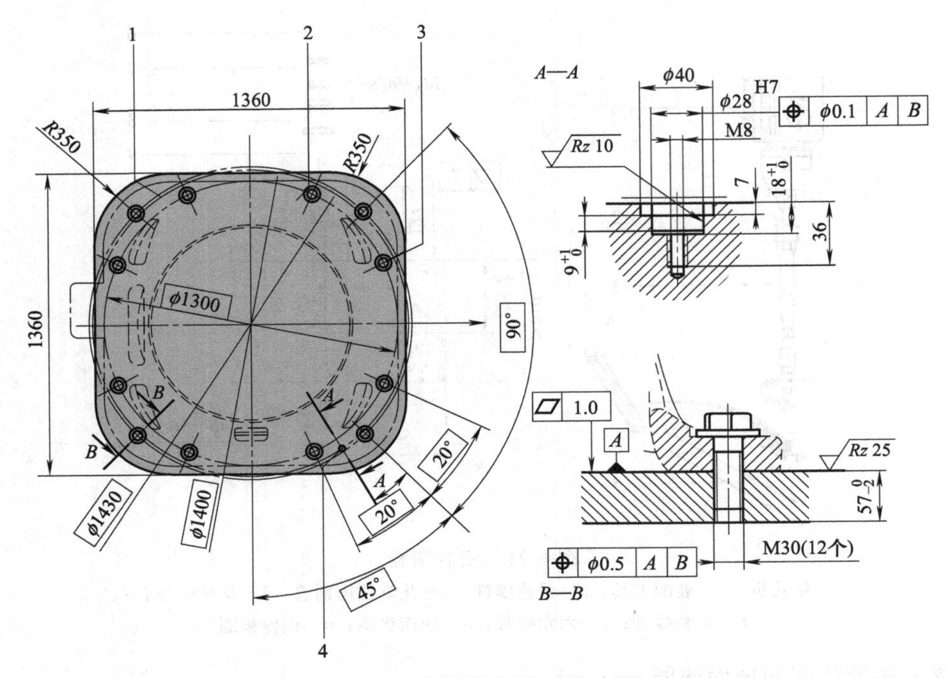

图 6-23 机架固定装置尺寸图

1—剑形销；2—支承面（已加工）；3—六角螺栓；4—销

e. 用扭矩扳手拧紧两个内六角螺栓 M8×55-8.8，M_A＝23.9N·m。

f. 准备好 12 个内六角螺栓 M30×90-8.8-A2K 及碟形垫圈。

这时，地基已经准备好用于安装机器人。

（3）安装机器人

在用地基固定组件将机器人固定在地面时的安装工作为：用 12 个六角螺栓固定在底板上；用 2 个定位销定位。

① 前提条件 已经安装好地基固定装置；安装地点可以行驶叉车或者起重机；负载能力足够大；已经拆下会妨碍工作的工具和其他设备部件；连接电缆和接地线已连接至机器人并已装好；在应用压缩空气的情况下，机器人上已配备压缩空气气源；平衡配重上的压力已经正确调整好。

② 操作步骤

a. 检查定中销和剑形销（图 6-24）有无损坏、是否固定。

b. 用起重机或叉车将机器人运至安装地点。

c. 将机器人垂直地放到地基上。为了避免定中销损坏，应注意位置要正好垂直。

d. 拆下运输吊具。

e. 装上 12 个六角螺栓 M30×90-8.8-A2 及碟形垫圈。

f. 用扭矩扳手对角交错拧紧 12 个六角螺栓。分几次将拧紧扭矩增加至 1100N·m。

g. 检查轴 A2 的缓冲器是否安装好，必要时装入缓冲器。只有安装好轴 A2 的缓冲器后才允许运行机器人。

h. 连接电机电缆。

i. 平衡机器人和机器人控制系统之间、机器人和设备电势之间的电势。连接电缆长度＜25m时，必须由设备运营商提供电势平衡导线。

j. 按照 VDE 0100 和 EN 60204-1 检查电位均衡导线。

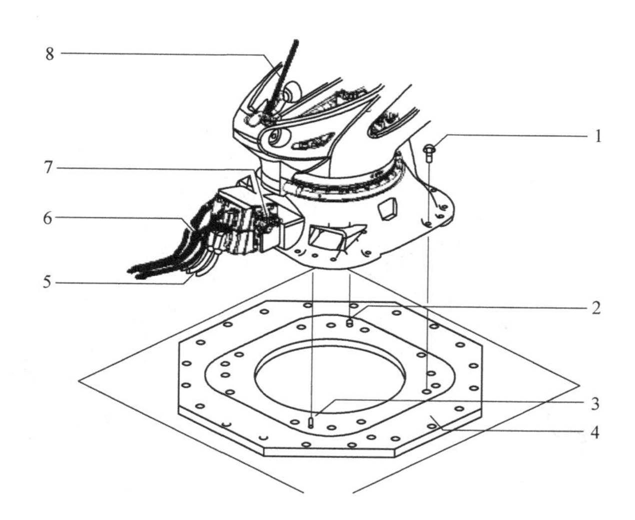

图 6-24　机器人安装

1—六角螺栓；2—定中销；3—剑形销；4—底板；5—电机导线；6—控制电缆；7—拖链系统；8—运输吊具

k. 将压缩空气气源连接至压力调节器，将压力调节器清零。

l. 打开压缩空气气源，并将压力调节器设置为 0.01MPa（0.1bar）。

m. 如有工具，应装上并连接拖链系统。

注意：

如要加装工具，则法兰在工具上以及连接法兰在机械手上必须进行非常精确的相互校准，否则会损坏部件。

工具悬空加装在起重机上时可以大大方便加装工作。

注意：

地基上机器人的固定螺栓必须在运行 100h 后用规定的拧紧力矩再拧紧一次。

设置错误或运行时没有压力调节器可能会损坏机器人（F 型），因此仅当压力调节器设置正确和连接了压缩空气气源时才允许运行机器人。

6.1.5　安装上臂信号灯（选件）

上臂信号灯的位置如图 6-25 所示，信号灯位于倾斜机壳装置上。IRB760 上的信号灯套件如图 6-26 所示。

6.1.6　机器人控制箱的安装

（1）用运输吊具运输

① 首要条件　机器人控制系统必须处于关断状态；不得在机器人控制系统上连接任何线缆；机器人控制系统的门必须保持关闭状态；机器人控制系统必须竖直放置；防翻倒架必须固定在机器人控制系统上。

② 操作步骤（图 6-27）

a. 将环首螺栓拧入机器人控制系统中。环首螺栓必须完全拧入并且完全位于支承面上。

b. 将带或不带运输十字固定件的运输吊具悬挂在机器人控制系统的所有 4 个环首螺栓上。

c. 将运输吊具悬挂在载重吊车上。

d. 缓慢地抬起并运输机器人控制系统。

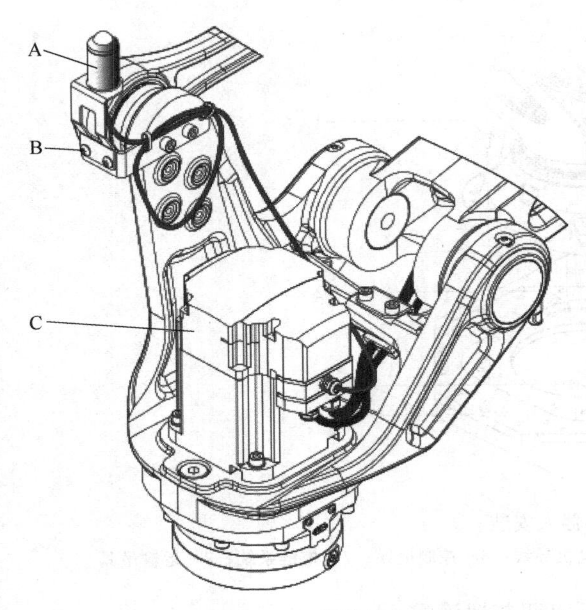

图 6-25 上臂信号灯位置

A—信号灯；B—连接螺钉，M6×8（2 个）；C—电机盖

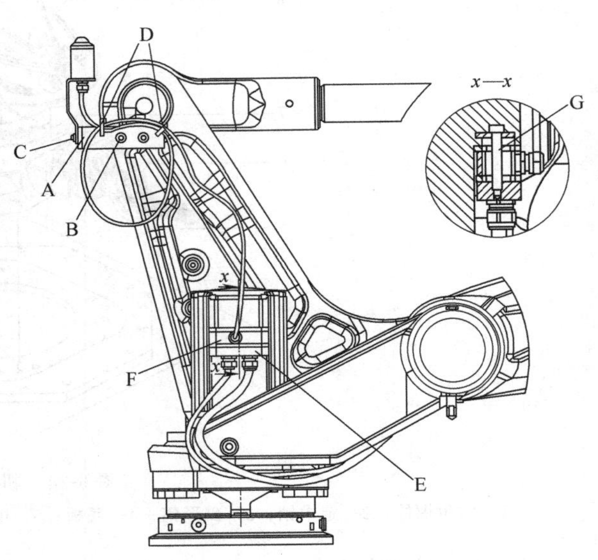

图 6-26 信号灯套件

A—信号灯支架；B—支架连接螺钉，M8×12（2 个）；C—信号灯的连接螺钉（2 个）；D—电缆带（2 个）；E—电缆接头盖；F—电机适配器（包括垫圈）；G—连接螺钉，M6×40（1 个）

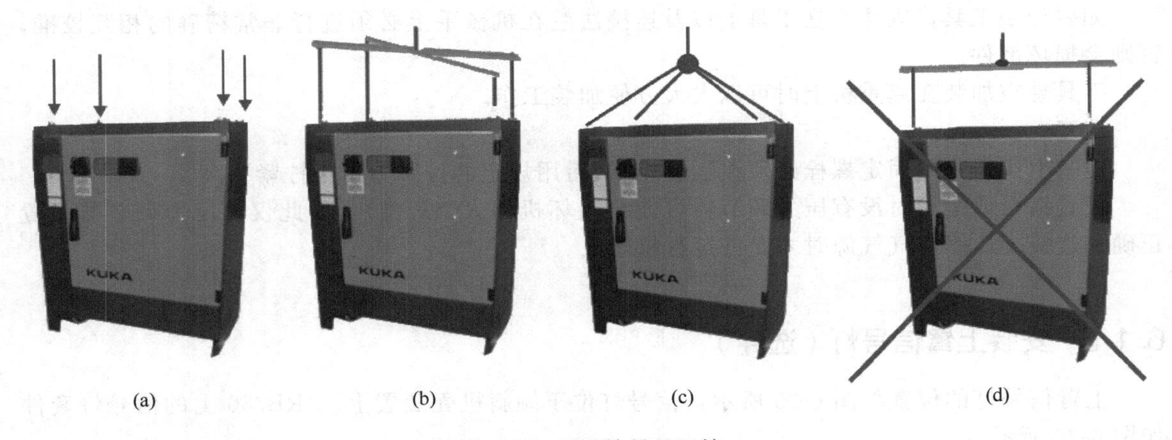

图 6-27 用运输吊具运输

e. 在目标地点缓慢放下机器人控制系统。

f. 卸下机器人控制系统的运输吊具。

（2）用叉车运输

如图 6-28 所示，用叉车运输的操作说明如下。

① 带叉车袋的机器人控制系统。

② 带变压器安装组件的机器人控制系统。

③ 带滚轮附件组的机器人控制系统。

④ 防翻倒架。

⑤ 用叉车叉取。

（3）用电动叉车进行运输

机器人控制系统及防翻倒架如图 6-29 所示。

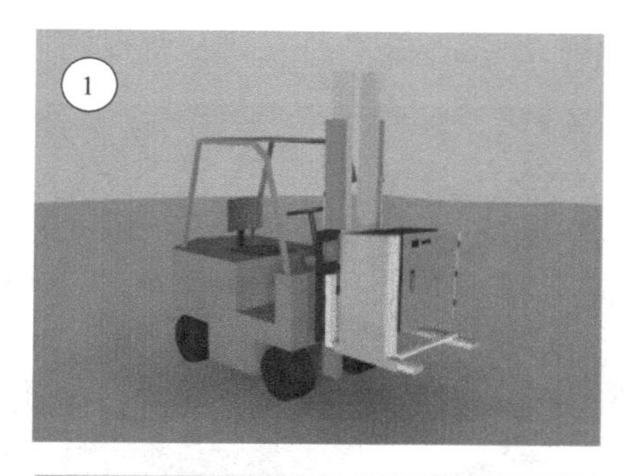

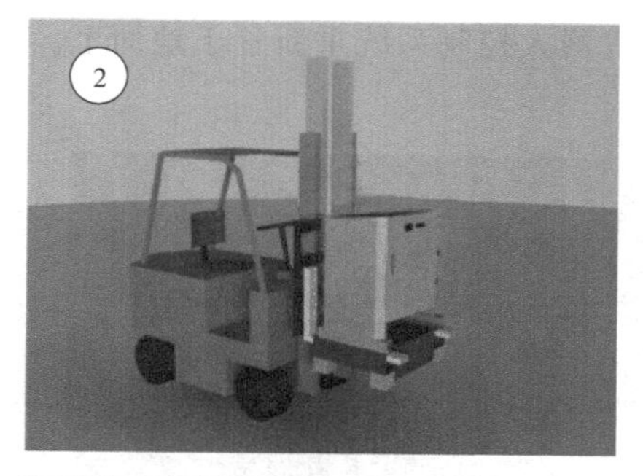

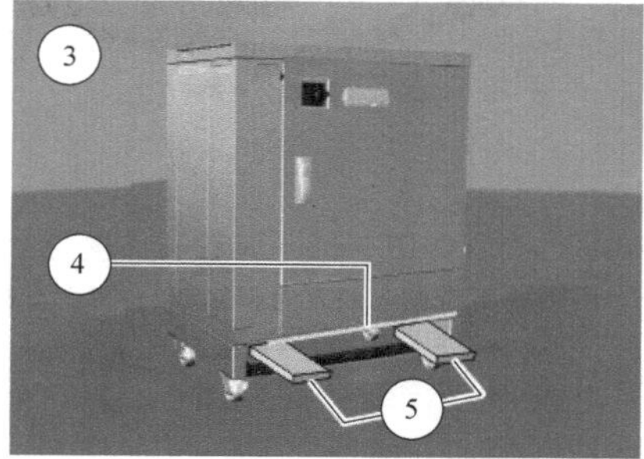

图 6-28 用叉车运输

（4）脚轮套件

如图 6-30 所示，脚轮套件装在机器人控制系统的控制箱支座或叉孔处，这样脚轮套件就可方便地将机器人控制系统从柜组中拉出或推入。

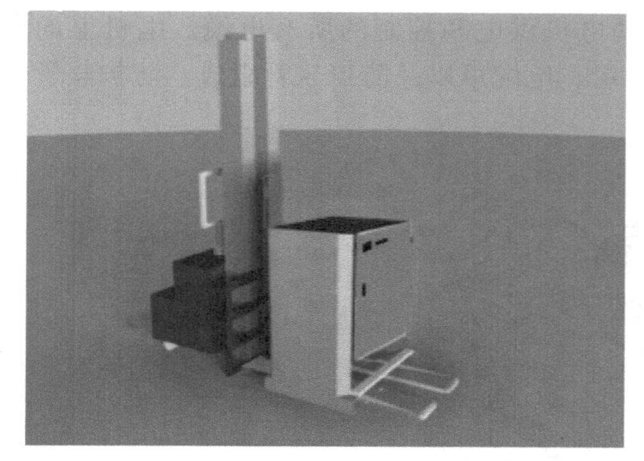

图 6-29 用电动叉车进行运输

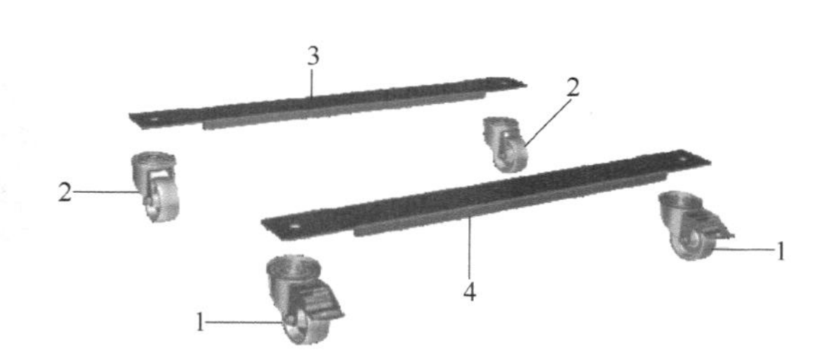

图 6-30 脚轮套件

1—带刹车的万向脚轮；2—不带刹车的万向脚轮；3—后横向支撑梁；4—前横向支撑梁

如果重物固定不充分或者起重装置失灵，则重物可能坠落并由此造成人员受伤或财产损失，因此应检查吊具是否正确固定并仅使用具备足够承载力的起重装置；禁止在悬挂重物下停留。其操作步骤如下。

① 用起重机或叉车将机器人控制系统至少升起 40cm。

② 在机器人控制系统的正面放置一个横向支撑梁。横向支撑梁上的侧板朝下。

③ 将一个内六角螺栓 M12×35 由下穿过带刹车的万向脚轮、横向支撑梁和机器人控制系统。

④ 从上面用螺母将内六角螺栓连同平垫圈和弹簧垫圈拧紧（图 6-31）。拧紧扭矩为86N·m。

⑤ 以同样的方式将第二个带刹车的万向脚轮安装在机器人控制系统正面的另一侧。

⑥ 以同样的方式将两个不带刹车的万向脚轮安装在机器人控制系统的背面（图 6-32）。

⑦ 将机器人控制系统重新置于地面上。

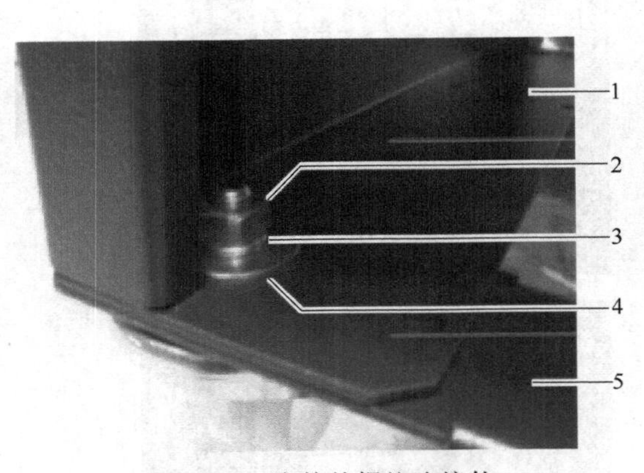

图 6-31 脚轮的螺纹连接件

1—机器人控制系统；2—螺母；3—弹簧垫圈；4—平垫圈；5—横向支撑梁

图 6-32 脚轮套件

1—不带刹车的万向脚轮；2—带刹车的万向脚轮；3—横向支撑梁

6.2 工业机器人电气系统的连接

以 KRC4 工业机器人的电气系统的连接为例来说明之，机器人的电气设备由电缆束、电机电缆的多功能接线盒（MFG）、控制电缆的 RDC 接线盒等部件组成。

电气设备（图 6-33）含有用于为轴 A1～A6 的电机供电和控制的所有电缆。电机上的所有接口都是用螺栓拧紧的连接器。组件由两个接口组、电缆束以及防护软管组成。防护软管可

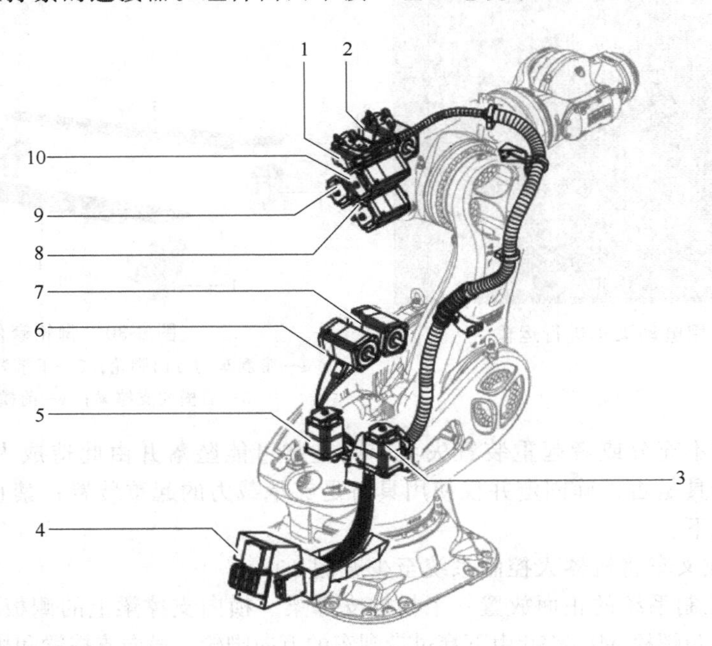

图 6-33 电气设备

1—轴 A3 的电机（从动）；2—轴 A3 的电机（主动）；3—轴 A1 的电机（从动）；4—插口；5—轴 A1 的电机（主动）；6—轴 A2 的电机（从动）；7—轴 A2 的电机（主动）；8—轴 A6 的电机；9—轴 A4 的电机；10—轴 A5 的电机

以在机器人的整个运动范围内实现无弯折地布线。连接电缆与机器人之间通过电机电缆的多功能接线盒（MFG）和控制电缆的 RDC 接线盒连接。插头安装在机器人的底座上。

6.2.1 工业机器人电气系统的布线

工业机器人电气系统的布线见图 6-34～图 6-46。

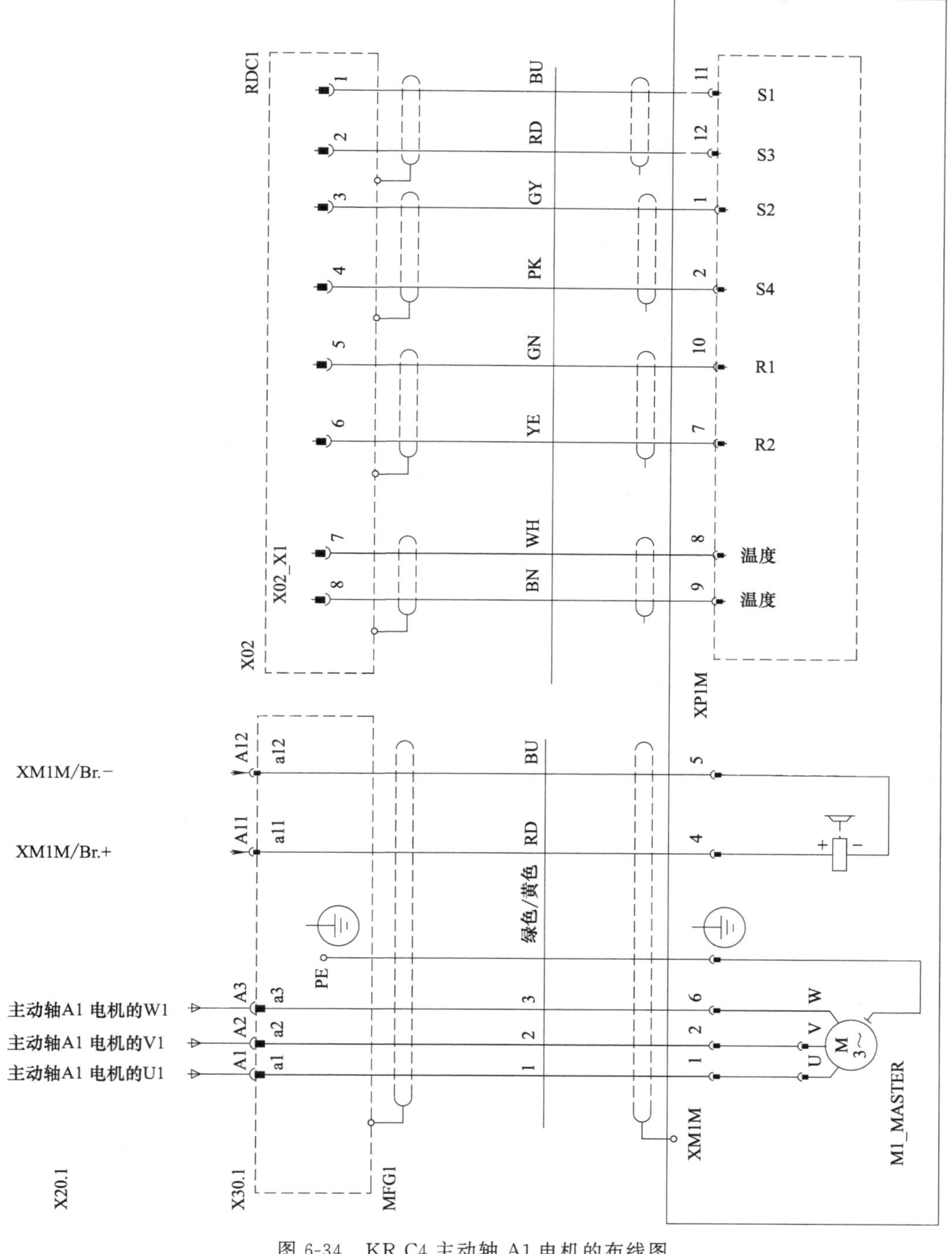

图 6-34　KR C4 主动轴 A1 电机的布线图

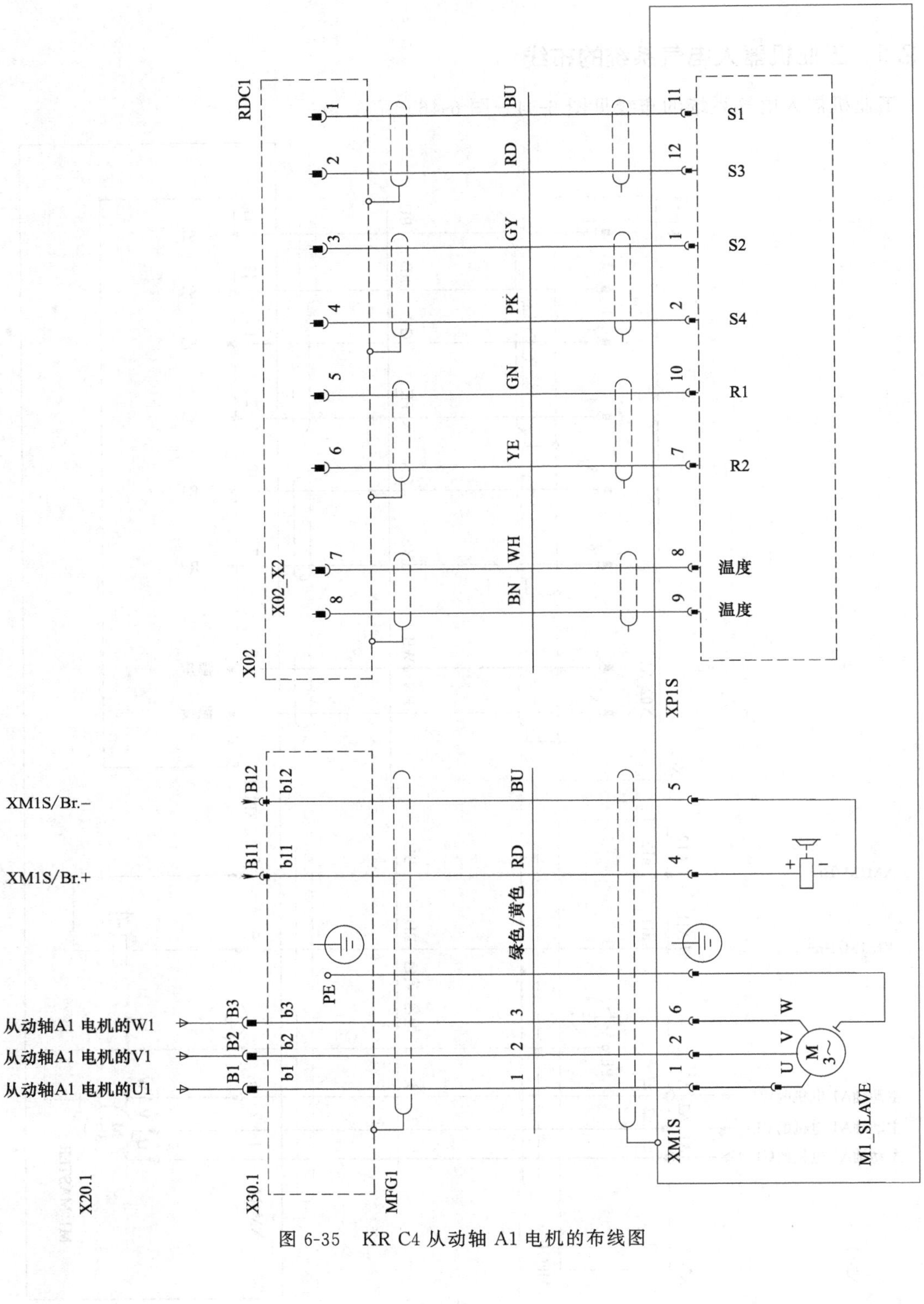

图 6-35　KR C4 从动轴 A1 电机的布线图

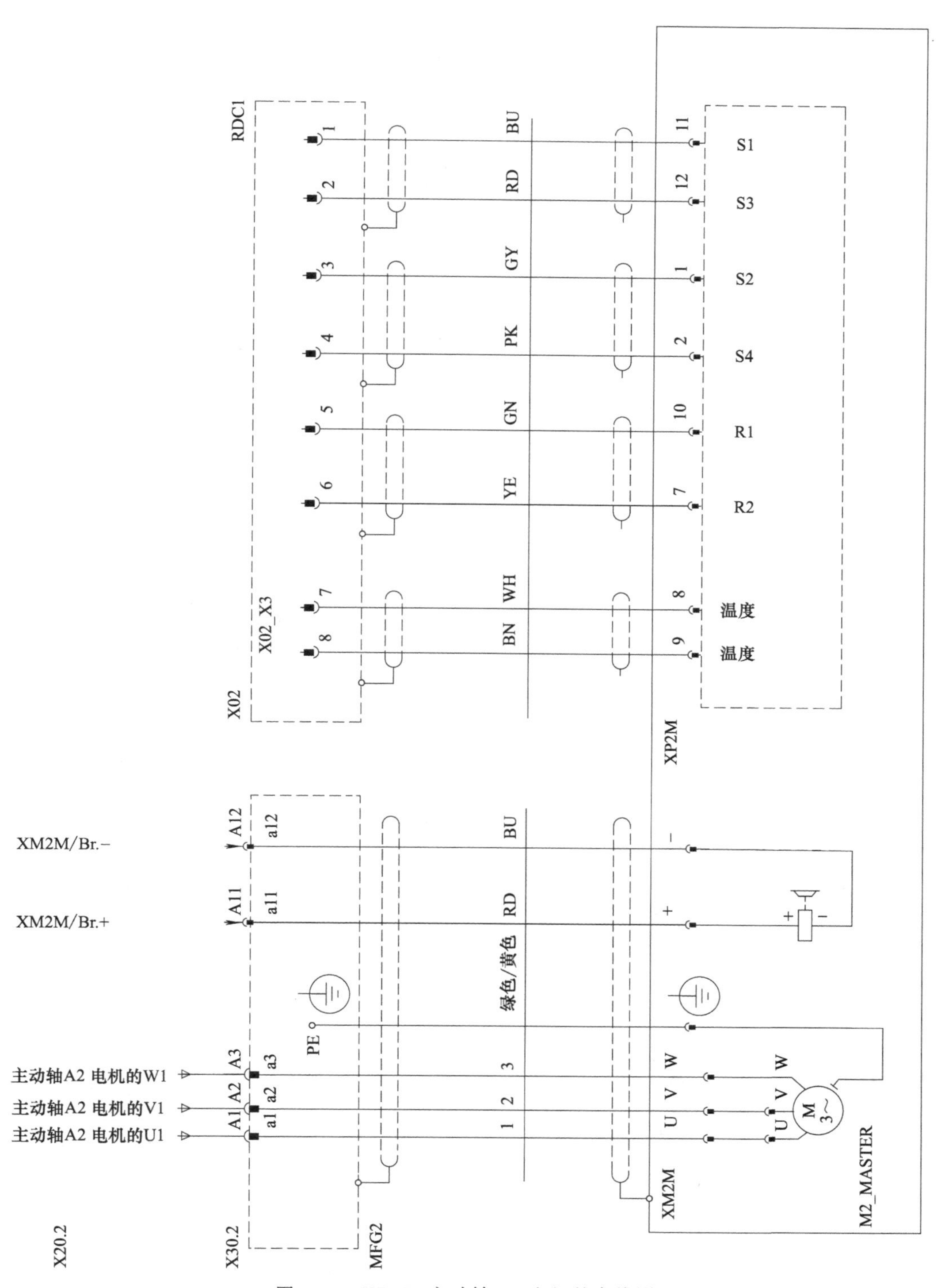

图 6-36　KR C4 主动轴 A2 电机的布线图

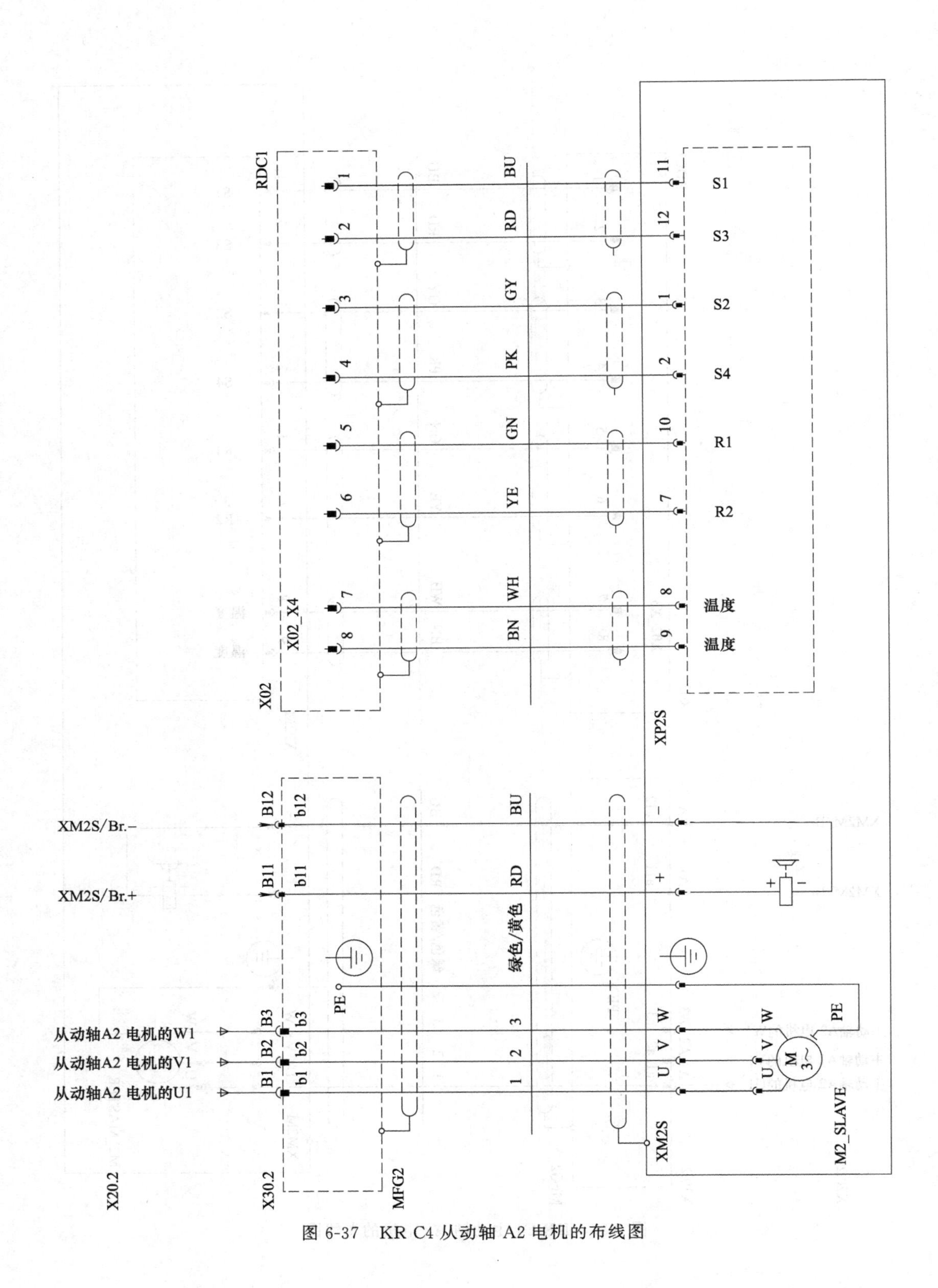

图 6-37 KR C4 从动轴 A2 电机的布线图

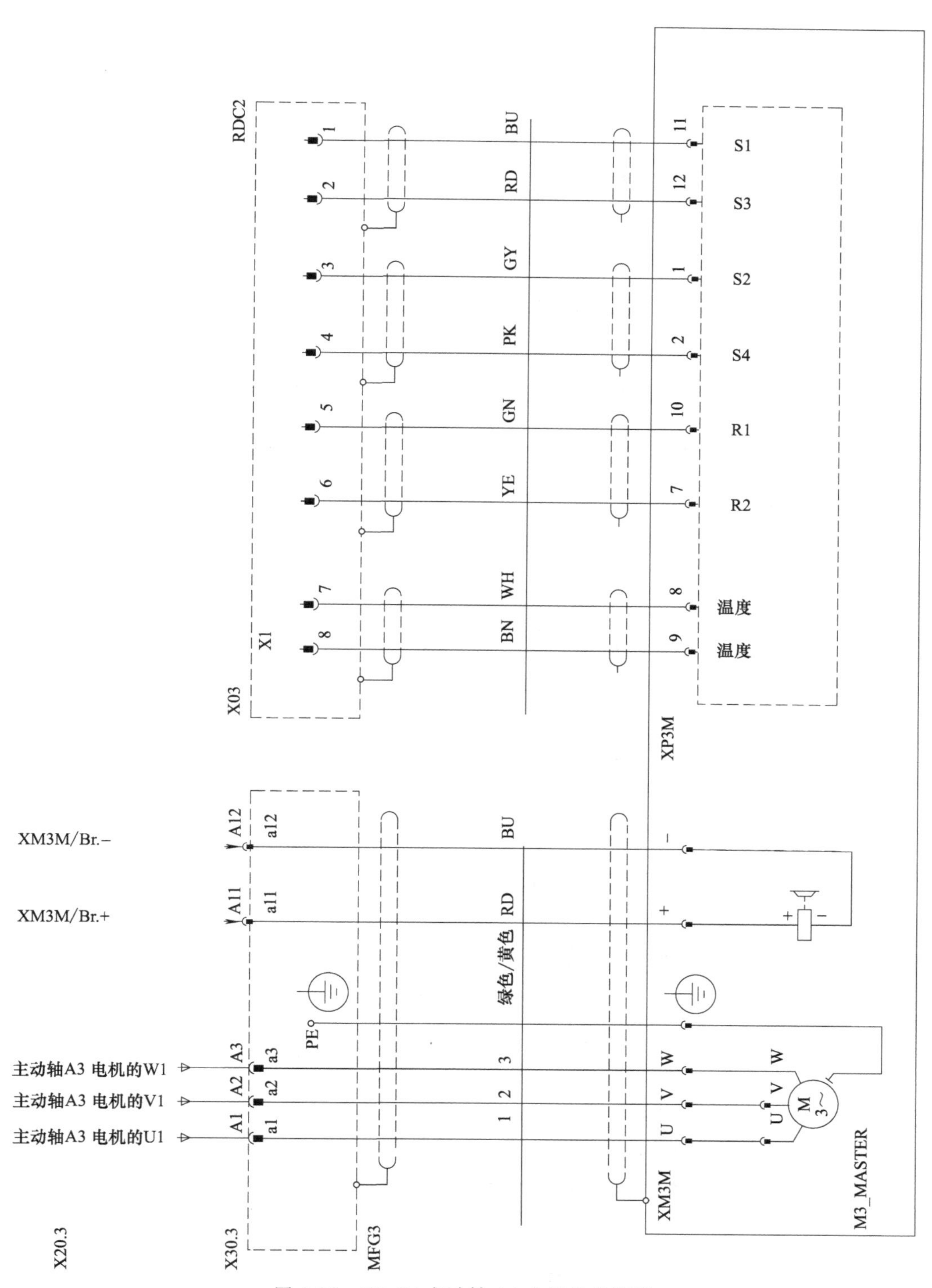

图6-38　KR C4主动轴A3电机的布线图

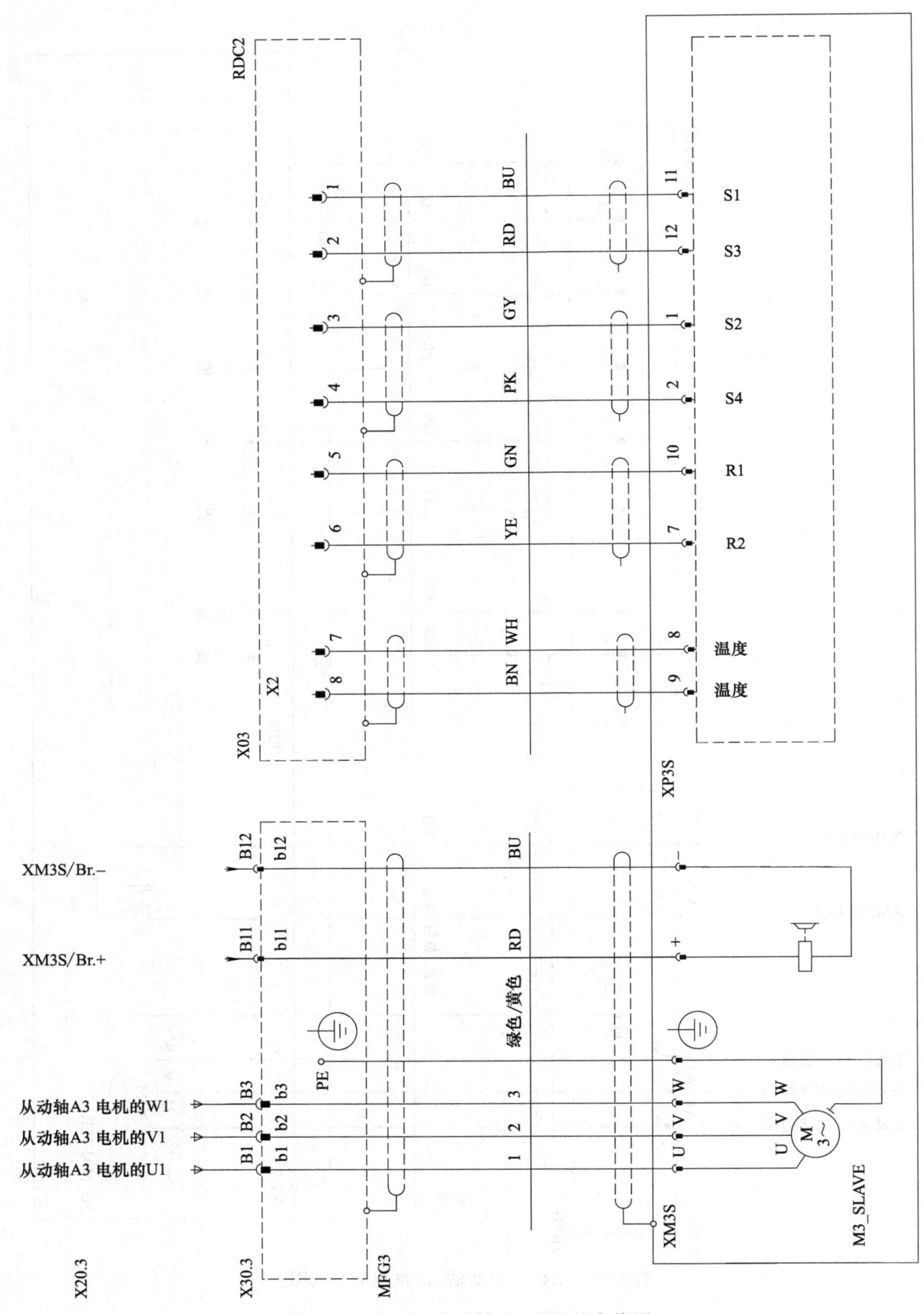

图 6-39 KR C4 从动轴 A3 电机的布线图

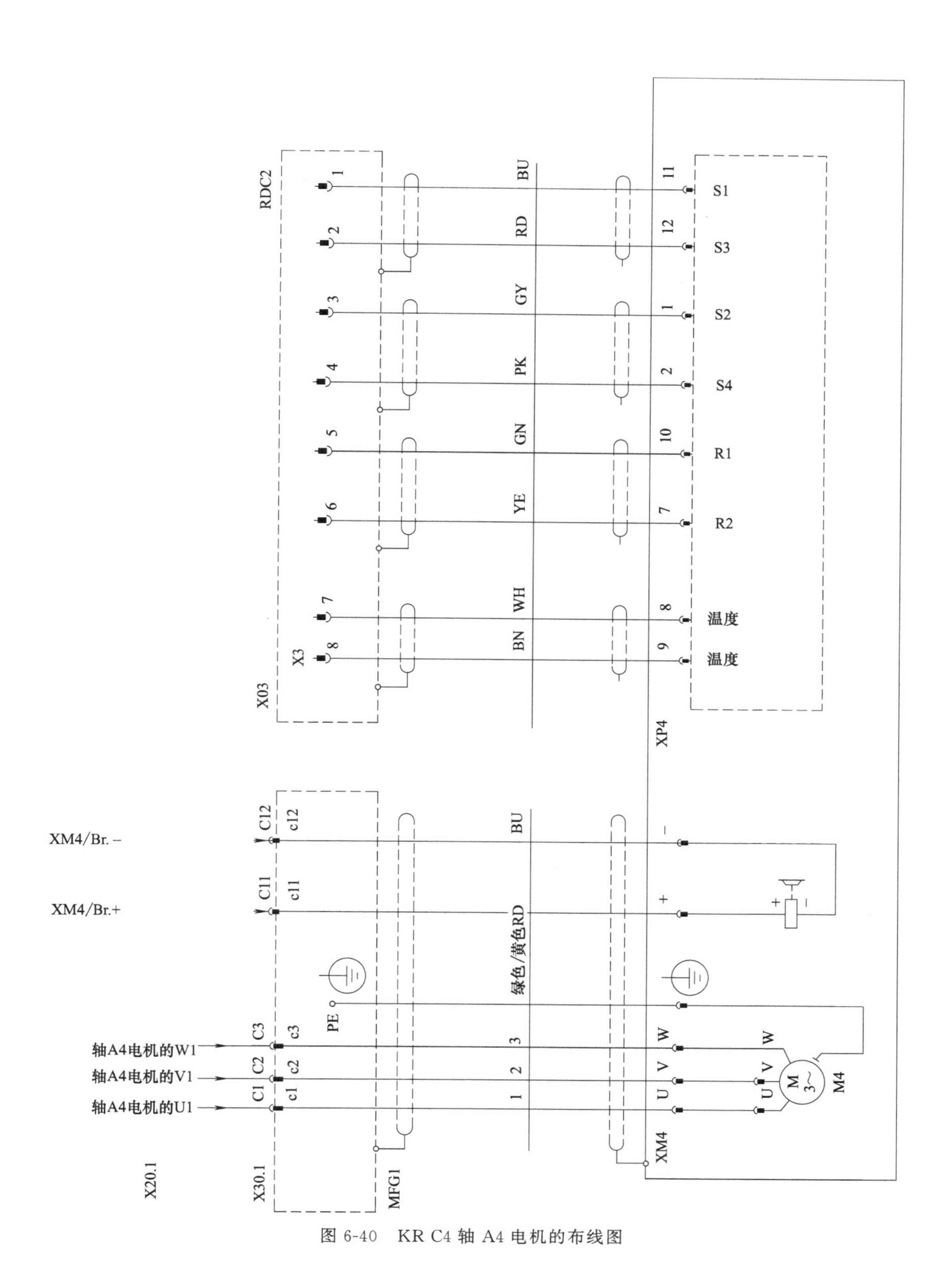

图 6-40　KR C4 轴 A4 电机的布线图

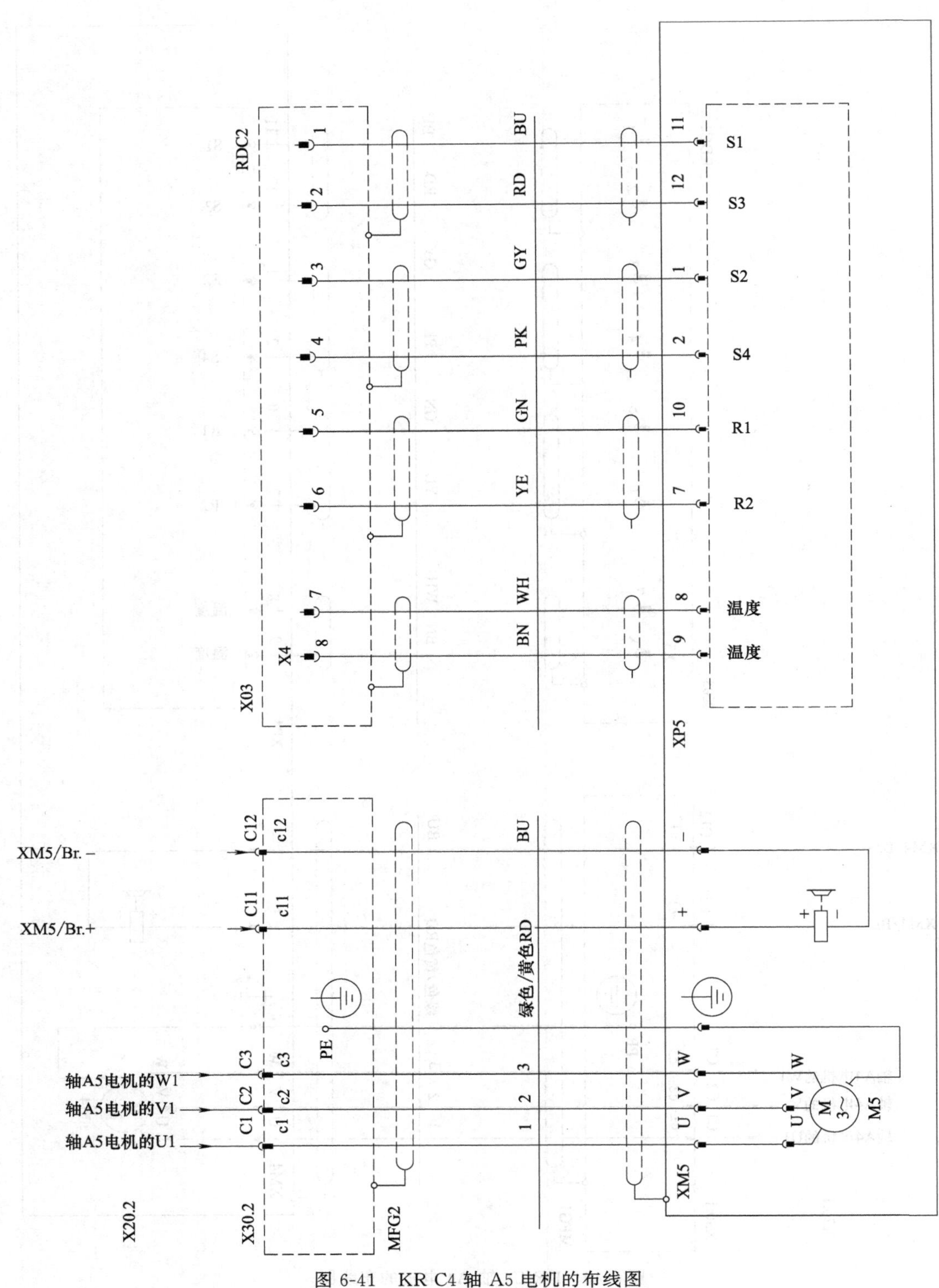

图 6-41 KR C4 轴 A5 电机的布线图

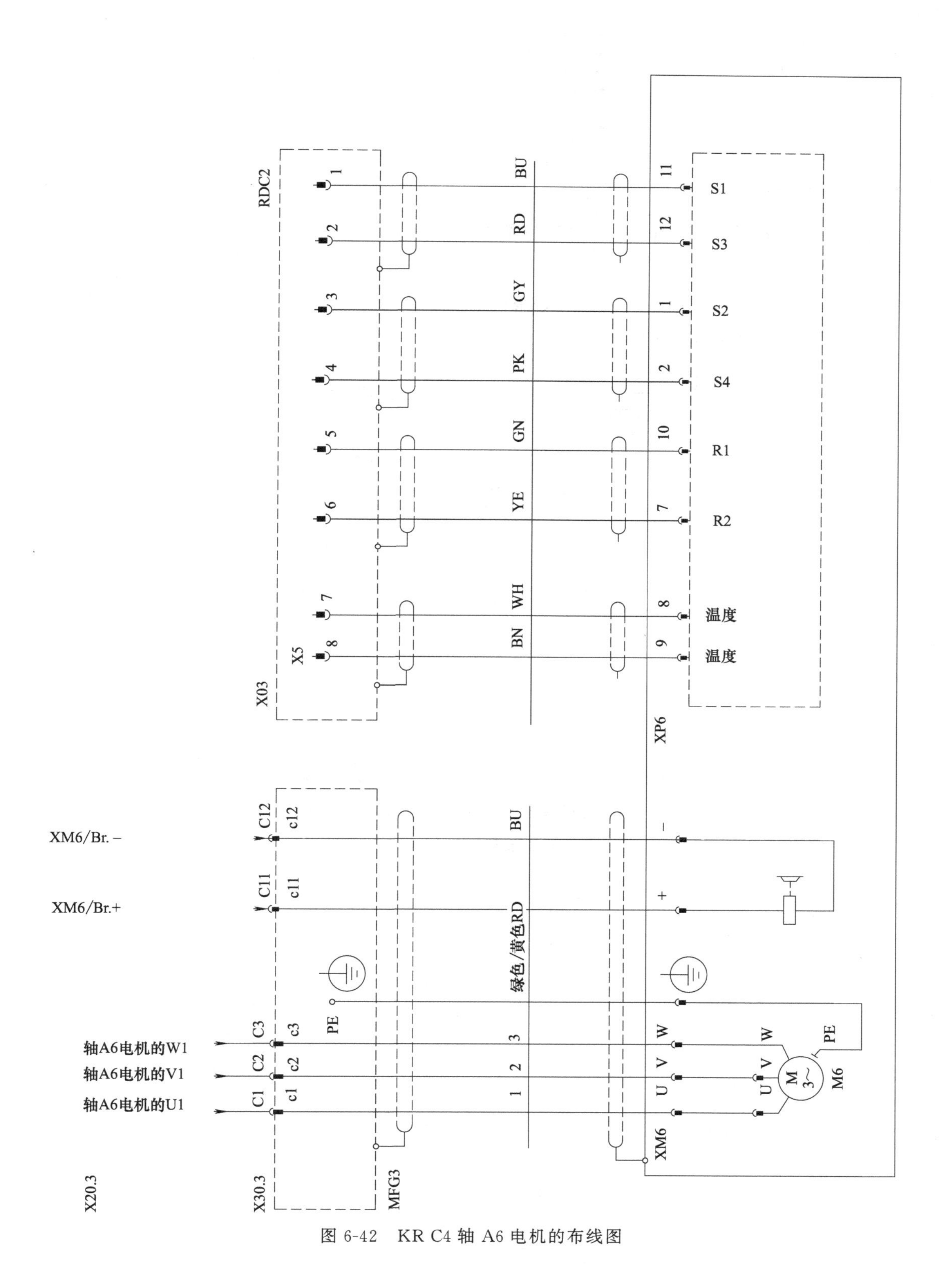

图 6-42　KR C4 轴 A6 电机的布线图

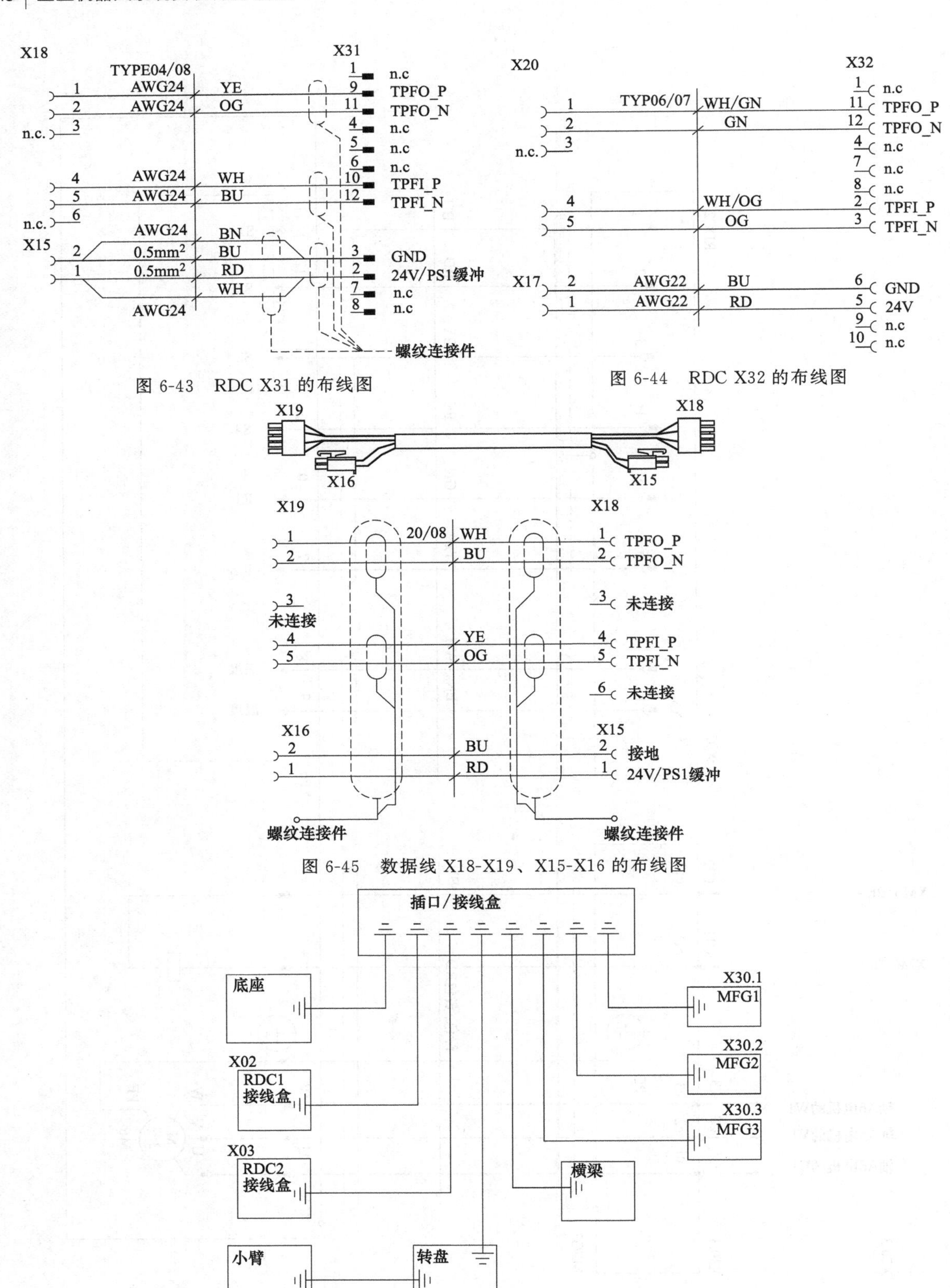

图 6-43 RDC X31 的布线图

图 6-44 RDC X32 的布线图

图 6-45 数据线 X18-X19、X15-X16 的布线图

图 6-46 KR C4 接地保护系统的布线图

6.2.2　工业机器人的 I/O 通信

以 ABB 工业机器人的 I/O 通信为例介绍工业机器人的通信。

（1）ABB 机器人 I/O 通信的种类

关于 ABB 机器人 I/O 通信接口的说明。

① ABB 的标准 I/O 板提供的常用信号处理有数字输入 DI、数字输出 DO、模拟输入 AI、模拟输出 AO 以及输送链跟踪。

② ABB 机器人可以选配标准 ABB 的 PLC，省去了原来与外部 PLC 进行通信设置的麻烦，并且在机器人的示教器上就能实现与 PLC 相关的操作。

③ 我们就以最常用的 ABB 标准 I/O 板 DSQC651 和 Profibus-DP 为例，进行介绍相关的参数设定，如表 6-3 所示。ABB 机器人 I/O 通信接口位置如图 6-47 所示。

表 6-3　ABB 机器人参数设置

PC	现场总线	ABB 标准
RS232 通讯 OPCserver Socket Message	Device Net Profibus Profibus-DP Profinet EtherNet IP	标准 I/O 板 PLC …… …… ……

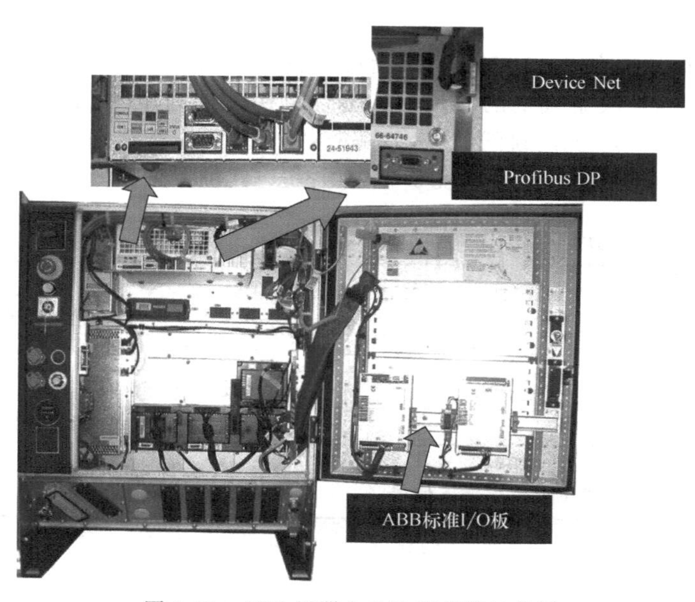

图 6-47　ABB 机器人 I/O 通信接口位置

（2）ABB 机器人 I/O 信号设定的顺序

ABB 机器人 I/O 信号设定的顺序如图 6-48 所示。

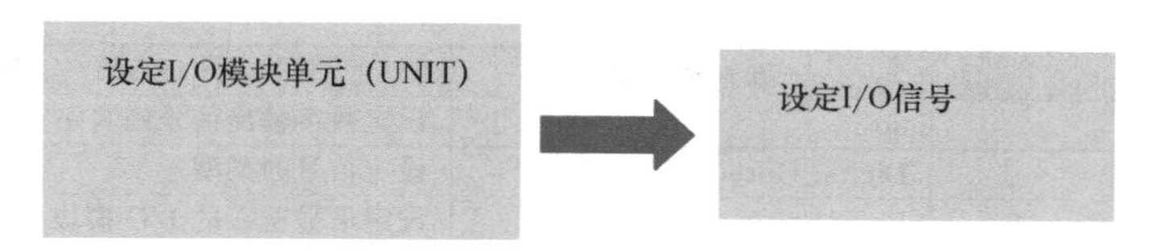

图 6-48　ABB 机器人 I/O 信号设定的顺序

（3）ABB机器人标准I/O板DSQC651

ABB机器人标准I/O板DSQC651如图6-49所示。

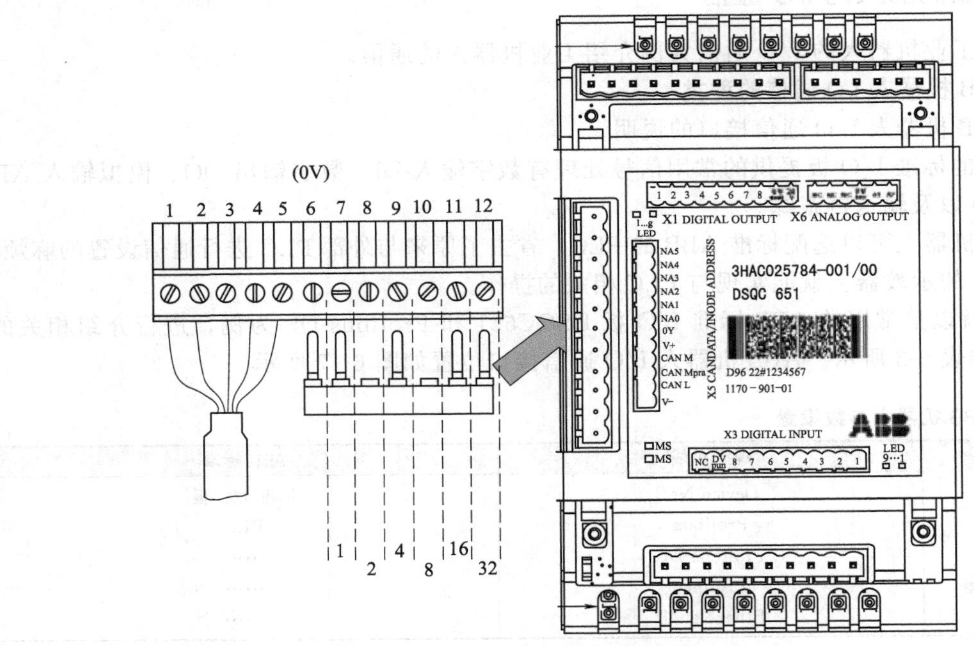

图6-49 ABB机器人标准I/O板DSQC651

ABB标准I/O板是挂在DeviceNet网络上的，所以要设定模块在网络中的地址。端子X5的6～12的跳线就是用来决定模块的地址的，地址可用范围为10～63，如表6-4所示。如图6-49所示，将第8脚和第10脚的跳线剪去，2+8=10，就可以获得10的地址。ABB机器人标准I/O di1数字输入信号与输出信号见表6-5与表6-6，其位置见图6-50、图6-51。

表6-4 模块在网络中的地址

参数名称	设定值	说明
Name	board10	设定I/O板在系统中的名字
Type of Unit	d651	设定I/O板的类型
Connected to Bus	DeviceNet1	设定I/O板连接的总线
DeviceNet Address	10	设定I/O板在总线中的地址

表6-5 ABB机器人标准I/O di1数字输入信号

参数名称	设定值	说明
Name	di1	设定数字输入信号的名字
Type of Signal	Digital Input	设定信号的类型
Assigned to Unit	board10	设定信号所在的I/O模块
Unit Mapping	0	设定信号所占用的地址

表6-6 ABB机器人标准I/O do1数字输出信号

参数名称	设定值	说明
Name	do1	设定数字输出信号的名字
Type of Signal	Digital Output	设定信号的类型
Assigned to Unit	board10	设定信号所在的I/O模块
Unit Mapping	32	设定信号所占用的地址

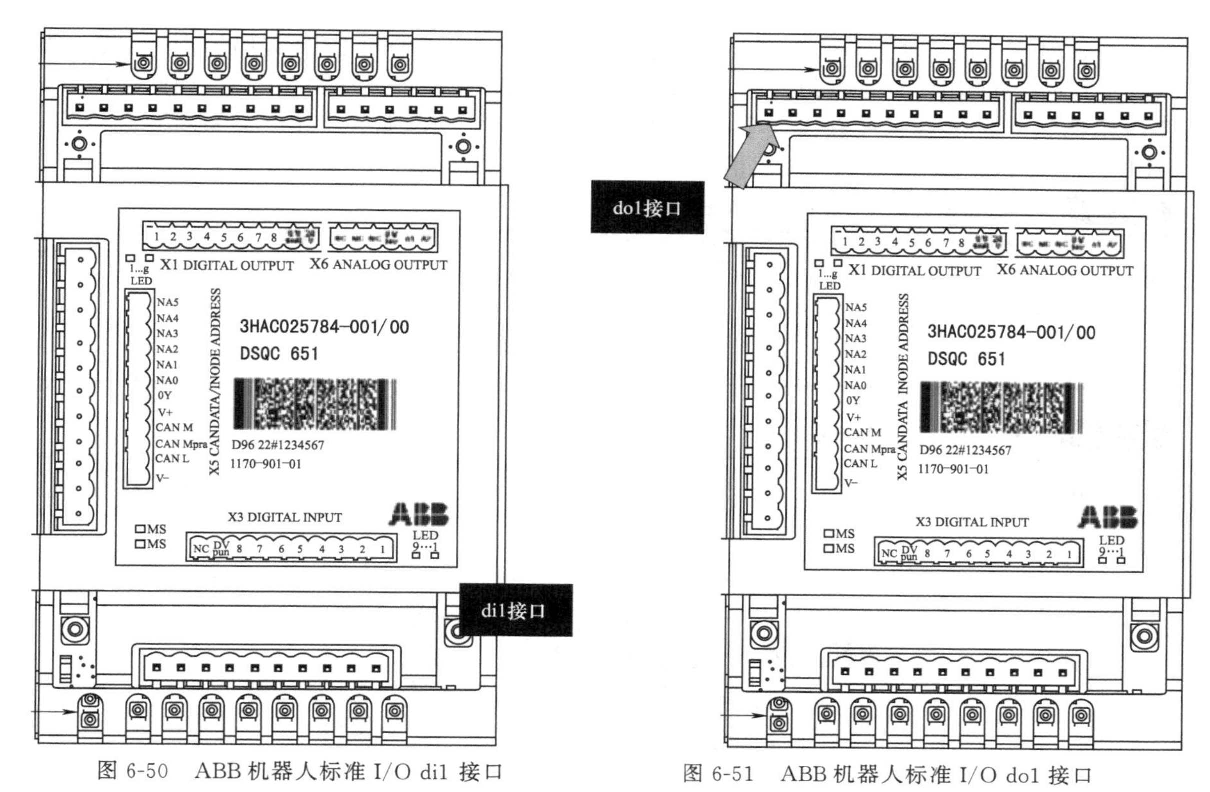

图 6-50　ABB 机器人标准 I/O di1 接口

图 6-51　ABB 机器人标准 I/O do1 接口

（4）定义组输入信号

组输入信号就是将几个数字输入信号组合起来使用，用于接受外围设备输入的 BCD 编码的十进制数。其相关参数及状态见表 6-7、表 6-8。此例中，gi1 占用地址 1～4 共 4 位，可以代表十进制数 0～15。如此类推，如果占用地址 5 位的话，可以代表十进制数 0～31，其位置如图 6-52 所示。

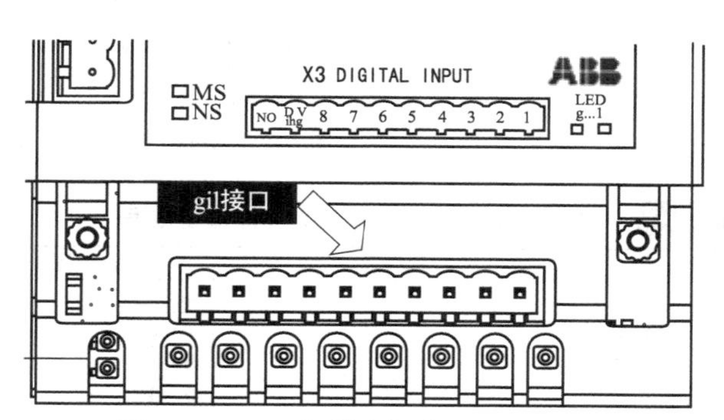

图 6-52　ABB 机器人标准 I/O gi1 接口

表 6-7　ABB 机器人标准 I/O gi1 组输入信号

参数名称	设　定　值	说　　明
Name	gi1	设定组输入信号的名字
Type of Signal	Group Input	设定信号的类型
Assigned to Unit	board10	设定信号所在的 I/O 模块
Unit Mapping	1～4	设定信号所占用的地址

表 6-8　外围设备输入的 BCD 编码的十进制数

状态	地址 1	地址 2	地址 3	地址 4	十进制数
	1	2	4	8	
状态 1	0	1	0	1	2+8=10
状态 2	1	0	1	1	1+4+8=13

(5) 定义组输出信号

组输出信号就是将几个数字输出信号组合起来使用，用于输出 BCD 编码的十进制数。如表 6-9 所示。此例中，go1 占用地址 33～36 共 4 位，可以代表十进制数 0～15。如此类推，如果占用地址 5 位的话，可以代表十进制数 0～31，如表 6-10 所示。其位置如图 6-53 所示。ABB 机器人标准 I/O ao1 模拟输出信号如表 6-11 所示，其位置如图 6-54 所示。

表 6-9 ABB 机器人标准 I/O go1 组输出信号

参数名称	设 定 值	说 明
Name	go1	设定组输出信号的名字
Type of Signal	Group Output	设定信号的类型
Assigned to Unit	board10	设定信号所在的 I/O 模块
Unit Mapping	33～36	设定信号所占用的地址

表 6-10 输出 BCD 编码的十进制数

状态	地址 33	地址 34	地址 35	地址 36	十进制数
	1	2	4	8	
状态 1	0	1	0	1	2+8=10
状态 2	1	0	1	1	1+4+8=13

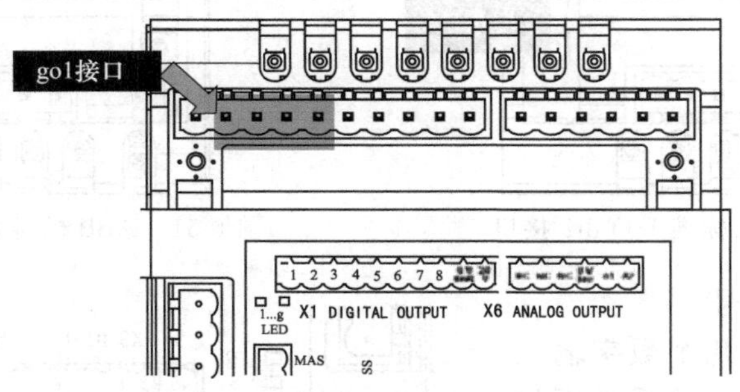

图 6-53 ABB 机器人标准 I/O go1 接口

表 6-11 ABB 机器人标准 I/O ao1 模拟输出信号

参 数 名 称	设 定 值	说 明
Name	ao1	设定模拟输出信号的名字
Type of Signal	Analog Output	设定信号的类型
Assigned to Unit	board10	设定信号所在的 I/O 模块
Unit Mapping	0～15	设定信号所占用的地址
Analog Encoding Type	Unsigned	设定模拟信号属性
Maximum Logical Value	10	设定最大逻辑值
Maximum Physical Value	10	设定最大物理值(V)
Maximum Bit Value	65535	设定最大位值

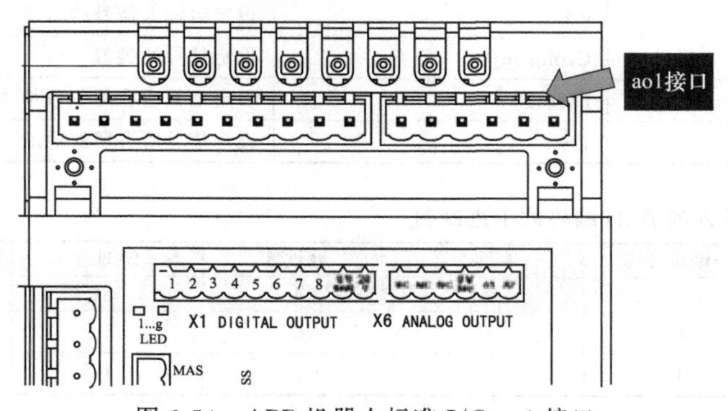

图 6-54 ABB 机器人标准 I/O ao1 接口

（6）Profibus 适配器的连接

DSQC667 模块是安装在电柜中的主机上，最多支持 512 个数字输入和 512 个数字输出。除了通过 ABB 机器人提供的标准 I/O 板进行与外围设备进行通信，ABB 机器人还可以使用 DSQC667 模块通过 Profibus 与 PLC 进行快捷和大数据量的通信。如图 6-55 所示。其接口位置如图 6-56 所示。Profibus 适配器的设定见表 6-12 所示。

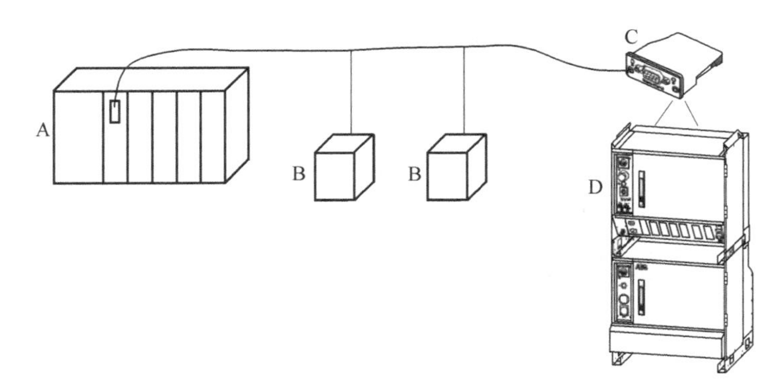

图 6-55　Profibus 适配器的连接

A—PLC 主站；B—总线上的从站；C—机器人 Profibus 适配器 DSQC667；D—机器人的控制柜

图 6-56　Profibus 适配器的接口

表 6-12　Profibus 适配器的设定

参数名称	设　定　值	说　　明
Name	profibus8	设定 I/O 板在系统中的名字
Type of Unit	DP_SLAVE	设定 I/O 板的类型
Connected to Bus	Profibus1	设定 I/O 板连接的总线
Profibus Address	8	设定 I/O 板在总线中的地址

在完成了 ABB 机器人上的 Profibus 适配器模块设定以后，请在 PLC 端完成以下相关的操作：

① 将 ABB 机器人随机光盘的 DSQC667 配置文件（路径为 \ RobotWare 5.13 \ Utility \ Fieldbus \ Profibus \ GSD \ HMS _ 1811.GSD）在 PLC 的组态软件中打开。

② 在 PLC 的组态软件中找到“Anybus-CC PROFIBUS DP-V1”。

③ 将 ABB 机器人中设置的信号与 PLC 端设置的信号一一对应。

6.2.3　工业机器人的外围设施的电气连接

（1）防护门的电气连接

防护门的电气连接情况见图 6-57。

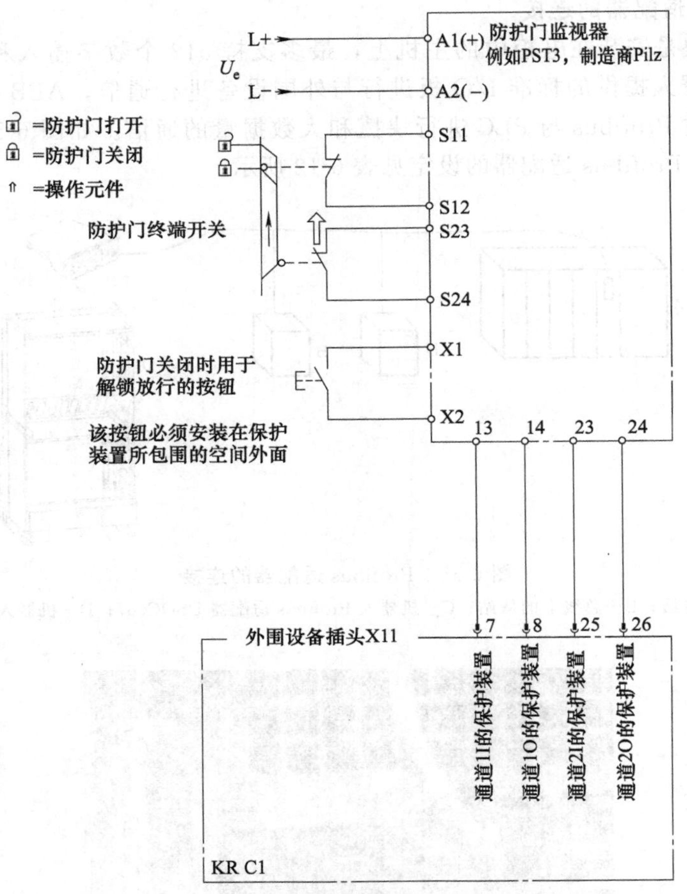

图 6-57 防护门

（2）静电保护的连接

静电保护的连接情况见图 6-58。

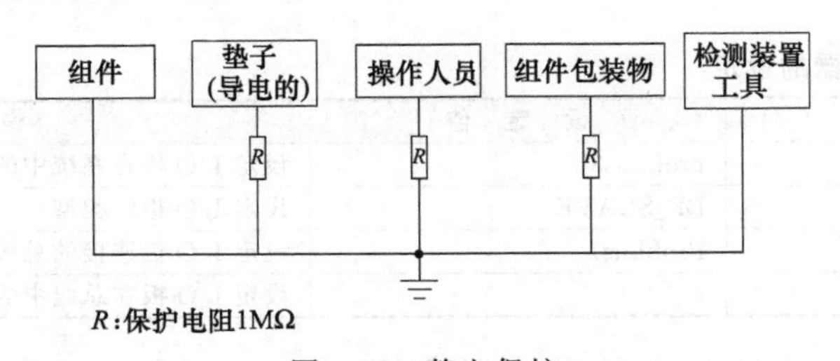

图 6-58 静电保护

第7章

工业机器人的调整与保养

7.1 工业机器人的调整

每个机器人都必须进行调整。机器人只有在调整之后方可进行笛卡尔运动并移至编程位置。机器人的机械位置和电子位置会在调整过程中协调一致。为此必须将机器人置于一个已经定义的机械位置，即调整位置（图7-1）。然后，每个轴的传感器值均被储存下来。

所有机器人的调整位置都相似，但不完全相同。精确位置在同一机器人型号的不同机器人之间也会有所不同。在以下情况下必须对机器人进行零点标定。

① 在投入运行时。

② 在进行维护操作之后，如更换了电机或者RDC，机器人的零点标定值丢失。

③ 机器人在无机器人控制系统操控的情况下运动（例如借助自由旋转装置）。

④ 更换传动装置后。

⑤ 以高于250mm/s的速度上行移至一个终端止挡之后。

⑥ 在碰撞后。

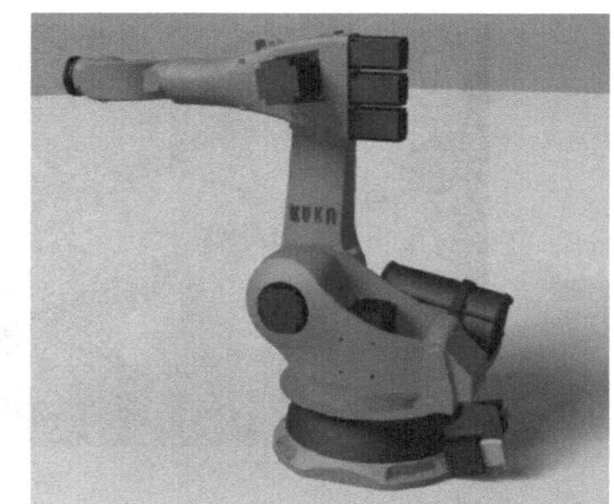

图7-1　调整位置（大概位置）

在进行新的零点标定之前必须删除旧的零点标定数据！通过手动轴去掉零点来删除零点标定数据。

7.1.1 调整方法

不同的零点标定应用不同的测量筒，不同的测量筒其防护盖的尺寸有所不同。如SEMD（Standard Electronic Mastering Device）的测量筒其防护盖配M20的细螺纹；MEMD（Mikro Electronic Mastering Device）的测量筒其防护盖配M8的细螺纹。

（1）包含SEMD和MEMD的零点标定组件

包含SEMD和MEMD的零点标定组件有如图7-2所示的多种，主要包括零点标定盒、用于MEMD的螺丝刀、MEMD、SEMD、电缆等。图7-2中所示的细电缆是测量电缆，用于将SEMD或MEMD与零点标定盒相连接；粗电缆是EtherCAT电缆，用于将零点标定盒与机器人上的X32连接起来。在使用SEMD零点标定时，机器人控制系统自动将机器人移动至零点标定位置。先不带负载进行零点标定，然后带负载进行零点标定。可以保存不同负载的多次零点标定。主要应用在首次调整的检查；如首次调整丢失（如在更换电机或碰撞后），则还原首

图 7-2　包含 SEMD 和 MEMD 的零点标定组件
1—零点标定盒；2—用于 MEMD 的螺丝刀；
3—MEMD；4—SEMD；5—电缆

次调整。由于学习过的偏差在调整丢失后仍然存在，因此机器人可以计算出首次调整。

注意：

让测量电缆插在零点标定盒上，并且要尽可能少地拔下。传感器插头 M8 的可插拔次数是有限的，经常插拔可能会损坏插头。

在零点标定之后，将 EtherCAT 电缆从接口 X32 上取下。否则会出现干扰信号或导致损坏。

（2）将轴移入预零点标定位置

在每次零点标定之前都必须将轴移至预零点标定位置（图 7-3）。移动各轴，使零点标定标记重叠。图 7-4 所示为零点标定标记位于机器人上的位置。由于机器人的型号不同，位置会与图片所示稍有差异。

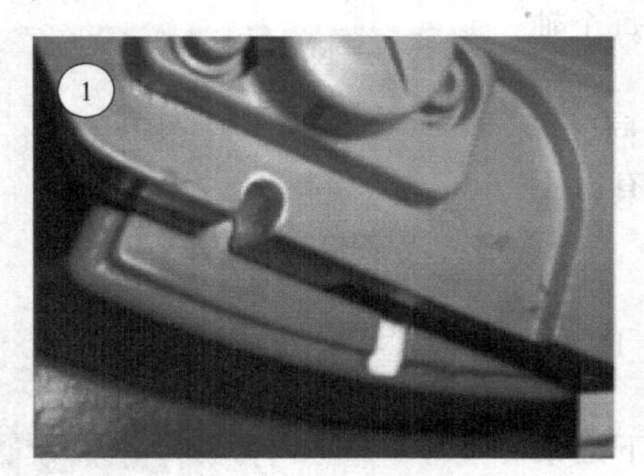
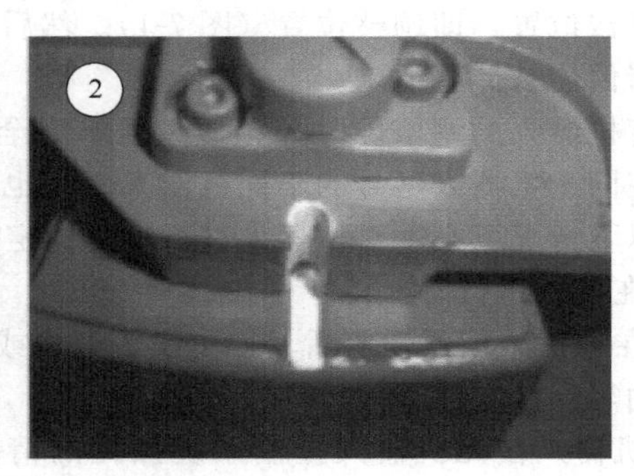

图 7-3　将轴运行到预调位置

① 前提条件

a. 运行模式“运行键”已激活。

b. 运行方式 T1。

注意：

在轴 A4 和 A6 进入预零点标定位置前，必须确保供能系统（如果有的话）应处在正确位置，不得翻转 360°。

用 MEMD 进行零点标定的机器人，对于轴 A6 无预零点标定位置。只须将轴 A1～A5 移动到预零点标定位置。

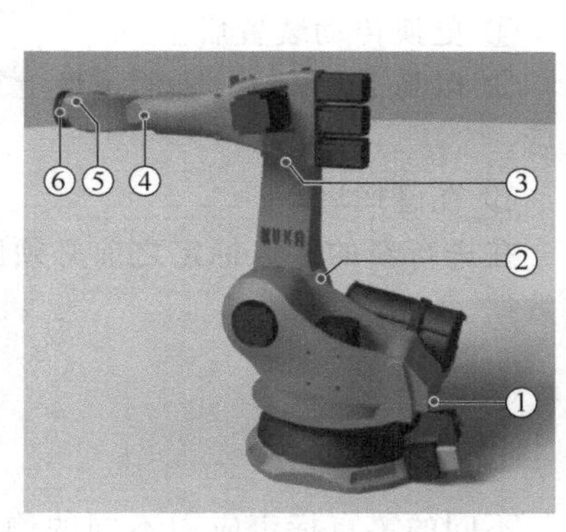

图 7-4　机器人上的调整标记

② 操作步骤

a. 选择轴作为运动键的坐标系。

b. 按住确认开关。在移动键旁边将显示轴 A1～A6。

c. 按下正或负运动键，以使轴朝正方向或反方向运动。

d. 从 A1 开始逐一移动各个轴，使零点标定标记相互重叠（在借助标记线对轴进行零点标定的机器人上的轴 A6 除外）。

注意：

在轴 A4 和 A6 进入预零点标定位置前，必须确保供能系统（如果有的话）应处在正确位置，不得翻转 360°。

用 MEMD 进行零点标定的机器人，对于轴 A6 无预零点标定位置，只需将轴 A1～A5 移动到预零点标定位置。

（3）进行首次零点标定（用 SEMD）

① 用 SEMD 进行首次零点标定前提

a. 机器人没有负载。也就是说，机器人没有安装工具或工件和附加负载。

b. 所有轴都处于预调位置。

c. 没有选择程序。

d. 运行方式 T1。

注意：

始终将 SEMD 不带测量导线拧到测量筒上，然后方可将导线接到 SEMD 上，否则导线会被损坏。

同样，在拆除 SEMD 时也必须先拆下 SEMD 的测量导线，然后才将 SEMD 从测量筒上拆下。

实际所用的 SEMD 不一定与图中所述的模型精确对应。两者用途相同。

② 操作步骤

a. 在主菜单中选择“投入运行→调整→EMD→带负载校正→首次调整”，一个窗口自动打开，所有待零点标定轴都显示出来，编号最小的轴已被选定。

b. 取下接口 X32 上的盖子（图 7-5）。

c. 将 EtherCAT 电缆连接到 X32 和零点标定盒上（图 7-6）。

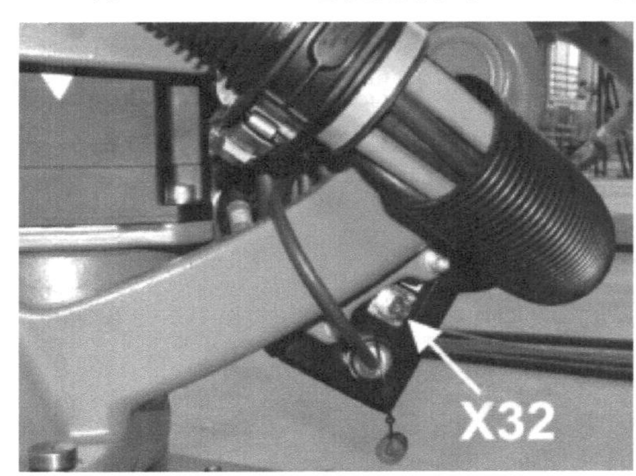

图 7-5　取下 X32 上的盖子

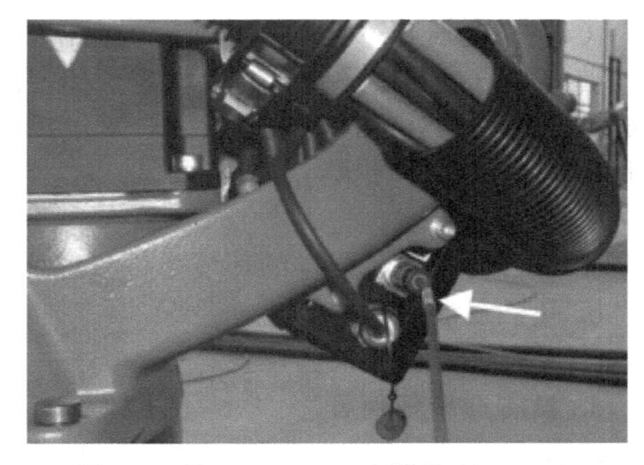

图 7-6　将 EtherCAT 电缆接到 X32 上

d. 从窗口中选定的轴上取下测量筒的防护盖，如图 7-7 所示。（翻转过来的 SEMD 可用作螺丝刀）。

e. 将 SEMD 拧到测量筒上（图 7-8）。

图 7-7　取下测量筒的防护盖

图 7-8　将 SEMD 拧到测量筒上

图 7-9 将测量导线接到 SEMD 上

f. 将测量导线接到 SEMD 上（图 7-9）。可以在电缆插座上看出导线应如何绕到 SEMD 的插脚上。

g. 如果未进行连接，则将测量电缆连接到零点标定盒上。

h. 点击“校正”。

i. 按下确认开关和启动键。如果 SEMD 已经通过了测量切口，则零点标定位置将被计算，机器人自动停止运行，数值被保存，该轴在窗口中消失。

j. 将测量导线从 SEMD 上取下。然后从测量筒上取下 SEMD，并将防护盖重新装好。

k. 对所有待零点标定的轴重复步骤 d～j。

l. 关闭窗口。

m. 将 EtherCAT 电缆从接口 X32 和零点标定盒上取下。

注意：

让测量电缆插在零点标定盒上，并且要尽可能少地拔下。传感器插头 M8 的可插拔次数是有限的，经常插拔可能会损坏插头。

（4）偏差学习（用 SEMD）

偏差学习带负载进行。与首次零点标定的差值被储存。如果机器人带各种不同负载工作，则必须对每个负载都执行偏差学习。对于抓取沉重部件的夹持器来说，则必须对夹持器分别在不带部件和带部件时执行偏差学习。

① 前提

a. 与首次调整时同样的环境条件（温度等）。

b. 负载已装在机器人上。

c. 所有轴都处于预调位置。

d. 没有选择任何程序。

e. 运行方式 T1。

注意：

始终将 SEMD 不带测量导线拧到测量筒上，然后方可将导线接到 SEMD 上，否则导线会被损坏。

同样，在拆除 SEMD 时也必须先拆下 SEMD 的测量导线，然后才将 SEMD 从测量筒上拆下。

② 操作步骤

a. 在主菜单中选择“投入运行→调整→EMD→带负载校正→偏量学习”。

b. 输入工具编号，用按键“K”“工具”“OK”确认。一个窗口自动打开，所有未学习工具的轴都显示出来，编号最小的轴已被选定。

c. 取下接口 X32 上的盖子。将 EtherCAT 电缆连接到 X32 和零点标定盒上。

d. 从窗口中选定的轴上取下测量筒的防护盖（翻转过来的 SEMD 可用作螺丝刀）。

e. 将 SEMD 拧到测量筒上。

f. 将测量导线接到 SEMD 上。在电缆插座上可看出其与 SEMD 插针的对应情况。

g. 如果未进行连接，则将测量电缆连接到零点标定盒上。

h. 点击“学习”。

i. 按下确认开关和启动键。如果 SEMD 已经通过了测量切口，则零点标定位置将被计算，机器人自动停止运行，一个窗口自动打开，该轴上与首次零点标定的偏差以增量和度的形式显示出来。

j. 用按键“K”“OK”确认。该轴在窗口中消失。

k. 将测量导线从 SEMD 上取下。然后从测量筒上取下 SEMD，并将防护盖重新装好。

l. 对所有待零点标定的轴重复步骤 d～k。

m. 关闭窗口。

n. 将 EtherCAT 电缆从接口 X32 和零点标定盒上取下。

注意：

让测量电缆插在零点标定盒上，并且要尽可能少地拔下。传感器插头 M8 的可插拔次数是有限的，经常插拔可能会损坏插头。

（5）检查带偏量的负载零点标定（用 SEMD）

① 应用范围

a. 首次调整的检查。

b. 如果首次调整丢失（如在更换电机或碰撞后），则还原首次调整。由于学习过的偏差在调整丢失后仍然存在，因此机器人可以计算出首次调整。

c. 对某个轴进行检查之前，必须完成对所有较低编号的轴的调整。

② 前提条件

a. 与首次零点标定时同样的环境条件（温度等）。

b. 在机器人上装有一个负载，并且此负载已进行过偏量学习。

c. 所有轴都处于预零点标定位置。

d. 没有选定任何程序。

e. 运行方式 T1。

③ 操作步骤

a. 在主菜单中选择“投入运行→调整→EMD→带负载校正→负载校正→带偏量”。

b. 输入工具编号，用按键“K”“工具”“OK”确认。一个窗口自动打开，所有已用此工具对其进行了偏差学习的轴都显示出来，编号最小的轴已被选定。

c. 取下接口 X32 上的盖子。将 EtherCAT 电缆连接到 X32 和零点标定盒上。

d. 从窗口中选定的轴上取下测量筒的防护盖（翻转过来的 SEMD 可用作螺丝刀）。

e. 将 SEMD 拧到测量筒上。

f. 将测量导线接到 SEMD 上。可以在电缆插座上看出导线应如何绕到 SEMD 的插脚上。

g. 如果未进行连接，则将测量电缆连接到零点标定盒上。

h. 点击“检验”。

i. 按住确认开关并按下启动键。如果 SEMD 已经通过了测量切口，则零点标定位置将被计算，机器人自动停止运行，与偏差学习的差异被显示出来。

j. 需要时，使用“备份”来储存这些数值。旧的零点标定值会被删除。如果要恢复丢失的首次零点标定，则必须保存这些数值。

注意：

轴 A4、A5 和 A6 以机械方式相连，即当轴 A4 数值被删除时，轴 A5 和 A6 的数值也被删除；当轴 A5 数值被删除时，轴 A6 的数值也被删除。

k. 将测量导线从 SEMD 上取下。然后从测量筒上取下 SEMD，并将防护盖重新装好。

l. 对所有待零点标定的轴重复步骤 d～k。

m. 关闭窗口。

n. 将 EtherCAT 电缆从接口 X32 和零点标定盒上取下。

图 7-10 测量表

（6）使用千分表进行调整

采用测量表调整时由用户手动将机器人移动至调整位置（图 7-10）。必须带负载调整。此方法无法将不同负载的多种调整都储存下来。

① 前提条件

a. 负载已装在机器人上。

b. 所有轴都处于预调位置。

c. 移动方式“移动键”激活，并且轴被选择为坐标系统。

d. 没有选定任何程序。

e. 运行方式 T1。

② 操作步骤

a. 在主菜单中选择“投入运行→调整→千分表”。一个窗口自动打开，所有未经调整的轴均会显示出来，必须首先调整的轴被标记出。

b. 从轴上取下测量筒的防护盖，将千分表装到测量筒上。用内六角扳手松开千分表颈部的螺栓。转动表盘，直至能清晰读数。将千分表的螺栓按入千分表直至止挡处。用内六角扳手重新拧紧千分表颈部的螺栓。

c. 将手动倍率降低到 1%。

d. 将轴由“+”向“−”运行。在测量切口的最低位置即可以看到指针反转处，将千分表置为零位。如果无意间超过了最低位置，则将轴来回运行，直至达到最低位置。至于是由“+”向“−”还是由“−”向“+”运行，则无关紧要。

e. 重新将轴移回预调位置。

f. 将轴由“+”向“−”运动，直至指针处于零位前约 5～10 个分度的位置。

g. 切换到增量式手动运行模式。

h. 将轴由“+”向“−”运行，直至到达零位。

注意：

如果超过零位：重复步骤 e～h。

i. 点击“零点标定”。已调整过的轴从选项窗口中消失。

j. 从测量筒上取下千分表，将防护盖重新装好。

k. 由增量式手动运行模式重新切换到普通正常运行模式。

l. 对所有待零点标定的轴重复步骤 b～k。

m. 关闭窗口。

7.1.2 附加轴的调整

KUKA 附加轴不仅可以通过测头进行调整，还可以用千分表进行调整。非 KUKA 出品的附加轴则可使用千分表调整。如果希望使用测头进行调整，则必须为其配备相应的测量筒。

附加轴的调整过程与机器人轴的调整过程相同。轴选择列表上除了显示机器人轴，现在也显示所设计的附加轴（图 7-11）。

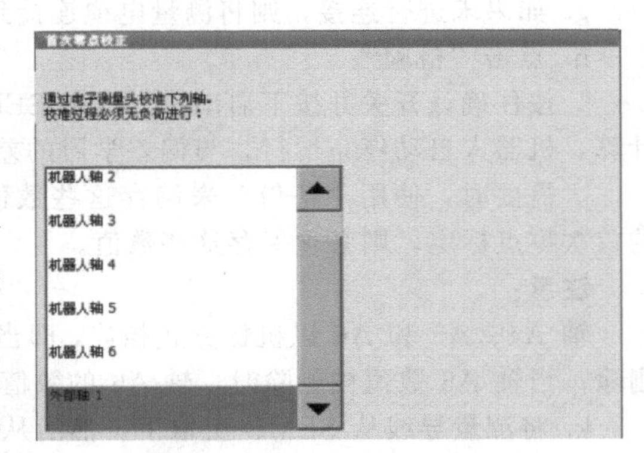

图 7-11 待调整轴的选择列表

注意：

带 2 个以上附加轴的机器人系统的调整：如果系统中带有多于 8 个轴，则必须注意，必要时要将测头的测量导线连接到第二个 RDC 上。

7.1.3 参照调整

注意：

此处说明的操作步骤不允许在机器人投入运行时进行。

参照调整适用于对正确调整的机器人进行维护并由此导致调整值丢失时进行，如更换 RDC、更换电机。

机器人在进行维护之前将移动至位置“$MAMES”。之后，机器人通过参照调整重新被赋予系统变量的轴值。这样，机器人便重新回到调整值丢失之前的状态。

已学习的偏差会保存下来。不需要使用 EMD 或千分表。在参照调整时，机器人上是否装有负载无关紧要。参照调整也可用于附加轴。

（1）准备

在进行维护之前将机器人移动至位置“$MAMES”。为此给“PTP $MAMES”点编程，并移至此点。此操作仅可由专家用户组进行！

注意：

机器人不得移动至默认起始位置来代替“$MAMES”位置。“$MAMES”位置有时、但并非总是与默认起始位置一致。只有当机器人处于位置“$MAMES”时才可通过基准零点标定正确地进行零点标定。如果机器人没有处于“$MAMES”位置而处于其他位置，则在进行基准零点标定时可能造成人员受伤和财产损失。

（2）前提条件

① 没有选定任何程序。

② 运行方式 T1。

③ 在维护操作过程中机器人的位置没有更改。

④ 如果更换了 RDC，则机器人数据已从硬盘传输到 RDC 上（此操作仅可由专家用户组进行）。

（3）操作步骤

① 在主菜单中选择“投入运行→调整→参考”。选项窗口中的基准零点标定自动打开，所有未经零点标定的轴均会显示出来，必须首先进行零点标定的轴被选出。

② 点击“零点标定”。选中的轴被进行零点标定并从选项窗口中消失。

③ 对所有待零点标定的轴重复步骤②。

7.1.4 用 MEMD 和标记线进行零点标定

在使用 MEMD 进行零点标定时，机器人控制系统自动将机器人移动至零点标定位置。先不带负载进行零点标定，然后带负载进行零点标定。可以保存不同负载的多次零点标定。

如果机器人的轴 A6 上没有常规的零点标定标记，而采用标记线，则在没有 MEMD 的情况下对轴 A6 进行零点标定。如果机器人的轴 A6 上有零点标定标记，则如同其他轴一样对轴 A6 进行零点标定。

① 首次调整。进行首次零点标定时不加负载。

② 偏量学习。偏量学习即带负载进行保存与首次零点标定之间的差值。

③ 需要时，检查有偏差的负载零点标定，通过已针对其进行了偏差学习的负载来执行。应用范围是首次调整的检查；如果首次调整丢失（如在更换电机或碰撞后），则还原首次调整。由于学习过的偏差在调整丢失后仍然存在，因此机器人可以计算出首次调整。

（1）将轴 A6 移动到零点标定位置（使用标记线）

如果机器人的轴 A6 上没有常规的零点标定标记，而采用标记线，则在没有 MEMD 的情况下对轴 A6 进行零点标定。

图 7-12　轴 A6 的零点标定位置（正面俯视图）

在零点标定之前，必须将轴 A6 移至零点标定位置（所指的是在总零点标定过程之前，而不是直接在轴 A6 自身的零点标定前），如图 7-12 所示。为此轴 A6 的金属上刻有很精细的线条。为了将轴 A6 移至零点标定位置上，这些线条要精确地相互对齐。

注意：

在向零点标定位置运动时，需从前方正对着朝固定的线条看，这一点尤其重要。如果从侧面朝固定的线条看，则可能无法精确地将运动的线条对齐。后果是没有正确地标定零点。

零点标定装置用于在 KR AGILUS 上的轴 A6 零点标定。可作为选项选用此装置。在零点标定时，使用此装置可达到更高的精确度和重复精度。

（2）进行首次零点标定（用 MEMD）

① 首要条件

a. 机器人无负载即没有装载工具、工件或附加负载。

b. 这些轴都处于预零点标定位置。

c. 如果轴 A6 有标记线，则属于例外：轴 A6 位于零点标定位置。

d. 没有选定任何程序。

e. 运行方式 T1。

② 操作步骤

a. 在主菜单中选择“投入运行→调整→EMD→带负载校正→首次调整”。一个窗口自动打开，所有待零点标定轴都显示出来，编号最小的轴已被选定。

b. 取下接口 X32 上的盖子（图 7-13）。

c. 将 EtherCAT 电缆连接到 X32 和零点标定盒上（图 7-14）。

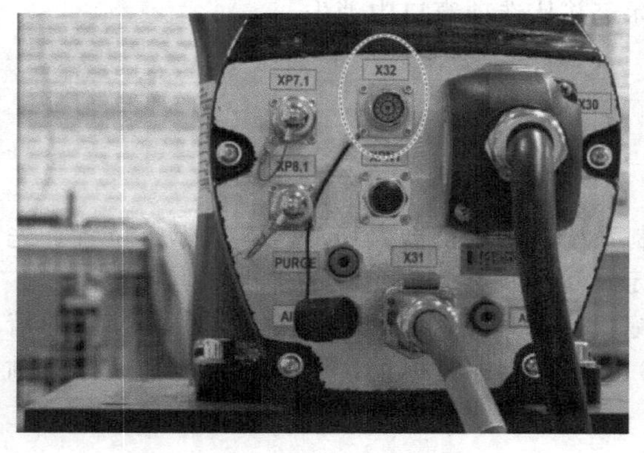

图 7-13　无盖子的 X32

图 7-14　将导线接到 X32 上

d. 从窗口中选定的轴上取下测量筒的防护盖（图 7-15）。

e. 将 MEMD 拧到测量筒上（图 7-16）。

f. 如果未进行连接，则将测量电缆连接到零点标定盒上。

图 7-15 取下测量筒的防护盖

图 7-16 将 MEMD 拧到测量筒上

g. 点击“零点标定”。

h. 按下确认开关和启动键。

如果 MEMD 已经通过了测量切口，则零点标定位置将被计算，机器人自动停止运行，数值被保存，该轴在窗口中消失。

i. 从测量筒上取下 MEMD，将防护盖重新盖好。

j. 对所有待零点标定的轴重复步骤 d～i。例外：如轴 A6 有标记线，则不适用于轴 A6。

k. 关闭窗口。

l. 仅当轴 A6 有标记线时才执行：

· 在主菜单中选择“投入运行→调整→参考”。选项窗口中的基准零点标定自动打开。轴 A6 即被显示出来，并且被选中。

· 点击“零点标定”。轴 A6 即被标定零点并从该选项窗口中消失。

· 关闭窗口。

m. 将 EtherCAT 电缆从接口 X32 和零点标定盒上取下。

注意：

让测量电缆插在零点标定盒上，并且要尽可能少地拔下。传感器插头 M8 的可插拔次数是有限的，经常插拔可能会损坏插头。

（3）偏差学习（用 MEMD）

偏差学习带负载进行。与首次零点标定的差值被储存；如果机器人带各种不同负载工作，则必须对每个负载都执行偏差学习。对于抓取沉重部件的夹持器来说，则必须对夹持器分别在不带部件和带部件时执行偏差学习。

① 首要条件

a. 与首次零点标定时相同的环境条件（温度等）。

b. 负载已装在机器人上。

c. 这些轴都处于预零点标定位置。如果轴 A6 有标记线，则属于例外：轴 A6 位于零点标定位置。

d. 没有选定任何程序。

e. 运行方式 T1。

② 操作步骤

a. 在主菜单中选择“投入运行→零点标定→EMD→带负载校正→偏差学习”。

b. 输入工具编号，用“K”“工具”“OK”确认。一个窗口自动打开，所有未学习工具的轴都显示出来，编号最小的轴已被选定。

c. 取下接口 X32 上的盖子。

d. 将 EtherCAT 电缆连接到 X32 和零点标定盒上。

e. 从窗口中选定的轴上取下测量筒的防护盖。

f. 将 MEMD 拧到测量筒上。

g. 如果未进行连接，则将测量电缆连接到零点标定盒上。

h. 按下“学习”。

i. 按下确认开关和启动键。如果 MEMD 已经通过了测量切口，则零点标定位置将被计算，机器人自动停止运行，一个窗口自动打开，该轴上与首次零点标定的偏差以增量和度的形式显示出来。

j. 用确定键确认。该轴在窗口中消失。

k. 从测量筒上取下 MEMD，将防护盖重新盖好。

l. 对所有待零点标定的轴重复步骤 e～k。例外：如轴 A6 有标记线，则不适用于轴 A6。

m. 关闭窗口。

n. 仅当轴 A6 有标记线时才执行：

· 在主菜单中选择“投入运行→调整→参考”。选项窗口中的基准零点标定自动打开。轴 A6 即被显示出来，并且被选中。

· 点击“零点标定”。轴 A6 即被标定零点并从该选项窗口中消失。

· 关闭窗口。

o. 将 EtherCAT 电缆从接口 X32 和零点标定盒上取下。

注意：

让测量电缆插在零点标定盒上，并且要尽可能少地拔下。传感器插头 M8 的可插拔次数是有限的，经常插拔可能会损坏插头。

（4）检查带偏量的负载零点标定（用 MEMD）

① 应用范围

a. 首次调整的检查。

b. 如果首次调整丢失（如在更换电机或碰撞后），则还原首次调整。由于学习过的偏差在调整丢失后仍然存在，因此机器人可以计算出首次调整。

c. 对某个轴进行检查之前，必须完成对所有较低编号的轴的调整。

d. 如果机器人上的轴 A6 有标记线，则对于此轴不显示测定的值。即无法检查轴 A6 的首次零点标定。但可以恢复丢失的首次零点标定。

② 首要条件

a. 与首次零点标定时相同的环境条件（温度等）。

b. 在机器人上装有一个负载，并且此负载已进行过偏量学习。

c. 这些轴都处于预零点标定位置。如果轴 A6 有标记线，则属于例外：轴 A6 位于零点标定位置。

d. 没有选定任何程序。

e. 运行方式 T1。

③ 操作步骤

a. 在主菜单中选择“投入运行→调整→EMD→带负载校正→负载零点标定→带偏量”。

b. 输入工具编号。用“工具”“OK”确认。一个窗口自动打开，所有已用此工具学习过偏差的轴都将显示出来，编号最小的轴已被选定。

c. 取下接口 X32 上的盖子。

d. 将 EtherCAT 电缆连接到 X32 和零点标定盒上。

e. 从窗口中选定的轴上取下测量筒的防护盖。

f. 将 MEMD 拧到测量筒上。

g. 如果未进行连接，则将测量电缆连接到零点标定盒上。

h. 按下“检查”。

i. 按住确认开关并按下启动键。如果 MEMD 已经通过了测量切口，则零点标定位置将被计算。机器人自动停止运行。与偏差学习的差异被显示出来。

j. 需要时，使用“备份”来储存这些数值。旧的零点标定值会被删除。如果要恢复丢失的首次零点标定，则必须保存这些数值。

注意：

轴 A4、A5 和 A6 以机械方式相连，即当轴 A4 数值被删除时，轴 A5 和 A6 的数值也被删除；当轴 A5 数值被删除时，轴 A6 的数值也被删除。

k. 从测量筒上取下 MEMD，将防护盖重新盖好。

l. 对所有待零点标定的轴重复步骤 e～k。例外：如轴 A6 有标记线，则不适用于轴 A6。

m. 关闭窗口。

n. 只有当轴 A6 有标记线时才可执行：

· 在主菜单中选择“投入运行→调整→参考”。选项窗口中的基准零点标定自动打开。轴 A6 即被显示出来，并且被选中。

· 按下“零点标定”，以便恢复丢失的首次零点标定。轴 A6 从该选项窗口中消失。

· 关闭窗口。

o. 将 EtherCAT 电缆从接口 X32 和零点标定盒上取下。

注意：

让测量电缆插在零点标定盒上，并且要尽可能少地拔下。传感器插头 M8 的可插拔次数是有限的，经常插拔可能会损坏插头。

7.1.5　手动删除轴的零点

可将各个轴的零点标定值删除。删除轴的零点时轴不动。

注意：

轴 A4、A5 和 A6 以机械方式相连，即当轴 A4 数值被删除时，轴 A5 和 A6 的数值也被删除；当轴 A5 数值被删除时，轴 A6 的数值也被删除。

对于已去调节的机器人，软件限位开关已关闭。机器人可能会驶向极限卡位的缓冲器，由此可能使其受损，以至必须更换。因此尽可能不运行已去调节的机器人，或尽量减少手动倍率。

（1）前提条件

① 没有选定任何程序。

② 运行方式 T1。

（2）操作步骤

① 在主菜单中选择“投入运行→调整→取消调整”。一个窗口打开。

② 标记需进行取消调节的轴。

③ 请按下“取消调节”。轴的调整数据被删除。

④ 对于所有需要取消调整的轴重复第 ② 和第 ③ 步骤。

⑤ 关闭窗口。

7.1.6　更改软件限位开关

有两种更改软件限位开关的方法，分别是手动输入所需的数值、使用限位开关自动与一个或多个程序适配。

在此过程中，机器人控制系统确定在程序中出现的最小和最大轴位置。得出的这些数值可以作为软件限位开关来使用。

（1）前提条件

① 专家用户组。

② 运行方式 T1、T2 或 AUT。

（2）操作步骤

手动更改软件限位开关：

① 在主菜单中选择“投入运行→售后服务→软件限位开关”。窗口软件限位开关自动打开。

② 在“负”和“正”两列中按需要更改限位开关。

③ 用保存键保存更改。

将软件限位开关与程序相适配：

a. 在主菜单中选择“投入运行→售后服务→软件限位开关”。窗口软件限位开关自动打开。

b. 按下“自动计算”。显示以下提示信息：自动获取进行中。

c. 启动限位开关应与之相适配的程序。让程序完整运行一遍，然后取消选择。

在窗口中的软件限位开关中即显示每个轴所达到的最大和最小位置。

④ 为该软件限位开关应与之相适配的所有程序重复步骤③。在窗口中的软件限位开关中即显示每个轴所达到的最大和最小位置，而且以执行的所有程序为基准。

⑤ 如果所有需要的程序都执行过了，则在窗口中的软件限位开关中按下“结束”。

⑥ 按下“保存”，以便将确定的数值用作软件限位开关。

⑦ 需要时还可以手动更改自动确定的数值。

注意：

建议将确定的最小值减小 5°，将确定的最大值增加 5°；在程序运行期间，这一缓冲区可防止轴达到限位开关，以避免触发停止。

⑧ 用保存键保存更改（图 7-17、图 7-18）。

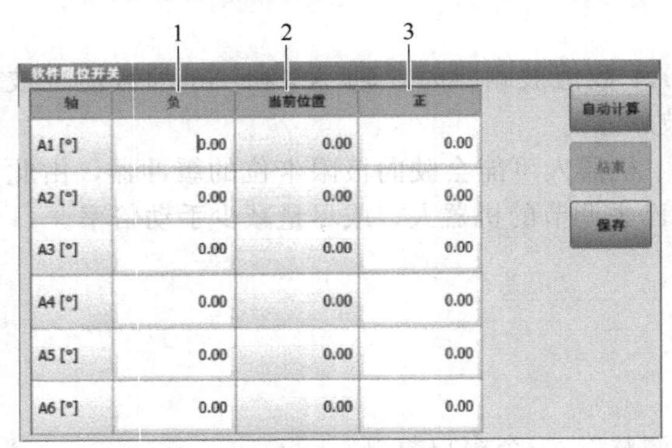

图 7-17 在自动确定前

1—当前的负向限位开关；2—轴的当前位置；3—当前的正向限位开关

4
5
软件限位开关

轴	最小	当前位置	最大
A1 [°]	0.00	0.00	0.00
A2 [°]	0.00	0.00	0.00
A3 [°]	0.00	0.00	0.00
A4 [°]	0.00	0.00	0.00
A5 [°]	0.00	0.00	0.00
A6 [°]	0.00	0.00	0.00

自动计算
结束
保存

图 7-18 在自动确定期间

4—自启动计算以来，相应轴所具有的最小位置；5—自启动计算以来，相应轴所具有的最大位置

7.2 工业机器人的保养

7.2.1 工业机器人机器部分的保养

不同的工业机器人，其保养工作是有差异的，现以库卡机器人为例来介绍之。设备交付

后，要按照规定的保养期限或者每 5 年一次进行润滑。例如，保养期限为 1 万运行小时（运行时间）时，要在 1 万运行小时或者最迟于设备交付 5 年（视哪个时间首先达到而定）后，进行首次保养（换油）。其保养工作见图 7-19，保养周期见表 7-1。当然，不同的工业机器人有不同的保养期限。如果机器人配有拖链系统（选项），则还要执行附加的保养工作。

注意：

只允许使用库卡机器人有限公司许可的润滑剂。未经批准的润滑材料会导致组件提前出现磨损和发生故障。如果运行中油温超过 333K（60℃），则要相应缩短保养期限，且必须与库卡机器人有限公司协商。

排油时要注意，排出的油量与时间和温度有关。必须测定放出的油量。只允许注入同等油量的油。给出的油量是首次注入齿轮箱的实际油量。若流出的量少于所给油量的 70%，则用测定的排出油量的油冲洗齿轮箱，然后再加注相当于放出油量的油。在冲洗过程中，以手动移动速度在整个轴范围内运动轴。

（1）前提条件

① 保养部位必须能够自由接近。

② 如果工具和辅助装置阻碍保养工作，则将其拆下。

注意：

在执行以下作业时机器人必须在各个工作步骤之间多次移动。

在机器人上作业时，必须始终通过按下紧急停止装置锁定机器人。

机器人意外运动可能会导致人员受伤及设备损坏。若要在一个接通的、有运行能力的机器人上作业，则只允许机器人以运行方式 T1（慢速）运行。必须时刻可通过按下紧急停止装置停住该机器人。运行必须限制在最为必要的范围内。在投入运行和移动机器人前应向参与工作的相关人员发出警示。

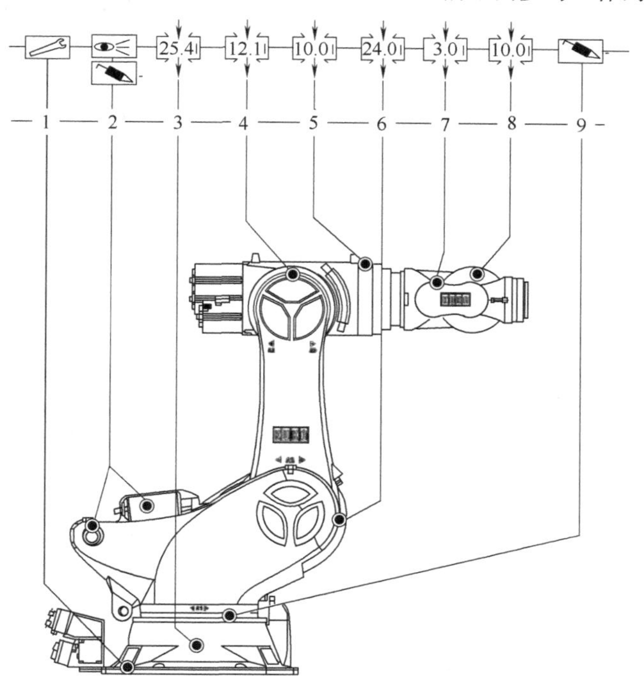

图 7-19 保养工作

（2）保养图标

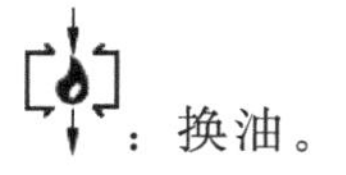：换油。

：用油脂枪润滑。

：用刷子润滑。

：拧紧螺钉、螺母。

：检查构件，目检。

表 7-1 保养周期

序号	周期	任务	润滑剂
1	100h	拧紧锚栓的固定螺栓和螺母。在投入运行后一次	
9	每 2500h 或 6 个月	润滑 主轴承圆周上的 4 个注油嘴。通过轴 A1 在 0°、+30°、+60°位置上的 4 个注油嘴均匀注入润滑脂	润滑脂 LGEP 2 货号 00-156-893 润滑脂量 $12\times8=96(cm^3)$
2	每 6 个月	检查压力，必要时进行调整 极限值：油压低于额定值 5bar（$1bar=10^5Pa$）	Hyspin ZZ 46 货号 83-236-202 油量根据需要
2	每 6 个月	平衡配重，目检状态	
2	每 5000h 或 12 个月	润滑 在大臂和转盘的轴承上各一个注油嘴	润滑脂 LGEV2 货号 00-111-652 每个注油嘴 50g
3	每 2000h	给轴 A1 换油	嘉实多 Optigear Synthetic RO320 货号 00-101-098 油量 25.40L
4	每 2000h	给轴 A3 换油	嘉实多 Optigear Synthetic RO150 货号 00-144-898 油量 12.10L
5	每 2000h①	给轴 A4 换油	嘉实多 Optigear Synthetic RO150 货号 00-144-898 油量 10.00L
6	每 2000h	给轴 A2 换油	嘉实多 Optigear Synthetic RO150 货号 00-144-898 油量 24.00L
7	每 2000h	给轴 A5 换油	嘉实多 Optigear Synthetic RO150 货号 00-144-898 油量 3.00L
8	每 2000h①	给轴 A6 换油	嘉实多 Optigear Synthetic RO150 货号 00-144-898 油量 10.00L

① 10000h（F 型）：给出的油量是首次注入齿轮箱的实际油量。

注：表中序号与图 7-19 中序号相对应。

（3）更换轴 A1 的齿轮箱油

① 前提条件

a. 机器人所处的位置（－90°）应可以让人接触到轴 A1 齿轮箱上的维修阀。

b. 齿轮箱处于暖机状态。

注意：

如果要在机器人停止运行后立即换油，则必须考虑到油温和表面温度可能会导致烫伤，戴上防护手套。

机器人意外运动可能会导致人员受伤及设备损坏。如果在可运行的机器人上作业，则必须通过触发紧急停止装置锁定机器人。在重新运行前应向参与工作的相关人员发出警示。

② 排油步骤

a. 拧下维修阀 4（图 7-20）上的密封盖。

b. 将排油软管 1 的锁紧螺母拧到维修阀 4 上。拧上锁紧螺母时会打开维修阀，油可以流出。通过缺口可以接触到维修阀，它位于转盘下方。

c. 将集油罐 2 放到排油软管 1 下。

d. 旋出电机塔上的 2 个排气螺栓 6。

e. 排油。

f. 测定排出的油量，以适当的方式存放或清除油。

③ 加油步骤

a. 拆下排油软管并将油泵（库卡货号 00-180-812）连接至维修阀。

b. 运行油泵，并通过排油软管加入规定的油量。

c. 装上并拧紧 2 个排气螺栓 1（图 7-21）。

d. 在油位指示器 2 上检查两个刻度中间的油位。

e. 5min 后重新检查油位，必要时加以校正。

f. 拧开并拆下维修阀上的油泵。

g. 拧上维修阀上的密封盖。

h. 检查维修阀是否密封。

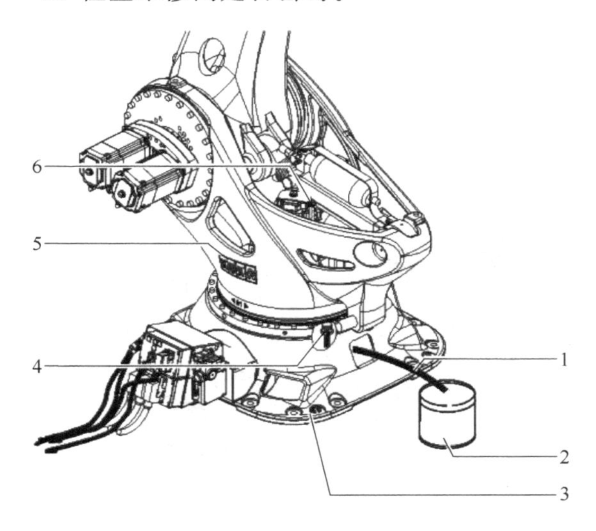

图 7-20　排放轴 A1 的油

1—排油软管；2—集油罐；3—底座；4—维修阀；5—轴；6—排气螺栓

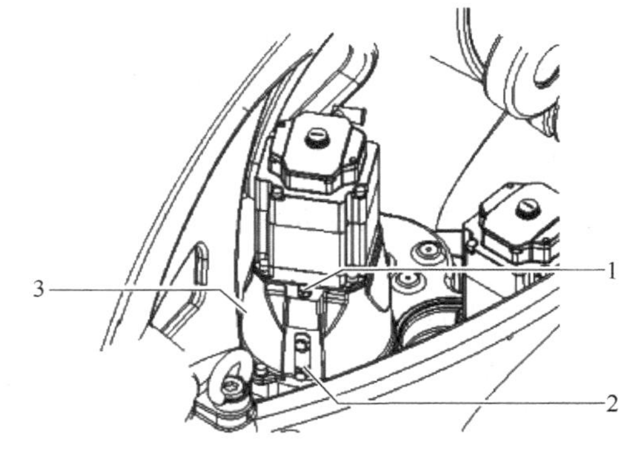

图 7-21　轴 A1 的油位指示器

1—排气螺栓；2—油位指示器；3—轴

（4）更换轴 A2 的齿轮箱油

① 前提条件

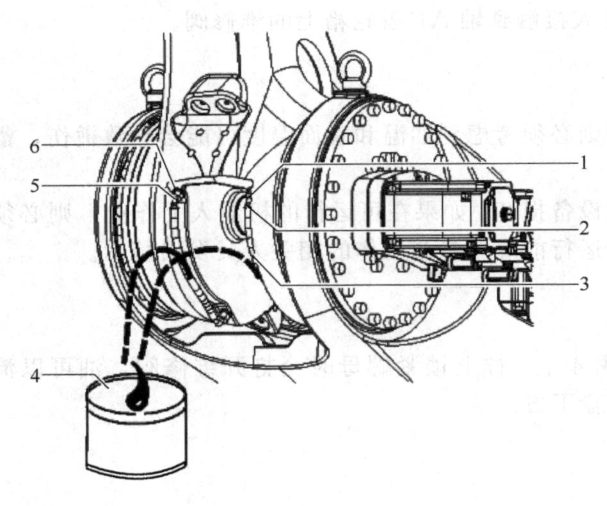

图 7-22 给轴 2 换油

1,6—锁紧螺母；2,5—螺纹管接头；3—轴；4—集油罐

a. 机器人所处的位置应可以让人接触到轴 A2 的油管。

b. 轴 A2 位于－105° 位置。

c. 齿轮箱处于暖机状态。

② 排油步骤

a. 拧下排油软管的锁紧螺母 1、6（图 7-22）。

b. 将流出的油排放到集油罐 4。

c. 以适当的方式存放或清除排出的油。

③ 加油步骤

a. 通过两个排油软管加油，直至油从两个螺纹管接头 2、5 处流出。

b. 5min 后检查油位，必要时进行添加。

c. 装上并拧紧排油软管的锁紧螺母 1、6。

d. 检查锁紧螺母 1、6 是否密封。

（5）更换轴 A3 的齿轮箱油

在维修阀上连接透明软管有助于排油和加油。通过这些软管可以排油、加油以及检查油。

① 前提条件

a. 机器人所处的位置应可以让人接触到轴 A3 的齿轮箱。

b. 轴 A3 的位置与水平位置的夹角为 －25°。

c. 齿轮箱处于暖机状态。

② 排油步骤

a. 拧下维修阀 2、3（图 7-23）上的密封盖。

b. 将排油软管 1、4 的锁紧螺母拧到维修阀 2、3 上。拧上锁紧螺母时会打开维修阀，油可以流出。

c. 将集油罐 5 放到排油软管 4 下。

d. 排油。

e. 以适当的方式存放或清除排出的油。

③ 加油步骤

a. 通过排油软管 4 加油，直至可以在维修阀 2 上看到油位为止。

b. 5min 后重新检查油位，必要时加以校正。

c. 从维修阀上拧下排油软管 1、4 的锁紧螺母，然后将密封盖拧到维修阀上。

d. 检查维修阀 2、3 是否密封。

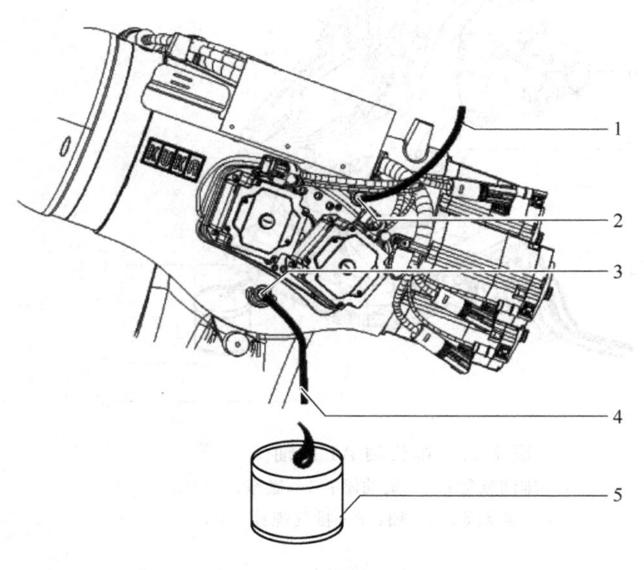

图 7-23 更换轴 A3 的油

1,4—排油软管；2,3—维修阀；5—集油罐

（6）更换手腕的齿轮箱油

在轴 A4、A5、A6 的齿轮箱上换油。机器人腕部具有三个油室。在排油孔上连接透明软管有助于排油和加油。通过该软管也可以重新加油。

① 前提条件

a. 机器人所处的位置应可以让人接触到机器人腕部的齿轮箱。

b. 机器人腕部处于水平位置。

c. 所有手轴都处于 0° 位置。

d. 齿轮箱处于暖机状态。

② 排油步骤

a. 旋出磁性螺塞 6（图 7-24），然后旋入排油软管 8。

b. 将集油罐 7 放到排油软管下。

c. 旋出磁性螺塞 1，然后收集流出的油。

d. 测定排出的油量，以适当的方式存放或清除油。

e. 检查磁性螺塞 1、6 有无金属残留物，然后进行清洁。

f. 旋出磁性螺塞 5，然后旋入排油软管 8。

g. 将集油罐 7 放到排油软管下。

h. 旋出磁性螺塞 2，然后收集流出的油。

i. 检查磁性螺塞 2、5 有无金属残留物，然后进行清洁。

j. 在轴 A6 的齿轮箱上执行工作步骤 f～i。为此旋出磁性螺塞 3、4。

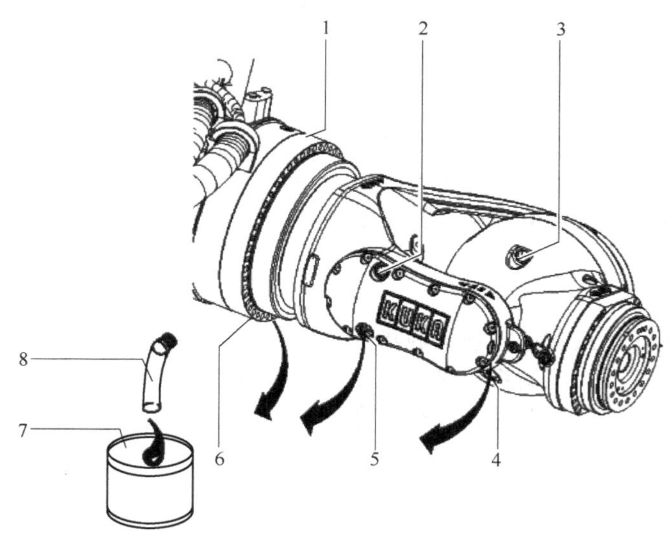

图 7-24　手轴的换油

1～6—磁性螺塞；7—集油罐；8—排油软管

③ 加油步骤

a. 按照排油量重新通过排油软管加油。

b. 拧上磁性螺塞 1（M27×2），然后用 30N・m 的扭矩拧紧。

c. 旋出排油软管 8 并拧上磁性螺塞 6（M27×2），然后用 30N・m 的扭矩拧紧。

d. 通过排油软管在轴 A5 上加油，直至从上面的孔上流出。

e. 5min 后重新检查油位，必要时加以校正。

f. 旋出排油软管并拧上磁性螺塞 5（M27×2），然后用 30N・m 的扭矩拧紧。

g. 拧上磁性螺塞 2（M27×2），然后用 30N·m 的扭矩拧紧。

h. 通过排油软管在轴 A6 上加油，直至从上面的孔上流出。

i. 5min 后重新检查油位，必要时加以校正。

j. 拧上磁性螺塞 3（M27×2），然后用 30N·m 的扭矩拧紧。

k. 旋出排油软管并拧上磁性螺塞 4（M27×2），然后用 30N·m 的扭矩拧紧。

l. 检查所有磁性螺塞的密封性。

（7）检查平衡配重

① 前提条件

a. 机器人已经准备就绪，可以以手动移动速度运动。

b. 不会因设备部件或其他机器人而产生危险。

c. 要直接在机器人上作业时，机器人已被锁住。

② 检查步骤　检查步骤见表 7-2。

表 7-2　检查步骤

任务	额定状态	故障排除
检查液压系统。开动机器人并检查液压油的压力	压力表上的读书必须对应于以下数值： 大臂在－90°位置，液压油压力为 130bar 大臂在－45°位置，液压油压力为 150bar	调整平衡配重
检查蓄能器安全阀的铅封是否正常	铅封不得有损坏或缺失 蓄能器安全阀不得有损坏或脏污	更换蓄能器安全阀 清洁蓄能器安全阀
检查附件有无损坏、是否清洁和密封	附件不得有损坏或不密封	清洁平衡配重、查明并排除泄漏。必要时更换平衡配重
检查皮碗的状态	皮碗不得有损坏或脏污	清洁或更换皮碗

压力容器应按照现行的国家规定进行内部检查。检查期限为平衡配重使用 10 年之后。

（8）清洁机器人

① 注意事项

清洁机器人时必须注意和遵守规定的指令，以免造成损坏。这些指令仅针对机器人。清洁设备部件、工具以及机器人控制系统时，必须遵守相应的清洁说明。

使用清洁剂和进行清洁作业时，必须注意以下事项：

a. 仅限使用不含溶剂的水溶性清洁剂。

b. 切勿使用可燃性清洁剂。

c. 切勿使用强力清洁剂。

d. 切勿使用蒸汽和冷却剂进行清洁。

e. 不得使用高压清洁装置进行清洁。

f. 清洁剂不得进入电气或机械设备部件中。

g. 注意人员保护。

② 操作步骤

a. 停止运行机器人。

b. 必要时停止并锁住邻近的设备部件。

c. 如果为了便于进行清洁作业而需要拆下罩板，则将其拆下。

d. 对机器人进行清洁。

e. 从机器人上重新完全除去清洁剂。

f. 清洁生锈部位，然后涂上新的防锈材料。

g. 从机器人的工作区中除去清洁剂和装置。

h. 按正确的方式清除清洁剂。

i. 将拆下的防护装置和安全装置全部装上，然后检查其功能是否正常。

j. 更换已损坏、不能辨认的标牌和盖板。

k. 重新装上拆下的罩板。

l. 仅将功能正常的机器人和系统重新投入运行。

7.2.2　调节平衡配重

（1）对平衡配重进行调整

1）前提条件

① 必须有微测软管和收集箱。

② 必须有配有减压器的氮气瓶。最低压力为120bar。

③ 必须有蓄能器充气装置。

④ 必须有液压泵。

2）操作步骤

① 将大臂移至垂直位置，然后用起重机锁住（图7-25）。排放液压油后不得移动大臂。

② 取下螺盖1（图7-26），然后将软管3连接到排气阀2上。

③ 将收集箱4放到软管下方收集液压油。

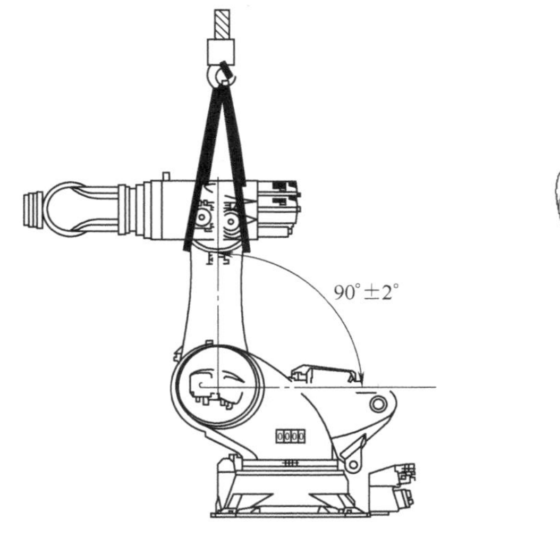

图7-25　锁住大臂

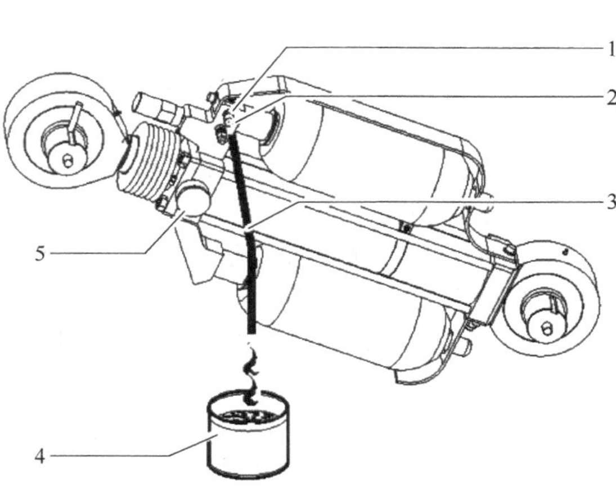

图7-26　排出液压油

1—螺盖；2—排气阀；3—软管；4—收集箱；5—压力表

④ 排油，直至压力表5上的压力显示为零。这表示气囊式蓄能器油侧已被卸压，可以在随后的气侧充气时排气。

⑤ 通过软管7（图7-27）和一个减压器将用于气囊式蓄能器的充气和检测装置连接到市售的氮气瓶9上。

⑥ 将减压器压力设置为120bar。

注意：

为了安全起见，在没有连接充气及检测装置的情况下，蓄能器上的内六角螺栓不得松开四分之一转以上；在没有连接充气及检测装置的情况下，严禁调节蓄能器的压力。

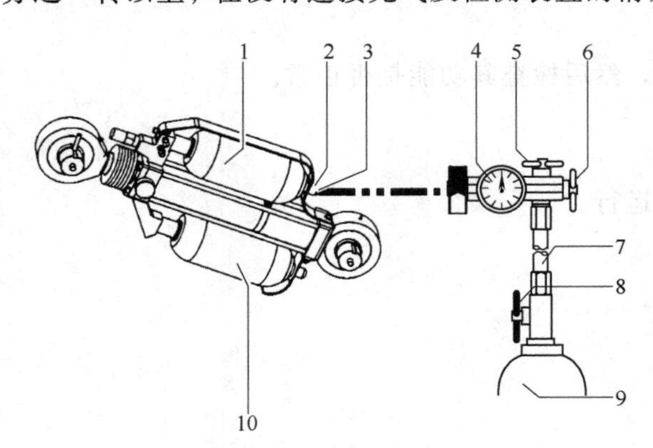

图 7-27　更改气体压力

1,10—气囊式蓄能器；2—防护盖；3—六角螺栓；4—压力表；5—卸压阀；6—气门杆；7—软管；8—截止阀；9—氮气瓶

⑦ 拆下气囊式蓄能器 1 上的防护盖 2，然后略微松开内六角螺栓 3。不得有气体逸出。尽管非常小心但仍有气体逸出（漏气声音!）时，必须更换内六角螺栓 3 的密封环。只允许在气囊式蓄能器完全卸压的情况下更换。

⑧ 将充气和检测装置连接到气囊式蓄能器 1 气体接口上。逆时针旋转气门杆 6，从而通过内六角螺栓 3 打开气体接口。压力表 4 的指针开始偏转后旋转一整圈。压力表 4 显示气囊式蓄能器 1 中的氮气压力。如果氮气压力大于 100bar，则执行工作步骤⑨。如果氮气压力过低，则执行工作步骤⑩、⑪。然后再继续执行工作步骤⑫。

⑨ 打开卸压阀 5，将氮气压力卸至规定值 100bar 为止。2～3min 后重新检查压力表 4 的读数，必要时校正氮气压力。

⑩ 打开氮气瓶 9 上的截止阀 8，将氮气压力提高至 120bar。

⑪ 关闭截止阀 8。

⑫ 打开卸压阀 5，将氮气压力卸至规定值 100bar 为止。2～3min 后重新检查压力表 4 的读数，必要时校正氮气压力。

⑬ 通过气门杆 6 顺时针旋转内六角螺栓 3，然后拧紧。然后打开卸压阀 5，排出软管 7 中的剩余压力。

⑭ 从气囊式蓄能器上拧下充气和检测装置。仅当通过气门杆 6 拧紧内六角螺栓 3 后才允许拧下充气和检测装置。

⑮ 拧紧内六角螺栓 3（拧紧力矩 M_A＝20N·m）。

⑯ 装上防护盖 2。

⑰ 在另一个气囊式蓄能器上执行工作步骤 ⑦～⑯。

⑱ 松开并拔下氮气瓶 9 上的软管 7。

⑲ 拧下注油管接头 2（图 7-28）上的防护帽，然后连上液压软管 6。

⑳ 拧下排气管接头 1 的防护帽，如果在完成之前的工作后没有仍然连着微测软管，则连上微测软管 3。

㉑ 将微测软管 3 浸没到收集箱 4 的液体中。

㉒ 略微打开排气管接头 1 上的阀（相当于排气阀），运行液压泵 5 并将液压油流到收集箱 4 中，直至没有气泡出现。液压泵 5 的备用油箱只能添加经过过滤的液压油 Hyspin ZZ 46（过滤精度为 3μm）。

㉓ 关闭排气管接头 1 上的阀。

㉔ 继续运行液压泵 5，直至液压油压力高于规定值 130bar 约 10bar。然后将泵压降至零。

㉕ 约 10min 后检查液压油压力并通过打开排气阀将其降低至 130bar。

㉖ 拧下液压软管 6 并将防护盖拧到注油管接头 2 上。

㉗ 拧下微测软管 3 并将防护盖拧到排气管接头 1 上。

㉘ 检查平衡配重是否密封。

㉙ 移开起重装置和起重机。

（2）对平衡配重进行卸压

必须有 Minimess 测压软管和收集容器，操作步骤如下。

① 将大臂（图 7-29）移至垂直位置，然后用起重机锁住。排油后不得移动大臂。

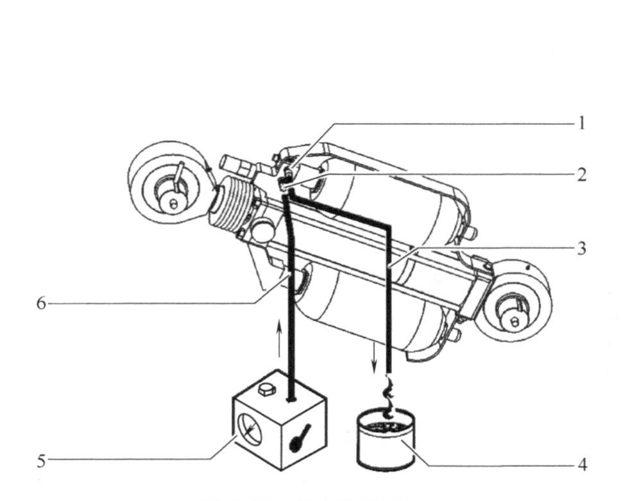

图 7-28　添加液压油

1—排气管接头；2—注油管接头；3—微测软管；4—收集箱；5—液压泵；6—液压软管

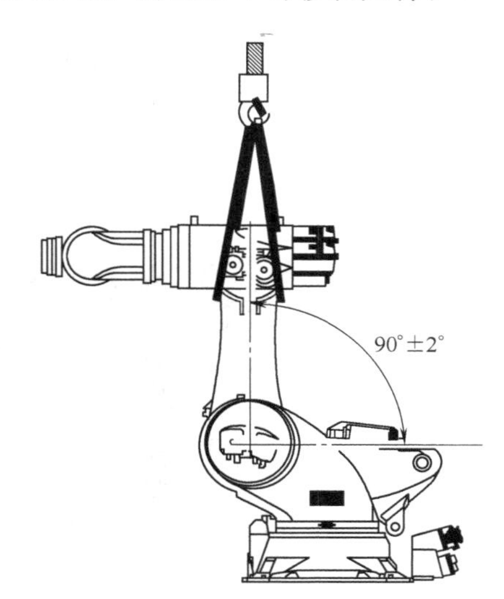

图 7-29　卸压

② 取下螺盖 1（图 7-30），然后将软管 3 连接到排气阀 2 上。

③ 将液压油排放到收集容器 4 中。显示油压的压力表 5 显示为压力为零且不再有油流入收集容器中时，排油过程结束。

④ 按照规定存放排出的液压油，然后按照环保规定加以废弃处理。

7.2.3 电气系统的保养

（1）控制系统的保养

控制系统的保养见图 7-31 与表 7-3。

① 保养图标

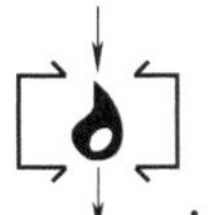：换油。

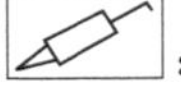：用油脂枪润滑。

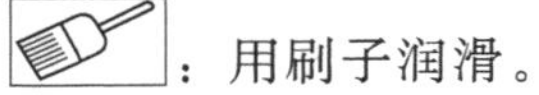：用刷子润滑。

：拧紧螺钉、螺母。

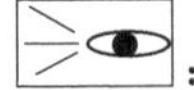：检查构件，目检。

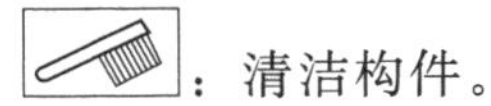：清洁构件。

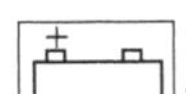：更换电池/蓄电池。

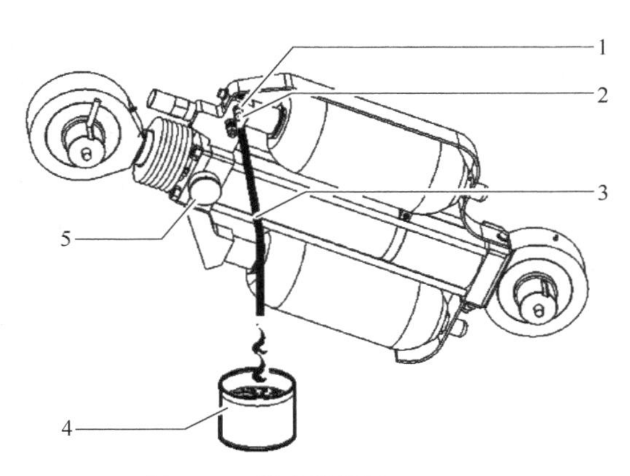

图 7-30　排出液压油

1—螺盖；2—排气阀；3—软管；4—收集容器；5—压力表

② 前提

a. 机器人控制器必须保持关断状态，并做好保护，防止未经许可的意外重启。

b. 电源线已断电。

c. 按照 ESD 准则工作。

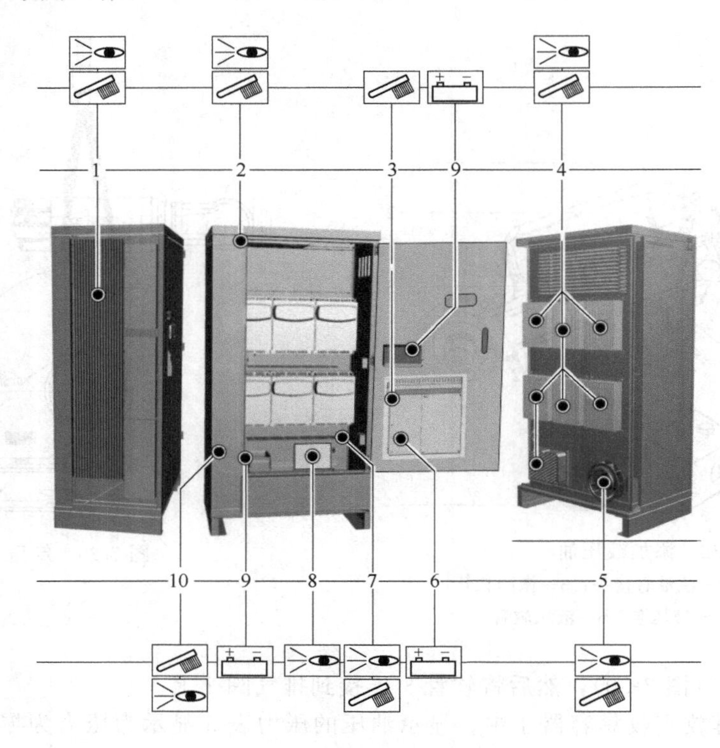

图 7-31 保养位置

表 7-3 保养周期

周　　期	序　　号	任　　务
6 个月	8	检查使用的 SIB 和/或 SIB 扩展型继电器输出端功能是否正常
最迟 1 年	5	根据装配条件和污染程度,用刷子清洁外部风扇的保护栅栏
最迟 2 年	1	根据安置条件和污染程度,用刷子清洁换热器
	2,10	根据安置条件和污染程度,用刷子清洁内部风扇
	4	根据安置条件和污染程度用刷子清洁 KPP、KSP 的散热器和低压电源件
	5	根据安置条件和污染程度,用刷子清洁外风扇
5 年	6	更换主板电池
5 年(三班运行情况下)	3	更换控制系统 PC 机的风扇
	5	更换外部风扇
	2	更换内部风扇
根据蓄电池监控的显示	9	更换蓄电池
压力平衡塞变色时	7	视安置条件及污染程度而定。检查压力平衡塞外观:白色滤芯颜色改变时须更换

注：表中序号与图 7-31 中序号相对应。

执行保养清单中某项工作时，必须根据以下要点进行一次目视检查：检查保险装置、接触器、插头连接及印刷线路板是否安装牢固；检查电缆是否损坏；检查接地电位均衡导线的连接；检查所有设备部件是否磨损或损坏。

（2）控制柜上的保险装置

不同工业机器人控制柜上的保险装置是不同的，图 7-32 所示是某工业机器人控制柜上的保险装置，其说明见表 7-4。

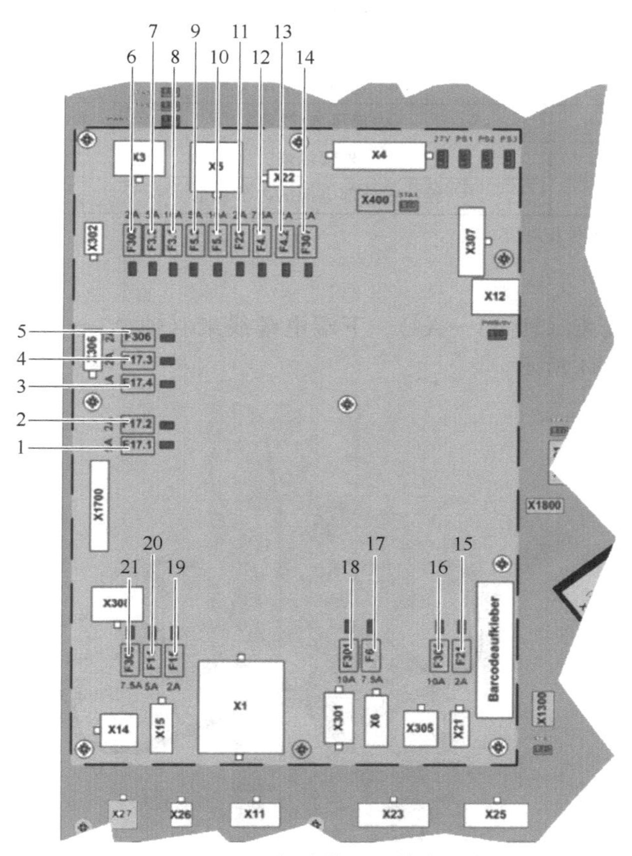

图 7-32　保险装置的排布

注意：损坏的保险装置以保险装置旁一个红色 LED 示出。损坏的保险装置在排除故障原因后仅允许用操作手册中给出的或设备组件上所刻印的规定型号装置来替换。

表 7-4　保险装置说明

序号	名称	说明	熔丝规格/A
1	F17.1	CCU 接触器输出端	5
2	F17.2	CCU 输入端	2
3	F17.4	CCU 安全输入端	2
4	Fl 7.3	CCU 逻辑电路	2
5	F306	smartPAD 电源	2
6	F302	SIB 电源	5
7	F3.2	KPP1 缓冲式逻辑电路	7.5
8	F3.1	KPP1 非缓冲式制动	15
9	F5.2	KPP2 非缓冲式逻辑电路/开关	7.5
10	F5.1	KPP2 非缓冲式制动	15
11	F22	缓冲电源选项	7.5

续表

序号	名称	说明	熔丝规格/A
12	F4.1	KPC 缓冲型	10
13	F4.2	KPC 缓冲式风扇/内部风扇	2
14	F307	CSP 电源	2
15	F21	RDC 电源	2
16	F305	蓄电池供电	15
17	F6	24V 非缓冲式 US1(选项)	7.5
18	F301	24V 非缓冲式备用 US2	10
19	F15	内部风扇(选项)	2
20	F14	外部风扇	7.5
21	F308	缓冲式外部电源的内部供电	7.5

注：表中序号与图 7-32 中序号相对应。

(3) 更换电缆

① 更换下端电缆线束（轴 A1～A3）。下端电缆线束（轴 A1～A3）贯穿了底座、机架和下臂，如图 7-33、图 7-34 所示。

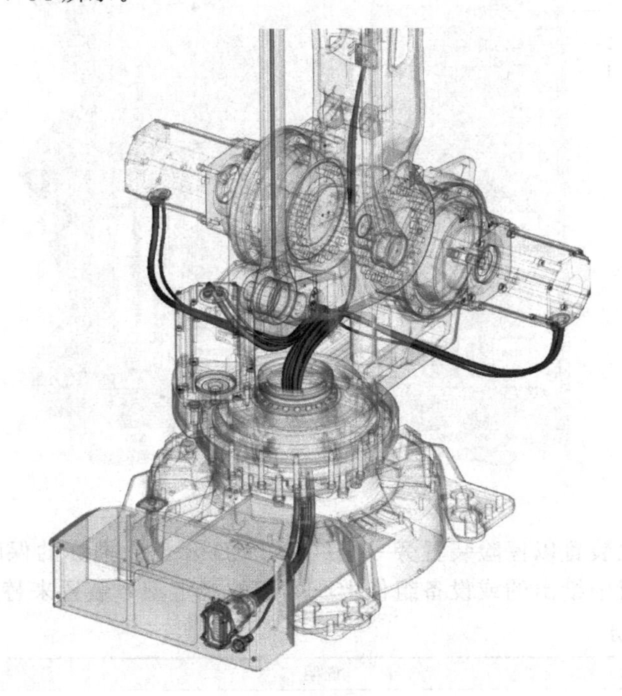

图 7-33　下端电缆线束

② 更换上端电缆线束（包括轴 A6），如图 7-35、图 7-36 所示。

③ SMB 单元。SMB 单元（SMB＝串行测量电路板）位于机架的左侧，如图 7-37 所示。

④ 更换制动闸释放装置。制动闸释放装置与 SMB 单元同样位于机架的左侧、轴 A2 的齿轮箱右侧，如图 7-37 所示。

⑤ 更新转数计数器，步骤如下：

步骤 1：手动将操纵器运转至校准位置。

步骤 2：使用 FlexPendant 更新转数计数器，如图 7-38 所示。

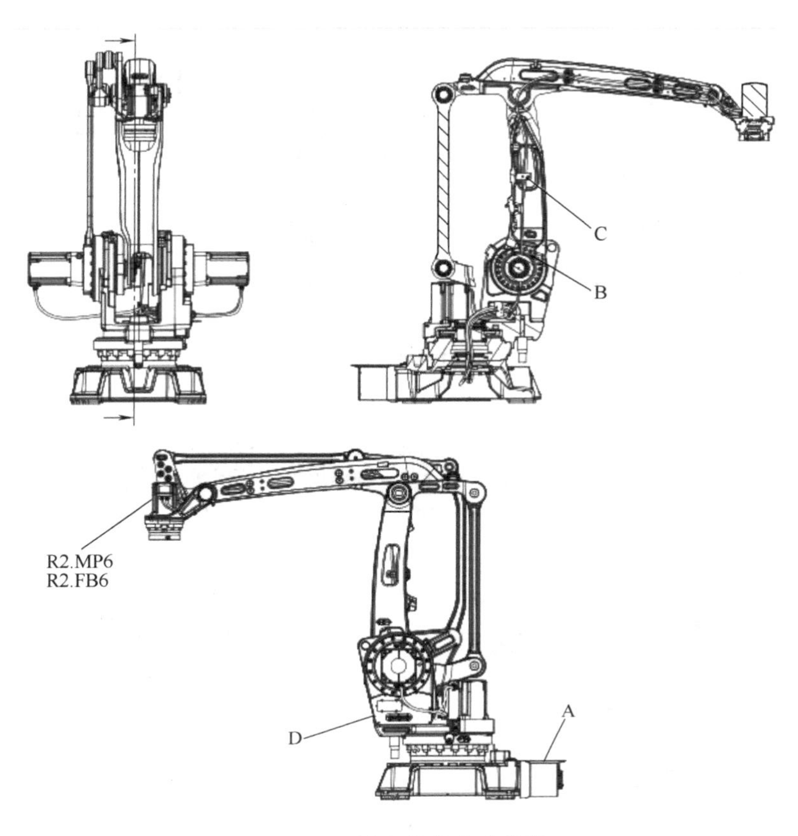

图 7-34　下端电缆线束连接器

A—顶盖板；B—电缆导向装置（轴 A2）；C—金属夹具；D—SMB 盖；
R2. MP6，R2. FB6—通往轴 A6 电机的连接器

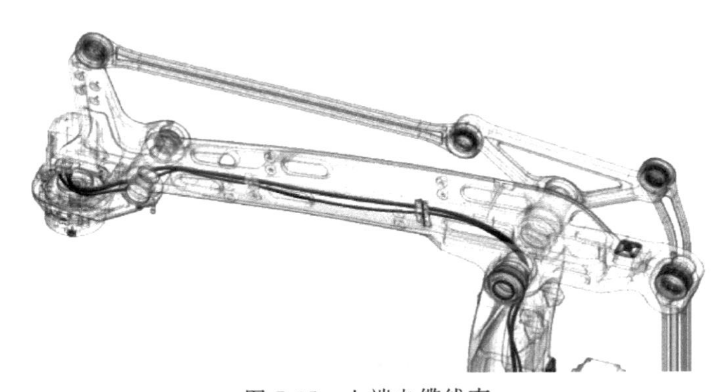

图 7-35　上端电缆线束

7.2.4　重新启动

ABB 机器人系统可以长时间无人操作，无需定期重新启动运行的系统。以下情况需重新启动机器人系统：

① 安装了新的硬件。

② 更改了机器人系统配置参数。

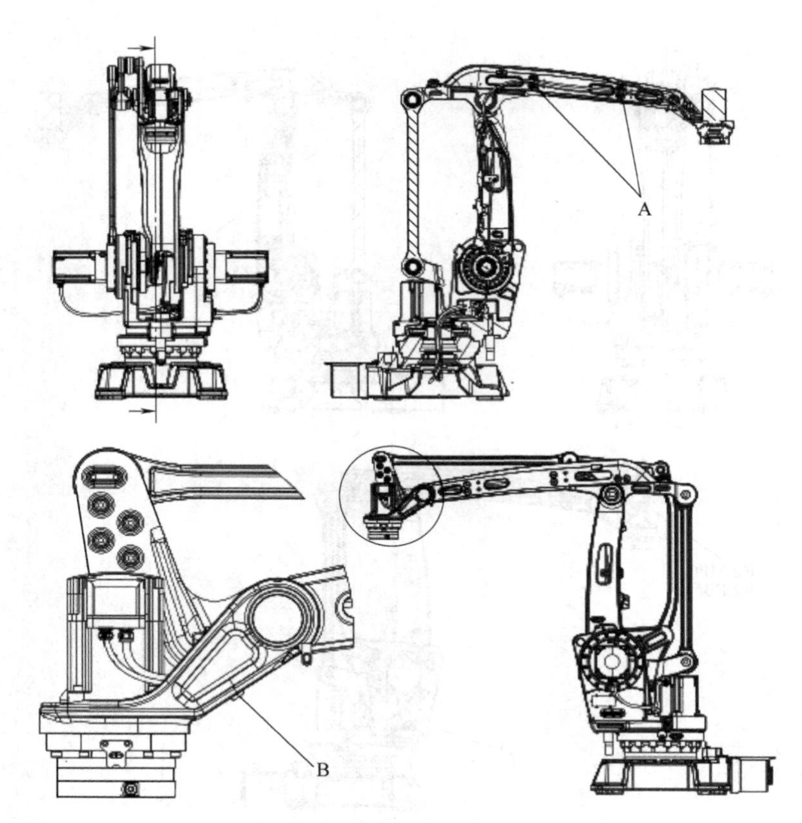

图 7-36 上端电缆线束连接器

A—带螺母的金属夹具（上臂）；B—金属夹具（倾斜机壳）

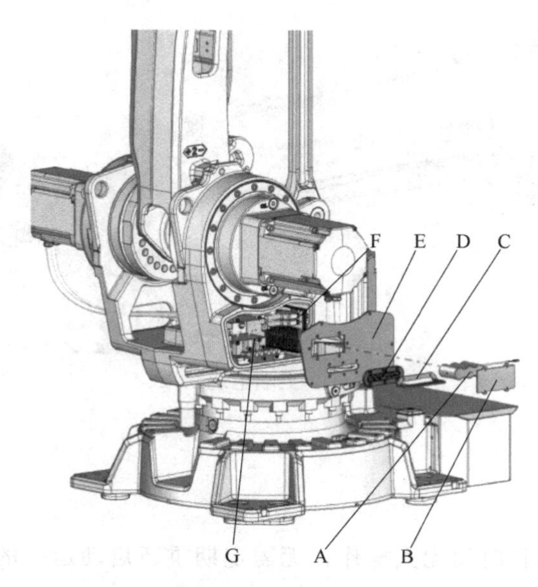

图 7-37 SMB 单元

A—电池组；B—盖子；C—BU 按钮保护装置；D—按钮保护装置；E—SMB 盖；F—SMB 单元；G—制动闸释放装置

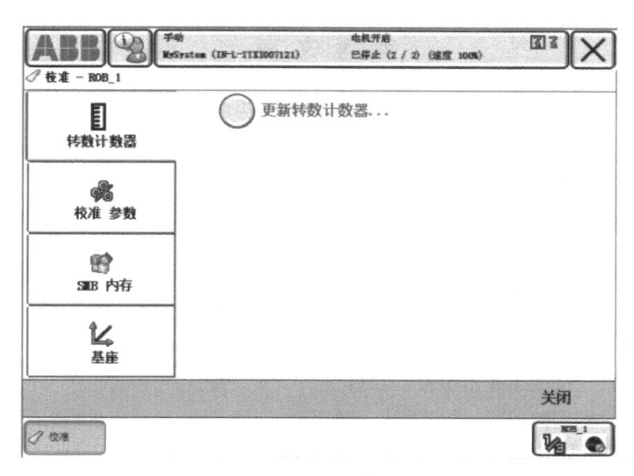

图 7-38　更新转数计数器

③ 出现系统故障（SYSFAIL）。

④ RAPID 程序出现程序故障。

重新启动的种类见表 7-5。

表 7-5　重新启动的种类

重启动类型	说　明
热启动	使用当前的设置重新启动当前系统
关机	关闭主机
B-启动	重启并尝试回到上一次的无错状态。一般当出现系统故障时使用
P-启动	重启并将用户加载的 RAPID 程序全部删除
I-启动	重启并将机器人系统恢复到出厂状态

参考文献

[1] 张培艳. 工业机器人操作与应用实践教程. 上海：上海交通大学出版社，2009.
[2] 邵慧，吴凤丽. 焊接机器人案例教程. 北京：化学工业出版社，2015.
[3] 韩建海. 工业机器人. 武汉：华中科技大学出版社，2009.
[4] 董春利. 机器人应用技术. 北京：机械工业出版社，2015.
[5] 于玲，王建明. 机器人概论及实训. 北京：化学工业出版社，2013.
[6] 余任冲. 工业机器人应用案例入门. 北京：电子工业出版社，2015.
[7] 杜志忠，刘伟. 点焊机器人系统及编程应用. 北京：机械工业出版社，2015.
[8] 叶晖，管小清. 工业机器人实操与应用技巧. 北京：机械工业出版社，2011.
[9] 肖南峰等. 工业机器人. 北京：机械工业出版社，2011.
[10] 郭洪江. 工业机器人运用技术. 北京：科学出版社，2008.
[11] 马履中，周建忠. 机器人柔性制造系统. 北京：化学工业出版社，2007.
[12] 闻邦椿. 机械设计手册（单行本）——工业机器人与数控技术. 北京：机械工业出版社，2015.
[13] 魏巍. 机器人技术入门. 北京：化学工业出版社，2014.
[14] 张玫等. 机器人技术. 北京：机械工业出版社，2015.
[15] 王保军，滕少峰. 工业机器人基础. 武汉：华中科技大学出版社，2015.
[16] 孙汉卿，吴海波. 多关节机器人原理与维修. 北京：国防工业出版社，2013.
[17] 张宪民等. 工业机器人应用基础. 北京：机械工业出版社，2015.
[18] 李荣雪. 焊接机器人编程与操作. 北京：机械工业出版社，2013.
[19] 郭彤颖，安冬. 机器人系统设计及应用. 北京：化学工业出版社，2016.
[20] 谢存禧，张铁. 机器人技术及其应用. 北京：机械工业出版社，2015.
[21] 芮延年. 机械人技术及其应用. 北京：化学工业出版社，2008.
[22] 张涛. 机器人引论. 北京：机械工业出版社，2012.
[23] 李云江. 机器人概论. 北京：机械工业出版社，2011.
[24] ［意］Bruno Siciliano，［美］Oussama khatib. 机器人手册.《机器人手册》翻译委员会译. 北京：机械工业出版社，2013.
[25] 兰虎. 工业机器人技术及应用. 北京：机械工业出版社，2014.
[26] 蔡自兴. 机械人学基础. 北京：机械工业出版社，2009.
[27] 王景川，陈卫东，［日］古平晃洋. PSOC3控制器与机器人设计. 北京：化学工业出版社，2013.
[28] 兰虎. 焊接机器人编程及应用. 北京：机械工业出版社，2013.
[29] 胡伟. 工业机器人行业应用实训教程. 北京：机械工业出版社，2015.
[30] 杨晓钧，李兵. 工业机器人技术. 哈尔滨：哈尔滨工业大学出版社，2015.
[31] 叶晖. 工业机器人典型应用案例精析. 北京：机械工业出版社，2015.
[32] 叶晖等. 工业机器人工程应用虚拟仿真教程. 北京：机械工业出版社，2016.
[33] 汪励，陈小艳. 工业机器人工作站系统集成. 北京：机械工业出版社，2014.
[34] 蒋庆斌，陈小艳. 工业机器人现场编程. 北京：机械工业出版社，2014.
[35] ［美］John J. Craig. 机器人学导论. 负超等译. 北京：机械工业出版社，2006.
[36] 刘伟等. 焊接机器人离线编程及传真系统应用. 北京：机械工业出版社，2014.
[37] 肖明耀，程莉. 工业机器人程序控制技能实训. 北京：中国电力出版社，2010.
[38] 陈以农. 计算机科学导论基于机器人的实践方法. 北京：机械工业出版社，2013.
[39] 李荣雪. 弧焊机器人操作与编程. 北京：机械工业出版社，2015.